对《Head First Python（第二版）》的高度赞誉

"Python书应该像Python语言一样有趣。作为一个超棒的老师，通过《Head First Python（第二版）》，Paul Barry会带你轻松愉快地学习这种语言，使你完全有实力编写真正有用的Python代码。"

—— **Eric Freeman博士，计算机科学家，技术教育者，Disney Online前CTO**

"《Head First Python（第二版）》很好地介绍了Python语言以及如何在真实世界中使用这种语言。书中提供了大量关于Web和数据库编程的实用建议，另外没有避开诸如集合和不可变性等很难的内容。如果你想找一本好的Python入门书，这将是一个不错的选择。"

—— **David Griffiths，图书作者和敏捷教练**

"通过对本书第1版的大量修订和更新，《Head First Python（第二版）》将在迅速壮大的优秀Python资源中成为大家的最爱。内容得到合理组织，使读者有更大收获，另外尽可能地强调了实用性。书中以简明的方式涵盖了所有必要的主题，同时趣味性的表述使得读这本书成为一种享受。"

—— **Caleb Hattingh，《20 Python Libraries You Aren't Using (But Should)》和《Learning Cython》的作者**

"这是进入Python游泳池的一个清澈的入口。不会让你跳水时肚子先着水，而且会比你预想更深。"

—— **Bill Lubanovic，《Introducing Python》的作者**

对本书第1版的赞誉

"《Head First Python》不单纯是一本优秀的Python语言入门书，更棒的是，它充分展示了Python在真实世界中如何使用。这本书并不是罗列干巴巴的语法，它会教你如何为Android手机、Google App Engine等创建应用程序。"

—— **David Griffiths，图书作者和敏捷教练**

"其他书总是先从理论入手，然后过渡到示例，《Head First Python》则不然，它径直进入代码，并随着内容的展开逐步对理论做出解释。这是一个更为有效的学习环境，因为读者从一开始就会全心投入。另外读这本书也是一个令人愉悦的过程。它有趣而不无聊，内容丰富而不啰嗦。书中提供的大量示例和解释足以涵盖你在日常工作中将要用到的大部分内容。我会向所有刚开始接触Python的人推荐这本书。"

—— **Jeremy Jones，《Python for Unix and Linux System Administration》的作者之一**

U0287741

对其他Head First书的赞誉

"Kathy和Bert的《Head First Java》完全改变了我们对一本印刷图书的印象，它非常像我们看惯了的GUI。作者们用一种巧妙的方式，把Java的学习变成一个非常有趣的过程，让我们总是想知道'他们下一步要做什么？'"

> —— **Warren Keuffel,** 《软件开发》杂志

"除了引人入胜的风格会一直吸引着你，让你对Java从一无所知直到能够熟练使用，《Head First Java》还提供了大量实战内容，这些内容在其他书里往往被省略，只作为"练习留给读者完成……"这是一本思维敏捷、新颖奇特而且很实用的书，即便是讲解对象串行化和网络传送协议这样一些复杂的技术，也不会让你感到困难，仍能毫无障碍地读下去，现在没有多少书能做到这一点。"

> —— **Dr. Dan Russell,** 用户科学与体验研究项目主管
> **IBM Almaden**研究中心（并在斯坦福大学教授人工智能）

"这本书明快、新颖、有趣，而且引人入胜。另外要注意，你确实能从中学到东西！"

> —— **Ken Arnold, Sun Microsystems**前高级工程师
> 与Java之父**James Gosling**合著《**Java**编程语言》

"它让我感觉胜读万卷书。"

> —— **Ward Cunningham, Wiki**发明人和**Hillside Group**创始人

"诙谐的语调恰到好处，并用平实的方式将权威的编程方法为我们娓娓道来。这是实用开发策略的理想参考，让人不必深陷于连篇累牍乏味的'专家教诲'就能大有收获。"

> —— **Travis Kalanick, Uber**共同创始人兼**CEO**

"有些书只是买来放着，有些书需要珍藏，还有些书则要时刻放在案头，感谢O'Reilly和Head First系列的工作人员，再没有什么书能胜过Head First系列了。到处都可以看到这些书，它们被翻得卷了角，磨得破破烂烂，被人们传来传去。《Head First SQL》就一直摆在我所有资料的最上层。真是糟糕，就连我查阅的PDF也都破烂不堪了。"

> —— **Bill Sawyer, ATG**课程经理, **Oracle**

"这本书真是清晰透彻、文笔风趣，而且充满智慧，就算不是程序员也能通过这些书很好地理解问题解决之道。"

> —— **Cory Doctorow,** 《**Boing Boing**》的编辑之一，
> 著有《**Down and Out in the Magic Kingdom**》
> 和《**Someone Comes to Town, Someone Leaves Town**》

"昨天我收到这本书开始读……然后一发不可收拾。它真是'酷毙了'。不仅有趣，涵盖了大量基础知识，而且切中要点。我确实为之着迷。"

    —— **Erich Gamma, IBM杰出工程师，《Design Patterns》的合作者**

"这是我读过的最有趣、最睿智的软件设计书之一。"

    —— **Aaron LaBerge, 技术副总裁, ESPN.com**

"原先充满尝试、错误、再尝试的漫长学习过程已经完全浓缩到这本引人入胜的书中。"

    —— **Mike Davidson, CEO, Newsvine公司**

"这里的每一章都以精巧的设计为核心，所有概念的阐述都同样富含实用性和过人智慧。"

    —— **Ken Goldstein, 执行副总裁，Disney Online**

"我♥《Head First HTML with CSS & XHTML》，它能用一种看似游戏的方式让你学会需要了解的一切。"

    —— **ally Applin, 用户界面设计师和艺术家**

"读一本关于设计模式的书或文章时，我总得时不时地拿什么东西支住眼皮来集中注意力。但这本书不然。听上去可能很奇怪，但这本书确实让设计模式的学习充满乐趣。

"其他设计模式书可能会絮絮叨叨让人昏昏欲睡，这本书却一直在摇旗呐喊'喂，醒醒!'"

    —— **Eric Wuehler**

"我爱死这本书了。事实上，在亲我妻子之前我先亲了这本书。"

    —— **Satish Kumar**

O'Reilly的其他相关图书

Learning Python

Programming Python

Python in a Nutshell

Python Cookbook

Fluent Python

O'Reilly Head First系列的其他图书

Head First Ajax

Head First Android Development

Head First C

Head First C#, Third Edition

Head First Data Analysis

Head First HTML and CSS, Second Edition

Head First HTML5 Programming

Head First iPhone and iPad Development, Third Edition

Head First JavaScript Programming

Head First jQuery

Head First Networking

Head First PHP & MySQL

Head First PMP, Third Edition

Head First Programming

Head First Python, Second Edition

Head First Ruby

Head First Servlets and JSP, Second Edition

Head First Software Development

Head First SQL

Head First Statistics

Head First Web Design

Head First WordPress

完整书目请访问*headfirstlabs.com/books.php*。

Head First **Python**

（第二版）

不是在做梦吧？一本**Python**的书能让你觉得埋头写代码也不是件苦差事？只是异想天开吧……

Paul Barry 著

乔莹 林琪 等译

Beijing ▪ Cambridge ▪ Kōln ▪ Sebastopol ▪ Tokyo

图书在版编目（CIP）数据

Head First Python: 第2版/（美）保罗·巴里（Paul Barry）著；乔莹等译. — 北京：中国电力出版社, 2017.12（2024.5重印）

书名原文：Head First Python, Second Edition

ISBN 978-7-5198-1363-5

I.①H⋯　II.①保⋯　②乔⋯　III.①软件工具－程序设计　IV.①TP311.561

中国版本图书馆CIP数据核字(2017)第275828号

北京市版权局著作权合同登记　图字：01-2017-4339号

出版发行：中国电力出版社
地　　址：北京市东城区北京站西街19号（邮政编码100005）
网　　址：http://www.cepp.sgcc.com.cn
责任编辑：刘　炽（liuchi1030@163.com）
责任校对：王小鹏
装帧设计：Randy Comer, 张　健
责任印制：蔺义舟

印　　刷：望都天宇星书刊印刷有限公司
版　　次：2017年12月第一版
印　　次：2024年5月北京第六次印刷
开　　本：850毫米×980毫米　16开本
印　　张：39
字　　数：829千字
印　　数：22001—22500册
定　　价：128.00元

我要继续感谢Python社区所有热心慷慨的人们，正是基于大家的帮助和努力，才使Python有了今天的发展。

还要感谢那些让学习Python和相关技术变得复杂的人们，正因如此，人们才需要这样一本书来深入学习。

Head First Python（第二版）的作者

外出散步时，Paul常常会停下来和他的妻子讨论"tuple"的正确拼法（她已经忍受很久了）。

Deirdre总是有这样的反应。

Paul Barry在爱尔兰的卡洛居住工作，这是一个约35000人的小镇，位于爱尔兰首都都柏林西南80千米的地方。

Paul获得了信息系统理学学士学位，并且获得了计算理学硕士学位。他还拿到了"学习与教学"研究生资格证书。

Paul从1995年就在爱尔兰卡罗理工学院工作，1997年开始任讲师。在投入教学之前，Paul在IT行业打拼了近十年，在爱尔兰和加拿大都曾工作过，那时他的工作主要是在保健领域。Paul与Deirdre结婚后有了3个孩子（其中两个孩子已经上大学了）。

从2007学年开始，Python编程语言（和相关技术）已经成为Paul的研究生课程中不可缺少的一部分。

Paul还是另外4本技术书的作者（合作者）：两本Python书和两本Perl书。之前，他曾为*Linux Journal Magazine*写过大量文章，他还是这家杂志社的特约编辑。

Paul在北爱尔兰的贝尔法斯特长大，从某种程度上这可以解释他的处事方式和有些滑稽的口音（当然，除非你也来自北爱尔兰，如果是这样，Paul的观点和口音就相当正常了）。

可以通过Twitter（*@barrypj*）联系Paul，另外他的主页是：*http://paulbarry.itcarlow.ie*。

目录（概览）

详细目录

引子

你的大脑与Python。 你想学些新东西，但是你的大脑总是帮倒忙，它会努力让你记不住所学的东西。你的大脑在想："最好留出空间来记住那些确实重要的事情，比如要避开哪个野生动物，还有裸体滑雪是不是不太好。"那么，如何让你的大脑就范？让它认为如果不知道Python你将无法生存！

1

基础知识

快速入门

尽快开始Python编程。

在这一章中，我们会介绍Python编程的基础知识，这里将采用典型的Head First风格，也就是开门见山。读完几页后，你就会运行你的第一个示例程序。到这一章的最后，你不仅能运行示例程序，还能理解它的代码（可能还不只这些）。在这个过程中，你会了解Python成为这样一种编程语言的关键特点。

列表数据

处理有序数据

所有程序都会处理数据，Python程序也不例外。

事实上，你可以四处看看：数据几乎无处不在。大量（甚至大多数）编程都与数据有关：获取数据、处理数据和理解数据。要想有效地处理数据，需要有地方放置这些数据。Python在这方面表现很出色，这（很大程度上）归功于它提供了一组可以广泛应用的数据结构：**列表、字典、元组和集合**。在这一章中，我们先对这4个数据结构做一个概要介绍，然后深入研究**列表**（下一章再详细学习另外3个数据结构）。之所以先介绍这些数据结构，是因为你用Python完成的大部分工作都可能围绕着数据的处理。

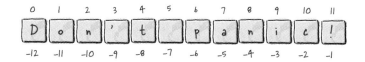

结构化数据

处理结构化数据

Python的列表数据结构很棒，不过它不是万能的。

如果你有非常结构化的数据（使用列表存储这个数据可能不是最佳选择），对此Python提供了内置**字典**，可以助你一臂之力。实际上，字典允许你存储和管理键/值对集合。这一章会详细分析Python的字典，在这个过程中，我们还会认识**集合**和**元组**。连同（上一章介绍的）**列表**、字典、集合和元组数组结构提供了一组内置数据工具，可以帮助Python和数据强强联手，形成一个强大的组合。

代码重用

函数与模块

重用代码是构建一个可维护的系统的关键。

要在Python中重用代码，以**函数**为始，也以**函数**为终。取几行代码，为它们指定一个名字，你就得到了一个（可以重用的）函数。取一组函数，把它们打包成一个文件，你就得到了一个**模块**（也可以重用）。有人说与人分享很美好，此言不假，到这一章最后，你会了解Python的函数和模块如何工作，到时候就能很好地**分享**和**重用**你的代码了。

模块

构建一个Web应用

来真格的

现阶段你已经掌握了足够多的Python知识，可以放心地构建应用了。

读完这本书的前4章，现在你已经可以在各种应用领域有效地使用Python了（尽管还有很多Python知识需要学习）。我们不打算研究所有这些应用领域是什么，这一章以及接下来一章中，我们会通过开发一个Web应用来获得有关的知识，这是Python尤其擅长的一个领域。在这个过程中，你会学习Python的更多知识。

存储和管理数据

数据放在哪里

迟早需要把你的数据安全地存储在某个地方。

在存储数据方面，Python可以提供所有你想要的。在这一章中，你将学习如何存储和获取文本文件中的数据，作为存储机制，这可能有些简单，不过很多问题领域确实都在使用这种机制。除了由文件存储和获取你的数据，你还会学习管理数据的一些技巧。我们到下一章再讨论"正式内容"（也就是在数据库中存储数据），不过现在处理文件就够我们忙活的了。

Form Data	Remote_addr	User_agent	Results
ImmutableMultiDict([('phrase', 'hitch-hiker'), ('letters', 'aeiou')])	127.0.0.1	Mozilla/5.0 (Macintosh; Intel Mac OS X 10_11_2) AppleWebKit/537.36 (KHTML, like Gecko) Chrome/47.0.2526 .106 Safari/537.36	{'e', 'i'}

7 使用数据库

具体使用Python的DB-API

把数据存储在关系数据库系统里很方便。

这一章中，你会了解如何编写代码与流行的MySQL数据库技术交互，这里会使用一个通用的数据库API，名为DB-API。利用DB-API（所有Python安装都会提供这个API），可以编写通用的代码，从而能很容易地从一个数据库产品迁移到另一个数据库产品……这里假设数据库都懂SQL。尽管我们使用MySQL，但你完全可以对你喜欢的关系数据库使用DB-API代码（不论是什么数据库）。下面来看在Python中使用关系数据库涉及哪些内容。这一章并没有太多新的Python知识，不过使用Python与数据库交互是个**非常重要的内容**，很有必要好好学习。

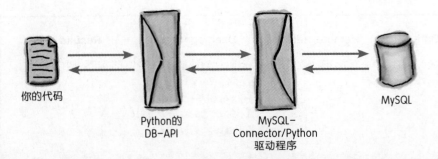

你的代码　　Python的DB-API　　MySQL-Connector/Python驱动程序　　MySQL

一点点类

抽象行为和状态

类允许把代码行为和状态打包在一起。

在这一章中，要把你的Web应用先放在一边，学习如何创建Python类。这是为了能够借助Python类来创建上下文管理器。了解如何创建和使用类非常有用，所以这一章专门来介绍这个内容。这里不会介绍类的所有方面，不过为了能让你自信地创建Web应用期待的上下文管理器，我们会介绍需要了解的全部内容。

countfromby.py - /Users/paul/Desktop/_NewBook/ch07/countfromby.py (3.5.1)

```python
class CountFromBy:

    def __init__(self, v: int, i: int) -> None:
        self.val = v
        self.incr = i

    def increase(self) -> None:
        self.val += self.incr
```

Ln: 2 Col: 0

上下文管理协议

挂接Python的with语句

现在该将你所学派上用场了。

第7章讨论了Python中如何使用**关系数据库**，第8章又介绍了如何在Python代码中使用**类**。这一章中，我们将结合这两种技术生成一个**上下文管理器**，从而能够扩展with语句来处理关系数据库系统。这一章将创建一个新的遵循Python**上下文管理协议**的类来挂接with语句。

```
File Edit Window Help  Checking our log DB
$ mysql -u vsearch -p vsearchlogDB
Enter password:

Welcome to MySQL monitor...

mysql> select * from log;
+----+---------------------+-------------------+---------+-----------+----------------+-----------------------+
| id | ts                  | phrase            | letters | ip        | browser_string | results               |
+----+---------------------+-------------------+---------+-----------+----------------+-----------------------+
|  1 | 2016-03-09 13:40:46 | life, the uni ... ything | aeiou | 127.0.0.1 | firefox | {'u', 'e', 'i', 'a'} |
|  2 | 2016-03-09 13:42:07 | hitch-hiker       | aeiou   | 127.0.0.1 | safari         | {'i', 'e'}            |
|  3 | 2016-03-09 13:42:15 | galaxy            | xyz     | 127.0.0.1 | chrome         | {'y', 'x'}            |
|  4 | 2016-03-09 13:43:07 | hitch-hiker       | xyz     | 127.0.0.1 | firefox        | set()                 |
+----+---------------------+-------------------+---------+-----------+----------------+-----------------------+
4 rows in set (0.0 sec)

mysql> quit
Bye
```

10

函数修饰符

包装函数

要增强你的代码，第9章的上下文管理协议并不是全部。

Python还允许使用函数**修饰符**，利用这个技术你可以为现有函数增加代码而不必修改现有函数的代码。如果你觉得这听上去就像是一种黑科技，别害怕：这并不是什么黑科技。不过，在很多Python程序员看来，在编写代码的诸多技术中，创建函数修饰符算是一种比较难的技术，所以没有得到应有的广泛使用。这一章中我们的计划就是向你展示这种技术，尽管作为一种高级技术，但创建和使用你自己的修饰符并没有那么难。

异常处理

出问题了怎么办

问题总有可能发生，不论你的代码有多好。

你已经成功地执行了这本书中的所有例子，可能认为目前为止提供的所有代码都能很好地工作。不过这是不是就意味着这些代码很健壮？可能不是。编写代码时如果假设不会有坏事发生（即使在最好的情况下），这也太天真了。在最坏情况下，这会很危险，因为会有不可预见的事情发生。编写代码时最好保持警觉，而不是一味地信任。要小心地确保代码确实在做你希望它完成的工作，如果情况有变也能妥善地做出反应。

```
...
Exception
    +-- StopIteration
    +-- StopAsyncIteration
    +-- ArithmeticError
    |    +-- FloatingPointError
    |    +-- OverflowError
    |    +-- ZeroDivisionError
    +-- AssertionError
    +-- AttributeError
    +-- BufferError
    +-- EOFError
    ...
```

关于线程

处理等待

你的代码有时要花很长时间执行。

取决于谁会注意这一点，这可能是个问题，也可能不算是问题。如果某个代码需要"在后台"花30秒完成它的工作，这个等待就不是问题。不过，如果你的用户在等待应用做出响应，而这需要30秒时间，那么所有人都会注意到这个等待。如何解决这个问题？这取决于你要做什么（以及谁在等待）。这一章很短，我们会简要地讨论一些选择，然后介绍解决当前问题的一个方案：如果一个工作要花费很长时间，会发生什么情况？

等待！

高级迭代

12

疯狂地循环

我们的程序往往会在循环上花大量时间。

这并不奇怪，因为大多数程序就是为了快速地多次完成某个工作。谈到优化循环时，一般有两种方法：①改进循环语法（从而更容易地建立循环）；②改进循环的执行（使循环更快地执行）。在Python 2中（那是很久很久以前），Python设计者增加了一个实现这两种方法的语言特性，它有一个奇怪的名字：**推导式**（comprehension）。

附录A

安装

安装Python

首要的事情：在你的计算机上安装Python。

不论你在使用Windows，Mac OS X还是Linux，都能运行Python。如何在这些平台上安装Python取决于这些操作系统如何工作（我们知道……它们有很大不同，是吧），Python社区很努力地提供了针对所有流行操作系统的安装程序。在这个简短的附录中，我们会指导你在计算机上安装Python。

附录B

pythonanywhere

部署你的Web应用

在第5章的最后，我们说过只需要10分钟就可以把你的Web应用部署到云。

现在就来兑现我们的承诺。在这个附录中，我们将带你完成这个过程，将你的Web应用部署到*PythonAnywhere*上，我们会从零开始，整个部署过程大约10分钟。*PythonAnywhere*在Python编程社区中很受欢迎，不难看出这是为什么：它能满足你的期望，对Python（和Flask）提供了很好的支持，而且最棒的是，你不用任何花费就可以托管你的Web应用。

附录C

我们没有介绍的十大内容

还有更多需要学习

我们并不打算面面俱到。

这本书的目标是让你了解足够的Python知识，尽可能快地进入这个世界。还有很多内容可以介绍，但在这本书中没有提到。在这个附录中，我们会讨论以后可能会介绍的十大内容（如果再给我们600页的篇幅）。你可能不会对所有这10个内容都感兴趣，不过如果刚好谈到你想了解的主题，或者正好回答了困扰你的问题，可以利用这个附录简单了解有关内容。Python及其解释器内置提供了这个附录中提到的所有编程技术。

附录D

我们没有介绍的十大项目

更多工具、库和模块

我们知道看到这个附录的标题时你在想什么。

为什么上一个附录的标题不是：我们没有介绍的二十大内容？为什么要再用一个附录讨论另外十个主题？上一个附录中，我们仅限于讨论Python内置提供的内容（作为这个语言的"内置电池"）。在这个附录中，我们会把网撒得更大，讨论与Python有关的更多可用的技术。这里会介绍很多非常好的项目，与上一个附录一样，简要地学习这些内容不会有坏处。

附录E

多参与

Python社区

Python不只是一个很好的编程语言。

这也是一个非常棒的社区。Python社区是一个热情、多元化、开放、友好、共享和乐于给予的社区。我们只是很奇怪，直到目前，居然没人把它印在名片上！不过，说实在的，Python编程并不只与这个语言有关。围绕着Python，一个完整的生态系统已经在发展壮大，表现为大量优秀的图书、网站、会议、研讨会、用户组和知名人物。在这个附录中，我们会调查Python社区，看它能提供什么。不要闭门造车：一定要多参与！

如何使用这本书

引子

有一个问题真是听得我们耳朵都磨出茧了："到底
为什么要把这样一些东西放在一本Python书里呢？"

谁适合看这本书？

如果能肯定地回答下面的所有问题：

1 你是不是已经知道如何用另外一种语言编程?

2 你是不是希望掌握Python编程的诀窍，想要补充到你的工具集中来做一些新事情?

3 你是不是更喜欢自己动手具体实践学到的知识，而不只是听别人长篇累牍地说教?

那么，这本书正是你需要的。

谁不适合看这本书？

如果满足下面任何一种情况：

1 你是不是已经了解Python编程中需要知道的绝大多数内容?

2 你是不是正在找一本Python参考书，希望它能极其详尽地涵盖所有细节?

3 你是不是对新鲜事物畏首畏尾，宁愿被15只凶神恶煞的猴子拔掉脚指甲，也不愿意学习新东西？你是不是认为Python书就应该面面俱到，特别是要包括可能永远也不会用到的那些晦涩的特性，让读者越崩溃越好?

那么，这本书将**不**适合你。

这不是一本参考书，我们假设你以前做过编程。

[来自市场的声音: 任何一个有信用卡的人都可以拥有这本书……当然，我们也收支票。]

我们知道你在想什么。

"这算一本正式的Python书吗？"

"这些图用来做什么？"

"我真的能这样学吗？"

我们也知道你的大脑正在想什么

你的大脑总是渴求一些新奇的东西。它一直在搜寻、审视、期待着不寻常的事情发生。大脑的构造就是如此，正是这一点才让我们不至于墨守成规，能够与时俱进。

我们每天都会遇到许多按部就班的事情，这些事情很普通，对于这样一些例行的事情或者平常的东西，你的大脑又是怎么处理的呢？它的做法很简单，就是不让这些平常的东西妨碍大脑真正的工作。那么什么是大脑真正的工作呢？这就是记住那些确实重要的事情。它不会费心地去记乏味的东西，就好像大脑里有一个筛子，这个筛子会筛掉"显然不重要"的东西，如果遇到的事情枯燥乏味，这些东西就无法通过这个筛子。

那么你的大脑怎么知道到底哪些东西重要呢？打个比方，假如你某一天外出旅行，突然一只大老虎跳到你面前，此时此刻，你的大脑还有身体会做何反应？

神经元会"点火"，情绪爆发，释放出一些化学物质。

好了，这样你的大脑就会知道……

这肯定很重要! 可不能忘记了!

不过，假如你正待在家里或者坐在图书馆里，这里很安全、很舒适，肯定没有老虎。你正在刻苦学习，准备应付考试。也可能想学一些比较难的技术，你的老板认为掌握这种技术需要一周时间，最多不超过十天。

这就存在一个问题。你的大脑很想给你帮忙。它会努力地把这些显然不太重要的内容赶走，保证这些东西不去侵占本不算充足的脑力资源。这些资源最好还是用来记住那些确实重要的事情，比如大老虎，遭遇火灾险情等。再比如，你的大脑会让你记住，绝对不能把聚会时狂欢的照片放在你的Facebook网页上。没有一种简单的办法来告诉大脑："嘿，大脑，真是谢谢你了，不过不管这本书多没意思，也不管现在我对它多么无动于衷，但我确实希望你能把这些东西记下来。"

你的大脑想着，这真的很重要。

太好了，只有450多页枯燥乏味的文字。

你的大脑认为，这些根本不值得记下来。

我们认为 "Head First" 读者就是<u>要学习的人</u>。

那么，怎么学习呢？首先必须获得知识，然后保证自己确实不会忘记。这可不是填鸭式的硬塞。根据认知科学、神经生物学和教育心理学的最新研究，学习的途径相当丰富，绝非只是通过书本上的文字。我们很清楚怎么让你的大脑兴奋起来。

下面是一些Head First学习原则：

看得到。 与单纯的文字相比，图片更能让人记得住，通过图片，学习效率会更高（对于记忆和传递型的学习，甚至能有多达89%的效率提升）。而且图片更能让人看懂。以往总是把图片放在一页的最下面，甚至放在另外的一页上，与此不同，**把文字放在与之相关的图片内部**，或者在**图片的周围写上相关文字**，学习者的能力就能得到多至两倍的提高，从而能更好地解决有关的问题。

采用一种针对个人的交谈式风格。 最新的研究表明，如果学习过程中采用一种第一人称的交谈方式直接向读者讲述有关内容，而不是用一种干巴巴的语调介绍，学生在学习之后的考试中成绩会提高40%。正确的做法是讲故事，而不是做报告。要用通俗的语言，**并且**不要太严肃。如果你面对着这样两个人，一个是你在餐会上结识的很有意思的朋友，另一个人学究气十足，喋喋不休地对你说教，在这两个人中，你会更注意哪一个呢？

让学习的人想得更深。 换句话说，除非你很积极地让神经元活动起来，否则你的头脑里什么也不会发生。必须引起读者的好奇，促进、要求并鼓励读者去解决问题、得出结论、产生新的知识。为此，需要发出挑战，留下练习题和拓宽思路的问题，并要求读者完成一些实践活动，让左右脑都开动起来，而且要利用到多种思维。

引起读者的注意，而且要让他一直保持注意。 我们可能都有过这样的体验，"我真的想把这个学会，不过看过一页后实在是让我昏昏欲睡。"你的大脑注意的是那些不一般、有意思、有些奇怪、抢眼的、意料之外的东西。学习一项有难度的新技术并不一定枯燥。如果学习过程不乏味，你的大脑很快就能学会。

影响读者的情绪。 现在我们知道了，记忆能力很大程度上取决于所记的内容对我们的情绪有怎样的影响。如果是你关心的东西，就肯定记得住。如果让你感受到了什么，这些东西就会留在你的脑海中。不过，我们所说的可不是什么关于男孩与狗的伤心故事。这里所说的情绪是惊讶、好奇、觉得有趣、想知道"什么……"还有就是一种自豪感，如果你解决了一个难题，学会了所有人都觉得很难的东西，或者发现你了解的一些知识竟是那些自以为无所不能的傲慢家伙所不知道的，此时就会有一种自豪感油然而生。

元认知：有关思考的思考

如果你真的想学，而且想学得更快、更深，就应该注意怎样才会专注起来，考虑自己是怎样思考的，并了解你的学习方法。

我们中间大多数人长这么大可能都没有上过有关元认知或学习理论的课程。我们想学习，但是很少有人教我们怎么来学习。

不过，这里可以做一个假设，如果你手上有这本书，你想学如何用Python构建程序，而且可能不想花太多时间。如果你想把这本书中读到的知识真正用起来，就需要记住你读到的所有内容。为此，必须理解这些内容。要想最大程度地利用这本书或其他任何一本书，或者掌握学习经验，就要让你的大脑负起责来，要求它记住这些内容。

怎么做到呢？技巧就在于要让你的大脑认为你学习的新东西确实很重要，对你的生活有很大影响。就像老虎出现在面前一样。如若不然，你将陷入旷日持久的拉锯战中，虽然你很想记住所学的新内容，但是你的大脑却会竭尽全力地把它们拒之门外。

那么究竟怎样才能让你的大脑把编程看做是一只饥饿的老虎呢？

这有两条路，一条比较慢，很乏味。另一条路不仅更快，还更有效。慢方法就是大量地重复。你肯定知道，如果反反复复地看到同一个东西，即便再没有意思，你也能学会并记住。如果进行了足够的重复，你的大脑就会说，"尽管看上去这对他来说好像不重要，不过，既然他这样一而再、再而三地看同一个东西，所以我觉得这应该是重要的。"

更快的方法是**尽一切可能让大脑活动起来**，特别是开动大脑来完成不同类型的活动。如何做到这一点呢？上一页列出的学习原则正是一些主要的可取做法，而且经证实，它们确实有助于让你的大脑全力以赴。例如，研究表明，把文字放在所描述图片的中间（而不是放在这一页的别处，比如作为标题，或者放在正文中），这样会让你的大脑更多地考虑这些文字与图片之间有什么关系，而这就会让更多的神经元点火。让更多的神经元点火 = 你的大脑更有可能认为这些内容值得关注，而且很可能需要记下来。

交谈式风格也很有帮助，当人们意识到自己在与"别人"交谈时，往往会更专心，这是因为他们总想跟上谈话的思路，并能做出适当的发言。让人惊奇的是，大脑并不关心"交谈"的对象究竟是谁，即使你只是与一本书"交谈"，它也不会在乎！另一方面，如果写作风格很正统、干巴巴的，你的大脑就会觉得，这就像坐在一群人当中被动地听人做报告一样，很没意思，所以不必在意对方说的是什么，甚至可以打瞌睡。

不过，图片和交谈风格还只是开始而已，能做的还有很多……

我们是这么做的：

我们用了很多**图**，因为你的大脑更能接受看得见的东西，而不是纯文字。对你的大脑来说，一幅图抵千言。如果既有文字又有图片，我们会把文字放在图片当中，因为文字处在所描述的图片中间时，大脑的工作效率更高，倘若把这些描述文字作为标题，或者"淹没"在别处的大段文字中，就达不到这种效果了。

我们采用了**重复手法**，会用不同方式，采用不同类型的媒体，运用多种思维手段来介绍同一个东西，目的是让有关内容更有可能储存在你的大脑中，而且在大脑中多个区域都有容身之地。

我们会用你**想不到的方式**运用概念和图片，因为你的大脑喜欢新鲜玩意。在提供图和思想时，至少会含着一些**情绪**因素，因为如果能产生情绪反应，你的大脑就会投入更大的注意。而这会让你感觉到这些东西更有可能要被记住，其实这种感觉可能只是很点**幽默**，**让人奇怪**或者**比较感兴趣**而已。

我们采用了一种针对个人的**交谈式风格**，因为当你的大脑认为你在参与一个会谈，而不是被动地听一场演示汇报时，它就会更加关注。即使你实际上在读一本书，也就是说在与书"交谈"，而不是真正与人交谈，但这对你的大脑来说并没有什么分别。

在这本书里，我们加入了80多个**实践活动**，因为与单纯的阅读相比，如果能实际**做**点什么，你的大脑会更乐于学习，更愿意去记。这些练习都是我们精心设计的，有一定的难度，但是确实能做出来，因为这是大多数人所希望的。

我们采用了**多种学习模式**，因为尽管你可能想循序渐进地学习，但是其他人可能希望先对整体有一个全面的认识，另外可能还有人只是想看一个例子。不过，不管你想怎么学，要是同样的内容能以多种方式来表述，这对每一个人都会有好处。

这里的内容不只是单单涉及左脑，也不只是让右脑有所动作，我们会让你的**左右脑**都开动起来，因为你的大脑参与得越多，你就越有可能学会并记住，而且能更长时间地保持注意力。如果只有一半大脑在工作，通常意味着另一半有机会休息，这样你就能更有效率地学习更长时间。

我们会讲**故事**，留练习，从**多种不同的角度**来看同一个问题，这是因为，如果要求大脑做一些评价和判断，它就能更深入地学习。

我们会给出一些**练习**，还会问一些**问题**，这些问题往往没有直截了当的答案，通过克服这些挑战，你就能学得更好，因为让大脑真正做点什么的话，它就更能学会并记住。想想吧，如果只是在体育馆里看着别人流汗，这对于保持你自己的体形肯定不会有什么帮助，正所谓临渊羡鱼，不如退而结网。不过另一方面，我们会竭尽所能不让你钻牛角尖，以致把劲用错了地方，而是能把功夫用在点子上。也就是说，**你不会为搞定一个难懂的例子而耽搁**，也**不会花太多时间去弄明白**一段艰涩难懂而且通篇行话的文字，我们的描述也不会太过简洁而让人无从下手。

我们用了**拟人手法**。在故事中，在例子中，在图中，你都会看到人的出现，这是因为你本身是一个人，不错，这就是理由。如果和人打交道，相对于某件东西而言，你的大脑会更为关注。

把这一页撕下来，贴到你的电冰箱上。

可以用下面的方法让你的大脑就范

好了，我们该做的已经做了，剩下的就要看你自己的了。以下提示可以作为一个起点：听一听你的大脑是怎么说的，弄清楚对你来说哪些做法可行，哪些做法不能奏效。要尝试新鲜事物。

---

1 慢一点。你理解的越多，需要记的就越少。

不要光是看看就行了。停下来，好好想一想。书中提出问题的时候，你不要直接去翻答案。可以假想真的有人在问你这个问题。你让大脑想得越深入，就越有可能学会并记住它。

2 做练习，自己记笔记。

我们留了练习，但是如果这些练习的解答也由我们一手包办，那和有人替你参加考试有什么分别？不要只是坐在那里看着练习发呆。拿出笔来，写一写，画一画。大量研究都证实，学习过程中如果能实际动动手，这将改善你的学习。

3 阅读"没有傻问题"部分。

顾名思义。这些问题不是可有可无的旁注，**它们绝对是核心内容的一部分！** 千万不要跳过去不看。

4 上床睡觉之前不要再看别的书，至少不要看其他有难度的东西。

学习中有一部分是在你合上书之后完成的（特别是，要把学到的知识长久地记住，这往往无法在看书的过程中做到）。你的大脑也需要有自己的时间，这样才能再做一些处理。如果在这段处理时间内你又往大脑里灌输了新的知识，那么你刚才学的一些知识就会丢掉。

5 讲出来，而且要大声讲出来。

说话可以刺激大脑的另一部分。如果你想看懂什么，或者想更牢地记住它，就要大声地说出来。更好的办法是，大声地解释给别人听。这样你会学得更快，而且会有以前光看不说时不曾有的新发现。

6 要喝水，而且要大量喝水。

能提供充足的液体，你的大脑才能有最佳表现。如果缺水（可能在你感觉到口渴之前就已经缺水了），学习能力就会下降。

7 听听你的大脑怎么说。

注意一下你的大脑是不是负荷太重了。如果发现自己开始浮光掠影地翻看，或者刚看的东西就忘记了，这说明你该休息一会了。达到某个临界点时，如果还是一味地向大脑里塞，这对于加快学习速度根本没有帮助，甚至还可能影响正常的学习进程。

8 要有点感觉。

你的大脑需要知道这是很重要的东西。要真正融入到书中的故事里。为书里的照片加上你自己的图题。你可能觉得一个笑话很憋脚，但这总比根本无动于衷要好。

9 编写大量软件!

要学习编程，没有别的办法，只能通过**编写大量代码**。这本书正是要这么做。编写代码是一种技巧，要想在这方面擅长，只能通过实践。我们会给你提供大量实践的机会：每一章都留有练习，提出问题让你解决。不要跳过这些练习，很多知识都是在完成这些练习的过程中学到的。我们为每个练习都提供了答案，如果你实在做不出来（很容易被一些小问题卡住），**看看答案也无妨！** 不过在看答案之前，还是要尽力先自己解决问题。而且在读下一部分之前，一定要确确实实地掌握前面的内容。

重要说明（1/2）

要把这看做是一个学习过程，而不要简单地把它看成是一本参考书。我们在安排内容的时候有意做了一些删减，只要是对内容的学习有妨碍，我们都毫不留情地把这些部分删掉。另外，第一次看这本书的时候，要从第一页开始看起，因为书中后面的部分会假定你已经看过而且学会了前面的内容。

这本书经过特别设计，为使你能尽快上手。

既然你想学真功夫，这里就会教你真功夫。所以，在这本书中不会看到长篇大论的技术内容，这里不会用干巴巴的表格罗列Python的操作符，也不会给出枯燥的操作符优先级规则。所有这些都没有，不过我们会精心安排，尽可能涵盖所有基础知识，使你能把Python尽快记入大脑并永远留住。我们只做了一个假设，认为你已经知道如何用另外某种编程语言来编写程序。

这本书面向Python 3

这本书使用Python编程语言的版本3，我们会在附录A中介绍如何得到和安装Python 3。这本书完全没有使用Python 2。

我们会直接让Python投入工作。

从第1章开始你就会用Python做些有用的工作。这里不会绕弯子，因为我们希望你能立即用Python开展工作。

书里的实践活动不是可有可无的，你要做些具体的工作。

这里的练习和实践活动不是可有可无的装饰和摆设；它们也是这本书核心内容的一部分。其中有些练习和活动有助于记忆，有些则能够帮助你理解，还有一些对于如何应用所学的知识很有帮助。千万不要跳过这些练习不做。

我们有意安排了许多重复，这些重复非常重要。

Head First系列图书有一个与众不同的地方，这就是，我们希望你确确实实地掌握这些知识，另外希望在学完这本书之后你能记住学过了什么。大多数参考书都不太重视重复和回顾，但是由于这是一本有关学习的书，你会看到一些概念一而再、再而三地出现。

重要说明 (2/2)

代码例子尽可能短小精悍。

有读者告诉我们，如果查了200行代码才能找到要理解的那两行代码，这很让人郁闷。这本书里大多数例子往往都开门见山，作为上下文的代码会尽可能的少，这样你就能一目了然地看到哪些东西是需要学习的。别指望这些代码很健壮，甚至别指望它们是完整的。我们特意把这些例子写得很简单，以便于你学习，它们的功能往往不太完备（不过我们会努力确保它们尽可能完备）。

嗯，还有……

第二版完全不同于第一版。

《Head First Python》第一版早在2010年年末就已经出版，这本书是对第一版的全面更新。尽管这两本书的作者是同一个人，不过现在他年龄更大，也更睿智（希望是这样），因此决定在这一版中完全重写第一版的内容。所以……一切都是新的：顺序不一样，内容已经更新，例子也更好，另外删去或替换了一些故事。我们保留了原来的封面（只是稍做修改）因为我们不想太添乱。已经过去了长长的6年……希望你喜欢我们的这本书。

代码在哪里？

我们在网上放了大量代码示例，你可以根据需要复制和粘贴（不过，强烈建议你在学习过程中自己输入代码）。可以从以下地址找到代码：

http://bit.ly/head-first-python-2e
http://python.itcarlow.ie

技术审校团队

Bill Lubanovic已经做了40年的开发人员和管理员。他也为
O'Reilly写书：曾写过两本Linux安全书中的一些章节，合作
编写了一本Linux管理书，另外还有一本专著《Introducing
Python》。他与他可爱的妻子、两个可爱的孩子和三只毛茸
茸的猫生活在明尼苏达州Sangre de Sasquatch山脉中一个冰
湖旁边。

Bill

Edward Yue Shung从2006年写第一行Haskell代码之后，
他就深深着迷于写代码。目前在伦敦中心从事事件驱动
交易处理方面的工作。他很喜欢在London Java社区和
Software Craftsmanship社区分享他的开发激情。如果不在
键盘前面，Edward通常在打橄榄球或者在看YouTube视频
（@arkangelofkaos）。

Edward

Adrienne Lowe原是亚特兰大的一名私人厨师，后来成
为一位Python开发人员，在她的烹饪和编码博客Coding
with Knives（*http://codingwithknives.com*）中与大家分享
故事、会议摘要和菜谱。她组建了PyLadiesATL和Django
Girls Atlanta研讨组，还为从事Python工作的女程序员
开设了Django Girls每周的"Your Django Story"访谈系
列。Adrienne是Emma有限公司的支持工程师，另外还是
Django软件基金会的发展主管，而且是Write the Docs核心团
队成员。她更喜欢手写信而不是发email，从儿时起就开始
集邮，已经有丰富的收藏。

Adrienne

Monte Milanuk提供了很有价值的反馈。

致谢

致我的编辑：这一版的编辑是**Dawn Schanafelt**，由于有Dawn的参与，这本书有了显著的提升。Dawn不仅是一位很棒的编辑，而且总能发现细节，并用合适的方式来表达，大大改进了这本书的内容。O'Reilly Media总是聘用开朗、友善、能干的人，Dawn正是集这些特点为一身的典型代表。

Dawn

致O'Reilly Media团队：《Head First Python》的这一版用了4年才写完（时间真是很长）。所以，很自然地，O'Reilly Media团队的很多人都参与了这本书。**Courtney Nash**在2012年告诉我做一个"快速改写"，随着项目的范围不断膨胀，他一直在旁边提供帮助。Courtney是这一版的第一位编辑，当时情况很糟糕，看起来这本书无法继续下去了，是他一直在支持着我。随着情况慢慢回到正轨，Courtney转去完成O'Reilly Media更大更重要的工作，2014年将这本书的编辑交给了非常忙碌的**Meghan Blanchette**，他看着（我猜他一定很是发愁）这本书一拖再拖，时不时地脱离轨道。直到Meghan转去执行新的任务，Dawn接手任这本书的编辑，一切才恢复正常。那是几年前，这本书12¾章中很大一部分都是在Dawn的监督下完成的。正如我前面提到的，O'Reilly Media聘用的都是很卓越的人，非常感谢Courtney和Meghan对编辑这本书的贡献和支持。另外，还要感谢**Maureen Spencer**、**Heather Scherer**、**Karen Shaner**和**Chris Pappas**的"后台"工作。还要感谢像Production等等未具名的英雄，将我的InDesign草稿加工成最终完善的作品。他们真的很棒。

还要向**Bert Bates**以及**Kathy Sierra**致以诚挚的谢意，正是从他们绝妙的《Head First Java》开始，逐步成就了今天的Head First系列。Bert花了很长时间和我一起确保这一版保证正确的方向。

致我的朋友和同事：再次感谢卡罗理工学院计算系主任**Nigel Whyte**能够支持我重写这本书。我的很多学生提供了大量素材（作为他们课程研究的一部分），我希望他们看到课堂上的一个（或多个）例子出现在这本书里时会很高兴。

再次感谢**David Griffiths**（我的《Head First Programming》搭档），在我深深陷于低谷的时候，感谢他告诉我不要苛求一切，动手去写就好！这个建议太好了，而且我也高兴地发现，只需要一个email，David和Dawn（他的妻子和Head First合作者）就会出手相助。一定要看David和Dawn绝妙的Head First书。

致我的家人：我亲爱的家人（妻子**Deirdre**和孩子们**Joseph**、**Aaron**和**Aideen**）不得不忍受4年来我的牢骚连连、"吹胡子瞪眼"、还不时发作的坏脾气，这段历程简直改变了我们的生活，我们必须努力靠智慧渡过这些难关，好在结局圆满。这本书还在，我还在，我的家人们也还在。非常感谢他们，我爱他们所有人，我知道不需要说这些，但我还是要说：这本书为你们而写。

一个也不能少：感谢我的技术审校团队出色的工作，请看上一页他们简短的个人资料。我考虑了他们提供的所有反馈，修正了他们发现的所有错误，当然当他们告诉我做得不错时也总是让我很开心。非常感谢大家。

Safari®图书在线

Safari图书在线是一个应需而变的数字图书馆，通过图书和视频方式提供世界顶尖作者在技术和商业领域积累的专家经验。

技术专家、软件开发人员、Web设计人员和企业以及有创意的专业人员都使用Safari图书在线作为其主要资源来完成研究、解决问题、深入学习和资质培训。

Safari图书在线为机构、政府部门和个人提供了多种产品组合和定价程序。

订阅者可以在一个快捷搜索的数据库中访问多家出版社提供的成千上万种图书、培训视频和正式出版前手稿，如O'Reilly Media、Prentice Hall Professional、Addison-Wesley Professional、Microsoft Press、Sams、Que、Peachpit Press、Focal Press、Cisco Press、John Wiley & Sons、Syngress、Morgan Kaufmann、IBM Redbooks、Packt、Adobe Press、FT Press、Apress、Manning、New Riders、McGraw-Hill、Jones & Bartlett、Course Technology以及数百家其他出版公司。关于Safari图书在线的更多信息，请访问我们的在线网站。

1 基础知识

快速入门

> Python是什么？大蟒蛇？20世纪60年代末的一个喜剧团？一种编程语言？天呐！这些都是Python!

> 他显然是在海上呆得太久了……

尽快开始Python编程。

这一章中，我们会介绍Python编程的基础知识，这里将采用典型的Head First风格，也就是开门见山。读完几页后，你就会运行你的第一个示例程序。到这一章的最后，你不仅能运行示例程序，还能理解它的代码（可能还不只这些）。在这个过程中，你会了解Python成为这样一个编程语言的关键特点。好了，不浪费时间了。翻开下一页，我们开始吧！

打破常规

拿起几乎任何一本关于编程语言的书，首先看到的都是Hello World例子。

不，我们不这么做。

这是一本Head First书，我们当然要与众不同。其他书中总有一个习惯，开始时都会展示如何用要介绍的那种编程语言编写*Hello World*程序。不过，对于Python，这只需要一条语句就能做到，通过调用Python的内置`print`函数，就会在屏幕上显示我们司空见惯的"Hello, World!"消息。这太让人兴奋了……但同时你也几乎学不到任何东西。

所以，我们不会展示如何用Python编写*Hello World*程序，因为确实从中学不到什么。我们要另辟蹊径……

从一个更实际的例子开始

这一章我们计划从一个比*Hello World*更大的例子开始，相应地，也更有用。

要提前告诉你的是，这个例子是特别设计的，稍有些牵强：它确实会做一些工作，但从长远来看可能不算太有用。也就是说，我们选择这样一个例子是为了提供一个工具，让你能够在尽可能短的时间里了解到Python的大量特性。而且我们可以承诺，等你完成了第一个示例程序，不需要我们帮助，你也能清楚地知道如何用Python编写*Hello World*程序。

开门见山

如果你的计算机上还没有安装Python 3，先暂停一下，翻到附录A，那里提供了逐步安装说明（相信我，只需要几分钟而已）。

如果安装了最新的Python 3，就可以开始Python编程了，另外为了帮助编程（对目前来说），我们将使用Python内置的集成开发环境（integrated development environment，IDE）。

只需要Python的IDLE就可以开始了

在你的计算机上安装Python 3时，还会得到一个非常简单但很有用的IDE，叫做IDLE。尽管可以用很多不同的方法运行Python代码（这本书里你就会看到很多不同方法），但开始时只需要IDLE就可以了。

在你的计算机上启动IDLE，然后使用File（文件）→New File（新建文件）菜单项打开一个新的编辑窗口。在我们的计算机上，这会得到两个窗口：一个叫做Python Shell，另一个叫做Untitled：

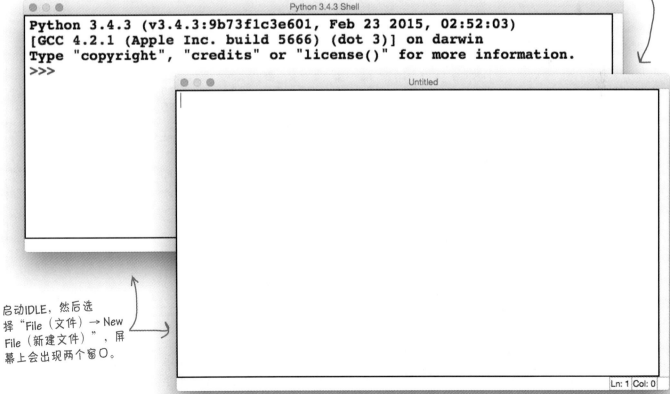

这个窗口先弹出，可以把它看作是"第一个窗口"。

选择File（文件）→New File（新建文件）菜单项后，会出现这个窗口。可以认为它是"第二个窗口"。

启动IDLE，然后选择"File（文件）→New File（新建文件）"，屏幕上会出现两个窗口。

了解IDLE的窗口

这两个IDLE窗口都很重要。

第一个窗口Python Shell是一个REPL环境，用来运行Python代码段，通常一次运行一条语句。使用Python越多，你就会越喜爱Python Shell，学习这本书的过程中也会大量使用Python Shell。不过，对现在来说，我们对第二个窗口更感兴趣。

第二个窗口Untitled是一个文本编辑窗口，可以用来编写完整的Python程序。这当然不是世界上最好的编辑器（因为最好的编辑器是<在这里插入你最喜欢的文本编辑器的名字>），不过IDLE的编辑器相当好用，而且已经内置了丰富的高级特性，包括区分颜色的语法处理等等。

因为我们要开门见山，所以直接在这个窗口中输入一个小程序。键入下面的代码后，使用*File*（文件）→*Save*（保存）菜单项将这个程序保存为odd.py。

一定要严格按这里所示输入代码：

Geek Bits

REPL是什么意思？

这是"read-eval-print-loop"的缩写，是指一个交互式编程工具，利用这个工具你可以随心所欲地试验代码段。要想了解更多，可以访问 *http://en.wikipedia.org/wiki/Read-eval-print_loop*。

现在先不用担心这个代码要做什么。只需要把它输入到编辑窗口中。在做后面的工作之前，一定要把它保存为"odd.py"。

```
odd.py - /Users/Paul/Desktop/_NewBook/ch01/odd.py (3.4.3)

from datetime import datetime

odds = [ 1,  3,  5,  7,  9, 11, 13, 15, 17, 19,
        21, 23, 25, 27, 29, 31, 33, 35, 37, 39,
        41, 43, 45, 47, 49, 51, 53, 55, 57, 59 ]

right_this_minute = datetime.today().minute

if right_this_minute in odds:
    print("This minute seems a little odd.")
else:
    print("Not an odd minute.")
```

Ln: 15 Col: 0

嗯……那现在呢？如果你像我们一样，肯定等不及想要运行这个代码，是不是？下面就来运行这个代码。现在编辑窗口中已经输入了代码（如上所示），按下键盘上的F5键。会有一些事情发生……

接下来会发生什么……

如果你的代码顺利运行，没有任何错误，可以翻到下一页，继续后面的工作。

如果你在运行之前没有保存代码，IDLE会发出警告，因为必须先把新代码保存到一个文件。如果你没有保存代码，会看到类似下面的一个消息：

默认地，IDLE不会运行未保存的代码。

单击OK按钮，然后为文件提供一个名字。我们选择odd作为这个文件的名字，而且增加了一个.py扩展名（这是Python的一个约定，最好遵循这个约定）：

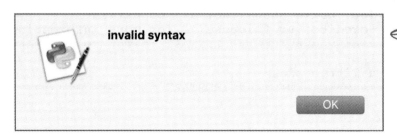

你也可以为这个程序指定你喜欢的任何名字，不过如果要跟着我们完成这个例子，最好与我们一样用同样的名字。

如果你的代码现在能运行（已经保存），翻到下一页，继续后面的工作。不过，如果你的代码中存在某个语法错误，就会看到这样一个消息：

> invalid syntax
>
> OK

你肯定会说，IDLE并没有很好地指出这个语法错误到底是什么。不过，单击OK按钮，会有一个红块指示IDLE认为问题出在哪里。

单击OK按钮，注意IDLE认为是哪里出现了这个语法错误：在编辑窗口中查找红块。确保你的代码与我们的完全一致，再次保存你的文件，然后按F5键让IDLE再一次执行你的代码。

按F5运行你的代码

按F5会在当前选择的IDLE文本编辑窗口中执行代码，当然这里假设你
的代码不包含运行时错误。如果存在一个运行时错误，就会看到一个
Traceback错误消息（用红色显示）。查看这个消息，然后回到编辑窗口，
确保你输入的代码与我们的完全相同。保存修改后的代码，再次按下F5。
我们按F5时，Python Shell成为活动窗口，我们看到的窗口如下：

从现在开始，我们会把"IDLE文本
编辑窗口"简称为"编辑窗口"。

```
Python 3.4.3 Shell
Python 3.4.3 (v3.4.3:9b73f1c3e601, Feb 23 2015, 02:52:03)
[GCC 4.2.1 (Apple Inc. build 5666) (dot 3)] on darwin
Type "copyright", "credits" or "license()" for more information.
>>> ============================== RESTART ==============================
>>>
This minute seems a little odd.
>>> |
                                                                        Ln: 7 Col: 4
```

如果你看到的消息与这里不同，不用担心。
继续往下读，就会知道为什么会这样。

取决于你的具体时间，你可能会看到另一个消息，指示不是奇数分钟。如
果是这样，不用担心，因为这个程序会根据你的计算机当前时间是否包含一
个奇数分钟值来显示某个消息（我们说过，这个例子有些牵强，是不是）。
如果等1分钟，再单击编辑窗口将它选中，然后再次按下F5，你的代码会再
次运行。这一次你会看到另一个消息（假设你确实等待了1分钟）。可以按
任何间隔随意运行这个代码。下面是我们（非常耐心地）等待了1分钟后看
到的结果：

如果当前在编辑窗口中，
按F5会运行你的代码，
然后在Python Shell中显
示得到的输出。

```
Python 3.4.3 Shell
Python 3.4.3 (v3.4.3:9b73f1c3e601, Feb 23 2015, 02:52:03)
[GCC 4.2.1 (Apple Inc. build 5666) (dot 3)] on darwin
Type "copyright", "credits" or "license()" for more information.
>>> ============================== RESTART ==============================
>>>
This minute seems a little odd.
>>> ============================== RESTART ==============================
>>>
Not an odd minute.
>>> |
                                                                        Ln: 10 Col: 4
```

下面花点时间来了解这个代码是如何运行的。

代码立即运行

IDLE让Python运行编辑窗口中的代码时，Python会从文件最上面开始立即执行代码。

如果你之前用过某种类C语言，现在转向Python，就会注意到Python中没有main()函数或方法的概念。另外也没有我们熟悉的编辑→编译→链接→运行过程。使用Python时，只需要编辑和保存代码，然后立即运行。

等一下。你说"IDLE让Python来运行代码"……但是Python是编程语言，而IDLE是IDE，难道不是吗？如果是这样，这里到底是什么在运行代码？

嗯，问得好。这确实有点绕。

你要知道的是："Python"是编程语言的名字，而"IDLE"是内置的Python IDE的名字。

也就是说，在你的计算机上安装Python 3时，还会安装一个**解释器**。正是这个解释器在运行你的Python代码。让人容易混淆的是，这个解释器的名字也叫做"Python"。按理说，所有人谈到这个解释器时都应该使用更准确的名字，也就是"Python解释器"。但是，很可惜，没有人这么做。

在这本书中，从现在开始我们将使用"Python"表示这种语言，而用"解释器"表示运行Python代码的技术。"IDLE"表示IDE，可以在其中编辑Python代码，并通过解释器运行。在这里要由解释器完成所有具体的工作。

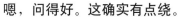

问： Python解释器是不是就像是Java VM？

答： 是，也不是。说它是，是因为解释器会运行代码，说它不是则是因为运行的方式不同。在Python中，没有将源代码编译为"可执行代码"的概念。与Java VM不同，解释器并不运行.class文件，它会直接运行你的代码。

问： 不过，肯定要在某个阶段完成编译吧？

答： 对，确实如此，不过解释器不会把这个过程展示给Python程序员（你）。所有细节都由它负责，不需要你操心。你看到的只是你的代码在运行，因为IDLE会完成所有具体工作，代表你与解释器交互。在这本书后面还会更多地讨论这个过程。

执行代码，一次执行一条语句

下面再来看第4页上的程序代码：

```python
from datetime import datetime

odds = [ 1,  3,  5,  7,  9, 11, 13, 15, 17, 19,
        21, 23, 25, 27, 29, 31, 33, 35, 37, 39,
        41, 43, 45, 47, 49, 51, 53, 55, 57, 59 ]

right_this_minute = datetime.today().minute

if right_this_minute in odds:
    print("This minute seems a little odd.")
else:
    print("Not an odd minute.")
```

扮演Python解释器

下面花点时间按解释器的方式运行这个代码，从文件开头到末尾逐行地运行。

第一行代码从Python标准库**导入**一些已有的功能，Python标准库是一组丰富的软件模块，提供了大量预建（而且高质量）的可重用代码。

在我们的代码中，我们特意从标准库的datetime模块请求了一个子模块。这个子模块也叫做datetime，这一点很容易让人混淆，不过确实是这样的。datetime子模块提供了一种处理时间的机制，后面几页就会介绍。

可以把模块看作是相关函数的一个集合。

这是子模块的名字。

```python
from datetime import datetime

odds = [ 1,  3,  5,  7,  9, 11, 13, 15, 17, 19,
        21, 23, 25, 27, 29, 31, 33, 35, 37, 39,
        41, 43, 45, 47, 49, 51, 53, 55, 57, 59 ]
            ...
```

这是要从中导入可重用代码的标准库模块的名字。

记住：解释器从文件第一行开始，一直到文件末尾，会执行文件中的每一行Python代码。

在这本书中，如果我们希望你特别注意某行代码，会突出显示这行代码（就像现在这样）。

函数 + 模块 = 标准库

Python的**标准库**相当丰富，提供了大量可重用代码。

下面来看另一个模块，名为os，这个模块提供了一种平台独立的方式来与底层操作系统交互（稍后我们还会回来讨论datetime模块）。下面重点看它提供的一个函数getcwd，调用这个函数时，会返回你的当前工作目录。

在Python程序中通常如下导入和调用函数：

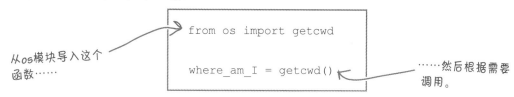

从os模块导入这个函数……

```
from os import getcwd

where_am_I = getcwd()
```

……然后根据需要调用。

相关函数的一个集合构成了一个模块，标准库中有大量模块：

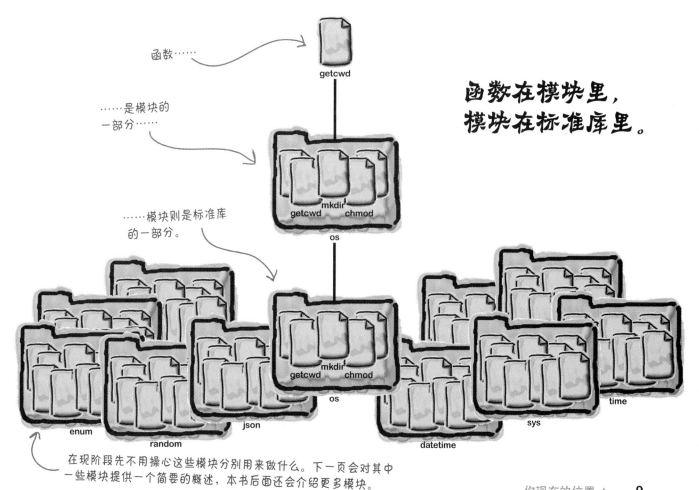

函数……

getcwd

……是模块的一部分……

mkdir
getcwd   chmod
os

……模块则是标准库的一部分。

函数在模块里，模块在标准库里。

mkdir
getcwd   chmod
os

enum

random

json

datetime

sys

time

在现阶段先不用操心这些模块分别用来做什么。下一页会对其中一些模块提供一个简要的概述，本书后面还会介绍更多模块。

观察标准库

标准库是Python皇冠上的宝石，它提供了大量可重用的模块，可以帮助你完成一切工作，例如，通过管理ZIP归档文件来处理数据、发送email，以及处理HTML等。标准库甚至还包括一个Web服务器，以及流行的SQLite数据库技术。在这个"观察"中，我们将对标准库中最常用的一些模块提供一个概述。学习过程中，你可以在>>>提示窗口（IDLE中）输入这些例子。如果你现在看到的是IDLE的编辑窗口，可以从菜单选择*Run*（运行）→*Python Shell*，就能看到>>>提示符了。

下面先对运行解释器的操作系统有个简单的了解。尽管Python声称自己是跨平台的，也就是说一个平台上编写的代码可以在另一个平台上执行（通常无需修改），但有时知道在什么系统上运行会很重要，例如Mac OS X。sys模块就可以帮助你更多地了解运行解释器的系统。可以按如下确定你的底层操作系统，首先导入sys模块，然后访问platform属性：

```
>>> import sys
>>> sys.platform
'darwin'
```

导入你需要的模块，然后访问感兴趣的属性。看来我们在运行"darwin"，这是Mac OS X内核名。

一些可重用模块主要支持访问预置属性（如platform），sys模块就是这种模块的一个很好的例子。来看另一个例子，可以按如下确定在运行Python的哪个版本，结果将传递给print函数从而显示在屏幕上：

```
>>> print(sys.version)
3.4.3 (v3.4.3:9b73f1c3e601, Feb 23 2015, 02:52:03)
[GCC 4.2.1 (Apple Inc. build 5666) (dot 3)]
```

关于所运行的Python版本有大量信息，包括它是3.4.3。

一些可重用模块主要提供功能，os模块就是这种模块的一个很好的例子，还会为Python代码提供一种系统独立的方式与底层操作系统交互，而不论具体是什么操作系统。

例如，可以按如下使用getcwd得出代码所在文件夹的名字。与其他模块一样，在调用函数之前，首先要导入这个模块：

```
>>> import os
>>> os.getcwd()
'/Users/HeadFirst/CodeExamples'
```

导入模块，然后调用需要的功能。

可以访问系统的全部环境变量（使用environ属性），也可以单独访问某一个环境变量（使用getenv函数）：

```
>>> os.environ
'environ({'XPC_FLAGS': '0x0', 'HOME': '/Users/HeadFirst', 'TMPDIR': '/var/
folders/18/t93gmhc546b7b2cngfhz10100000gn/T/', ... 'PYTHONPATH': '/Applications/
Python 3.4/IDLE.app/Contents/Resources', ... 'SHELL': '/bin/bash', 'USER':
'HeadFirst'})'
>>> os.getenv('HOME')
'/Users/HeadFirst'
```

"environ"属性包含大量数据

可以使用"getenv"（从"environ"包含的数据中）访问指定的属性。

观察标准库 （续）

经常要处理日期（和时间），标准库提供了datetime模块来帮助你处理这种类型的数据。date.today函数会提供今天的日期：

```
>>> import datetime
>>> datetime.date.today()          ←——————  今天的日期。
datetime.date(2015, 5, 31)
```

不过，这样显示今天的日期肯定有些奇怪，是不是？可以在date.today调用后面追加一个要访问的属性来单独访问日、月和年值：

```
>>> datetime.date.today().day
31
>>> datetime.date.today().month      ←——————  今天日期的组成部分（日、
5                                              月和年）。
>>> datetime.date.today().year
2015
```

还可以调用date.isoformat函数并传入今天的日期，用一种更友好的方式显示，日期会由isoformat转换成一个字符串：

```
>>> datetime.date.isoformat(datetime.date.today())   ←——— 今天的日期转换为
'2015-05-31'                                                 一个字符串。
```

另外还有时间，我们的程序都少不了要处理时间。标准库能告诉我们时间吗？当然可以。导入time模块后，调用strftime函数并指定你希望以什么方式显示时间就可以了。在这里，我们对24小时制的当前小时(%H)和分钟(%M)值感兴趣：

```
>>> import time
>>> time.strftime("%H:%M")
'23:55'   ←——————  天呐！这么晚了？
```

想看看是星期几，另外是上午还是下午？对strftime使用%A %p规范就可以得到：

```
>>> time.strftime("%A %p")        现在我们知道已经是星期天晚上，还差5分钟就午夜12点了……
'Sunday PM'   ←——————             该睡觉了，是不是？
```

标准库可以提供很多可重用的功能，作为最后一个例子，假设你有一些HTML，你担心其中包含一些可能危险的<script>标记。与其解析这个HTML来检测和删除那些标记，为什么不使用html模块中的escape函数对所有那些可能有麻烦的尖括号编码呢？或者可能你有一些编码的HTML，想把它们恢复成原来的形式。unescape函数可以做到这一点。下面给出这两个函数的例子：

```
>>> import html
>>> html.escape("This HTML fragment contains a <script>script</script> tag.")
'This HTML fragment contains a &lt;script&gt;script&lt;/script&gt; tag.'   ←—— 与HTML编码
>>> html.unescape("I &hearts; Python's &lt;standard library&gt;.")              文本的来回
"I ♥ Python's <standard library>."                                              转换。
```

内置电池

我想这就是人们所说的"Python提供内置电池"，是吧？

没错。他们正是这个意思。

由于**标准库**如此丰富，通常认为，要利用这种语言**立即产生**成效，只需要安装Python就足够了。

圣诞节早上，你打开新玩具，会发现并没有提供电池，与此不同，Python不会让你失望；它提供了你需要的一切。这不只是包括标准库中的模块：不要忘记还有IDLE，它提供了一个现成的小巧但很有用的IDE。

你要做的就是编写代码。

---

there are no Dumb Questions

问：我怎么知道标准库里的某个特定模块能做什么呢？

答：Python文档给出了关于标准库的所有答案。地址在这里：*https://docs.python.org/3/library/index.html*。

Geek Bits

并不是只有标准库才能提供可以在代码中使用的可导入模块。Python社区还支持一个超级棒的第三方模块集合，本书后面会介绍其中一些模块。如果你想先看看，可以查看Python社区管理的存储库：*http://pypi.python.org*。

数据结构是内建的

Python不仅提供了一个一流的标准库，还有一些强大的内置**数据结构**。其中之一就是**列表**，可以把它想成是一个非常强大的数组。就像很多其他语言中的数组一样，Python中的列表也用中括号（[]）包围。

在我们的程序中，接下来3行代码（如下所示）将一个字面量奇数列表赋给一个名为odds的变量。在这个代码中，odds是一个整数列表，不过Python中的列表可以包含任意类型的数据，甚至可以在一个列表中混合不同的数据类型（如果你真想这么做）。注意，这个odds列表跨3行，尽管这只是一条语句。这是可以的，因为解释器只有找到与开始中括号（[]）匹配的结束中括号（]）时才会认为语句结束。一般地，Python中一行结束就标志着一条语句结束，不过这个一般规律也可能有例外，多行列表只是其中之一（后面我们还会遇到其他例外情况）。

与数组类似，列表可以保存任意类型的数据。

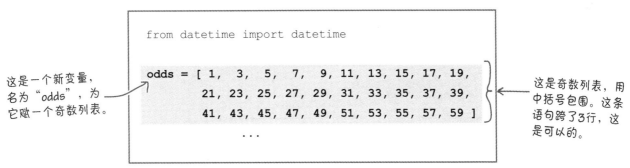

这是一个新变量，名为"odds"，为它赋一个奇数列表。

```
from datetime import datetime

odds = [  1,   3,   5,   7,   9,  11,  13,  15,  17,  19,
         21,  23,  25,  27,  29,  31,  33,  35,  37,  39,
         41,  43,  45,  47,  49,  51,  53,  55,  57,  59 ]
         ...
```

这是奇数列表，用中括号包围。这条语句跨3行，这是可以的。

利用列表可以做很多事情，不过等到下一章我们再进一步讨论列表。现在只需要知道这个列表已经存在，而且已经赋给odds变量（通过使用**赋值操作符=**），它包含所示的这些数字。

Python变量会动态赋值

讨论下一行代码之前，关于变量还要多说两句，特别是有些程序员使用变量前可能习惯于先用类型信息预声明变量（在静态类型编程语言中就是这样）。

在Python中，第一次使用变量时，变量就会立即存在，**不需要预声明**。Python变量从所赋对象的类型得到自己的类型信息。在我们的程序中，为odds变量赋了一个数字列表，所以在这里odds就是一个列表。

再来看另一个变量赋值语句。很幸运，这恰好也是程序中的下一行代码。

Python提供了所有常用的操作符，包括<，>，<=，>=，==，!=，以及=赋值操作符。

调用方法包含结果

这个程序的第3行又是一个赋值语句。

与上一个赋值语句不同，这里没有向变量赋一个数据结构，而是将一个方法调用的**结果**赋给另一个新变量，名为right_this_minute。再来看这行代码：

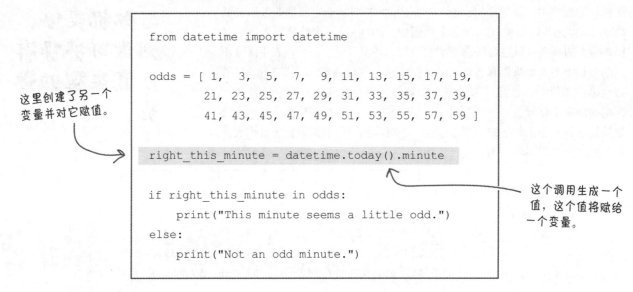

这里创建了另一个变量并对它赋值。

```python
from datetime import datetime

odds = [ 1,  3,  5,  7,  9, 11, 13, 15, 17, 19,
        21, 23, 25, 27, 29, 31, 33, 35, 37, 39,
        41, 43, 45, 47, 49, 51, 53, 55, 57, 59 ]

right_this_minute = datetime.today().minute

if right_this_minute in odds:
    print("This minute seems a little odd.")
else:
    print("Not an odd minute.")
```

这个调用生成一个值，这个值将赋给一个变量。

调用内置模块功能

第3行代码调用了datetime子模块提供的一个名为today的方法，datetime子模块本身又属于datetime模块（我们提到过，这种命名策略确实有点让人混淆）。之所以可以看出调用了today，是因为这里有标准的后缀小括号()。

调用today时，它会返回一个"时间对象"，其中包含关于当前时间的几部分信息。它们是当前时间的**属性**，可以通过常规的**点记法**语法来访问。在这个程序中，我们主要对minute属性感兴趣，可以向方法调用追加.minute来访问这个属性，如上所示。所得到的值再赋给right_this_minute变量。可以认为这行代码的意思是：创建一个表示当前时间的对象，然后抽取出分钟值，再赋给一个变量。你可能很想把这一行代码分解为两行，让它"更容易理解"，如下：

这本书中还会看到更多点记法语法。

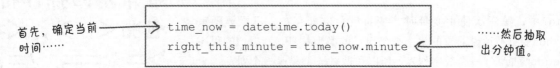

首先，确定当前时间……

```python
time_now = datetime.today()
right_this_minute = time_now.minute
```

……然后抽取出分钟值。

可以这么做（如果你愿意的话），不过大多数Python程序员不太愿意创建临时变量（这个例子中的time_now），除非程序后面还需要用到这个变量。

决定什么时候运行代码块

在这个阶段，我们已经有一个名为odds的数字列表。我们还有一个名为right_this_minute的分钟值。为了得出存储在right_this_minute中的当前分钟值是否是一个奇数，我们需要一种办法来确定它是否在odds列表中。不过怎么做到呢？

实际上，Python可以非常轻松地完成这些工作。除了包含其他编程语言中都有的所有常见比较操作符（如>，<，>=，<=等），Python还提供了它自己的一些"超级"操作符，其中之一就是in。

in操作符会检查一个对象是不是在另一个对象里。来看程序中的下一行代码，这里使用了in操作符来检查right_this_minute是否在odds列表中：

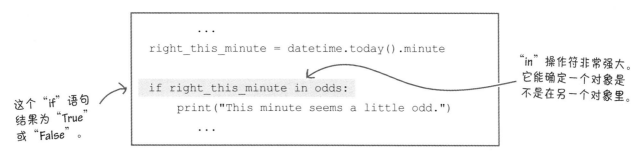

这个"if"语句结果为"True"或"False"。

"in"操作符非常强大。它能确定一个对象是不是在另一个对象里。

in操作符会返回True或False。可以想见，如果right_this_minute中的值在odds中，if语句就计算为True，将执行与if语句关联的代码块。

Python中的块很容易发现，因为它们总是缩进的。

我们的程序中有两个块，分别包含一个print函数调用。这个函数会在屏幕上显示消息（我们会看到这本书中将大量使用这个函数）。在编辑窗口中输入这个程序代码时，可能已经注意到IDLE会帮你自动缩进。这很有用，不过一定要检查IDLE的缩进是否确实是你想要的：

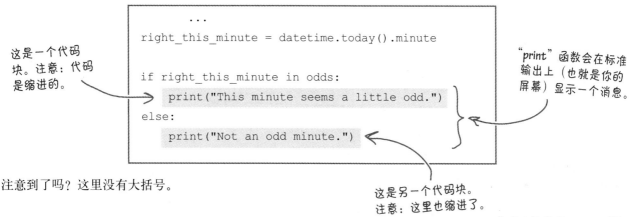

这是一个代码块。注意：代码是缩进的。

"print"函数会在标准输出上（也就是你的屏幕）显示一个消息。

注意到了吗？这里没有大括号。

这是另一个代码块。注意：这里也缩进了。

我的大括号呢？

如果你习惯于使用大括号（｛和｝）区分代码块的编程语言，第一次看到Python中的块时可能会有些困惑，因为Python不用大括号区分代码块。Python使用**缩进**划分代码块，实际上Python程序员更喜欢称之为**代码组**而不是块（块会让人有些糊涂）。

并不是说大括号在Python中没有用。事实上大括号也是有用的，不过（在第3章会看到），大括号更多地是用来分隔数据而不是区分代码组（也就是代码块）。

Python程序中的代码组很容易发现，因为它们总是缩进的。这会帮助你的大脑在读代码时很快找出代码组。另一个线索是冒号（:），这个字符用来引入与某个Python控制语句（如if，else，for等）关联的代码组。这本书中还会看到这种用法的大量例子。

> *Python程序员会用"代码组"而不是代码"块"。这两个名字在实际中都可以使用，不过Python文档更喜欢用"代码组"。*

冒号引入一个缩进的代码组

冒号（:）很重要，因为它引入一个必须向右缩进的新的代码组。如果忘记在冒号后缩进代码，解释器会报错。

在我们的例子中，不仅if语句有一个冒号，else语句也有一个冒号。下面再给出这个代码：

```
from datetime import datetime

odds = [ 1,  3,  5,  7,  9, 11, 13, 15, 17, 19,
        21, 23, 25, 27, 29, 31, 33, 35, 37, 39,
        41, 43, 45, 47, 49, 51, 53, 55, 57, 59 ]

right_this_minute = datetime.today().minute

if right_this_minute in odds:        ← 冒号引入缩进的
    print("This minute seems a little odd.")   代码组。
else:  ←
    print("Not an odd minute.")
```

就快完成了。还有最后一个语句需要讨论。

对应 "if" 可以有什么 "else"？

这个示例程序的代码就快介绍完了，现在只剩下一行代码要讨论。这行代码并不大，不过非常重要：这是一个else语句，指示当对应的if语句返回一个False值时要执行的代码块。

再来仔细查看看程序代码中的这个else语句，我们需要取消缩进，让它与这个语句的if部分对齐：

看到冒号了吧？ ——➤

```python
if right_this_minute in odds:
    print("This minute seems a little odd.")
else:
    print("Not an odd minute.")
```

发现了吗？这里取消了 "else" 的缩进，使它与 "if" 对齐。

我想如果有一个 "else"，那肯定还有一个 "else if"，或者Python是不是把它拼作 "elseif"？

Python新手第一次编写代码时可能会忘记这个冒号，这是一个很常见的错误。

并不是。 Python把它拼作**elif**。

如果有多个需要检查的条件要作为一个if语句的一部分，除了else，Python还提供了elif。可以根据需要有多个elif语句（分别有自己的代码组）。

下面给出一个小例子，这里假设已经为一个名为today的变量赋值，赋为表示今天的一个字符串：

```python
if today == 'Saturday':
    print('Party!!')
elif today == 'Sunday':
    print('Recover.')
else:
    print('Work, work, work.')
```

3个单独的代码组：一个对应 "if"，另一个对应 "elif"，最后一个对应 "else"（接受所有其他条件）。

代码组可以包含嵌套代码组

任何代码组都可以包含任意个嵌套代码组，它们也必须缩进。Python程序员谈到嵌入代码组时，通常会谈到**缩进层次**。

任何程序的最初的一层缩进通常称为第一层或0层缩进（这也是很多编程语言中关于计数的常见做法）。后面的层次分别称为第二层、第三层、第四层等（或1层、2层、3层等）。

下面的代码与上一页的`today`示例代码有一些不同。注意这里为`today`设置为`'Sunday'`时将要执行的`if`语句增加了一个嵌入的`if/else`。我们还假设存在另一个名为`condition`的变量，并设置为一个表达你当前心情的值。我们指出了每个代码组分别在哪里，以及它出现在哪个缩进层次：

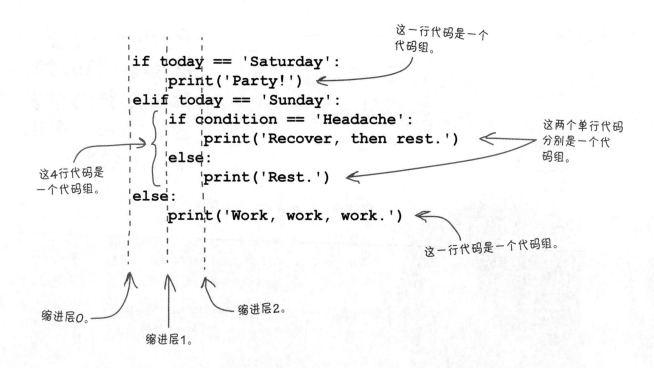

需要指出重要的一点，只有当所有代码出现在同一个代码组中时，一个缩进层次上的代码才与同一层次上的其他代码有关。否则，它们会在不同的代码组中，即使缩进层次相同也没有关系。这里的重点是：在Python中用缩进区分代码组。

我们已经知道些什么

讨论完最后几行代码后，先暂停来回顾一下这个odd.py程序告诉
我们哪些Python的知识：

BULLET POINTS

- Python提供了一个内置IDE，名为IDLE，允许创建、编辑和运行Python代码，你要做的就是输入代码、保存然后按F5。

- IDLE与Python解释器交互，解释器会为你自动完成编译→链接→运行过程。这使你能够集中精力编写你的代码。

- 解释器从上到下运行（存储在一个文件中的）代码，一次执行一行。Python中没有main()函数/方法的概念。

- Python提供了一个强大的标准库，允许你访问大量可重用的模块（datetime只是其中一个例子）。

- 编写Python程序时，可以使用一组标准数据结构。列表是其中之一，这与数组的概念很类似。

- 不需要声明一个变量的类型。在Python中为一个变量赋值时，它会自动取相应数据的类型。

- 可以用if/elif/else语句完成判定。if，elif和else关键字放在代码块前面，在Python中代码块称为"代码组"。

- 代码组很容易发现，因为它们总是缩进的。缩进是Python提供的唯一的代码分组机制。

- 除了缩进，代码组前面还可以有一个冒号(:)。这是Python语言的一个语法要求。

> 这么短的一个程序就能告诉我
> 们这么多！那么……这一章接
> 下来有什么计划？

我们将扩展这个程序，让它做更多工作。

没错，与实际编写的代码相比，我们需要更多行文字来描述这个简短的小程序做些什么。不过这正是Python的亮点之一：只用几行代码就可以做大量工作。

再复习一下上面的列表，然后翻到下一页，看看我们的程序会怎样扩展。

扩展我们的程序来做更多事情

下面扩展我们的程序来学习更多Python知识。

目前，这个程序运行一次就终止了。假设我们希望这个程序执行多次；比如说5次。具体地，我们要让这个"检查分钟的代码"和if/else语句执行5次，每次显示消息之间暂停随机的秒数（这是为了更有意思一些）。程序终止时，屏幕上会显示5个消息，而不是一个。

下面再给出这个代码，在我们想要运行多次的代码上画了圈：

下面调整这个程序，让这个代码运行多次。

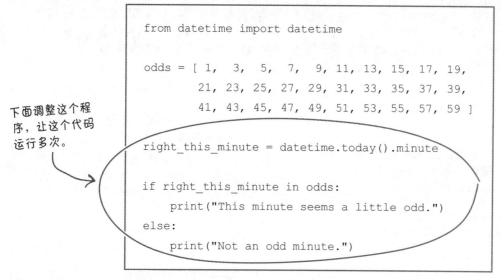

```
from datetime import datetime

odds = [ 1,  3,  5,  7,  9, 11, 13, 15, 17, 19,
        21, 23, 25, 27, 29, 31, 33, 35, 37, 39,
        41, 43, 45, 47, 49, 51, 53, 55, 57, 59 ]

right_this_minute = datetime.today().minute

if right_this_minute in odds:
    print("This minute seems a little odd.")
else:
    print("Not an odd minute.")
```

我们要做到：

1 循环执行画圈的代码。

循环允许我们迭代执行任何代码组，Python为此提供了多种方法。在这里（暂时不解释原因），我们将使用Python的for循环来完成迭代。

2 暂停执行。

Python的标准time模块提供了一个名为sleep的函数，可以让执行暂停指定的秒数。

3 生成一个随机数。

让人高兴的是，另一个Python模块random提供了一个名为randint的函数，可以用来生成一个随机数。下面使用randint来生成1~60中的一个数，然后使用这个数在每次迭代时让程序暂停执行。

现在我们知道了想要做什么。不过要完成这些修改，有没有比较好的方法？

解决这个问题的最佳方法是什么？

你已经知道需要做什么：埋头读文档，得出解决这个问题所需的代码。确定之后，就能根据需要修改你的程序了……

这种方法当然可以，不过我更愿意自己做些试验。在对我的程序进行修改之前，我想先试着执行一些小的代码段。我愿意读文档，不过也喜欢动手试验……

Bob

Laura

Python中这两种方法都可行

使用Python时这两种方法都是可以的，不过要得出针对某种特定情况的代码时，大多数Python程序员通常更倾向于**试验方法**。

不要误解我们的意思：我们并不是说Bob的方法错误而Laura的方法才正确。我们想说的是，Python程序员有两种选择，由于有Python Shell（我们在这一章开头简要介绍过），试验方法成为Python程序员很自然的选择。

下面来确定扩展这个程序所需的代码，我们将利用>>>提示窗口做些试验。

利用>>>提示窗口做试验可以帮助你得出所需的代码。

回到Python Shell

这是上一次交互时的Python Shell（你的窗口可能看起来有点不同，因为你的消息可能以另一种顺序出现）：

```
                                    Python 3.4.3 Shell
Python 3.4.3 (v3.4.3:9b73f1c3e601, Feb 23 2015, 02:52:03)
[GCC 4.2.1 (Apple Inc. build 5666) (dot 3)] on darwin
Type "copyright", "credits" or "license()" for more information.
>>> ============================== RESTART ==============================
>>>
This minute seems a little odd.
>>> ============================== RESTART ==============================
>>>
Not an odd minute.
>>> |
                                                               Ln: 10 Col: 4
```

Python Shell（或者简称为"shell"）显示了程序的消息，不过它的作用远不止这些。>>> 提示窗口允许你输入任何Python代码语句，并立即执行。如果这个语句会生成输出，shell 就会显示这个输出结果。如果语句得到一个值，shell将显示计算的这个值。不过，如果你 创建一个新变量并为它赋一个值，就需要在>>>提示窗口中输入这个变量名，才能查看变 量包含的值。

检查示例的交互，如下所示。如果能跟着我们在你的shell上尝试这些例子就更好了。不过 一定要按回车键来终止各个程序语句，这也会告诉shell现在要执行这个语句：

```
                                    Python 3.4.3 Shell
Python 3.4.3 (v3.4.3:9b73f1c3e601, Feb 23 2015, 02:52:03)
[GCC 4.2.1 (Apple Inc. build 5666) (dot 3)] on darwin
Type "copyright", "credits" or "license()" for more information.
>>> ============================== RESTART ==============================
>>>
This minute seems a little odd.
>>> ============================== RESTART ==============================
>>>
Not an odd minute.
>>>
>>> print('Hello Mum!')        shell在屏幕上显示这个消息，作为执行这个
Hello Mum!                     代码语句的结果（不要忘记按回车键）。
>>>
>>> 21+21                如果完成一个计算，shell会显示计算得到的值
42                        （按回车之后）。
>>>
>>> ultimate_answer = 21+21    为变量赋值并不会显示这个变量的值。
>>> ultimate_answer           必须特别要求shell显示变量值。
42
>>> |
                                                               Ln: 20 Col: 4
```

在Shell上试验

既然你已经知道可以在>>>提示窗口中输入一个Python语句，让它立即执行，下面就来确定扩展这个程序所需的代码。

你的新代码要完成以下工作：

☐ **循环**指定的次数。我们已经决定在这里使用Python的for循环。

☐ 让程序**暂停**指定的秒数。标准库time模块中的sleep函数可以做到这一点。

☐ **生成**两个给定值之间的一个随机数。random模块中的randint函数可以完成这个工作。

我们不打算继续显示完整的IDLE截屏，从现在开始只给出>>>提示符和所显示的输出。你会看到类似下面的显示，而不是之前的截屏图：

shell提示符。

需要输入的一条代码语句（然后要按回车键）。

```
>>> print('Hello Mum!')
Hello Mum!
```

执行这条代码语句得到的输出，在你的shell中会用蓝色显示。

再过几页，我们会试验得出如何增加上面所列的3个特性。我们会利用>>>提示窗口试验代码，直到能确定要增加到程序中的语句。现在保持odd.py代码不变，选择shell窗口，确保它是活动的。光标会在>>>右边闪烁，等待你输入代码。

准备好之后翻到下一页，开始我们的试验。

迭代处理一个对象序列

我们之前说过，这里将使用Python的for循环。如果你提前知道需要多少次迭代，for循环就非常适合（如果你不知道要循环多少次，那么我们推荐while循环，不过等我们真正需要的时候再讨论那种循环构造的详细内容）。目前，我们只需要for，所以通过>>>提示窗口来看它是如何工作的。

我们提供了for的3种典型用法。下面来看哪一种最适合我们的需要。

用例1。下面的这个for循环取一个数字列表，迭代处理列表中的每一个数字，在屏幕上显示当前数字。在这个过程中，for循环将各个数依次赋给一个循环迭代变量，在这个代码中迭代变量名为i。

由于这个代码不只一行，所以在冒号后按回车键时，shell会自动缩进。要通知shell你已经输入了全部代码，可以在循环代码组末尾按两次回车键：

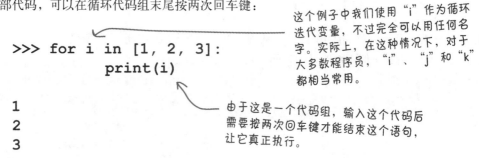

这个例子中我们使用"i"作为循环迭代变量，不过完全可以用任何名字。实际上，在这种情况下，对于大多数程序员，"i"、"j"和"k"都相当常用。

由于这是一个代码组，输入这个代码后需要按两次回车键才能结束这个语句，让它真正执行。

要注意缩进和冒号。类似if语句，与for语句关联的代码也需要**缩进**。

用例2。下面的这个for循环迭代处理一个字符串，每次迭代时处理字符串中的一个字符。这是可以的，因为Python中的字符串是一个**序列**。序列是一个有序的对象集合（这本书中会看到很多序列的例子），Python中的所有序列都可以由解释器迭代处理。

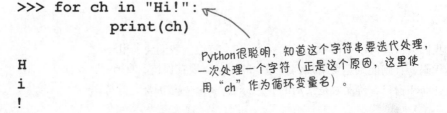

Python很聪明，知道这个字符串要迭代处理，一次处理一个字符（正是这个原因，这里使用"ch"作为循环变量名）。

没有必要告诉for循环这个字符串有多大。Python足够聪明，它知道字符串何时结束，处理完序列中的所有对象时，它就会代表你终止（也就是结束）for循环。

> 循环次数已知时使用"for"。

> 序列是一个有序的对象集合。

迭代指定的次数

除了使用for迭代处理序列，还可以更准确地指定迭代次数，这要归功于内置函数range。

下面来看另一个用例，这里展示了如何使用range。

用例3。range最基本的形式是接收一个整数参数，指示for循环要运行多少次（这本书后面还会看到range的其他用法）。在这个循环中，我们使用range生成一个数字列表，一次向num变量赋一个数：

```
>>> for num in range(5):
        print('Head First Rocks!')

Head First Rocks!
Head First Rocks!
Head First Rocks!
Head First Rocks!
Head First Rocks!
```

我们请求一个包含5个数的范围，所以迭代5次，这会得到5个消息。要记住：按两次回车键才会运行包含一个代码组的代码。

这个for循环并没有在循环代码组中的任何地方使用num循环迭代变量。这不会产生错误。这没问题，因为要由你（程序员）来决定是否需要在代码组中进一步处理num。在这里，对num不做任何处理是可以的。

> 看起来我们的"for"循环试验差不多要结束了。第一个任务完成了吗？

没错，第1个任务确实已经完成。

上面的3个用例显示出Python的for循环正是这里需要的，下面**利用用例3中的技术**，使用一个for循环迭代指定的次数。

在代码中应用任务1的成果

完成任务1之前，在IDLE编辑窗口中代码显示如下：

```
odd.py - /Users/paul/Desktop/_NewBook/ch01/odd.py (3.5.1)

from datetime import datetime

odds = [1,   3,   5,   7,   9, 11, 13, 15, 17, 19,
        21, 23, 25, 27, 29, 31, 33, 35, 37, 39,
        41, 43, 45, 47, 49, 51, 53, 55, 57, 59]

right_this_minute = datetime.today().minute

if right_this_minute in odds:
    print("This minute seems a little odd.")
else:
    print("Not an odd minute.")

                                              Ln: 14  Col: 0
```

这是我们想要
重复的代码。

你现在知道，可以使用for循环将这个程序末尾的5行代码重复5次。这5行代码需要在for循环下**缩进**，因为它们将构成这个循环的代码组。具体地，每行代码需要缩进一次。不过，不要对每一行分别完成这个动作。要让IDLE为你一次缩进整个代码组。

首先用鼠标选择想要缩进的代码行：

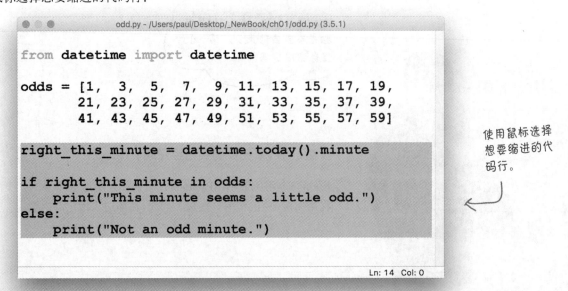

```
odd.py - /Users/paul/Desktop/_NewBook/ch01/odd.py (3.5.1)

from datetime import datetime

odds = [1,   3,   5,   7,   9, 11, 13, 15, 17, 19,
        21, 23, 25, 27, 29, 31, 33, 35, 37, 39,
        41, 43, 45, 47, 49, 51, 53, 55, 57, 59]

right_this_minute = datetime.today().minute

if right_this_minute in odds:
    print("This minute seems a little odd.")
else:
    print("Not an odd minute.")

                                              Ln: 14  Col: 0
```

使用鼠标选择
想要缩进的代
码行。

用Format...Indent Region缩进代码组

选择这5行代码后，从IDLE编辑窗口的Format（格式）菜单选择Indent Region。整
个代码组会右移一个缩进层次：

```
*odd.py - /Users/paul/Desktop/_NewBook/ch01/odd.py (3.5.1)*

from datetime import datetime

odds = [1,  3,  5,  7,  9, 11, 13, 15, 17, 19,
        21, 23, 25, 27, 29, 31, 33, 35, 37, 39,
        41, 43, 45, 47, 49, 51, 53, 55, 57, 59]

    right_this_minute = datetime.today().minute

    if right_this_minute in odds:
        print("This minute seems a little odd.")
    else:
        print("Not an odd minute.")
```

`Ln: 14 Col: 0`

Format菜单的
Indent Region菜单
项会一次缩进选择
的所有代码行。

注意IDLE还有一个Dedent Region菜单项，它会取消代码组的缩进。Indent和Dedent
菜单命令都有快捷键。取决于你运行的操作系统，快捷键可能稍有不同。花点时间
来了解你的系统现在使用的快捷键（因为你会经常用到这些快捷键）。代码组缩进
后，下面来增加for循环：

```
odd.py - /Users/paul/Desktop/_NewBook/ch01/odd.py (3.5.1)

from datetime import datetime

odds = [1,  3,  5,  7,  9, 11, 13, 15, 17, 19,
        21, 23, 25, 27, 29, 31, 33, 35, 37, 39,
        41, 43, 45, 47, 49, 51, 53, 55, 57, 59]

for i in range(5):
    right_this_minute = datetime.today().minute

    if right_this_minute in odds:
        print("This minute seems a little odd.")
    else:
        print("Not an odd minute.")
```

`Ln: 15 Col: 0`

增加"for"循环行。

"for"循环的代
码组已经适当
缩进。

困了？

让执行暂停

再提醒一下我们需要这个代码做什么：

☑️ **循环**指定的次数。

☐ 让程序**暂停**指定的秒数。

☐ **生成**两个给定值之间的一个随机数。

现在我们可以回到shell，再尝试一些代码来帮助完成第2个任务：让程序暂停指定的秒数。

不过，在此之前，先回顾一下程序的第一行代码，它导入了一个指定模块中的指定函数：

```
from datetime import datetime
```

这里使用"import"会把指定函数导入到你的程序中。这样一来，无需使用点记法语法就可以调用这个函数。

这是向程序导入函数的一种方法。另一种同样很常用的技术是导入一个模块，但是不特别指定想要使用哪个函数。下面使用第2种技术，因为你以后看到的很多Python程序都会采用这种技术。

这一章前面提到过，sleep函数可以让执行暂停指定的秒数，这个函数是由标准库的time模块提供的。下面首先**导入**这个模块，不过先不要提到sleep：

```
>>> import time
>>>
```

这会告诉shell导入"time"模块。

上面导入了time模块，像这样使用import语句时，可以访问模块提供的功能，而没有向程序代码中导入任何明确指定的函数。要访问以这种方式导入的一个模块提供的函数，可以使用点记法语法来指定，如下所示：

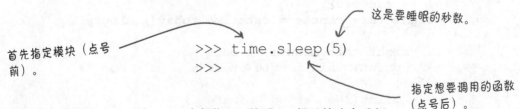

这是要睡眠的秒数。

首先指定模块（点号前）。

```
>>> time.sleep(5)
>>>
```

指定想要调用的函数（点号后）。

注意，以这种方式调用sleep时，shell会暂停5s，然后>>>提示符才会重新出现。现在来试试看。

关于导入的困惑

> 请等一下……Python支持两种导入机制？难道这不会有些混淆吗？

这个问题问得好。

澄清一点，Python中并没有两个导入机制，因为只有一个import语句。不过，这个import语句可以有两种用法。

第一种用法也是我们在示例程序中最初看到的，会把一个指定的函数导入到程序的**命名空间**，这允许我们在必要时调用这个函数，而不必将函数链接回所导入的模块（命名空间的概念在Python中很重要，因为它定义了运行代码的上下文。实际上，后面会有一章详细地讨论命名空间）。

在我们的示例程序中，我们使用了第一种导入技术，然后用datetime()调用datetime函数，而不是datetime.datetime()。

import的第二种用法是只导入模块，就像我们试验导入time模块时一样。采用这种方式导入时，必须使用点记法语法来访问模块的功能，如time.sleep()。

there are no
Dumb Questions

问： 有没有使用import的正确方法？

答： 通常要看个人喜好，因为有些程序员喜欢比较特定，另外一些则不然。不过，有这样一种情况，两个模块（我们可以称之为A和B）有一个同名的函数，我们称这个函数为F。如果代码中有from A import F和from B import F，你调用F()时Python如何知道要调用哪一个F？要确定这一点，唯一的办法就是使用非特定的import语句（也就是说，在代码中加入import A和import B），然后根据需要使用A.F()或B.F()调用你想使用的特定的F。

用Python生成随机整数

尽管你可能很想这么做：在程序最前面增加import time，然后在for循环的代码组中调用time.sleep(5)，但我们现在不打算这么做。我们的试验还没有结束。暂停5秒还不够：我们还需要能够暂停随机的时间。记住这一点，再提醒一下我们做了什么，另外哪些还没有做到：

✓ **循环**指定的次数。

✓ 让程序**暂停**指定的秒数。

☐ **生成**两个给定值之间的一个随机数。

一旦完成最后这个任务，可以再回过来，结合通过试验得到的所有技术，很有信心地修改我们的程序。不过，现在还没到那一步，来看最后一个任务，就是要生成一个随机数。

就像让程序"睡眠"一样，在这里标准库也能提供帮助，因为它包含一个名为random的模块。利用这些信息，下面在shell上做个试验：

```
>>> import random
>>>
```

使用"dir"查询一个对象。

现在呢？我们可以查看Python文档或者查阅一本Python参考书……不过这会让我们从shell分心，尽管可能花不了多少时间。实际上，shell提供了另外一些函数来提供帮助。这些函数并不是要用在程序代码中；它们就是要在>>>提示窗口中使用。第一个是dir，它会显示Python中与某个东西相关的所有**属性**，包括模块：

我们需要的函数名就藏在这个长长的列表中间。

```
>>> dir(random)
['BPF', 'LOG4', 'NV_MAGICCONST', 'RECIP_BPF',
'Random',    ...  'randint', 'random', 'randrange',
'sample', 'seed', 'setstate', 'shuffle', 'triangular',
'uniform', 'vonmisesvariate', 'weibullvariate']
```

这是一个已经删减的列表。你在屏幕上看到的会长得多。

这个列表中有大量函数。我们感兴趣的是randint()函数。要对randint有更多了解，可以请求shell的**帮助**。

请求解释器的帮助

一旦知道名字，就可以请求shell**帮助**。在这种情况下，shell会显示Python文档中与你感兴趣的名字相关的部分。

下面通过>>>提示窗口查看这个机制的具体工作，我们要请求random模块中randint函数的**帮助文档**：

使用"help"读取Python文档。

在>>>提示窗口中请求帮助……

```
>>> help(random.randint)
Help on method randint in module random:

randint(a, b) method of random.Random instance
    Return random integer in range [a, b], including
    both end points.
```

……直接在shell中查看相应的文档。

Geek Bits

使用Linux或Windows时可以输入Alt-P回忆在IDLE >>> 提示窗口中键入的最后的命令。在Mac OS X上可以使用Ctrl-P。可以把"P"想成是"previous"（之前）的意思。

通过快速阅读所显示的randint函数的文档，可以确认我们需要知道的信息：如果为randint提供两个整数，会从所得到的范围（包含作为范围上下界的这两个整数）返回一个随机整数。

下面在>>>提示窗口中做最后一组试验，来看randint函数的实际使用：

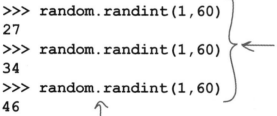

```
>>> random.randint(1,60)
27
>>> random.randint(1,60)
34
>>> random.randint(1,60)
46
```

如果你照着做，你的屏幕上看到的结果可能会有所不同，因为"randint"返回的整数是随机生成的。

因为使用了"import random"来导入"random"模块，所以记住要在"randint"调用前面加上模块名和点号前缀。因此应该是"random.randint()"，而不是"randint()"。

做完这些试验后，现在可以在我们的最后一个任务上画上对勾了，因为你现在已经很清楚如何生成两个给定值之间的一个随机数：

✓ **生成**两个给定值之间的一个随机数。

现在可以回到我们的程序具体完成修改。

回顾我们的试验

在具体修改程序之前，先来快速回顾一下这些shell试验的成果。

首先我们写了一个for循环，它会迭代5次：

```
>>> for num in range(5):
        print('Head First Rocks!')

Head First Rocks!
Head First Rocks!
Head First Rocks!
Head First Rocks!
Head First Rocks!
```

我们请求一个包括5个数字的范围，所以迭代了5次，这会得到5个消息。

然后使用time模块的sleep函数让代码的执行暂停指定的秒数：

```
>>> import time
>>> time.sleep(5)
```

Shell导入"time"模块，所以我们可以调用"sleep"函数。

然后我们试验了（random模块的）randint函数来生成给定范围中的一个随机整数：

```
>>> import random
>>> random.randint(1,60)
12
>>> random.randint(1,60)
42
>>> random.randint(1,60)
17
```

注意，这里同样会生成不同的整数，因为每次调用时"randint"都会返回一个不同的随机整数。

现在我们可以把所有这些汇集在一起，修改我们的程序。

下面再提醒一下这一章前面决定要做哪些事情：让程序迭代，执行5次"检查分钟代码"和if/else语句，每次迭代之间暂停随机的秒数。这样在程序终止前会在屏幕上显示5个消息。

代码试验磁贴

根据上一页最下面的说明，以及我们试验的结果，下面来为你完成一些必要的工作。不过，我们在冰箱上摆放你的代码磁贴时（不要问为什么），有人突然猛地关门，现在一些代码掉到了地上。

你的任务是让一切重新就位，从而可以运行这个新版本的程序，确保它能按我们要求的那样工作。

```python
from datetime import datetime
```

确定各个虚线上应该放哪个代码磁贴。

```python
.....................................................
.....................................................

odds = [ 1,   3,   5,   7,   9, 11, 13, 15, 17, 19,
        21, 23, 25, 27, 29, 31, 33, 35, 37, 39,
        41, 43, 45, 47, 49, 51, 53, 55, 57, 59 ]

...............................................
    right_this_minute = datetime.today().minute
    if right_this_minute in odds:
        print("This minute seems a little odd.")
    else:
        print("Not an odd minute.")
    wait_time = ...........................................
    ............................. ( ......................... )
```

这些要放在哪里？

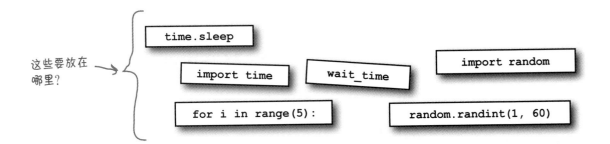

```
time.sleep

import time        wait_time        import random

for i in range(5):        random.randint(1, 60)
```

代码试验磁贴答案

根据上一页最下面的说明，以及我们试验的结果，下面来为你完成一些必要的工作。不过，我们在冰箱上摆放你的代码磁贴时（不要问为什么），有人突然猛地关门，现在一些代码掉到了地上。

你的任务是让一切重新就位，从而可以运行这个新版本的程序，确保它能按我们要求的那样工作。

并不是一定要把imports放在代码最上面，但是对Python程序员来说，这是一个约定俗成的做法。

"for"循环准确地迭代5次。

"randint"函数提供一个随机整数，这会赋给一个名为"wait_time"的新变量，它……

所有这些代码都在"for"语句下缩进，因为它们都属于"for"语句的代码组。要记住：Python不使用大括号区分代码组；它只使用缩进来区分。

……再在"sleep"调用中用来让程序的执行暂停随机的秒数。

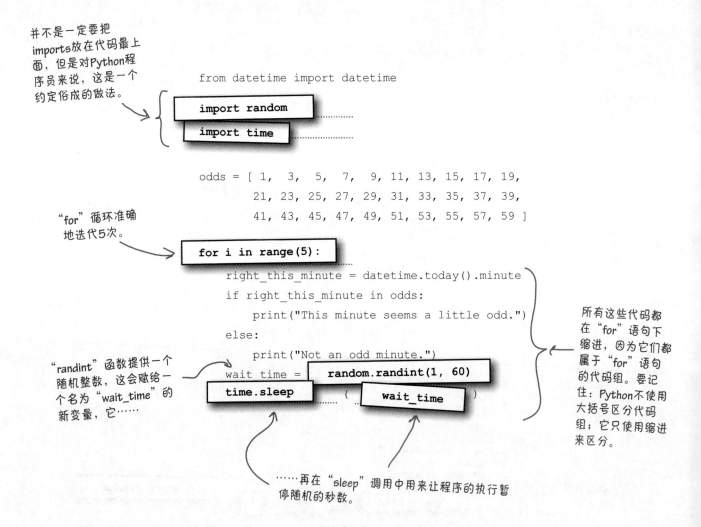

```python
from datetime import datetime
import random
import time

odds = [ 1,  3,  5,  7,  9, 11, 13, 15, 17, 19,
        21, 23, 25, 27, 29, 31, 33, 35, 37, 39,
        41, 43, 45, 47, 49, 51, 53, 55, 57, 59 ]

for i in range(5):
    right_this_minute = datetime.today().minute
    if right_this_minute in odds:
        print("This minute seems a little odd.")
    else:
        print("Not an odd minute.")
    wait_time = random.randint(1, 60)
    time.sleep(wait_time)
```

 **测试**

下面试着在IDLE中运行我们升级后的程序，看看会发生什么。根据需要修改你的 odd.py版本，然后把新程序保存为odd2.py。完成后，按F5执行你的代码。

按F5运行这个 代码时……

```
                odd2.py - /Users/Paul/Desktop/_NewBook/ch01/odd2.py (3.4.3)

from datetime import datetime

import random
import time

odds = [ 1,  3,  5,  7,  9, 11, 13, 15, 17, 19,
        21, 23, 25, 27, 29, 31, 33, 35, 37, 39,
        41, 43, 45, 47, 49, 51, 53, 55, 57, 59 ]

for i in range(5):
    right_this_minute = datetime.today().minute
    if right_this_minute in odds:
        print("This minute seems a little odd.")
    else:
        print("Not an odd minute.")
    wait_time = random.randint(1, 60)
    time.sleep(wait_time)

                                                              Ln: 19 Col: 0
```

……应该能看到类似这样 的输出。不过要记住，你 的输出可能不同，因为你 的程序生成的随机数很可 能与我们的不一样。

```
                        Python 3.4.3 Shell

>>> =============================== RESTART ===============================
>>>
This minute seems a little odd.
This minute seems a little odd.
Not an odd minute.
Not an odd minute.
Not an odd minute.
>>>
                                                              Ln: 25 Col: 4
```

如果你看到的消息列表与这里所示的不同，不用担心。你应该能 看到5个消息，因为循环代码会运行5次。

更新我们已经知道些什么

既然odd2.py能正常工作，我们再停一停，回顾一下前面15页学到的有关Python的新知识：

BULLET POINTS

- 想要确定解决某个特定问题所需的代码时，Python程序员通常更倾向于在shell上试验代码段。

- 如果看到>>>提示符，就说明你在Python Shell中。继续：可以输入一个Python语句，看看这个语句运行时会发生什么。

- shell拿到你的代码行，把它发送到解释器，再由解释器执行这个代码。所有结果会返回到shell，然后显示在屏幕上。

- for循环可以用来迭代固定次数。如果能提前知道需要循环多少次，就可以使用for。

- 如果你不能提前知道要迭代多少次，可以使用Python的while循环（我们还没有具体介绍，不过别担心，稍后就会看到while循环的实际使用）。

- for循环可以迭代处理任意的序列（如列表或字符串），也可以执行固定的次数（利用range函数）。

- 如果需要让程序的执行暂停指定的秒数，可以使用标准库time模块提供的sleep函数。

- 可以从一个模块导入一个特定的函数。例如，from time import sleep会导入sleep函数，这样无需限定就可以直接调用这个函数。

- 如果只是导入一个模块（例如import time），就需要用模块名对这个模块中函数的使用加以限定，如time.sleep()。

- random模块有一个非常有用的函数，名为randint，它会生成指定范围内的一个随机整数。

- shell提供了在>>>提示窗口中使用的两个交互式函数。dir函数会列出一个对象的属性，help允许访问Python文档。

there are no

Dumb Questions

问： 所有这些都得记住吗？

答： 不用，如果你的大脑拒绝接收目前为止看到的所有知识，你也不用着急。这还只是第1章，这一章只是要对Python编程世界做一个简明的介绍。如果你能了解代码的要点，就已经很好了。

几行代码就可以做很多事情

哇！又是一个很长的列表……

没错，不过现在我们已经驾轻就熟了。

到目前为止我们确实只接触了Python语言的一小部分。不过我们介绍的这些内容非常有用。

目前我们看到的代码已经展示出Python的一大卖点：几行代码就可以做很多事情。这个语言饱享盛名的另一个方面是：Python代码很易读。

为了证明到底有多容易，我们将在下一页给出一个完全不同的程序，仅凭目前你对Python的了解，也能完全理解这个程序。

有没有人想来点不错的冰镇啤酒？

编写一个正式的商业应用

按照《Head First Java》的提示，下面来看那本经典书中第一个正式应用的Python版本：啤酒童谣。

下面显示了Python版本啤酒童谣代码的截屏图。除了range函数的使用有一点小小的变化（稍后我们就会讨论这个内容），大部分代码都应该很好理解。IDLE编辑窗口包含代码，shell窗口中显示了程序输出的末尾部分：

```
beersong.py - /Users/Paul/Desktop/_NewBook/ch01/beersong.py (3.4.3)

word = "bottles"
for beer_num in range(99, 0, -1):
    print(beer_num, word, "of beer on the wall.")
    print(beer_num, word, "of beer.")
    print("Take one down.")
    print("Pass it around.")
    if beer_num == 1:
        print("No more bottles of beer on the wall.")
    else:
        new_num = beer_num - 1
        if new_num == 1:
            word = "bottle"
        print(new_num, word, "of beer on the wall.")
    print()
```

运行这个代码会在shell中生成这个输出。

```
Python 3.4.3 Shell

3 bottles of beer on the wall.
3 bottles of beer.
Take one down.
Pass it around.
2 bottles of beer on the wall.

2 bottles of beer on the wall.
2 bottles of beer.
Take one down.
Pass it around.
1 bottle of beer on the wall.

1 bottle of beer on the wall.
1 bottle of beer.
Take one down.
Pass it around.
No more bottles of beer on the wall.

>>>
                                          Ln: 660 Col: 12
```

处理所有这些啤酒……

将以上所示的代码输入到一个IDLE编辑窗口中，保存后按F5，会在shell中生成大量输出。右边的窗口中只显示了最终输出的很小一部分，因为这个啤酒童谣从墙上有99瓶啤酒开始倒数，直到再没有啤酒为止。实际上，这个代码中真正的关键是它如何处理"倒数"，所以在详细分析这个程序代码之前先来看如何倒数。

Python代码很易读

这个代码确实很易读。不过有什么陷阱呢?

并没有!

大多数刚接触Python的程序员第一次看到类似啤酒歌谣这样的代码时,总认为肯定还有些内容会在别的地方给出。

肯定还有**陷阱**,不是吗?

但是并没有。并不是碰巧这个Python代码易读:Python语言就是针对这个特定目标设计的。这个语言的创始人Guido van Rossum想创建一种强大的编程工具,能够生成易于维护的代码,这意味着用Python创建的代码也必须易读。

缩进是不是让你抓狂？

等一等。这些缩进简直让我抓狂。这肯定就是陷阱，对不对？

缩进确实要花些时间来习惯。

不用担心。每一个从"使用大括号的语言"转向Python的人开始时都对缩进有些发怵。不过，慢慢就会好的。使用Python一两天之后，你就会习惯，几乎不会察觉到自己已经在缩进代码组。

有些程序员可能会混用制表符（tab）和空格，如果是这样，缩进方面就确实存在问题。按照解释器数**空格**的方式，这可能带来麻烦，因为代码"看上去是对的"但拒绝运行。如果你刚开始使用Python，这会很让人困惑。

我们的建议是：不要在Python代码中混用制表符和空格。

实际上，还可以更进一步，建议你将编辑器配置为把Tab键替换为4个空格（顺便还可以自动删除所有末尾空白符）。对很多Python程序员来说，这是约定俗成的做法，你也应该这么做。这一章最后还会对缩进的处理做一些说明。

再回到啤酒歌谣代码

如果查看啤酒歌谣中range的调用，会注意到它有3个参数，而不像我们的第一个示例程序中那样只有1个参数。

再仔细查看代码，先不要看下一页的解释，看你能不能明白这个range调用是怎么做的：

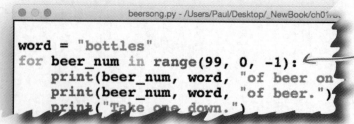

```
word = "bottles"
for beer_num in range(99, 0, -1):
    print(beer_num, word, "of beer on
    print(beer_num, word, "of beer.")
    print("Take one down."
```

这是新内容："range"调用有3个参数，而不是1个。

向解释器请求一个函数的帮助文档

应该记得，可以使用shell请求Python中任何内容的**帮助**，所以下面请求有关range函数的帮助。

在IDLE中请求帮助时，得到的文档可能不止一屏，屏幕会飞快地向下滚动。你要做的就是在窗口中回滚到向shell请求帮助的地方（在这里可以看到关于range的有趣内容）：

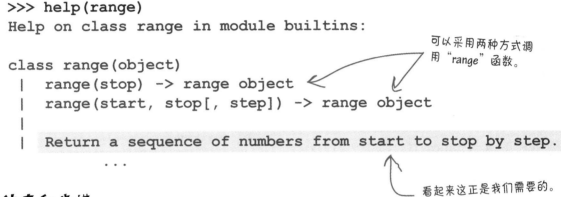

```
>>> help(range)
Help on class range in module builtins:

class range(object)
 |  range(stop) -> range object
 |  range(start, stop[, step]) -> range object
 |
 |  Return a sequence of numbers from start to stop by step.
        ...
```

可以采用两种方式调用"range"函数。

看起来这正是我们需要的。

开始、结束和步进

由于不只是会在range中遇到**start**，**stop**和**step**，所以下面花点时间介绍它们分别是什么意思，然后（在下一页）再来看一些有代表性的例子：

1 START值允许你控制范围从哪里开始。

到目前为止，我们一直在用只有一个参数的range版本，根据文档，这需要指定一个范围**结束值**。如果没有提供其他值，range就默认使用0作为开始值，不过也可以把它设置为你选择的某个值。如果设置了开始值，就必须再提供一个结束值。这样一来，range就会成为一个多参数调用。

2 STOP值允许你控制范围何时结束。

我们的代码中调用range(5)时就使用了这个参数。注意，生成的范围并不包含这个结束值，所以这个**结束值**是一个上限，但不包含在范围内。

3 STEP值允许你控制如何生成范围。

指定**开始**和**结束**值时，还可以（可选）指定一个步长值。默认地，步长值为1，这会告诉range按1个步长生成各个值；也就是说，0, 1, 2, 3, 4，依此类推。可以把**step**设置为任何值来调整步长。还可以将**step**设置为一个负值来调整所生成的范围的方向。

Range试验

既然对**start**、**stop**和**step**有了一些认识，下面在shell上做些试验来了解如何使用range函数生成多个不同的整数范围。

为了帮助查看发生了什么，我们会用到另一个函数list，它将range的输出转换为一个人可读的列表，以便我们在屏幕上查看：

```
>>> range(5)
range(0, 5)
```
我们的第一个程序中就是这样使用"range"的。

```
>>> list(range(5))
[0, 1, 2, 3, 4]
```
将"range"的输出输入到"list"中会生成一个列表。

```
>>> list(range(5, 10))
[5, 6, 7, 8, 9]
```
可以调整"range"的START和STOP值。

还可以调整STEP值。

```
>>> list(range(0, 10, 2))
[0, 2, 4, 6, 8]
```

```
>>> list(range(10, 0, -2))
[10, 8, 6, 4, 2]
```
通过设置STEP为负值来调整范围方向，这会很有意思。

```
>>> list(range(10, 0, 2))
[]
```
Python不会阻止你做傻事。如果你的START值大于STOP值，而STEP为正值，你什么也得不到（在这里就是一个空列表）。

```
>>> list(range(99, 0, -1))
[99, 98, 97, 96, 95, 94, 93, 92,  ...  5, 4, 3, 2, 1]
```

完成所有试验后，我们确定了一个range调用（上面的最后一个调用），它会生成从99倒数到1的一个值列表，这正是啤酒歌谣代码中的for循环所要做的：

```
beersong.py - /Users/Paul/Desktop/_NewBook/ch01/b...

word = "bottles"
for beer_num in range(99, 0, -1):
    print(beer_num, word, "of beer on
    print(beer_num, word, "of beer.")
    print("Take one down.")
```
"range"调用有3个参数：开始（start）、结束（stop）和步长（step）。

Sharpen your pencil

再来看啤酒歌谣代码，现在把它展开到整个页面上，以便你**专心查**看这个"正式商业应用"的每一行代码。

拿起笔来，在给出的空格上写出你认为每一行代码要做什么。在看下一页上我们给出的答案之前，一定要自己好好想一想。我们已经为你完成了第一行代码的解释。

```python
word = "bottles"
```
将值"bottles"（一个字符串）赋给一个名为"word"的新变量。

```python
for beer_num in range(99, 0, -1):

    print(beer_num, word, "of beer on the wall.")

    print(beer_num, word, "of beer.")

    print("Take one down.")

    print("Pass it around.")

    if beer_num == 1:

        print("No more bottles of beer on the wall.")

    else:

        new_num = beer_num - 1

        if new_num == 1:

            word = "bottle"

        print(new_num, word, "of beer on the wall.")

    print()
```

Sharpen your pencil
Solution

再来看啤酒歌谣代码，现在把它展开到整个页面上，以便你专心查看这个"正式商业应用"的每一行代码。

拿起笔来，在给出的空格上写出你认为每一行代码要做什么。在看下一页上我们给出的答案之前，一定要自己好好想一想。我们已经为你完成了第一行代码的说明。

做得怎么样？你的解释与我们的类似吗？

```python
word = "bottles"
```
将值"bottles"（一个字符串）赋给一个名为"word"的新变量。

```python
for beer_num in range(99, 0, -1):
```
循环指定的次数，从99倒数到0。使用"beer_num"作为循环迭代变量。

```python
    print(beer_num, word, "of beer on the wall.")
```

```python
    print(beer_num, word, "of beer.")
```
这4个print函数调用显示当前迭代的歌词"99 bottles of beer on the wall. 99 bottles of beer. Take one down. Pass it around."，每次迭代时类推。

```python
    print("Take one down.")
```

```python
    print("Pass it around.")
```

```python
    if beer_num == 1:
```
查看是否是最后一轮……如果是，

```python
        print("No more bottles of beer on the wall.")
```
结束歌词。

```python
    else:
```
否则……

```python
    new_num = beer_num - 1
```
把下一瓶啤酒的编号记在另一个变量"new_num"中。

```python
    if new_num == 1:
```
如果要喝我们的最后一瓶啤酒……

```python
        word = "bottle"
```
修改"word"变量的值，使最后一行歌词没有错误。

```python
    print(new_num, word, "of beer on the wall.")
```
写完这一次迭代的歌词。

```python
    print()
```
这次迭代的最后，打印一个空行。所有迭代都完成时，终止程序。

不要忘记运行这个啤酒童谣代码

如果还没有运行，下面将啤酒童谣代码输入到IDLE中，把它保存为beersong.py，然后按F5让它运行。在得到一个能实际运行的啤酒童谣程序之前，先不要着急学习下一章。

there are no Dumb Questions

问： 我试着运行我的啤酒童谣代码时总是出错。不过代码看起来没有问题，真让我有些困惑。有什么建议吗？

答： 首先要检查你的缩进是否正确。如果没问题，再查看你的代码中是不是混用了制表符和空格。要记住：可能代码看上去很好（对你来说），但是解释器拒绝运行。如果有疑问，可以做一个快速修正，把代码放在一个IDLE编辑窗口中，然后从菜单系统中选择Edit（编辑）→Select All（选择全部），再选择Format（格式）→Untabify Region。如果混用了制表符和空格，这会将你的所有制表符

一次转换为空格（并修正所有缩进问题）。然后可以保存你的代码，再按F5再次尝试运行。如果还是拒绝运行，就要检查你的代码是否与这一章中提供的代码完全一致。要特别当心变量名的拼写错误。

问： 如果我把new_num误拼成nwe_num，Python解释器不会警告我吗？

答： 不会。只要为一个变量赋了一个值，Python就认为你很清楚自己在做什么，并继续执行你的代码。不过，这不一定是好事，反而要特别当心，所以要保持警惕。

总结学到的知识

分析（和运行）这个啤酒童谣代码过程中你又学到了一些新知识：

BULLET POINTS

- 要花些时间来习惯缩进。每个刚接触Python的程序员都对缩进有些怨言，不过别担心：很快你就会习惯，甚至都不会察觉自己正在做缩进。

- 有一件事是绝对不能做的，这就是在缩进Python代码时混用制表符和空格。为了避免将来出现麻烦，千万不要这么做。

- 调用range函数可以有多个参数。这些参数允许你控制生成范围的开始和结束值，以及步长值。

- range函数的步长值还可以指定为一个负值，这会改变生成范围的方向。

所有啤酒都没了，接下来呢？

第1章到此为止。下一章中，我们会进一步学习Python如何处理数据。这一章只涉及列表的一点皮毛，下面要更深入地介绍这些内容。

第1章的代码

```python
from datetime import datetime

odds = [ 1,  3,  5,  7,  9, 11, 13, 15, 17, 19,
        21, 23, 25, 27, 29, 31, 33, 35, 37, 39,
        41, 43, 45, 47, 49, 51, 53, 55, 57, 59 ]

right_this_minute = datetime.today().minute

if right_this_minute in odds:
    print("This minute seems a little odd.")
else:
    print("Not an odd minute.")
```

← 首先是"odd.py"
程序，然后……

```python
from datetime import datetime

import random
import time

odds = [ 1,  3,  5,  7,  9, 11, 13, 15, 17, 19,
        21, 23, 25, 27, 29, 31, 33, 35, 37, 39,
        41, 43, 45, 47, 49, 51, 53, 55, 57, 59 ]

for i in range(5):
    right_this_minute = datetime.today().minute
    if right_this_minute in odds:
        print("This minute seems a little odd.")
    else:
        print("Not an odd minute.")
    wait_time = random.randint(1, 60)
    time.sleep(wait_time)
```

……扩展这个代码创建
了"odd2.py"，它会运行5
次"检查分钟代码"（利用
Python的"for"循环）。 →

```python
word = "bottles"
for beer_num in range(99, 0, -1):
    print(beer_num, word, "of beer on the wall.")
    print(beer_num, word, "of beer.")
    print("Take one down.")
    print("Pass it around.")
    if beer_num == 1:
        print("No more bottles of beer on the wall.")
    else:
        new_num = beer_num - 1
        if new_num == 1:
            word = "bottle"
        print(new_num, word, "of beer on the wall.")
    print()
```

← 这一章的最后给出了Head
First经典"啤酒歌谣"的
Python版本。没错，我们
知道：处理这个代码时很
难不随口哼唱……

2 列表数据

处理有序数据

这些数据更容易处理……只要我把它组织成一个列表。

所有程序都会处理数据，Python程序也不例外。

事实上，你可以四处看看：数据几乎无处不在。大量（甚至大多数）编程都与数据有关：获取数据、处理数据和理解数据。要想有效地处理数据，需要有地方放置这些数据。Python在这方面表现很出色，这（很大程度上）归功于它提供了一组可以广泛应用的数据结构：**列表**、**字典**、**元组**和**集合**。在这一章中，我们先对这4个数据结构做一个概要介绍，然后深入研究**列表**（下一章再详细学习另外3个数据结构）。之所以先介绍这些数据结构，是因为你用Python完成的大部分工作都可能围绕着数据的处理。

数字、字符串和对象

在Python中处理单个数据值与你预想的是一样的。要为一个变量赋一个值,仅此而已。下面利用shell来看一些例子,同时回顾上一章学到的内容。

数字

假设这个例子已经导入了random模块。然后调用random.randint函数来生成1~60的一个随机数,再把这个随机数赋给wait_time变量。由于生成的数是一个整数,所以这个例子中wait_time的类型就是整数:

```
>>> wait_time = random.randint(1, 60)
>>> wait_time
26
```

注意,不必告诉解释器这个wait_time将包含一个整数。我们只是为这个变量赋了一个整数,解释器会负责所有细节(注意:并不是所有编程语言都会这么做)。

字符串

如果为变量赋一个字符串值,也是一样的:解释器会负责具体的细节。再次说明,我们不需要提前声明这个例子中的word变量将包含一个字符串:

```
>>> word = "bottles"
>>> word
'bottles'
```

Python能够为变量动态赋值,这种能力正是其变量和类型概念的核心。实际上不只是可以像上面这样赋数字和字符串,Python还具有一般性,可以为变量赋任何对象。

对象

在Python中,一切都是对象。这意味着,数字、字符串、函数、模块,所有一切都是对象。其直接结果就是所有对象都可以赋给变量。这会带来一些有趣的问题,下一页我们就会开始了解这些内容。

变量会取所赋的那个值的类型。

Python中所有一切都是对象,而且所有对象都可以赋给变量。

"一切都是对象"

Python中任何对象都可以动态赋给任何变量。这就带来一个问题：Python中什么是对象？
答案是：**一切都是对象**。

Python中的所有数据值都是对象，尽管从表面来看，"Don't panic!"是一个字符串，42是
一个数字。但对Python程序员来说，"Don't panic!"是一个字符串对象，42则是一个数字
对象。与其他编程语言中一样，对象可以有**状态**（属性或值）和**行为**（方法）。

关于"对象"的这些讨论说明了一
点：Python是面向对象的，是吗？

算是吧。

当然可以采用一种面向对象的方式使用类、对象、实例等编写
Python程序（本书后面会介绍所有这些内容），不过，不一定
非得这么做。回顾上一章的程序……其中并没有哪个程序需要
用到类。那些程序只是包含了代码，不过也能很好地工作。

与其他一些编程语言不同（特别是Java），第一次用Python创
建代码时不需要从类开始：可以直接写你需要的代码。

话虽这么说（只是希望你了解这一点），现在要强调的
是，Python中的一切都表现得像是来自某个类的对象。从这个
方面来说，可以认为Python更**基于对象**而不纯粹是面向对象，
这说明在Python中面向对象编程是可选的。

不过……这到底是什么意思？

由于Python中一切都是对象，任何"东西"都可以赋给任何变量，变量可以赋为任何
东西（这里的东西就是数字、字符串、函数、小部件……可以是任何对象）。现在
先不考虑这一点；这本书中还会反复讨论这个内容。

实际上在变量中存储单个数据值并没有太多工作。下面来看Python为存储值**集合**提
供的内置支持。

认识4个内置数据结构

Python提供了4个内置数据结构，可以用来保存任何对象集合，它们分别是**列表**、**元组**、**字典**和**集合**。

注意，这里所说的"内置"是指列表、元组、字典和集合在代码中可以直接使用，使用前无需先导入：这些数据结构是Python语言的一部分。

接下来几页我们会提供这4种内置数据结构的一个概要介绍。你可能很想跳过这个概述不看，不过千万别那么做。

如果你认为自己已经很清楚**列表**是什么，请三思。Python的列表更类似你印象中的数组，而不是链表（程序员听到"列表"这个词时首先跃入脑海的可能都是"链表"。如果你足够幸运，不知道什么是链表，倒是可以放心）。

Python有两个有序的集合数据结构，列表是其中第一个：

① **列表：有序的可变对象集合。**

Python中的列表非常类似其他编程语言中**数组**的概念，因为你可以把列表想成是一个相关对象的索引集合，列表中的每个槽（元素）从0开始编号。

不过，与很多其他编程语言中的数组不同，Python中的列表是**动态的**，因为它们可以根据需要扩展（和收缩）。使用列表存储任何对象之前不需要预声明列表的大小。

同时列表还是异构的，因为不需要预声明所要存储的对象的类型—如果你愿意，完全可以在一个列表中混合不同类型的对象。

列表是**可变的**，因为可以在任何时间通过增加、删除或修改对象来修改列表。

> 列表就像一个数组—它存储的对象顺序放置在槽中。

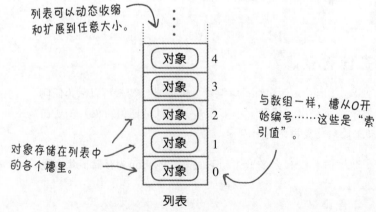

列表可以动态收缩和扩展到任意大小。

对象存储在列表中的各个槽里。

与数组一样，槽从0开始编号……这些是"索引值"。

列表

有序集合可变/不可变

Python的列表是**可变**数据结构的一个例子，因为它可以在运行时改变（或修改）。可以根据需要增加和删除对象来扩展和收缩一个列表。还可以改变存储在任何槽中的任何对象。再过几页我们会对列表做更多说明，因为这一章余下的部分会专门提供使用列表的一个全面介绍。

如果一个类似列表的有序集合是**不可变的**（也就是说，不能改变），则称为**元组**：

2 **元组：有序的不可变对象集合。**

元组是一个不可变的列表。这说明，一旦向一个元组赋对象，任何情况下这个元组都不能再改变。

通常可以把元组想成是一个常量列表。

大多数刚接触Python的程序员第一次遇到元组时都会感觉很困惑，因为很难知道它们用来做什么。毕竟，一个不能改变的列表有什么用？实际上，如果你想确保你的对象不能被你的（或其他人的）代码修改，在这些情况下元组就大有用处。下一章（以及这本书后面）还会更详细地讨论元组以及如何使用元组。

元组与列表很类似，只不过一旦创建就不能改变。元组是常量列表。

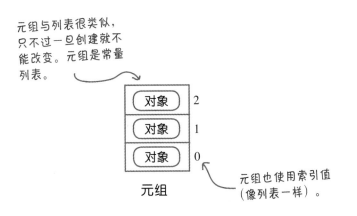

对象 2
对象 1
对象 0

元组

元组也使用索引值（像列表一样）。

元组是一个不可变的列表。

如果你想用一种有序的方式呈现数据（如旅行日程上的目的地列表，在这里目的地顺序很重要），列表和元组就很合适。不过有时用什么顺序呈现数据并不重要。例如，你可能想存储一些用户的详细信息（他们的*ID*和密码），但是不关心以什么顺序存储（只要能存储就行）。对于这种数据，Python的列表/元组就不适用了，需要考虑另外的数据结构。

无序数据结构：字典

对你来说，如果保持数据有序并不重要而结构很重要，为此Python提供了两种
无序数据结构选择：**字典**和**集合**。下面分别介绍，首先来看Python的字典。

3 **字典：无序的键/值对集合。**

取决于编程背景，你可能已经知道字典是什么，不过你知道的也许是其他名
字，如关联数组、映射、符号表或散列。

与其他语言中的这些数据结构类似，Python字典允许你存储一个键/值对集
合。在字典中每个唯一键有一个与之关联的值，字典可以包含多个键/值对。
与键关联的值可以是任意对象。

字典是无序而且可变的。可以把Python的字典想成一个两列多行的数据结构。
与列表类似，字典可以根据需要扩展（和收缩）。

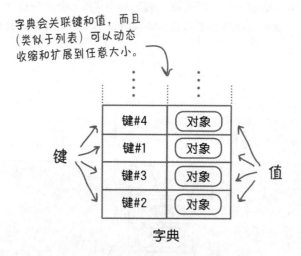

字典存储键/值对。

使用字典时要注意一个问题：不能依赖解释器所用的内部顺序。具体来说，
在字典中增加键/值对时可能有一个顺序，但字典不会保持这个顺序，（对
Python来说）这个顺序没有任何意义。这可能会让第一次遇到字典的程序员
很困惑，所以现在我们要向你澄清这一点，这样在下一章再看到它时（那
时会详细介绍），就不会那么惊讶了。放心：如果需要，完全可以用某个
特定的顺序显示你的字典数据，下一章会介绍如何做到这一点。

一种避免重复的数据结构：集合

最后一个内置数据结构是**集合**，如果你想从任何其他数据集合中快速消除重复，集合就非常适用。也许提到集合会使你想起让人头昏脑胀的高中数学课，别担心。可以在很多地方使用Python的集合实现。

④ **集合：无序的唯一对象集合。**

在Python中，**集合**是一种很方便的数据结构，可以用来保存相关对象的一个集合，同时确保其中的任何对象不会重复。

集合还允许你完成并集、交集和差集操作，这是一个额外的好处（特别是如果你很有数学头脑而且喜欢集合论）。

与列表和字典类似，集合可以根据需要扩展（和收缩）。类似字典，集合是无序的，所以不能对集合中对象的顺序做任何假设。下一章除了介绍元组和字典，还会讨论集合的实际使用。

可以把集合想成是惟一对象的无序集合，不允许有重复。

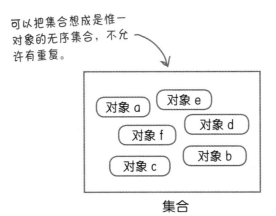

集合

集合不允许有重复的对象。

80/20数据结构经验

这4种内置数据结构很有用，但它们并不能囊括我们需要的所有可能的数据。不过，它们确实能涵盖大量数据。通常很有用的技术都有这样一个规律：这些技术可以涵盖你所需的80%，而其余非常特定的20%则要求你做更多工作。在这本书后面，你会了解如何扩展Python，让它支持你可能提出的任何数据需求。不过，对现在来说，本章后面以及下一章中，我们将集中讨论那80%的数据需求。

这一章余下的部分将集中研究如何使用这4种内置数据结构中的第一个：**列表**。我们会在下一章学习其余的3种数据结构：**字典**、**集合**和**元组**。

列表是一个有序的对象集合

如果有大量相关的对象，而且需要把它们放在代码中的某个地方，可以考虑使用**列表**。例如，假设你有一个月的每日温度数据；把这些温度数据存储在一个列表中就非常合适。

其他编程语言中的数组往往是同构的，也就是说，可以有整数数组、字符串数组或温度数据数组等，但与之不同，Python的**列表**没有那么受限。你可以有一个异构的对象列表，每个对象可以是不同的类型。除了可以**异构**，列表还是**动态**的：它们可以根据需要扩展和收缩。

学习如何使用列表之前，下面先花点时间来学习如何发现Python代码中的列表。

如何发现代码中的列表

列表总是用**中括号**包围，而且列表中包含的对象之间总是用**逗号**分隔。

回忆上一章的`odds`列表，其中包含从0~60的奇数，如下所示：

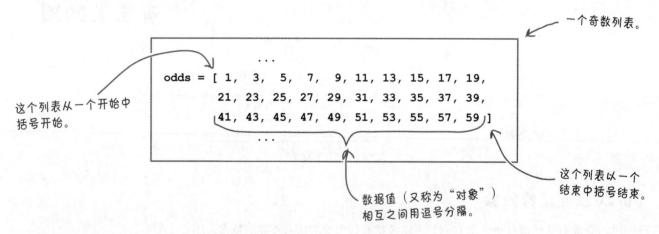

一个奇数列表。

这个列表从一个开始中括号开始。

```
        . . .
odds = [  1,   3,   5,   7,   9,  11,  13,  15,  17,  19,
         21,  23,  25,  27,  29,  31,  33,  35,  37,  39,
         41,  43,  45,  47,  49,  51,  53,  55,  57,  59 ]
        . . .
```

数据值（又称为"对象"）相互之间用逗号分隔。

这个列表以一个结束中括号结束。

在代码中创建列表时，如果直接将对象赋给一个新列表（如上所示），Python程序员将它称为一个**字面列表**，因为这个列表会一次性完成创建和填充。

创建和填充列表的另一种方法是在代码中"扩展"列表，随着代码的执行为列表追加对象。我们将在这一章后面看到这种方法的一个例子。

下面来看一些字面列表的例子。

列表可以按字面创建或者在代码中"扩展"。

按字面创建列表

我们的第一个例子将[]赋给一个名为prices的变量,来创建一个空列表:

列表

$$prices = []$$

变量名在赋值操作符左边……

……"字面列表"在右边。在
这里,这个列表为空。

一个温度列表（华氏度）, 这是一个浮点数列表:

$$temps = [32.0, 212.0, 0.0, 81.6, 100.0, 45.3]$$

对象（在这里就是浮
点数）用逗号分隔,
而且用中括号包围,
所以这是一个列表。

来看计算机编程中一个最著名的单词列表,如下:

$$words = ['hello', 'world']$$

一个字符串对象
列表。

下面是一个汽车详细信息的列表。注意，可以在一个列表中存储混合类型的数据。
应该记得，列表是一个"相关对象的集合"。这个例子中的两个字符串、一个浮点
数和一个整数都是Python对象，所以如果需要，它们可以存储在一个列表中:

$$car\_details = ['Toyota', 'RAV4', 2.2, 60807]$$

包含不同
类型对象
的列表。

与上面这个例子类似，最后这两个字面列表的例子展示了这样一个事实:Python
中一切都是对象。类似于字符串、浮点数和整数，列表本身也是对象。下面的例
子是一个包含列表对象的列表:

$$everything = [prices, temps, words, car\_details]$$

如果最后这两个
例子让你有些崩
溃, 不要担心。
到下一章我们才
会讨论这种复杂
结构的使用。

下面是一个包含字面列表的字面列表例子:

列表中的
列表

```
odds_and_ends = [ [ 1, 2, 3], ['a', 'b', 'c' ],
                  [ 'One', 'Two', 'Three' ] ]
```

让列表开始工作

上一页的字面列表展示了可以在代码中非常快速地创建和填充列表。输入数据就大功告成了。

在接下来的两页里，我们将介绍程序执行时扩展（或收缩）列表的机制。毕竟，很多情况下你并不能提前知道需要存储什么数据，也不知道需要多少个对象。对于这种情况，你的代码必须根据需要扩展（或"生成"）列表。接下来几页你就会了解如何做到这一点。

列表

对现在来说，假设你需要确定一个给定的单词是否包含某个元音（也就是字母a, e, i, o或u）。你能用Python的列表提供这个问题的一个解决方案吗？下面在shell上做些试验来看能否得出一个解决方案。

使用列表

我们首先使用shell定义一个名为vowels的列表，然后查看一个单词中的各个字母是否在这个vowels列表中。下面定义一个元音列表：

包含5个元音的列表

```
>>> vowels = ['a', 'e', 'i', 'o', 'u']
```

定义了vowels之后，现在需要一个要检查的单词，所以创建一个名为word的变量，将它设置为"Milliways"：

这是要检查的一个单词。→
```
>>> word = "Milliways"
```

Geek Bits

尽管通常认为字母y既是元音又是辅音，但这里我们只使用字母aeiou作为元音。

一个对象在另一个对象中吗？用"in"来检查

如果记得第1章中的程序，应该不会忘记，询问一个对象是否在另一个对象中时，我们使用了Python的in操作符来检查这种成员关系。这里同样可以利用in：

```
>>> for letter in word:
        if letter in vowels:
            print(letter)
```

取单词中的各个字母……

……如果它在"vowels"列表中……

……在屏幕上显示这个字母。

```
i
i
a
```

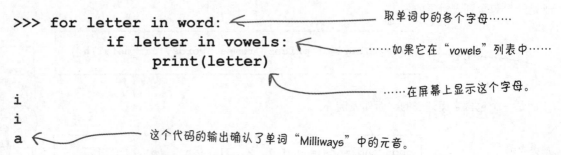

这个代码的输出确认了单词"Milliways"中的元音。

下面将使用这个代码作为基础来处理列表。

有多行代码时使用编辑器

为了更好地学习列表如何工作，下面扩展这个代码,使得找到的每个元音字母只显示一次。就目前而言，如果搜索的单词中某个元音字母多次出现，这个代码会在屏幕上多次显示这个元音字母。

首先，将shell上键入的代码复制粘贴到一个新的IDLE编辑窗口〔从IDLE菜单中选择File（文件）→New File（新建文件）〕。我们会对这个代码做一系列修改，所以有必要把它移到编辑器里。一般经验是，如果在>>>提示窗口中试验的代码有多行，使用编辑器会更方便。把这5行代码保存为vowels.py。

从shell将代码复制到编辑器时，要当心复制时不要包括>>>提示符，因为如果包含了这个提示符，你的代码并不能运行（解释器遇到>>>提示符时会抛出一个语法错误）。

复制代码并保存文件后，你的IDLE编辑窗口应该如下所示：

列表示例代码在IDLE编辑窗口中保存为"vowels.py"。

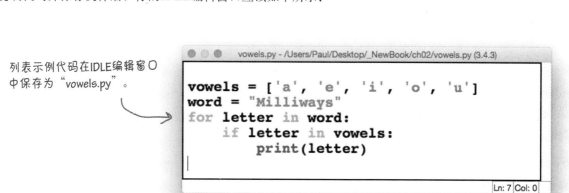

```python
vowels = ['a', 'e', 'i', 'o', 'u']
word = "Milliways"
for letter in word:
    if letter in vowels:
        print(letter)
```

不要忘记：按F5运行你的程序

现在编辑窗口中已经有了代码，按下F5，可以看到IDLE会跳转到一个重启的shell窗口，然后显示程序的输出：

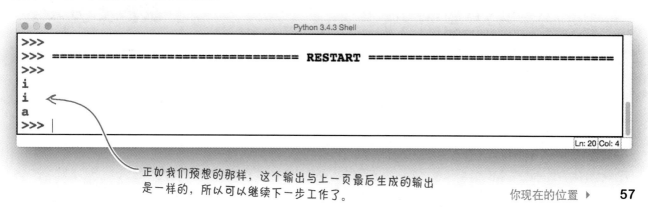

正如我们预想的那样，这个输出与上一页最后生成的输出是一样的，所以可以继续下一步工作了。

在运行时"扩展"列表

当前的程序会在屏幕上显示找到的每一个元音，包括所有重复出现的元音。为了只列出找到的每一个唯一的元音（不要显示重复字母），我们需要记住找到的惟一元音，然后在屏幕上显示。为此，我们要使用第二个数据结构。

不能使用现在的vowels列表，因为它只能让我们快速确定当前处理的字母是否是一个元音。我们需要第二个列表，这个列表初始时为空，然后在运行时用找到的元音来填充。

与上一章中一样，我们先在shell上试验，然后再具体修改我们的程序代码。要创建一个新的空列表，先确定一个新的变量名，然后为它赋一个空列表。下面将我们的第二个列表命名为found。如下为found赋一个空列表（[]），然后使用Python的内置函数len检查集合中有多少个对象：

```
>>> found = []          一个空列表……
>>> len(found)          ……解释器（利用"len"）确认其
0                        中没有任何对象。
```

"len"内置函数会报告一个对象的大小。

列表提供了一组内置方法，可以用来处理列表的对象。要调用一个方法，可以使用点记法语法：在列表名后面加一个点号和方法调用。这一章后面还会看到更多方法。对现在来说，我们将使用append方法在刚才创建的空列表末尾增加一个对象：

```
>>> found.append('a')     使用"append"方法在运行时将对象
>>> len(found)            增加到现有列表。
1                         现在这个列表的长度会增加。
>>> found                 让shell显示列表的内容，这会确认现在这个
['a']                     对象已经是列表的一部分。
```

反复调用append方法将在列表末尾增加更多对象：

```
>>> found.append('e')  ⎫
>>> found.append('i')  ⎬   运行时增加更多对
>>> found.append('o')  ⎭   象。
>>> len(found)
4
>>> found                    这里再一次使用shell确认一切正常。
['a', 'e', 'i' 'o']
```

列表提供了一组内置方法。

下面来看检查一个列表中是否包含某个对象时需要做什么。

用 "in" 检查成员关系

我们已经知道该怎么做。应该记得前几页上的 "Millyways" 例子，以及上一章中的odds.py代码（查看计算得到的分钟值是否在odds列表中）：

"in" 操作符检查
成员关系。

```
    ...
if right_this_minute in odds:
    print("This minute seems a little odd.")
    ...
```

对象在不在 "里面"？

除了使用in操作符检查一个对象是否包含在一个集合中，还可以使用*not in*操作符组合来检查一个集合中是否不存在某个对象。

通过使用not in，只有当你知道要增加的对象不在列表中时，才向列表追加这个对象：

```
>>> if 'u' not in found:
        found.append('u')

>>> found
['a', 'e', 'i' 'o', 'u']
>>>
>>> if 'u' not in found:
        found.append('u')

>>> found
['a', 'e', 'i' 'o', 'u']
```

第一个 "*append*" 调用会执行，因为 "u" 目前并不在 "*found*" 列表中（上一页中已经看到，这个列表包含 ['a', 'e', 'i', 'o']）。

下一个 "*append*" 不会执行，因为 "u" 已经在 "found" 中，所以不需要再次增加。

这里使用集合是不是更好？想要避免重复，集合不是更好的选择吗？

问得好。这里使用集合会更好。

不过，我们到下一章才会讨论集合。那时再来讨论这个例子。现在，我们先集中精力学习如何用append方法在运行时生成列表。

来更新我们的代码

既然认识了not in和append，就能有信心修改我们的代码了。下面再给出原来的vowels.py代码：

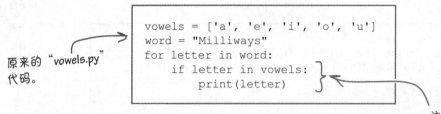

原来的"vowels.py"
代码。

```python
vowels = ['a', 'e', 'i', 'o', 'u']
word = "Milliways"
for letter in word:
    if letter in vowels:
        print(letter)
```

这个代码会显
示"word"中找到
的元音。

将这个代码的一个副本保存为vowels2.py，这样我们就能修改这个新版本，而保留原来的代码不变。

需要增加代码来创建一个空的found列表。然后还需要另外一些代码在运行时填充found。由于不再是找到元音时立即显示，所以需要另一个for循环处理found中的字母，这个for循环在第一个循环之后执行（注意下面的两个循环的缩进是对齐的）。这里突出显示了我们需要的新代码：

这是"vowels2.py"。

从一个空列表
开始。

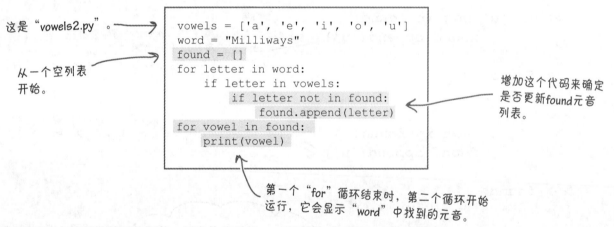

```python
vowels = ['a', 'e', 'i', 'o', 'u']
word = "Milliways"
found = []
for letter in word:
    if letter in vowels:
        if letter not in found:
            found.append(letter)
for vowel in found:
    print(vowel)
```

增加这个代码来确定
是否更新found元音
列表。

第一个"for"循环结束时，第二个循环开始
运行，它会显示"word"中找到的元音。

下面对这个代码做最后的调整，原来的代码将word设置为"Milliways"，现在
修改这一行代码，让它更通用，更有交互性。

将代码：

```python
word = "Milliways"
```

修改为：

```python
word = input("Provide a word to search for vowels: ")
```

这会让解释器提示用户提供一个单词（将搜索这个单词中的元音）。input函数也是Python提供的一个很好用的内置函数。

动手做！

按左边的建议完成修改，然后将更新后的代码保存为
vowels3.py。

 测试

完成上一页最后的修改之后，将程序的最后这个版本保存为vowels3.py。下面在IDLE中试着运行几次这个程序：要多次运行一个程序，按F5键之前先要返回到IDLE编辑窗口。

这里是增加了"input"的"vowels3.py"版本。

```
vowels = ['a', 'e', 'i', 'o', 'u']
word = input("Provide a word to search for vowels: ")
found = []
for letter in word:
    if letter in vowels:
        if letter not in found:
            found.append(letter)
for vowel in found:
    print(vowel)
```
vowels3.py - /Users/Paul/Desktop/_NewBook/ch02/vowels3.py (3.4.3)

Ln: 11 Col: 0

测试运行结果……

```
Python 3.4.3 Shell
>>> ================================ RESTART ================================
>>>
Provide a word to search for vowels: Milliways
i
a
>>> ================================ RESTART ================================
>>>
Provide a word to search for vowels: Hitch-hiker
i
e
>>> ================================ RESTART ================================
>>>
Provide a word to search for vowels: Galaxy
a
>>> ================================ RESTART ================================
>>>
Provide a word to search for vowels: Sky
>>>
```
Ln: 21 Col: 4

我们的输出确认了这个小程序的表现确实像预期的那样，甚至单词中不包含元音时它也能正常工作。在IDLE中运行你的程序时结果会怎么样呢？

从列表删除对象

列表

Python中的列表与其他语言中的数组很相似，另外还有一些其他特性。

需要更多空间时，列表可以动态扩展（利用append方法），这可以显著提高工作效率。与Python中的很多其他特性一样，解释器会负责具体的细节。如果列表需要更多内存，解释器将根据需要分配内存。类似地，列表收缩时，解释器会回收列表不再需要的内存。

还有另外一些方法可以帮助你管理列表。接下来4页我们会介绍4个最有用的方法：remove、pop、extend和insert。

1 remove：取一个对象值作为唯一参数。

remove方法会从列表中删除指定数据值的第一次出现。如果在列表中找到了这个数据值，就会从列表中删除包含这个值的对象（同时列表的大小减1）。如果在列表中没有找到这个数据值，解释器会产生一个错误（后面会介绍有关的更多内容）：

```
>>> nums = [1, 2, 3, 4]
>>> nums
[1, 2, 3, 4]
```

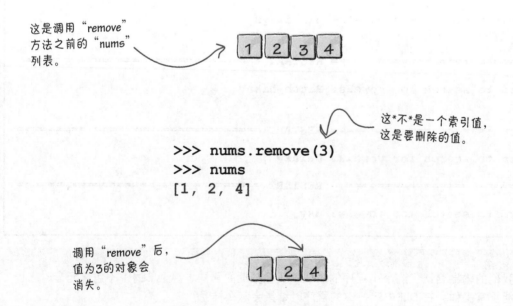

这是调用"remove"方法之前的"nums"列表。

这*不*是一个索引值，这是要删除的值。

```
>>> nums.remove(3)
>>> nums
[1, 2, 4]
```

调用"remove"后，值为3的对象会消失。

从列表弹出对象

如果你知道想要删除的对象的值，remove方法很好用。不过通常情况下，你可能想从某个特定的索引槽删除一个对象。

为此，Python提供了pop方法：

② **pop：取一个可选的索引值作为参数。**

pop方法根据对象的索引值从现有列表删除和返回一个对象。如果调用pop时没有指定索引值，将删除和返回列表中的最后一个对象。如果指定了一个索引值，则会删除和返回那个位置上的对象。如果列表为空或者调用pop时指定了一个不存在的索引值，解释器会产生一个错误（后面将介绍有关的更多内容）。

如果愿意，可以把pop返回的对象赋给一个变量，在这种情况下，对象会保留下来。不过，如果没有把弹出的对象赋给一个变量，它的内存就会被回收，这个对象将消失。

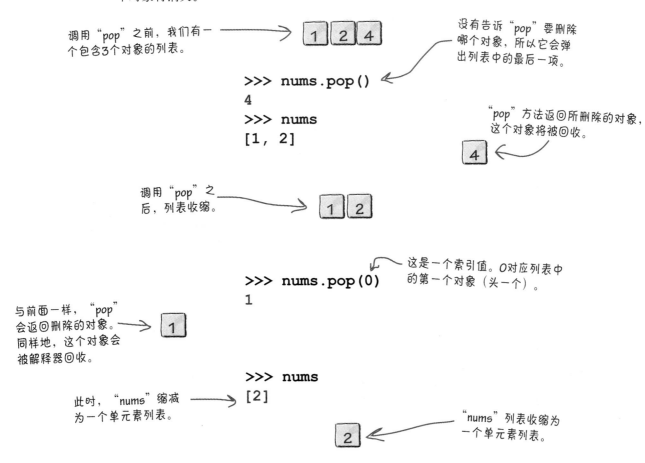

调用"pop"之前，我们有一个包含3个对象的列表。

```
>>> nums.pop()
4
>>> nums
[1, 2]
```

没有告诉"pop"要删除哪个对象，所以它会弹出列表中的最后一项。

"pop"方法返回所删除的对象，这个对象将被回收。

调用"pop"之后，列表收缩。

```
>>> nums.pop(0)
1
```

这是一个索引值。0对应列表中的第一个对象（头一个）。

与前面一样，"pop"会返回删除的对象。同样地，这个对象会被解释器回收。

```
>>> nums
[2]
```

此时，"nums"缩减为一个单元素列表。

"nums"列表收缩为一个单元素列表。

用对象扩展列表

你已经知道可以使用append向现有列表增加单个对象。另外还有一些方法也能向列表动态增加数据：

3 extend：取一个对象列表作为唯一参数。

extend方法接收第二个列表，将其中的各个对象增加到现有列表。如果要将两个列表合并为一个列表，这个方法就非常有用：

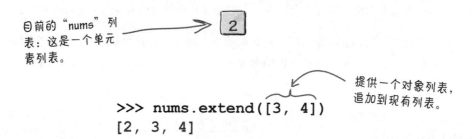

目前的"nums"列表：这是一个单元素列表。

提供一个对象列表，追加到现有列表。

```
>>> nums.extend([3, 4])
[2, 3, 4]
```

我们扩展了这个"nums"列表，这里追加了提供的那个列表中的各个对象。

这里使用一个空列表是合法的，只是有点傻（因为并没有向现有列表中增加任何元素）。如果调用"append([])"，会在现有列表末尾增加一个空列表，而在这个例子中，使用"extend([])"什么也不做。

```
>>> nums.extend([])
[2, 3, 4]
```

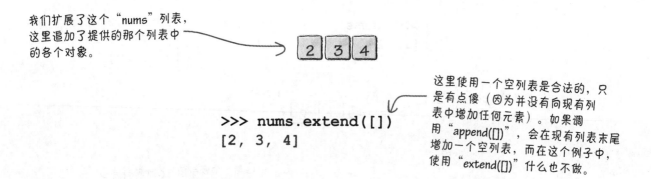

由于用来扩展"nums"列表的空列表不包含任何对象，所以没有任何改变。

在列表中插入一个对象

append和extend方法很有用，不过它们仅限于在现有列表的末尾（最右端）增加对象。有时，你可能希望把对象增加到列表开头（最左端）。如果是这样，可以使用insert方法。

列表

④ insert：取一个索引值和一个对象作为参数。

insert方法将一个对象插入到现有列表中指定索引值前面。这样就可以将对象插入到现有列表的开头，或者插入到列表中的任何位置。要把对象插入到列表末尾，不能用insert，因为这是append方法的工作：

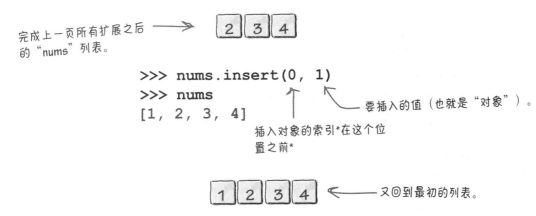

完成上一页所有扩展之后的 "nums" 列表。

```
>>> nums.insert(0, 1)
>>> nums
[1, 2, 3, 4]
```

要插入的值（也就是 "对象"）。

插入对象的索引*在这个位置之前*

又回到最初的列表。

完成所有这些删除、弹出、扩展和插入之后，我们最后又得到了前面最初的那个列表：[1, 2, 3, 4]。

注意还可以使用insert将一个对象增加到现有列表任意的槽中。在上面的例子中，我们决定把对象（数字1）增加到列表的开头，不过也可以使用任意的槽号，指定把对象插入到列表的哪个槽中。下面来看最后一个例子（这只是为了更有意思一些），把一个字符串增加到nums列表的中间，这里使用值2作为insert的第1个参数：

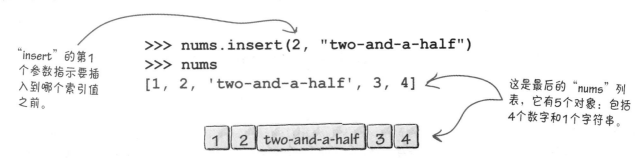

"insert" 的第1个参数指示要插入到哪个索引值之前。

```
>>> nums.insert(2, "two-and-a-half")
>>> nums
[1, 2, 'two-and-a-half', 3, 4]
```

这是最后的 "nums" 列表，它有5个对象：包括4个数字和1个字符串。

下面通过练习来得到使用这些列表方法的一些经验。

中括号如何使用呢？

我有点儿不明白。你一直在说列表"就像其他编程语言中的数组"，但你还没有谈到我在其他编程语言中使用数组时所用的中括号记法。怎么回事？

别担心，稍后就会介绍这个内容。

你在其他编程语言中使用数组时了解和喜欢的中括号记法确实可以用来处理Python列表。不过，在讨论如何使用中括号之前，先用目前掌握的列表方法做些有意思的练习。

there are no
Dumb Questions

问： 如何更多地了解这些以及其他列表方法？

答： 你是在说如何请求帮助。在>>>提示窗口中，输入 **help(list)** 可以访问Python关于列表的文档（这会提供大量资料，可能有很多页），或者也可以输入 **help(list.append)** 只请求append方法的文档。可以把append换成任何其他列表方法名来访问那个方法的文档。

Sharpen your pencil

挑战的时刻到了。

在做其他工作之前，先来看下面所示的7行代码，把它们输入到一个新的IDLE编辑窗口。将代码保存为panic.py，然后（按F5键）执行。

研究屏幕上出现的消息。注意前4行代码取一个字符串（phrase），把它转换为一个列表（plist），然后再在屏幕上显示phrase和plist。

另外3行代码取这个plist，将它转换回一个字符串（new_phrase），然后在屏幕上显示plist和new_phrase。

你的任务是只使用这本书目前为止出现过的列表方法，把字符串"Don't panic!"转换为字符串"on tap"（选择这两个字符串没有别的含义：只是因为"Don't panic!"中出现了"on tap"中的字母）。目前，panic.py会显示两次"Don't panic!"。

提示：如果某个操作要完成多次，可以使用for循环。

开始时是一个字符串。

```python
phrase = "Don't panic!"
```

把这个字符串转换为一个列表。

```python
plist = list(phrase)
print(phrase)
print(plist)
```

在屏幕上显示这个字符串和列表。

在这里增加你的列表处理代码。

```python
new_phrase = ''.join(plist)
print(plist)
print(new_phrase)
```

这行代码将列表转换回一个字符串。

在屏幕上显示转换后的列表和新的字符串。

Sharpen your pencil Solution

挑战的时刻到了。

在做其他工作之前，先将上一页所示的7行代码键入到一个新的IDLE编辑窗口。将代码保存为panic.py，然后（按F5）执行。

你的任务是只使用这本书目前为止出现过的列表方法，把字符串"Don't panic!"转换为字符串"on tap"。修改之前，panic.py会显示两次"Don't panic!"。

这个新字符串（显示"on tap"）将存储在new_phrase变量中。

你要在这里增加你的列表处理代码。这是我们给出的代码，如果你的代码与我们的不同，也不用担心。可以采用不同方式使用列表方法完成必要的转换。

```
phrase = "Don't panic!"
plist = list(phrase)
print(phrase)
print(plist)
```

```
for i in range(4):
    plist.pop()
```

这个小循环从"plist"弹出最后4个对象。不再有"nic!"了。

删除列表开头的'D'。

```
plist.pop(0)
plist.remove("'")
```

在列表中找到引号，然后将它删除。

```
plist.extend([plist.pop(), plist.pop()])
plist.insert(2, plist.pop(3))
```

交换列表末尾的两个对象，首先从对象弹出这两个对象，然后使用弹出的对象扩展列表。需要仔细考虑这行代码。这里的要点是：先弹出（按所示的顺序），然后才扩展。

```
new_phrase = ''.join(plist)
print(plist)
print(new_phrase)
```

这行代码从列表弹出空格，然后把它再插回到列表中索引2的位置。与上一行代码类似，先弹出，然后执行insert。另外要记住：空格也是字符。

这个练习答案里有很多内容，下面两页将详细解释这个代码。

"plist" 发生了什么?

下面先停一下，想想看panic.py中的代码执行时plist到底发生了什么。

这一页（以及下一页）左边列出了panic.py的代码，与所有其他Python程序一样，它会从上向下执行。这一页右边给出了plist的可视化表示，另外对发生了什么给出了一些说明。注意代码执行时plist如何动态收缩和扩展：

代码　　　　　　　　　　　　　　　　　　　　　　plist的状态

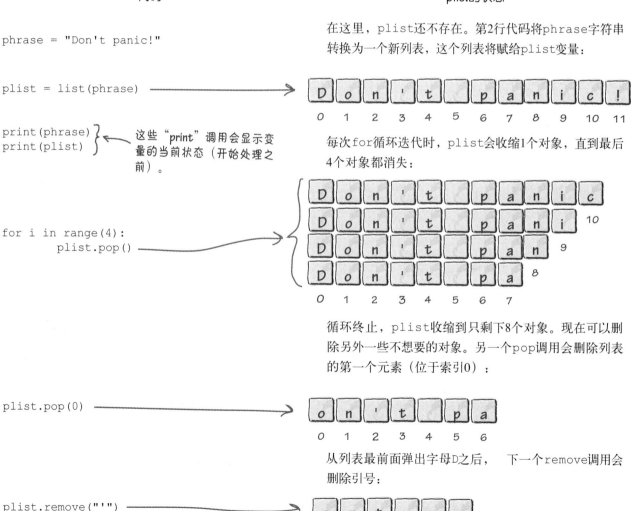

```
phrase = "Don't panic!"
```

在这里，plist还不存在。第2行代码将phrase字符串转换为一个新列表，这个列表将赋给plist变量：

```
plist = list(phrase)
```

| D | o | n | ' | t | | p | a | n | i | c | ! |
| 0 | 1 | 2 | 3 | 4 | 5 | 6 | 7 | 8 | 9 | 10 | 11 |

```
print(phrase)
print(plist)
```

这些"print"调用会显示变量的当前状态（开始处理之前）。

每次for循环迭代时，plist会收缩1个对象，直到最后4个对象都消失：

```
for i in range(4):
    plist.pop()
```

D	o	n	'	t		p	a	n	i	c
D	o	n	'	t		p	a	n	i		10
D	o	n	'	t		p	a	n		9
D	o	n	'	t		p	a		8
0	1	2	3	4	5	6	7

循环终止，plist收缩到只剩下8个对象。现在可以删除另外一些不想要的对象。另一个pop调用会删除列表的第一个元素（位于索引0）：

```
plist.pop(0)
```

| o | n | ' | t | | p | a |
| 0 | 1 | 2 | 3 | 4 | 5 | 6 |

从列表最前面弹出字母D之后，　下一个remove调用会删除引号：

```
plist.remove("'")
```

| o | n | t | | p | a |
| 0 | 1 | 2 | 3 | 4 | 5 |

"plist" 发生了什么（续）

我们已经停下来，在考虑panic.py中的代码执行时plist到底发生了什么。

根据上一页代码的执行结果，现在我们有了一个包含6个元素的列表，分别是字符o，n，t，空格，p和a。下面继续执行我们的代码：

代码	plist的状态

这是执行上一页代码后的plist：

下一行代码包含3个方法调用：2个pop调用和1个extend调用。pop调用最先执行（从左至右）：

`plist.extend([plist.pop(), plist.pop()])`

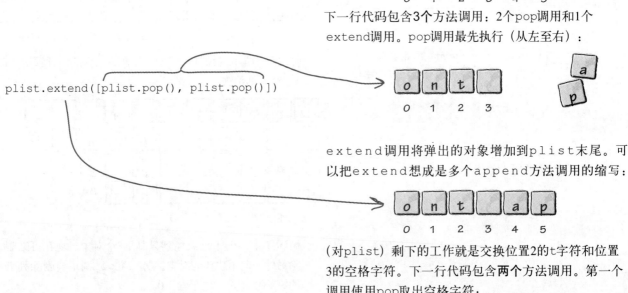

extend调用将弹出的对象增加到plist末尾。可以把extend想成是多个append方法调用的缩写：

（对plist）剩下的工作就是交换位置2的t字符和位置3的空格字符。下一行代码包含**两个方法调用**。第一个调用使用pop取出空格字符：

`plist.insert(2, plist.pop(3))`

把"plist"转换回一个字符串。

```
new_phrase = ''.join(plist)
print(plist)
print(new_phrase)
```

这些"print"调用显示了变量的状态（完成列表处理之后）。

然后insert调用把这个空格字符插入到正确的位置（索引位置2之前）：

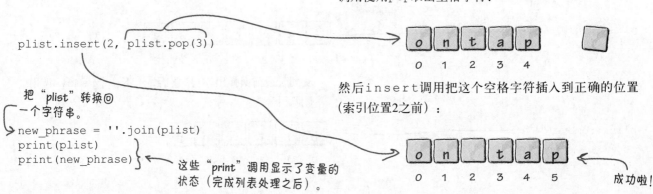

成功啦！

列表：我们已经知道些什么

我们又学习了20页，所以先稍事休息，回顾一下到目前为止关于列表我们学到了什么：

BULLET POINTS

■ 列表非常适合存储相关对象的集合。如果你有大量类似的对象，想把它们作为一个整体，列表就是放置这些对象的一个理想场所。

■ 列表与其他语言中的数组很类似。不过，其他语言中的数组大小往往是固定的，与之不同，Python的列表可以根据需要动态收缩和扩展。

■ 在代码中，对象列表用中括号包围，列表对象相互之间用逗号分隔。

■ 空列表表示为[]。

■ 要检查一个对象是否在一个列表中，最快的方法是使用Python的in操作符，它会检查成员关系。

■ 可以在运行时扩展列表，因为Python提供了一组列表方法，包括append、extend和insert。

■ 由于提供了remove和pop方法，可以在运行时收缩列表。

> 这些我都知道了，不过处理列表时有没有什么需要注意的？

没错。小心驶得万年船。

在Python中使用和处理列表通常很方便，但要非常小心，要确保解释器所做的确实是你想要的。

将一个列表复制到另一个列表时就要特别当心。你是在复制这个列表，还是要复制列表中的对象？取决于你的答案和你想要做什么，解释器会有不同的表现。翻到下一页来看这是什么意思。

看起来像复制，但其实不是

要把一个现有列表复制到另一个列表，你可能想使用赋值操作符：

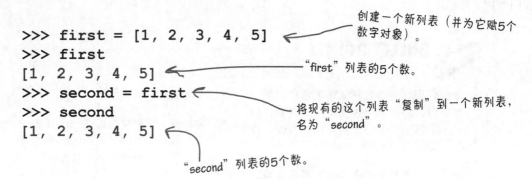

创建一个新列表（并为它赋5个数字对象）。

"first" 列表的5个数。

将现有的这个列表"复制"到一个新列表，名为"second"。

"second" 列表的5个数。

到目前为止都还好。看起来一切正常，因为first的5个数字对象已经复制到second：

嗯，真的复制了吗？下面来看如果向second追加一个新数字，这看起来很合理，但事实上会带来一个问题：

```
>>> second.append(6)
>>> second
[1, 2, 3, 4, 5, 6]
```

看起来没问题，但事实上并非如此。

同样地，到目前为止都还好，不过这里存在一个**bug**。下面我们让shell显示first的内容，看看会发生什么，这个新对象同时也追加到first中了！

```
>>> first
[1, 2, 3, 4, 5, 6]
```

唉呀！这个新对象也追加到"first"中了。

这确实是个问题，因为first和second都指向同一个数据。如果修改一个列表，另一个也会改变。这可不好。

如何复制一个数据结构

既然使用赋值操作符不能把一个列表复制到另一个列表，那该用什么呢？
这里的问题是first和second会共享这个列表的**引用**。

要解决这个问题，列表提供了一个copy方法，它会完成真正的复制。下
面来看copy如何工作：

```
>>> third = second.copy()
>>> third
[1, 2, 3, 4, 5, 6]
```

(利用copy方法) 创建了third后，下面向它追加一个对象，然后看看发生
了什么：

"third"列
表扩展了
一个对象。

```
>>> third.append(7)
>>> third
[1, 2, 3, 4, 5, 6, 7]
>>> second
[1, 2, 3, 4, 5, 6]
```

好多了。原来的列表
没有变化。

**不要使用赋值操
作符复制列表；
应当使用"copy"
方法。**

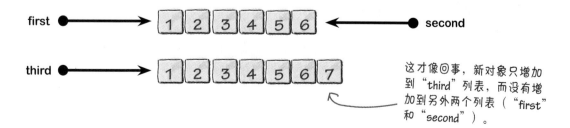

这才像回事，新对象只增加
到"third"列表，而没有增
加到另外两个列表 ("first"
和"second")。

中括号无处不在

真不能相信上一页居然有那么多中括号……况且我还没看到如何用中括号选择和访问Python列表中的数据呢。

Python支持中括号记法，而且还不只这些。

几乎所有其他编程语言中都可以对数组使用中括号，使用过的人都知道，可以用names[0]访问名为names的数组中的第一个值。下一个值在names[1]中，再下一个在names[2]中，依此类推。Python访问列表中的对象时也采用这种方式。

不过，Python扩展了这个记法，对这个标准行为有所改进，它还支持**负索引值**（-1，-2，-3等），另外还支持一种从列表中选择对象**范围**的记法。

列表：更新我们已经知道些什么

深入介绍Python如何扩展中括号记法之前，先来补充我们的要点：

BULLET POINTS

- 将一个列表复制到另一个列表时要当心。如果想让另一个变量引用一个现有列表，可以使用赋值操作符（=）。如果想建立现有列表中对象的副本，用它们初始化一个新列表，就一定要使用copy方法。

列表

列表扩展中括号记法

我们一直在说Python的列表就像是其他编程语言中的数组，这并不是空穴来风。像其他语言一样，Python对索引位置编号也是从0开始，而且同样使用众所周知的**中括号记法**来访问列表中的对象。

但与大量其他编程语言不同的是，Python允许相对于列表两端来访问列表：正索引值从左向右数，负索引值从右向左数：

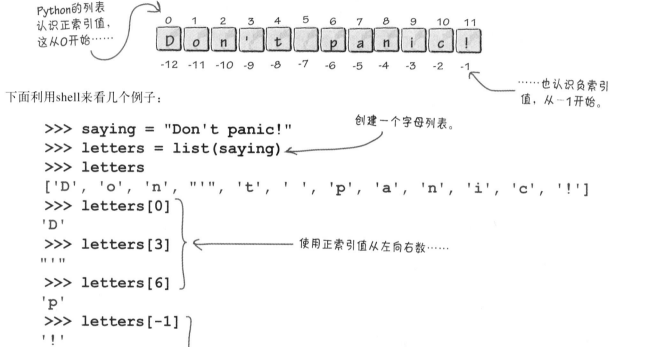

Python的列表认识正索引值，这从0开始……

……也认识负索引值，从−1开始。

下面利用shell来看几个例子：

```
>>> saying = "Don't panic!"
>>> letters = list(saying)
>>> letters
['D', 'o', 'n', "'", 't', ' ', 'p', 'a', 'n', 'i', 'c', '!']
>>> letters[0]
'D'
>>> letters[3]
"'"
>>> letters[6]
'p'
>>> letters[-1]
'!'
>>> letters[-3]
'i'
>>> letters[-6]
'p'
```

创建一个字母列表。

使用正索引值从左向右数……

负索引值从右向左数。

执行Python代码时列表可能扩展和收缩，能够使用负索引值来索引列表往往很有用。例如，使用−1作为索引值，这总会返回列表中的最后一个对象，而不论这个列表有多大，同样地，使用0总能返回第一个对象。

Python对中括号的扩展不只是支持负索引值。列表还认识**start**（开始值）、**stop**（结束值）和**step**（步长值）。

很容易得到列表中的第一个和最后一个对象。

```
>>> first = letters[0]
>>> last = letters[-1]
>>> first
'D'
>>> last
'!'
```

列表认识开始、结束和步长值

上一章讨论range函数的3参数版本时第一次见到开始、结束和步长值：

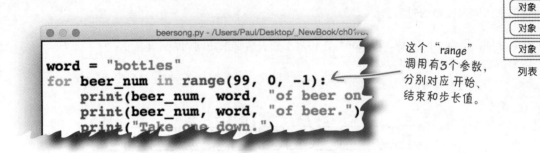

这个"range"调用有3个参数，分别对应 开始、结束和步长值。

应该还记得指定范围时**开始、结束和步长值**的含义（这里再结合列表看看它们的含义是什么）：

● START值允许你控制范围从哪里开始。

用于列表时，开始值指示开始索引值。

● STOP值允许你控制范围何时结束。

用于列表时，结束值指示到哪个索引值结束，但不包括这个索引值。

● STEP值允许你控制范围如何生成。

用于列表时，步长值指示每一步大小。

可以把开始、结束和步长值放在中括号里

用于列表时，开始、结束和步长值在中括号里指定，相互之间用冒号（:）字符分隔：

letters[*start*:*stop*:*step*]

中括号记法扩展为可以指定开始、结束和步长值。

尽管看起来可能不太明显，不过使用时这3个值都是可选的：

如果没有指定**开始值**，则默认值为0。

如果没有指定**结束值**，则取列表允许的最大值。

如果没有指定**步长值**，则默认值为1。

列表切片的使用

给定几页前的列表letters，可以采用多种方式指定**开始**、**结束**和**步长**值。

下面来看几个例子：

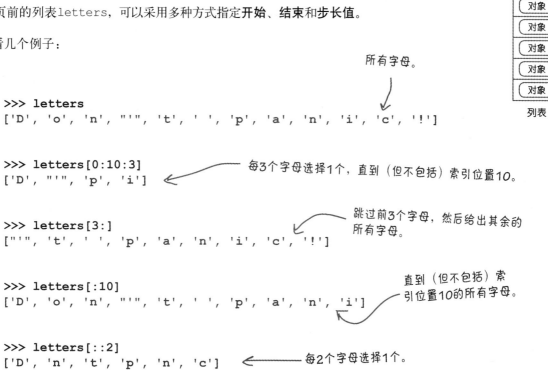

所有字母。

```
>>> letters
['D', 'o', 'n', "'", 't', ' ', 'p', 'a', 'n', 'i', 'c', '!']
```

```
>>> letters[0:10:3]
['D', "'", 'p', 'i']
```
每3个字母选择1个，直到（但不包括）索引位置10。

```
>>> letters[3:]
["'", 't', ' ', 'p', 'a', 'n', 'i', 'c', '!']
```
跳过前3个字母，然后给出其余的所有字母。

```
>>> letters[:10]
['D', 'o', 'n', "'", 't', ' ', 'p', 'a', 'n', 'i']
```
直到（但不包括）索引位置10的所有字母。

```
>>> letters[::2]
['D', 'n', 't', 'p', 'n', 'c']
```
每2个字母选择1个。

对列表使用开始、结束和步长切片记法的功能很强大（而且也很方便），建议你花点时间来理解这些例子是如何工作的。一定要在>>>提示窗口中跟着我们完成这些例子，你也可以对这种记法自己做些试验。

---

there are no Dumb Questions

问： 我注意到，这一页上有些字母用单引号包围，还有一些却用双引号包围。这里有没有需要遵循的标准？

答： 没有，这里并没有标准，因为Python中单引号和双引号都可以用来包围任意长度的字符串，包括只包含一个字符的字符串（如这一页上所示的字符串。理论上讲，这些都是包含单字符的字符串，而不是字母）。大多数Python程序员使用单引号分隔字符串（不过，这只是个人喜好，而不是规则）。如果一个字符串只包含一个引号，可以使用双引号来避免用反斜线（\）对字符转义，因为大多数程序员发现"'"比'\''更易读。下面两页还会看到更多使用这两种引号的例子。

开始和结束列表

在>>>提示窗口中跟着我们完成这一页（和下一页）上的例子，确保得到与我们同样的输出。

首先将一个字符串转换为一个字母列表：

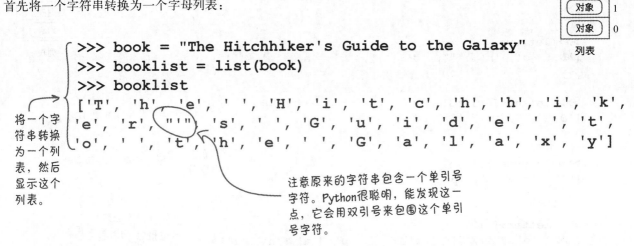

```
>>> book = "The Hitchhiker's Guide to the Galaxy"
>>> booklist = list(book)
>>> booklist
['T', 'h', 'e', ' ', 'H', 'i', 't', 'c', 'h', 'h', 'i', 'k',
'e', 'r', "'", 's', ' ', 'G', 'u', 'i', 'd', 'e', ' ', 't',
'o', ' ', 't', 'h', 'e', ' ', 'G', 'a', 'l', 'a', 'x', 'y']
```

将一个字符串转换为一个列表，然后显示这个列表。

注意原来的字符串包含一个单引号字符。Python很聪明，能发现这一点，它会用双引号来包围这个单引号字符。

再使用新创建的列表（上面名为booklist的列表），从中选择一个字母范围：

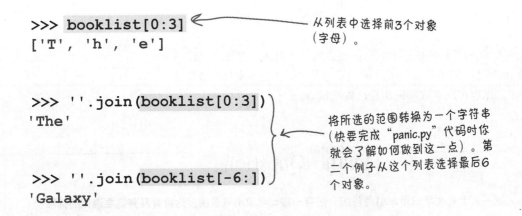

```
>>> booklist[0:3]
['T', 'h', 'e']
```

从列表中选择前3个对象（字母）。

```
>>> ''.join(booklist[0:3])
'The'
```

```
>>> ''.join(booklist[-6:])
'Galaxy'
```

将所选的范围转换为一个字符串（快要完成"panic.py"代码时你就会了解如何做到这一点）。第二个例子从这个列表选择最后6个对象。

一定要花些时间研究这一页（和下一页）的例子，直到你相信自己已经了解每一个例子是如何工作的，另外一定要在IDLE中尝试各个例子。

从上面最后的例子可以看到，解释器很愿意使用**开始**、**结束**和**步长值**的默认值。

列表中使用步长

这里再给出另外两个例子来展示列表中如何使用步长。

第一个例子选择所有字母，它从列表末尾开始（也就是说，会逆序选择），第二个例子会从列表中每隔一个选择一个字母。注意步长值如何控制这个行为：

```
>>> backwards = booklist[::-1]
>>> ''.join(backwards)
"yxalaG eht ot ediuG s'rekihhctiH ehT"
```

看起来就像魔咒，是不是？不过这确实是原来的字符串逆转后的结果。

```
>>> every_other = booklist[::2]
>>> ''.join(every_other)
"TeHthie' ud oteGlx"
```

这看起来就像胡言乱语！不过"every_other"确实是从原列表第一个字母到最后一个字母选择的部分字母构成的一个列表，这里每隔一个选择一个对象（字母）。注意："开始值"和"结束值"是默认的。

最后两个例子确认了可以在列表中的任意位置开始和结束以及选择对象。这么做时，返回的数据称为一个**切片**（**slice**）。可以把切片看作是现有列表的一个片段。

下面这两个例子都从booklist选择字母，booklist包含单词'Hitchhiker'的字母。第一个选择会显示单词'Hitchhiker'，第2个则以逆序显示'Hitchhiker'：

```
>>> ''.join(booklist[4:14])
'Hitchhiker'
```

取出单词"Hitchhiker"。

"切片" 是列表的 一个片段。

```
>>> ''.join(booklist[13:3:-1])
'rekihhctiH'
```

取出单词"Hitchhiker"，不过以逆序（也就是从后向前）选择。

切片无处不在

切片记法并不只用于列表。实际上，你会看到可以利用**[start:stop:step]**截取Python中的任意序列。

在列表中使用切片

Python的切片记法是中括号记法的一个很有用的扩展，Python语言中很多地方都会使用这种记法。继续学习这本书的过程中，你会发现我们将大量使用切片。

现在我们来看Python中括号记法（包括使用切片）的实际使用。我们要重构前面的panic.py程序，调整为使用中括号记法和切片来实现前面用列表方法完成的工作。

在做具体工作之前，下面先简要回顾panic.py要做什么。

列表

把"Don't panic!"转换为"on tap"

这个代码使用列表方法处理一个现有列表，从而将一个字符串转换为另一个字符串。开始时是字符串"Don't panic!"，处理之后，这个代码会生成"on tap"：

这是"panic.py"。

显示字符串和列表的初始状态。

使用一组列表方法转换和处理对象列表。

显示字符串和列表的结果状态。

```python
phrase = "Don't panic!"
plist = list(phrase)
print(phrase)
print(plist)
for i in range(4):
    plist.pop()
plist.pop(0)
plist.remove("'")
plist.extend([plist.pop(), plist.pop()])
plist.insert(2, plist.pop(3))
new_phrase = ''.join(plist)
print(plist)
print(new_phrase)
```

这是在IDLE中运行时这个程序的输出：

```
Python 3.4.3 Shell
>>> ================================= RESTART =================================
>>>
Don't panic!
['D', 'o', 'n', "'", 't', ' ', 'p', 'a', 'n', 'i', 'c', '!']
['o', 'n', ' ', 't', 'a', 'p']
on tap
>>>
                                                          Ln: 10 Col: 4
```

利用列表方法，字符串"Don't panic!"转换为"on tap"。

列表

在列表中使用切片（续）

现在来做具体工作。下面再次给出panic.py代码，这里突出显示了需要修改的代码：

```
phrase = "Don't panic!"
plist = list(phrase)
print(phrase)
print(plist)
for i in range(4):
    plist.pop()
plist.pop(0)
plist.remove("'")
plist.extend([plist.pop(), plist.pop()])
plist.insert(2, plist.pop(3))
new_phrase = ''.join(plist)
print(plist)
print(new_phrase)
```

这些是需要修改的代码行。

Sharpen your pencil

在这个练习中，要把上面突出显示的代码替换为使用Python中括号记法的新代码。需要说明，如果需要，仍然可以使用列表方法。与前面一样，你要把"Don't panic!"转换为"on tap"。把你的代码写在这里给出的空格上，将这个程序命名为panic2.py：

```
phrase = "Don't panic!"
plist = list(phrase)
print(phrase)
print(plist)
```

....

....

....

....

....

```
print(plist)
print(new_phrase)
```

Sharpen your pencil
Solution

在这个练习中，要把上面突出显示的代码替换为使用Python中括号记法的新代码。需要说明，如果需要，仍然可以使用列表方法。与前面一样，你要把"Don't panic!"转换为"on tap"。把你的代码写在这里给出的空格上，将这个程序命名为panic2.py：

```
phrase = "Don't panic!"
plist = list(phrase)
print(phrase)
print(plist)
```

```
new_phrase = ''.join(plist[1:3])
```
首先从"plist"取出单词"on"……

```
new_phrase = new_phrase + ''.join([plist[5], plist[4], plist[7], plist[6]])
```

```
print(plist)
print(new_phrase)
```

……然后挑出我们需要的各个其他字母：空格、"t"、"a"和"p"。

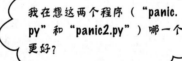

我在想这两个程序（"panic.py"和"panic2.py"）哪一个更好?

这是一个很好的问题。

有些程序员查看panic2.py中的代码，并与panic.py中的代码比较，会得出结论认为2行代码总是比7行代码要好，特别是这两个程序的输出完全相同。评判哪一个程序更好时，代码量确实是一个不错的度量标准，不过在这里却不太适用。

要了解我们是什么意思，下面来看这两个程序的输出。

测试

使用IDLE在不同的编辑窗口中打开panic.py和panic2.py。先选择panic.py窗口，然后按F5。接下来选择panic2.py窗口，再按F5。在你的shell中比较这两个程序的结果。

"panic.py"

panic.py - /Users/Paul/Desktop/_NewBook/ch02/panic.py (3.4.3)

```
phrase = "Don't panic!"
plist = list(phrase)
print(phrase)
print(plist)

for i in range(4):
    plist.pop()
plist.pop(0)
plist.remove("'")
plist.extend([plist.pop(), plist.pop()])
plist.insert(2, plist.pop(3))

new_phrase = ''.join(plist)
print(plist)
print(new_phrase)
```

Ln: 17 Col: 0

"panic2.py"

panic2.py

```
phrase = "Don't panic!"
plist = list(phrase)
print(phrase)
print(plist)

new_phrase = ''.join(plist[1:3])
new_phrase = new_phrase + ''.join([plist[5], plist[4], plist[7], plist[6]])

print(plist)
print(new_phrase)
```

Python 3.4.3 Shell

```
>>> ============================== RESTART ==============================
>>>
Don't panic!
['D', 'o', 'n', "'", 't', ' ', 'p', 'a', 'n', 'i', 'c', '!']
['o', 'n', ' ', 't', 'a', 'p']
on tap
>>> ============================== RESTART ==============================
>>>
Don't panic!
['D', 'o', 'n', "'", 't', ' ', 'p', 'a', 'n', 'i', 'c', '!']
['D', 'o', 'n', "'", 't', ' ', 'p', 'a', 'n', 'i', 'c', '!']
on tap
>>> |
```

运行"panic.py"程序生成的输出。

运行"panic2.py"程序生成的输出。

注意观察这两个输出有什么不同。

哪一个更好？要看情况……

我们在IDLE中执行了panic.py和panic2.py，来帮助我们确定这两个程序中哪一个"更好"。

来看两个程序输出的倒数第二行结果：

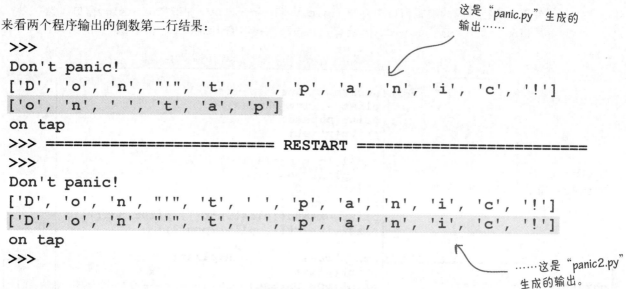

这是"*panic.py*"生成的输出……

```
>>>
Don't panic!
['D', 'o', 'n', "'", 't', ' ', 'p', 'a', 'n', 'i', 'c', '!']
['o', 'n', ' ', 't', 'a', 'p']
on tap
>>> ======================== RESTART ========================
>>>
Don't panic!
['D', 'o', 'n', "'", 't', ' ', 'p', 'a', 'n', 'i', 'c', '!']
['D', 'o', 'n', "'", 't', ' ', 'p', 'a', 'n', 'i', 'c', '!']
on tap
>>>
```

……这是"*panic2.py*"生成的输出。

尽管两个程序最后都会显示字符串"on tap"（都是首先从字符串"Don't panic!"开始），但是panic2.py没有改变plist，而panic.py改变了这个列表。

有必要暂停一下来考虑这个问题。

还记得这一章前面关于"'plist'发生了什么?"的讨论。其中详细描述了转换这个列表的步骤：

"*panic.py*"程序从这个列表开始……

把它变成一个短得多的列表：

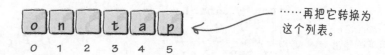

……再把它转换为这个列表。

所有这些使用pop、remove、extend和insert方法完成的列表处理改变了原来的列表，这没有问题，因为这正是列表方法要完成的工作：就是要改变列表。不过panic2.py呢?

列表切片是非破坏性的

panic.py程序使用列表方法将一个字符串转换为另一个字符串，这些列表方法是**破坏性的**，因为这个代码会修改列表的原始状态。列表切片则是**非破坏性的**，因为从一个现有列表中抽取对象不会改变原来的列表，原数据仍保持不变。

"panic2.py"程序从这个列表开始。

这里显示了panic2.py使用的切片。注意每个切片从列表中抽取数据，但是不会改变列表。下面是完成所有具体工作的两行代码，这里还显示了每个切片抽取的数据：

代码

```
new_phrase = ''.join(plist[1:3])
new_phrase = new_phrase + ''.join([plist[5], plist[4], plist[7], plist[6]])
```

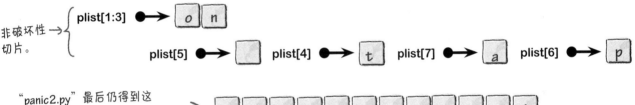

非破坏性切片。

"panic2.py"最后仍得到这个列表（也就是说，没有改变）。

那么……哪一个更好?

使用列表方法处理和转换一个现有列表时，所做的就是处理和转换这个列表。列表的原始状态不再保留。取决于你要做什么，这可能会有问题（也可能没问题）。使用Python的中括号记法通常不会改变现有列表，除非你决定把一个新值赋到一个已有的索引位置。使用切片也不会给列表带来任何改变：原来的数据仍保持原样。

你认为这两种方法哪一个"更好"往往取决于你打算做什么（也可能两种方法都不喜欢）。要完成一个计算，方法通常不只一种，而且Python列表相当灵活，它支持你采用多种方法与存储在列表中的数据交互。

我们的列表之旅就快结束了。在这个阶段还有一个内容需要介绍，这就是列表迭代。

列表方法会改变一个列表的状态，而使用中括号记法和切片（通常）不会改变列表状态。

Python的 "for" 循环了解列表

Python的for循环非常了解列表，提供列表时，for循环知道列表从哪里开始，列表中包含多少个对象，以及列表在哪里结束。你根本不用告诉for循环任何信息，因为它自己就能知道。

可以用一个例子来说明。在IDLE中打开一个新的编辑窗口，输入下面所示的代码，跟着我们完成这个例子。将这个新程序保存为marvin.py，然后按F5让它运行：

执行这个小程序……

……来生成这个输出。

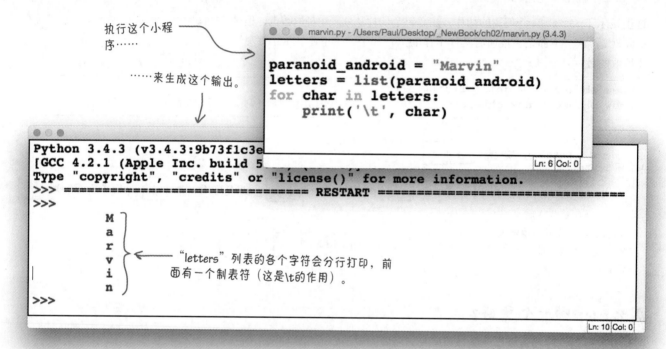

```python
paranoid_android = "Marvin"
letters = list(paranoid_android)
for char in letters:
    print('\t', char)
```

```
Python 3.4.3 (v3.4.3:9b73f1c3e
[GCC 4.2.1 (Apple Inc. build 5
Type "copyright", "credits" or "license()" for more information.
>>> ================================ RESTART ================================
>>>
        M
        a
        r
        v
        i
        n

>>>
```

"letters" 列表的各个字符会分行打印，前面有一个制表符（这是\t的作用）。

理解marvin.py的代码

marvin.py的前两行代码我们很熟悉：为一个变量（名为paranoid_android）赋一个字符串，然后把这个字符串转换为字符对象列表（赋给一个名为letters的新变量）。

下一个语句是一个for循环，这也是我们希望你重点考虑的部分。

每次迭代时，这个for循环会取letters列表中的各个对象，每次将一个字符赋给另一个变量，名为char。在缩进的循环体中，char是for循环处理的对象的当前值。注意，for循环知道什么时候开始迭代，什么时候停止迭代，以及letters列表中有多少个对象。你不用操心这些问题，这是解释器的工作。

每次迭代时，这个变量指示当前对象。

这是要迭代处理的列表。

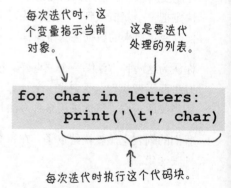

```python
for char in letters:
    print('\t', char)
```

每次迭代时执行这个代码块。

Python的"for"循环了解切片

如果使用中括号从列表中选择一个切片，for循环也会"正确操作"，只迭代处理切片部分的对象。可以更新上一个程序来说明这一点。将marvin.py的一个新版本保存为marvin2.py，然后如下修改代码。

我们感兴趣的是这里使用了Python的**乘法操作符**（*），这用来控制第2个和第3个for循环中每个对象前面打印多少个制表符。这里使用*"乘以"制表符出现的次数：

列表

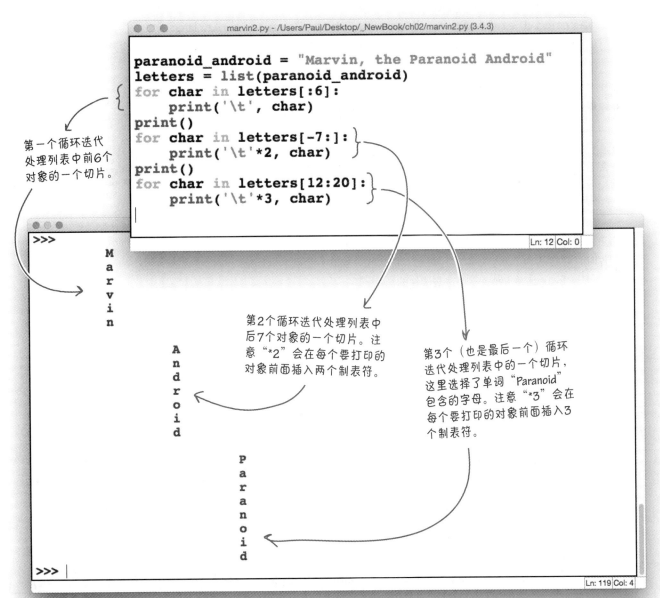

```
marvin2.py - /Users/Paul/Desktop/_NewBook/ch02/marvin2.py (3.4.3)

paranoid_android = "Marvin, the Paranoid Android"
letters = list(paranoid_android)
for char in letters[:6]:
    print('\t', char)
print()
for char in letters[-7:]:
    print('\t'*2, char)
print()
for char in letters[12:20]:
    print('\t'*3, char)
```

第一个循环迭代处理列表中前6个对象的一个切片。

第2个循环迭代处理列表中后7个对象的一个切片。注意"*2"会在每个要打印的对象前面插入两个制表符。

第3个（也是最后一个）循环迭代处理列表中的一个切片，这里选择了单词"Paranoid"包含的字母。注意"*3"会在每个要打印的对象前面插入3个制表符。

Marvin切片详解

下面来详细分析上一个程序中的各个切片，因为这个技术在Python程序中会大量出现。下面会再一次给出每行切片代码，并提供一个图形化表示来说明发生了什么。

查看这3个切片之前，需要说明，程序开始时将一个字符串赋至一个变量（名为paranoid_android），然后将它转换为一个列表（名为letters）：

```
paranoid_android = "Marvin, the Paranoid Android"
letters = list(paranoid_android)
```

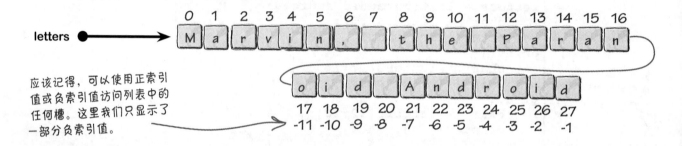

应该记得，可以使用正索引值或负索引值访问列表中的任何槽。这里我们只显示了一部分负索引值。

我们将查看marvin2.py程序中的各个切片，分析它们会生成什么。解释器看到切片时，它会从letters抽取切片对象，将这些对象的一个副本返回给for循环。原来的letters列表不受这些切片的影响。

第一个切片从列表第一个对象开始抽取，直到（但不包括）槽6中的对象：

```
for char in letters[:6]:
    print('\t', char)
```

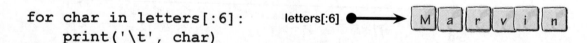

第二个切片从letters列表的末尾开始抽取，从槽-7开始，直到letters末尾：

```
for char in letters[-7:]:
    print('\t'*2, char)
```

第三个切片从列表中间抽取，从槽12开始，直到但不包括槽20的所有对象：

```
for char in letters[12:20]:
    print('\t'*3, char)
```

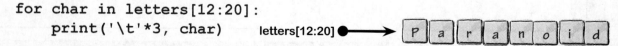

列表: 更新我们已经知道些什么

既然我们已经了解了列表和`for`循环如何交互，下面简要回顾一下前面几页学到的知识:

BULLET POINTS

- 列表认识中括号记法，可以用中括号来记法从任何列表选择单个对象。

- 与很多其他编程语言类似，Python从0开始计数，所以列表中的第一个对象位于索引位置0，第2个对象位于索引位置1，依此类推。

- 与很多其他编程语言不同的是，Python允许从任意两端索引列表。使用–1会选择列表中的最后一项，-2会选择倒数第2个对象，依此类推。

- 列表支持在中括号记法中指定开始、结束和步长值，可以提供列表的切片（或片段）。

我发现Python程序中大量使用了列表。不过有没有什么是列表不擅长的？

列表有很多用途，不过……

它们并不是万能的数据结构。列表可以用在很多地方，如果有一组类似的对象，你需要把它们存储在一个数据结构中，列表就是理想的选择。

但是（可能有些不太直观），如果你处理的数据有某种结构，列表就**不是一个好的选择**。下一页我们先来研究这个问题（以及对此你能做什么）。

there are no Dumb Questions

问: 列表的内容肯定不只这些吧?

答: 没错。可以把这一章中的内容看作是对Python内置数据结构以及它们能够做什么的一个简要介绍。我们还没有结束列表的讨论，这本书后面还会回来讨论列表。

问: 列表排序呢? 难道这不重要吗?

答: 当然重要，不过真正需要这样做之前先不用过于担心这个问题。对现在来说，如果你已经很好地掌握了基础知识，就达到了这个阶段的要求。不要着急，很快就会介绍排序。

列表有什么问题？

Python程序发现需要存储类似对象的一个集合时，使用列表往往是很自然的选择。毕竟，到目前为止除了列表我们还没有使用过其他数据结构。

应该记得列表很擅长存储相关字母的集合，如vowels列表：

vowels = ['a', 'e', 'i', 'o', 'u']

如果数据是一个数字集合，列表也是很好的选择：

nums = [1, 2, 3, 4, 5]

事实上，只要需要存储任何相关对象的一个集合，列表就是很好的选择。

不过，假设你要存储关于某个人的数据，提供的示例数据如下所示：

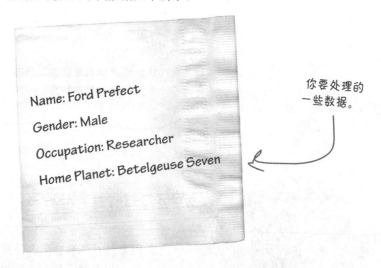

你要处理的一些数据。

从表面看来，这个数据符合某种结构，因为左边有标记，右边有关联的数据值。那么，为什么不把这个数据放在一个列表中呢？毕竟，这些数据都与这个人相关，不是吗？

要了解为什么不使用列表，下面先来看使用列表存储这个数据的两种方法（下一页开始）。这里先提前做一个总结：这两个例子都存在一些问题，所以使用列表存储类似这样的数据并不理想。不过，由于到达目的地并不是旅行的全部，往往一半的乐趣在于旅行本身，所以我们还是用列表试试看。

第一个例子重点处理餐巾右边的数据值，第二个例子使用左边的标记以及相关联的数据值。先想想看你会如何使用列表处理这种结构化数据，然后再翻到下一页看看我们的两种做法。

什么时候不使用列表

我们已经有了示例数据（在餐巾背面），而且决定把这个数据存储在一个列表中（因为在我们的Python之旅中，这是目前为止唯一了解的结构）：

```
>>> person1 = ['Ford Prefect', 'Male',
'Researcher', 'Betelgeuse Seven']
>>> person1
['Ford Prefect', 'Male', 'Researcher',
'Betelgeuse Seven']
```

这会得到一个字符串对象列表，这是可以的。如上所示，shell确认现在数据值确实在一个名为person1的列表中。

不过还有一个问题，因为我们必须记住第一个索引位置（索引值0）是这个人的名字，接下来是这个人的性别（索引值1），如此继续。如果只有少量数据项，这不是个大问题，不过想像一下，如果这个数据扩展到包括更多的数据值（可能你想要构建一个比Facebook更棒的社交网站，想用这样一些数据支持这个网站上的个人资料页面）。如果是这样的数据，使用索引值来引用person1列表中的数据很容易出问题，最好不要这么做。

我们的第二个例子为列表增加了标记，这样每个数据值前面都加上了它的关联标记。来看person2列表：

```
>>> person2 = ['Name', 'Ford Prefect', 'Gender',
'Male', 'Occupation', 'Researcher', 'Home Planet',
'Betelgeuse Seven']
>>> person2
['Name', 'Ford Prefect', 'Gender', 'Male',
'Occupation', 'Researcher', 'Home Planet',
'Betelgeuse Seven']
```

显然这是可以的，不过现在我们不仅有一个问题，实际上会遇到两个问题。我们仍然要记住每个索引位置上是什么，不仅如此，还必须记住索引值0, 2, 4, 6等是标记，而索引值1, 3, 5, 7等是数据值。

肯定还有更好的办法来处理类似这样有结构的数据，对不对？

没错，对于类似这样的结构化数据，要避免使用列表。我们要使用其他数据结构，在Python中，这种"其他数据结构"称为**字典**，下一章就会讨论这个内容。

> "person[1]" 是指性别还是职业？我想不起来了！

> Name: Ford Prefect
> Gender: Male
> Occupation: Researcher
> Home Planet: Betelgeuse Seven

如果你想存储的数据有一种明确的结构，就要考虑使用列表以外的其他数据结构。

第2章的代码（1/2）

```python
vowels = ['a', 'e', 'i', 'o', 'u']
word = "Milliways"
for letter in word:
    if letter in vowels:
        print(letter)
```

元音程序的第1个版本显示单词"Milliways"中的所有元音（包括所有重复）。

"vowels2.py"程序增加了一些代码，使用一个列表来避免重复。这个程序会显示单词"Milliways"中找到的唯一元音组成的列表。

```python
vowels = ['a', 'e', 'i', 'o', 'u']
word = "Milliways"
found = []
for letter in word:
    if letter in vowels:
        if letter not in found:
            found.append(letter)
for vowel in found:
    print(vowel)
```

```python
vowels = ['a', 'e', 'i', 'o', 'u']
word = input("Provide a word to search for vowels: ")
found = []
for letter in word:
    if letter in vowels:
        if letter not in found:
            found.append(letter)
for vowel in found:
    print(vowel)
```

这一章元音程序的第3个（最后一个）版本"vowels3.py"，会显示从用户输入的一个单词中找到的唯一元音。

这是世上最好的建议："Don't panic!"（别慌张）。这个程序名为"panic.py"，它取一个字符串（包含这个建议"Don't panic!"），使用一组列表方法将这个字符串转换为另一个字符串，指出Head First编辑希望他们的啤酒能随时取用（"on tap"）。

```python
phrase = "Don't panic!"
plist = list(phrase)
print(phrase)
print(plist)

for i in range(4):
    plist.pop()
plist.pop(0)
plist.remove("'")
plist.extend([plist.pop(), plist.pop()])
plist.insert(2, plist.pop(3))

new_phrase = ''.join(plist)
print(plist)
print(new_phrase)
```

第2章的代码（2/2）

```
phrase = "Don't panic!"
plist = list(phrase)
print(phrase)
print(plist)

new_phrase = ''.join(plist[1:3])
new_phrase = new_phrase + ''.join([plist[5], plist[4], plist[7], plist[6]])

print(plist)
print(new_phrase)
```

处理列表时，使用列表方法并不是唯一的
选择。"panic2.py"程序使用Python的中
括号记法也可以达到同样的目的。

这一章最短的程序，"marvin.py"，
它展示了列表与Python的"for"循
环可以很好地合作（不过别告诉
Marvin……如果听说他的程序是这一
章中最短的，他会比现在更别扭）。

```
paranoid_android = "Marvin"
letters = list(paranoid_android)
for char in letters:
    print('\t', char)
```

"marvin2.py"程序展示了Python
的中括号记法，这里使用了3个
切片来抽取和显示一个字母列表
的片段。

```
paranoid_android = "Marvin, the Paranoid Android"
letters = list(paranoid_android)
for char in letters[:6]:
    print('\t', char)
print()
for char in letters[-7:]:
    print('\t'*2, char)
print()
for char in letters[12:20]:
    print('\t'*3, char)
```

3 结构化数据

处理结构化数据

列表很棒，不过有时我的生活里还需要更多结构……

Python的列表数据结构很棒，不过它不是万能的。

如果你有非常结构化的数据（使用列表存储这个数据可能不是最佳选择），对此Python提供了内置**字典**，可以助你一臂之力。实际上，字典允许你存储和管理键/值对集合。这一章会详细分析Python的字典，在这个过程中，我们还会认识**集合**和**元组**。连同（上一章介绍的）**列表**，字典、集合和元组数组结构提供了一组内置数据工具，可以帮助Python和数据强强联手，形成一个强大的组合。

键：值

字典存储键/值对

列表是相关对象的一个集合，与列表不同，**字典**用来保存一个**键/值对**集合，其中每个唯一的键有一个与之关联的值。计算机科学家通常把字典称为关联数组，其他编程语言常常用其他名字来表示字典（如映射、散列和表）。

Python字典的键部分通常是一个字符串，关联的值部分可以是任意的Python对象。

符合字典模型的数据很容易发现：这些数据有**两列**，可能有**多个数据**行。记住这一点，再来看上一章最后的"数据餐巾"。

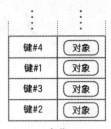

在C++和Java中，字典称为"映射"，而Perl和Ruby把它叫做"散列"。

……这里是第二列数据。

这里是一列数据……

Name: Ford Prefect

Gender: Male

Occupation: Researcher

Home Planet: Betelgeuse Seven

这个餐巾上有多个包含两列的数据行。

看起来这个餐巾上的数据非常适合用Python的字典来存储。

下面回到>>> shell来看如何用这个餐巾数据创建一个字典。有人可能想用一行代码输入这个字典，不过我们不打算这么做。因为我们希望得到更易读的字典代码，所以这里有意地逐行输入每一个数据行（也就是每一个键/值对）。下面来具体看这个代码：

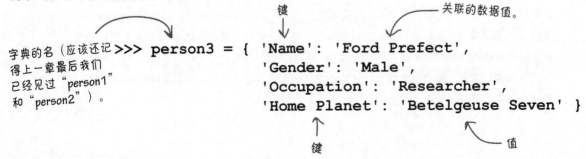

键

关联的数据值。

字典的名（应该还记得上一章最后我们已经见过"person1"和"person2"）。

```
>>> person3 = { 'Name': 'Ford Prefect',
                'Gender': 'Male',
                'Occupation': 'Researcher',
                'Home Planet': 'Betelgeuse Seven' }
```

键

值

让字典更易读

可能有人会把上一页最后的4行代码像这样输入到shell中：

```
>>> person3 = { 'Name': 'Ford Prefect', 'Gender':
'Male', 'Occupation': 'Researcher', 'Home Planet':
'Betelgeuse Seven' }
```

尽管解释器不关心你采用什么方法，但是如果像这样用一个长长的代码行输入字典，这会很难读，要尽可能避免这么做。

如果你的代码中到处都是很难读的字典，其他程序员（也包括6个月后的你自己）就会很苦恼……所以还是花些时间来对齐你的字典代码，让它更易读。

下面是执行字典赋值语句之后Python内存中字典的可视化表示：

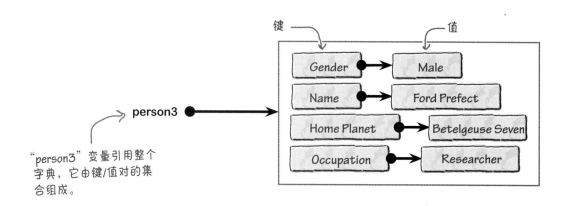

与类似数组的列表相比，这个结构要更为复杂。如果Python字典的概念对你来说是全新的，你可以把它想成是一个**查找表**。左边的键用来查找右边的值（就像你在一本真正的字典里查单词一样）。

下面花点时间更详细地认识Python字典。首先我们会详细解释如何发现代码中的Python字典，然后讨论这个数据结构的一些特有特征和用法。

如何发现代码中的字典

下面来详细分析我们如何在>>> shell上定义person3字典。对于初学者，应当知道整个字典要用大括号包围。每个键用引号包围，因为它们是字符串，同样地，各个值也用引号包围，因为在这个例子中值也是字符串（不过，键和值不一定非得是字符串）。各个键与其关联值之间用一个冒号（:）分隔，每个键/值对（即"行"）与下一个键/值对用逗号分隔：

字典

如前所述，这个餐巾上的数据刚好对应到一个Python字典。实际上，你会发现，任何表现出这种结构的数据（多个包含两列的数据行）都非常适合使用字典来存储。这很好，不过也确实存在代价。下面回到>>>提示窗口，来看看代价是什么：

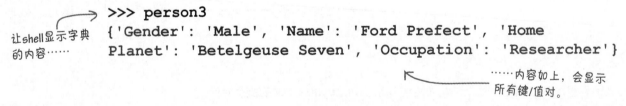

让shell显示字典的内容……

```
>>> person3
{'Gender': 'Male', 'Name': 'Ford Prefect', 'Home
Planet': 'Betelgeuse Seven', 'Occupation': 'Researcher'}
```

……内容如上，会显示所有键/值对。

插入顺序呢？

仔细查看解释器显示的字典。注意到了吗？这个顺序与输入中使用的顺序不同。创建字典时，你是按姓名、性别、职业和母星的顺序插入各行，而shell是按性别、姓名、母星和职业的顺序来显示。顺序变了。

这是怎么回事？顺序为什么会变？

字典

不会维持插入顺序

列表会维持对象插入时的顺序，与列表不同，Python的字典**不会**这么做。这意味着，你不能假设字典中的数据行有某种特定的顺序。总而言之，它们是**无序的**。

再来看person3字典，将输入时的顺序与>>>提示窗口中解释器显示的顺序做个比较：

```
>>> person3 = { 'Name': 'Ford Prefect',
                'Gender': 'Male',
                'Occupation': 'Researcher',
                'Home Planet': 'Betelgeuse Seven' }
>>> person3
{'Gender': 'Male', 'Name': 'Ford Prefect', 'Home Planet':
'Betelgeuse Seven', 'Occupation': 'Researcher'}
```

数据插入字典时是这样一种顺序……

……而解释器使用的是另一种顺序。

如果你有些困惑，不明白自己为什么居然把那么珍贵的数据托付给这样一个无序的数据结构，别担心，因为顺序并没有太大影响。选择字典中存储的数据时，与字典的顺序毫无关系，关键在于你使用的键。要记住，要用键来查找值。

字典认识中括号

与列表类似，字典也认识中括号记法。不过，列表使用数值索引值访问数据，与之不同，字典使用键来访问其关联的数据值。下面在解释器的>>>提示窗口中查看它的实际工作：

使用键来访问字典中的数据。

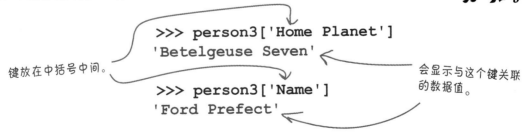

键放在中括号中间。

会显示与这个键关联的数据值。

考虑以这种方式访问数据时，显然解释器以什么顺序存储这些数据并没有影响。

用中括号查找值

字典使用中括号与列表使用中括号是一样的。不过，不是使用索引值访问指定槽中的数据，使用Python的字典时，要通过键来访问与之关联的数据。

如上一页最后所看到的，如果把一个键放在字典的中括号中，解释器会返回与这个键关联的值。下面再来考虑这些例子，来帮助你牢牢记住这一点：

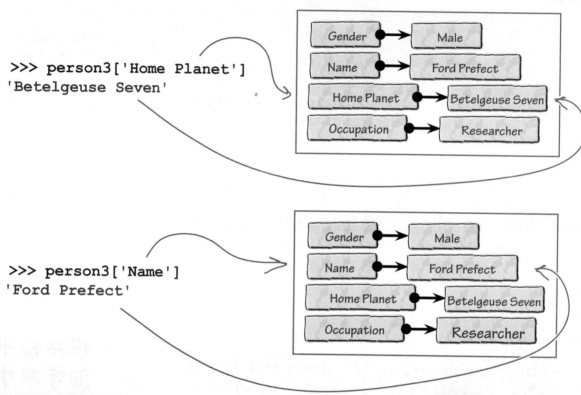

字典查找速度很快！

由于能够使用键从字典抽取关联的值，Python的字典非常有用，因为很多情况下都需要这么做，例如在个人资料中查找用户详细信息，实际上这正是我们使用person3字典所要做的。

字典以什么顺序存储并不重要。重要的是解释器能够快速地访问与一个键关联的值（而不论你的字典有多大）。好消息是解释器确实可以做到这一点，这要归功于字典使用了高度优化的散列算法。与Python提供的大量其他内部特性一样，你可以放心地交由解释器处理所有细节，并充分利用Python字典提供给你的种种便利。

Geek Bits

Python的字典实现为一个大小可变的散列表，它针对大量特殊情况进行了充分的优化。因此，字典可以非常快速地完成查找。

运行时处理字典

需要了解中括号记法如何处理字典，这是理解如何在运行时扩展字典的核心所在。如果已经有一个字典，可以为一个新键（放在中括号里）赋一个对象来为字典增加新的键/值对。

例如，下面显示了person3字典的当前状态，然后增加了一个新的键/值对，将33与一个名为Age的键关联。再显示person3字典来确认已经成功地增加了这个新数据行：

增加新数据行之前。

```
>>> person3
{'Name': 'Ford Prefect', 'Gender': 'Male',
'Home Planet': 'Betelgeuse Seven',
'Occupation': 'Researcher'}
```

之前 →

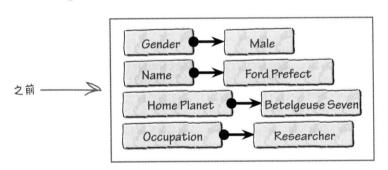

```
>>> person3['Age'] = 33
```

向字典增加一行数据，将一个对象（这里是一个数字）赋至一个新键。

```
>>> person3
{'Name': 'Ford Prefect', 'Gender': 'Male',
'Age': 33, 'Home Planet': 'Betelgeuse Seven',
'Occupation': 'Researcher'}
```

增加新数据行之后。

这是新的数据行："33"与"Age"关联。

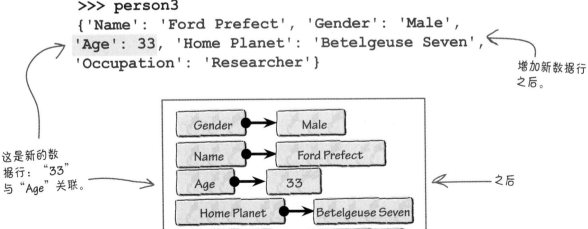

之后 →

回顾：显示找到的元音（列表）

如上一页所示，可以在很多不同情况下以这种方式扩展字典。一种很常见的应用就是进行频度统计：处理一些数据，然后统计找到的结果。展示如何使用字典完成频度统计之前，先返回来看我们上一章的元音统计例子。

应该记得，vowels3.py可以确定从一个单词中找到的唯一元音（列表）。假设现在要求你扩展这个程序，生成输出来详细说明单词中的各个元音出现了多少次。

下面是第2章中的代码，给定一个单词，它会显示找到的唯一元音组成的一个列表：

这是"vowels3.py"，它会报告一个单词中找到的唯一元音。

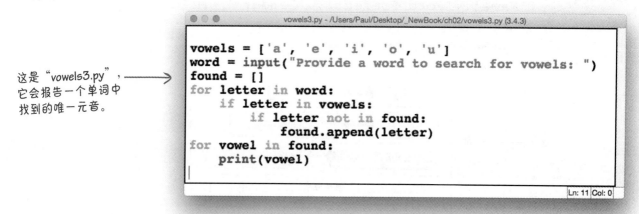

```
vowels = ['a', 'e', 'i', 'o', 'u']
word = input("Provide a word to search for vowels: ")
found = []
for letter in word:
    if letter in vowels:
        if letter not in found:
            found.append(letter)
for vowel in found:
    print(vowel)
```

应该记得我们通过IDLE将这个代码运行了很多次：

```
Python 3.4.3 Shell
>>> ============================= RESTART =============================
>>>
Provide a word to search for vowels: Milliways
i
a
>>> ============================= RESTART =============================
>>>
Provide a word to search for vowels: Hitch-hiker
i
e
>>> ============================= RESTART =============================
>>>
Provide a word to search for vowels: Galaxy
a
>>> ============================= RESTART =============================
>>>
Provide a word to search for vowels: Sky
>>>
```

字典能帮忙吗？

我不明白。"vowels3.py" 程序做得很好啊……为什么你要去修补一个没有坏的东西呢？

我们并没有。

vowels3.py程序确实能完成预期的工作，另外使用列表实现这个版本的功能也是合适的。

不过，假设你不仅需要列出任意一个单词中的元音，还需要报告这些元音的频度。如果需要知道一个单词中各个元音出现多少次，该怎么做呢？

如果仔细想想，会发现只使用列表会比较困难。不过如果引入字典，情况就不一样了。

下面几页将研究如何使用字典来改进这个元音程序，使它满足这个新需求。

there are no Dumb Questions

问： 是不是只有我说它是字典？是不是"字典"只是表的另一个怪名字？

答： 不，不只是你。Python文档中也使用"字典"这种说法。实际上，大多数Python程序员都使用更简短的"dict"，而不是完整的"dictionary"。如果按最基本的形式，字典就是一个有两列任意多行的表。

选择一个频度计数数据结构

我们希望调整vowels3.py程序来维护一个计数,统计一个单词中各个元音出现多少次;也就是说,每个元音的频度是多少?下面简单画出我们希望从这样一个程序得到的输出:

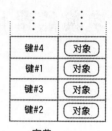

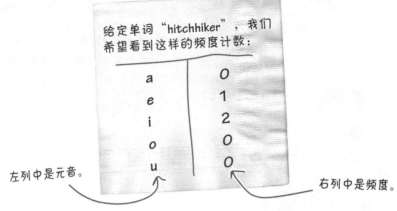

给定单词"hitchhiker",我们希望看到这样的频度计数:

a	0
e	1
i	2
o	0
u	0

左列中是元音。

右列中是频度。

这个输出与解释器所理解的字典完全一致。这里不使用列表来存储找到的元音(像vowels3.py中那样),下面将使用一个字典。我们可以继续把这个集合叫做found,不过需要把它初始化为一个空字典而不是空列表。

与以往一样,下面先在>>>提示窗口中做一些试验来确定需要做什么,然后再对vowels3.py代码做具体的修改。要创建一个空字典,只需要把{}赋给一个变量:

```
>>> found = {}
>>> found
{}
```

大括号本身表示初始为空的字典。

下面为每个元音创建一行,并将其关联的值初始化为0,这表示我们还没有找到任何元音字母。各个元音用作键:

```
>>> found['a'] = 0
>>> found['e'] = 0
>>> found['i'] = 0
>>> found['o'] = 0
>>> found['u'] = 0
>>> found
{'o': 0, 'u': 0, 'a': 0, 'i': 0, 'e': 0}
```

下面将所有元音计数初始化为0。注意这里没有保持原来的插入顺序(不过这并没有影响)。

现在我们要做的就是找出一个给定单词中的元音,然后根据需要更新这些频度计数。

更新频度计数器

在更新频度计数代码之前，先想一想在执行字典初始化代码之后，解释器
在内存中看到的found字典是怎样的：

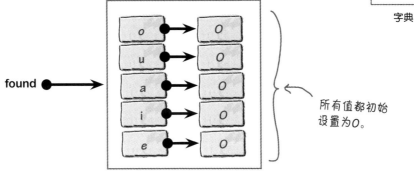

所有值都初始
设置为0。

将频度计数初始化为0之后，根据需要来递增特定的值并不难。例如，可
以如下递增e的频度计数：

所有值都为0。

```
>>> found
{'o': 0, 'u': 0, 'a': 0, 'i': 0, 'e': 0}
>>> found['e'] = found['e'] + 1          递增e的计数。
>>> found
{'o': 0, 'i': 0, 'a': 0, 'u': 0, 'e': 1}
```

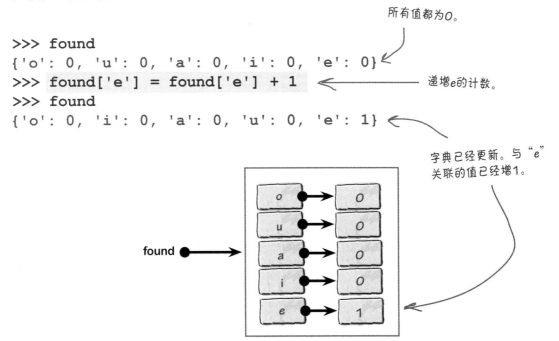

字典已经更新。与"e"
关联的值已经增1。

上面突出显示的代码当然可以正常工作，不过必须在赋值操作符左右两边
重复found['e']，这种做法很原始。所以，下面来看这个操作的一个快捷
方式（见下一页）。

更新频度，2.0版

如果赋值操作符（=）两边都必须加上found['e']，很快就会让人感觉厌烦，所以Python支持我们熟悉的+=操作符，它能完成同样的工作，不过形式更为简洁：

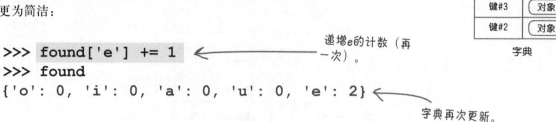

```
>>> found['e'] += 1
>>> found
{'o': 0, 'i': 0, 'a': 0, 'u': 0, 'e': 2}
```

递增e的计数（再一次）。

字典再次更新。

在这里，我们已经将与e键关联的值递增了2次，所以现在解释器看到的字典是这样的：

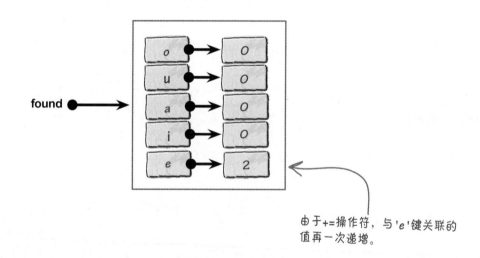

由于+=操作符，与'e'键关联的值再一次递增。

there are no Dumb Questions

问： Python有++吗？

答： 没有……这有点让人郁闷。如果你很痴迷其他编程语言中的++自增操作符，现在就必须习惯使用+=。--自减操作符也是一样：Python没有这个操作符。你要使用-=。

问： 有没有一个方便查看的操作符列表？

答： 有。访问*https://docs.python.org/3/reference/lexical_analysis.html#operators*可以看到这样一个列表，然后可以访问*https://docs.python.org/3/library/stdtypes.html*，这里会详细解释这些操作符对于Python内置类型的用法。

迭代处理字典

现在我们已经展示了如何用0初始化一个字典，以及如何递增一个键的关联值来更新字典。现在基本上可以更新vowels3.py程序了，让它根据单词中找到的元音完成频度计数。不过，在此之前，下面先确定迭代处理字典时会发生什么，因为字典中一旦填充数据，还需要能够在屏幕上显示我们的频度计数。

你可能认为只需要一个for循环来使用字典就可以，但是这样做会产生意想不到的结果：

我们用通常的做法迭代处理字典，这里使用了一个"for"循环。我们使用"kv"作为"键/值"对的简写（不过完全可以使用任何其他变量名）。

```
>>> for kv in found:
        print(kv)

o
i
a
u
e
```

这个迭代是可以的，不过这不是我们真正想要的。频度计数到哪里去了？这个输出只显示了键……

这个输出不太对。键显示出来了，但是与键关联的值却没有显示。怎么回事？

翻到下一页来了解值发生了什么变化。

迭代处理键和值

用for循环迭代处理一个字典时，解释器只处理字典的键。

要访问关联的数据值，需要把各个键放在中括号里，结合使用字典名和键来访问与这个键关联的值。

字典

下面的循环就会这样做，它不仅提供了键，还会提供关联的数据值。我们修改了这个代码组，可以根据为for循环提供的各个键访问相应的各个值。

for循环迭代处理字典中的各个键/值对时，当前数据行的键会赋给k，然后使用found[k]访问它的关联值。我们还向print函数调用传入两个字符串来生成更友好的输出：

我们使用"k"表示键，"found[k]"用来访问值。

```
>>> for k in found:
        print(k, 'was found', found[k], 'time(s).')

o was found 0 time(s).
i was found 0 time(s).
a was found 0 time(s).
u was found 0 time(s).
e was found 2 time(s).
```

这才像回事。循环会处理键和值，并在屏幕上显示。

如果你跟着我们在你的>>>提示窗口中完成上面的操作，你的输出顺序可能与我们的不同，不用担心：使用字典时，解释器会使用一个随机的内部顺序，而不能保证一定使用某个顺序。你的顺序很可能与我们的不同，不过不用害怕。这里的关键是要让数据安全地存储在字典中，事实上也确实做到了。

上面的循环显然是可行的。不过，还有两点需要说明。

首先：如果输出能按a，e，i，o，u的顺序而不是随机顺序就好了，不是吗？

其次：尽管这个循环显然是可行的，但是以这种方式实现字典的迭代并不是首选的方法，大多数Python程序员都采用其他方式完成这个工作。

下面将更详细地研究这两个问题（先做一个简短的复习）。

字典：我们已经知道些什么

以下是到目前为止我们了解的Python字典数据结构的知识：

BULLET POINTS

- 可以把字典想成是一个行集，每一行只包含两列。第一列存储一个**键**，第二列存储一个**值**。

- 各行称为一个**键/值对**，字典可以扩展为包含任意多个键/值对。与列表类似，字典可以根据需要扩展和收缩。

- 字典很容易发现：字典用大括号包围，每个键/值对之间用一个逗号分隔，各个键与相应的值之间用一个冒号分隔。

- 字典不会维持**插入时的顺序**。以什么顺序插入数据行与以什么顺序存储这些行没有任何关系。

- 访问字典中的数据要使用中括号。将键放在中括号里可以访问与这个键关联的值。

- Python的for循环可以用来迭代处理一个字典。每次迭代时，键会赋给循环变量，用来访问数据值。

指定输出时的字典顺序

我们希望能够从for循环按a，e，i，o，u的顺序生成输出，而不是按随机的顺序输出。Python提供了sorted内置函数，利用这个函数可以轻而易举地做到这一点。在for循环中，需要把found字典传递到sorted函数，从而按字母顺序组织输出：

```
>>> for k in sorted(found):
        print(k, 'was found', found[k], 'time(s).')
a was found 0 time(s).
e was found 2 time(s).
i was found 0 time(s).
o was found 0 time(s).
u was found 0 time(s).
```

对循环代码做一个小小的修改，不过……它做的工作可不少。请看：输出已经按"a,e,i,o,u"的顺序排序。

这是我们要处理的两个要点之一。不过大多数Python程序员不喜欢上面的代码，而更愿意采用另一种方法，接下来就来学习这种方法（不过这一页给出的方法也经常使用，所以还是要有所了解）。

用"items"迭代处理字典

我们已经看到可以用下面的代码迭代处理一个字典中的数据行：

```
>>> for k in sorted(found):
        print(k, 'was found', found[k], 'time(s).')

a was found 0 time(s).
e was found 2 time(s).
i was found 0 time(s).
o was found 0 time(s).
u was found 0 time(s).
```

与列表类似，字典提供了大量内置方法，其中之一就是items方法，它会返回一个键/值对列表。在for循环中使用items通常是迭代处理字典的首选技术，因为这样可以利用循环变量访问键和值，然后在循环代码组中使用。相应的代码组看上去会更明了，因此也更易读。

以下代码与上面的循环代码等价，这里使用了items。注意现在这个版本的代码中有两个循环变量（k和v），另外我们会继续使用sorted函数来控制输出顺序：

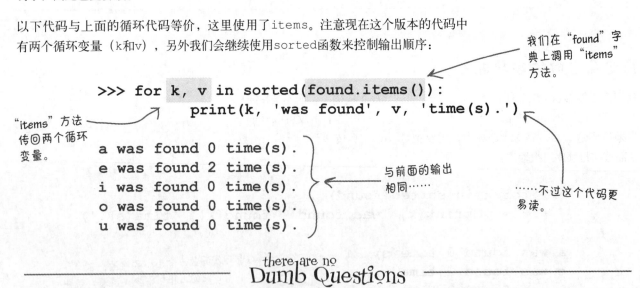

我们在"found"字典上调用"items"方法。

```
>>> for k, v in sorted(found.items()):
        print(k, 'was found', v, 'time(s).')

a was found 0 time(s).
e was found 2 time(s).
i was found 0 time(s).
o was found 0 time(s).
u was found 0 time(s).
```

"items"方法传回两个循环变量。

与前面的输出相同……

……不过这个代码更易读。

---
there are no Dumb Questions

问： 为什么我们在第2个循环中又调用了sorted？第一个循环会按我们希望的顺序组织字典，所以这应该意味着我们不需要再一次排序，对不对？

答： 不对，并不是这样。sorted内置方法不会改变你提供的数据的顺序，它只是返回这个数据的一个有序的副本。对于found字典，就是各个键/值对的一个有序副本，它利用键来确定顺序（字母顺序，从A到Z）。字典原来的顺序依然保持不变，这说明每次需要以某种特定的顺序迭代处理键/值对时，都需要调用sorted，因为字典中仍然是随机的顺序。

频度计数磁贴

前面在>>>提示窗口中上完成了一些试验并做了总结,现在该修改 vowels3.py程序了。下面给出了我们认为你可能需要的所有代码段。你的任务是重新组织这些磁贴来生成一个能实际工作的程序,给定一个单词时,它会为找到的各个元音生成一个频度计数。

```
vowels = ['a', 'e', 'i', 'o', 'u']
word = input("Provide a word to search for vowels: ")
```

确定在各个虚线位置上应该放哪个代码磁贴来创建"vowels4.py"。

```
...............................................
...............................................
...............................................
...............................................
...............................................
...............................................
...............................................

for letter in word:
    if letter in vowels:

        ...............   ...............

for ............... in sorted( ............... ):

    print( ......... , 'was found', ......... , 'time(s).')
```

这些磁贴应该放在哪里?注意,并不是所有的磁贴都需要用到。

```
found = {}
```

```
found['a'] = 0
found['e'] = 0
found['i'] = 0
found['o'] = 0
found['u'] = 0
```

```
found
```

```
found[letter]
```

```
key
```

```
v
```

```
k, v
```

```
value
```

```
found.items()
```

```
k
```

```
+= 1
```

```
found = []
```

把磁贴放在你认为正确的地方后,在IDLE的编辑窗口中输入这个vowels3.py,将它重命名为vowels4.py,然后修改这个新版本的程序。

频度计数磁贴答案

前面在>>>提示窗口中完成了一些试验并做了总结，现在该修改vowels3. py程序了。下面给出了我们认为你可能需要的所有代码段。你的任务是重新组织这些磁贴来生成一个能实际工作的程序，给定一个单词时，它会为找到的各个元音生成一个频度计数。

把磁贴放在你认为正确的地方后，在IDLE的编辑窗口中输入这个vowels3.py，将它重命名为vowels4.py，然后修改这个新版本的程序。

这是"vowels4.py"程序。

```
vowels = ['a', 'e', 'i', 'o', 'u']
word = input("Provide a word to search for vowels: ")
```

创建一个空字典。

```
found = {}
```

将与键（各个元音）关联的值初始化为0。

```
found['a'] = 0
found['e'] = 0
found['i'] = 0
found['o'] = 0
found['u'] = 0
```

将"found[letter]"指示的值增1。

```
for letter in word:
    if letter in vowels:
        found[letter]  += 1
```

由于"for"循环使用了"items"方法，我们需要提供两个变量，"k"对应键，"v"对应值。

在"found"字典上调用"items"方法可以在每次迭代时访问各个数据行。

```
for   k, v   in sorted( found.items() ):
    print( k , 'was found', v , 'time(s).')
```

使用键和值来创建各个输出消息。

不需要这些磁贴。

```
found
        key
value
found = []
```

测试

下面来试着运行vowels4.py。对于IDLE编辑窗口中的代码，按F5来看它如何执行：

"vowels4.py" 代码 ⟶

让代码运行3次，看它
表现如何。

```
vowels4.py - /Users/Paul/Desktop/_NewBook/ch02/vowels4.py (3.4.3)

vowels = ['a', 'e', 'i', 'o', 'u']
word = input("Provide a word to search for vowels: ")

found = {}

found['a'] = 0
found['e'] = 0
found['i'] = 0
found['o'] = 0
found['u'] = 0

for letter in word:
    if letter in vowels:
        found[letter] += 1

for k, v in sorted(found.items()):
    print(k, 'was found', v, 'time(s).'
```

```
Python 3.4.3 Shell
>>> ============================== RESTART ==============================
>>>
Provide a word to search for vowels: hitch-hiker
a was found 0 time(s).
e was found 1 time(s).
i was found 2 time(s).
o was found 0 time(s).
u was found 0 time(s).
>>> ============================== RESTART ==============================
>>>
Provide a word to search for vowels: life, the universe, and everything
a was found 1 time(s).
e was found 6 time(s).
i was found 3 time(s).
o was found 0 time(s).
u was found 1 time(s).
>>> ============================== RESTART ==============================
>>>
Provide a word to search for vowels: sky
a was found 0 time(s).
e was found 0 time(s).
i was found 0 time(s).
o was found 0 time(s).
u was found 0 time(s).
>>>
```

这3"趟"运行会生成
我们希望的输出。

> 我很满意。不过如果某个
> 元音没有找到，有必要告
> 诉我吗？

字典有多动态？

vowels4.py程序会报告所有元音，即使某个元音没有找到也会报告。对此你可能无所谓，不过假设你在意这一点，希望只有当代码真正找到结果时才会显示。也就是说，你不希望看到那些"found 0 time(s)"消息。

如何解决这个问题呢？

Python的字典是动态的，对不对？那么，我们只需要删除那5行初始化各个元音频度计数的代码就行了，是不是？没有了这几行代码，就只会统计找到的元音，对吗？

听上去好像是可行的。

目前vowels4.py程序前面有5行初始化代码，这些代码用来将各个元音的频度计数初始设置为0。这会为各个元音创建一个键/值对（尽管有些键可能从不使用）。如果把这5行代码去掉，最后就只会记录真正找到的元音的频度，而忽略其他元音。

下面来试试这个想法能不能行得通。

这是"vowels5.py"代码，这里删除了初始化代码。

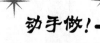

将vowels4.py中的代码保存为vowels5.py，然后删除5行初始化代码。你的IDLE编辑窗口应该与右边的这个窗口类似。

```
vowels5.py - /Users/Paul/Desktop/_NewBook/ch03/vowels5.py (3.4.3)

vowels = ['a', 'e', 'i', 'o', 'u']
word = input("Provide a word to search for vowels: ")

found = {}

for letter in word:
    if letter in vowels:
        found[letter] += 1

for k, v in sorted(found.items()):
    print(k, 'was found', v, 'time(s).')
```
Ln: 13 Col:

测试

你应该知道下面的步骤了。确保 `vowels5.py` 在一个 IDLE 编辑窗口中，然后按 F5 运行这个程序。你会遇到一个运行时错误消息：

```
                               RESTART
>>>
Provide a word to search for vowels: hitchhiker
Traceback (most recent call last):
  File "/Users/Paul/Desktop/_NewBook/ch03/vowels5.py", line 9, in <module>
    found[letter] += 1
KeyError: 'i'
>>>
```
`Ln: 11 Col: 0`

这可不好。

显然删除那5行初始化代码并不是正确的解决方法。不过为什么会这样？Python的字典可以在运行时动态扩展，这应该意味着这个代码不会崩溃，但事实上它确实崩溃了。为什么会得到这个错误呢？

字典的键必须初始化

删除初始化代码会导致一个运行时错误，具体来说是一个 KeyError，如果试图访问一个不存在的键的关联值，就会产生这个错误。由于无法找到这个键，所以也不可能找到与它关联的值，因此你会得到一个错误。

这是不是意味着我们必须把初始化代码再放回来？毕竟，只是5行简短的代码，好像没有什么危害。我们当然可以这么做，不过先好好考虑一下。

假设不是5个频度计数，而是要求你跟踪1000个（或者更多）频度。突然之间，我们会有大量初始化代码。也许可以用一个循环"自动完成"初始化，不过还是会创建一个包含大量数据行的庞大字典，其中很多数据行可能根本不会使用。

如果能动态创建键/值对就好了，我们确实需要这样一个方法。

Geek Bits

解决这个问题的另一种方法是处理这里产生的运行时异常（在这个例子中就是"KeyError"）。我们会在后面的一章再讨论 Python 如何处理运行时异常，所以请先耐心等待。

我想知道"in"操作符能用于字典吗？

这个问题问得好。

我们第一次见到 in 时是要检查列表中是否有某个值。可能 in 也能用于字典吧？

下面就在 >>> 提示窗口中试验看看。

避免运行时出现KeyError

与列表类似，可以使用in操作符来检查一个字典中是否存在某个键，根据是否找到这个键，解释器会返回True或False。

下面利用这一点来避免KeyError异常，因为如果在运行时尝试填充一个字典，但由于这个错误使代码停止运行，这会让人很恼火。

字典

为了说明这个技术，我们将创建一个名为fruits的字典，然后使用in操作符避免在访问不存在的键时产生KeyError。首先创建一个空字典，然后赋一个键/值对，将值10与键apples关联。字典中有了这个数据行之后，可以使用in操作符确认现在键apples已经存在：

```
>>> fruits
{}
>>> fruits['apples'] = 10
>>> fruits
{'apples': 10}
>>> 'apples' in fruits
True
```

与我们预想的一样。值与键关联，使用"in"操作符检查键是否存在时没有运行时错误。

在做其他工作之前，下面考虑执行以上代码后解释器在内存中看到的fruits字典是怎样的：

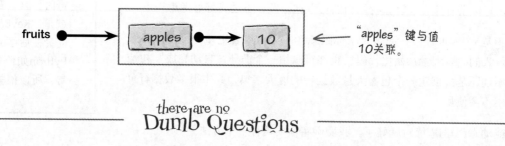

fruits ●——→ apples ●——→ 10

"apples"键与值10关联。

there are no Dumb Questions

问： 我在这一页上的例子中看到，Python使用常量值True来表示真，是吗？是不是还有一个False？另外使用这些值时大小写重要吗？

答： 这些问题的答案都是肯定的。在Python中需要指定一个布尔值时，可以使用True或False。这些是解释器提供的常量值，首字母必须大写，因为解释器把true和false看作是变量名，而不是布尔值，所以这里一定要当心。

字典

用"in"检查成员关系

下面再为fruits字典增加另外一个数据行（对应bananas），看看会发生什么。不过，这里不是直接赋值到bananas（与直接赋值到apples不同），如果fruits字典中已经存在bananas，则将值增1，如果这个键不存在，就把bananas初始化为1。这是一个非常常见的做法，特别是使用字典完成频度计数时常常会这样做，这里采用的逻辑应该能帮助我们避免KeyError。

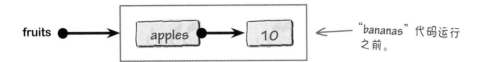

"bananas"代码运行之前。

在下面的代码中，结合if语句，in操作符可以避免在访问bananas时出现错误，否则会很糟糕（甚至对我们也是一样）：

```
>>> if 'bananas' in fruits:
        fruits['bananas'] += 1
else:
        fruits['bananas'] = 1
>>> fruits
{'bananas': 1, 'apples': 10}
```

查看"bananas"键是否在字典中，由于现在没有这个键，所以将它的值初始化为1。这样就能杜绝出现"KeyError"的可能性。

将"bananas"的值设置为1。

上面的代码改变了解释器内存中fruits字典的状态，如下所示：

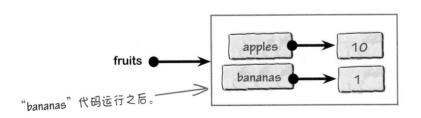

"bananas"代码运行之后。

正如我们预想的那样，fruits字典扩展了一个键/值对，bananas值初始化为1。这是因为if语句的相关条件计算为False（因为这个键未找到），所以会执行第二个代码组（即与else关联的代码组）。下面来看再次运行这个代码时会发生什么。

Geek Bits

如果你熟悉其他语言中的**三元操作符?:**，需要说明Python也提供了一个类似的构造。可以写为：

```
x = 10 if y > 3 else 20
```

这会根据**y**的值是否大于3将**x**设置为10或20。尽管如此，大多数Python程序员不太喜欢这种用法，因为等价的**if...else...**语句更易读。

使用前确保初始化

如果再次执行代码，与bananas关联的值现在应当增1，因为fruits字典中已经存在bananas键，所以这一次会执行if代码组：

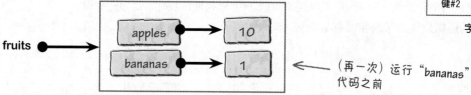

（再一次）运行"bananas"代码之前

要再一次运行这个代码，在IDLE的>>>提示窗口中按*Ctrl-P*（Mac）或*Alt-P*（Linux/Windows），返回到之前输入的语句（因为在IDLE的>>>提示窗口中使用向上箭头不起作用，不会返回到之前的输入）。一定要记得按两次回车才会再一次执行这个代码：

```
>>> if 'bananas' in fruits:
        fruits['bananas'] += 1
else:
        fruits['bananas'] = 1

>>> fruits
{'bananas': 2, 'apples': 10}
```

这一次，字典中确实存在"bananas"键，所以将它的值增1。与前面一样，通过结合使用"if"和"in"，可以避免"KeyError"异常导致这个代码崩溃。

我们已经将"bananas"的值增1。

由于现在会执行与if语句关联的代码，所以在解释器内存中与bananas关联的值会增1：

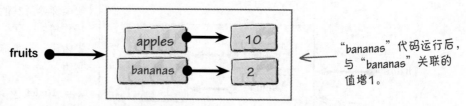

"bananas"代码运行后，与"bananas"关联的值增1。

这个机制很常用，不过很多Python程序会逆置这个条件来缩短这4行代码。它们不是用in来检查，而是使用not in。这样一来，没有找到一个键时会将键初始化为一个起始值（通常是0），然后再递增。

下面来看这个机制是如何工作的。

字典

用 "not in" 替换 "in"

在上一页的最后，我们指出大多数Python程序员会重构原来的4行代码来使用not in，而不是in。下面来看它的具体工作，我们将使用这个机制确保在递增pears键的相应值之前先将它设置为0：

```
>>> if 'pears' not in fruits:
        fruits['pears'] = 0
```
初始化（如果需要）。

```
>>> fruits['pears'] += 1
```
递增。
```
>>> fruits
{'bananas': 2, 'pears': 1, 'apples': 10}
```

这3行代码再一次扩展了这个字典。现在fruits字典中有3个键/值对：

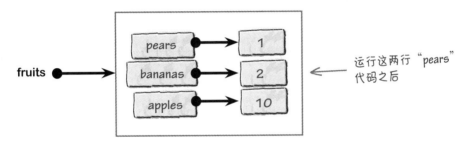

运行这两行"pears"代码之后

上面的3行代码在Python中实在太常见，所以Python语言专门提供了一个字典方法，使这个if/not in组合更便于使用，并且不那么容易出错。这个setdefault方法会完成那2行if/not in语句所做的工作，不过只需要一行代码。

下面的代码与这一页最上面的pears代码等价，这里重写为使用setdefault方法：

```
>>> fruits.setdefault('pears', 0)
```
初始化（如果需要）。
```
>>> fruits['pears'] += 1
>>> fruits
{'bananas': 2, 'pears': 2, 'apples': 10}
```
递增。

这里用一个setdefault调用替换了2行if/not in语句，利用这个方法可以保证使用一个键之前总会将它初始化为一个起始值。这样可以杜绝出现KeyError异常。这里显示了fruits字典的当前状态（右边），可以确认如果一个键已经存在，调用setdefault就没有任何影响（pears就是如此），这正是我们想要的。

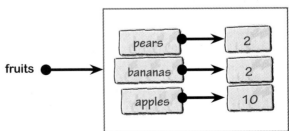

使用"setdefault"方法

应该记得，当前这个版本的vowels5.py会导致一个运行时错误，具体是一个
KeyError，产生这个异常是因为我们的代码试图访问与一个不存在的键关联的
值：

键#4	对象
键#1	对象
键#3	对象
键#2	对象

字典

这个代码产
生这个错误。

```
vowels5.py - /Users/Paul/Desktop/_NewBook/ch03/vowels5.py (3.4.3)

vowels = ['a', 'e', 'i', 'o', 'u']
word = input("Provide a word to search for vowels: ")

found = {}

for letter in word:
    if letter in vowels:
        found[letter] += 1

for k, v in sorted(found.items()):
    print(k, 'was found', v, 'time(s).')
```

```
Python 3.4.3 Shell
>>> =============================== RESTART ===============================
>>>
Provide a word to search for vowels: hitchhiker
Traceback (most recent call last):
  File "/Users/Paul/Desktop/_NewBook/ch03/vowels5.py", line 9, in <module>
    found[letter] += 1
KeyError: 'i'
>>>
                                                                    Ln: 11 Col: 0
```

从对fruits的试验来看，我们知道可以尽可能地调用setdefault，而不
用担心出现让人讨厌的错误。我们知道setdefault可以保证把一个不存在
的键初始化为一个指定的默认值，或者什么也不做（也就是说，已有的键的
关联值将保持不变）。在vowels5.py代码中，如果使用一个键之前先调用
setdefault，就可以保证避免KeyError，因为这个键要么存在，要么不
存在。不论哪一种情况，我们的程序都会继续运行而不会再崩溃（归功于我
们使用了setdefault）。

*使用"setdefault"
可以帮助避免
"KeyError"异常。*

在你的IDLE编辑窗口中，如下修改vowels5.py程序的第1个for循环（增
加setdefault调用），然后将你的新版本保存为vowels6.py：

```
for letter in word:
    if letter in vowels:
        found.setdefault(letter, 0)
        found[letter] += 1
```

一行代码就让程序
大不相同。

测试

在IDLE编辑窗口中输入最新的**vowels6.py**程序，按**F5**。将这个版本运行几次，确认不再出现讨厌的**KeyError**异常。

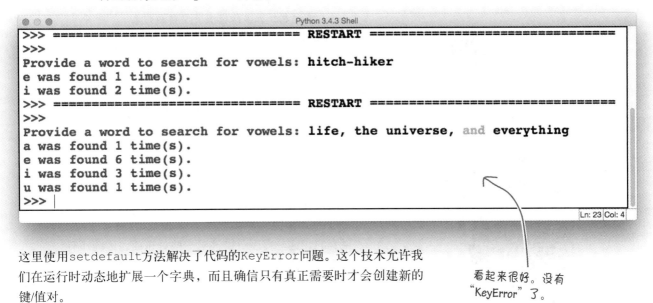

这里使用**setdefault**方法解决了代码的**KeyError**问题。这个技术允许我们在运行时动态地扩展一个字典，而且确信只有真正需要时才会创建新的键/值对。

以这种方式使用**setdefault**时，不用再花时间提前初始化字典中的所有数据行。

> 看起来很好。没有
> "KeyError" 了。

字典：更新我们已经知道些什么

下面来补充目前我们掌握的Python字典知识：

BULLET POINTS

- 默认地，所有字典都是无序的，因为它不会维持插入的顺序。如果需要在输出中对字典排序，要使用**sorted**内置函数。

- **items**方法允许按行迭代处理一个字典，也就是说，按键/值对迭代处理。一次迭代中，**items**方法会向**for**循环返回下一个键和它的关联值。

- 如果试图访问一个字典中不存在的键，会导致一个**KeyError**。出现**KeyError**时，程序会由于运行时错误崩溃。

- 访问一个键之前，可以通过确保字典中每个键都有一个关联值来避免**KeyError**。尽管这里**in**和**not in**操作符可以提供帮助，不过更成熟的技术是使用**setdefault**方法。

字典 (列表) 还不够吗?

我们一直在讨论数据结构……到底还有多少数据结构? 大多数情况下字典和列表就足够了, 不是吗?

字典 (和列表) 很棒。

不过它们并不是全部。

当然, 利用字典和列表你可以做很多工作, 而且很多Python程序员确实很少需要其他数据结构。不过, 说真的, 这些程序员错过了一些好东西, 因为还有两个内置数据结构 (**集合**和**元组**) 在一些特定情况下非常有用, 使用这两个数据结构可以大大简化你的代码 (同样地, 这是指某些特定情况下)。

关键在于要明确什么时候会出现这些特定的情况。为此, 下面来看集合和元组的一些典型例子, 先从集合开始。

there are no
Dumb Questions

问: 字典就讲完了? 字典的值部分有可能是一个列表或另一个字典, 这肯定很常见, 对不对?

答: 没错, 这是一个很常见的用法。不过我们到这一章最后再讨论这个内容, 那时会介绍如何实现这种字典。同时会让你更牢固地掌握前面了解的字典知识……

集合不允许有重复

Python的集合数据结构与你在学校里学的集合很类似：它有一些数学特性，关键特性是不允许有重复值。

假设给你一个很长的列表，包括一个大型组织中所有人的名字，不过你只对唯一名字的列表（可能短得多）感兴趣。需要一种快速而安全的方法从这个长名字列表中删除重复值。集合就很适合解决这种问题：只需要把长名字列表转换为一个集合（这会删除重复的名字），然后再把这个集合转换回列表，搞定！你现在就有了一个由唯一名字组成的列表。

为了实现非常快速的查找，Python的集合数据结构专门进行了优化，因此，如果主要操作是查找，使用集合就比使用相应的列表要快得多。因为列表总是完成速度很慢的顺序搜索，所以对于查找，集合往往是首选的数据结构。

发现代码中的集合

很容易在代码中找出集合：这是一个对象集合，对象相互之间用逗号分隔，包围在大括号里。

例如，下面就是一个元音集合：

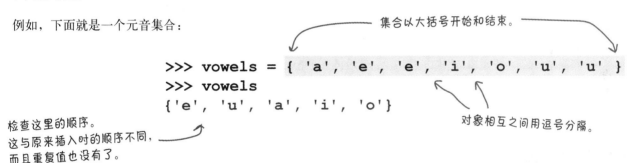

集合以大括号开始和结束。

```
>>> vowels = { 'a', 'e', 'e', 'i', 'o', 'u', 'u' }
>>> vowels
{'e', 'u', 'a', 'i', 'o'}
```

对象相互之间用逗号分隔。

检查这里的顺序。
这与原来插入时的顺序不同，
而且重复值也没有了。

集合用大括号包围，这一点常常会让你误把集合当成一个字典，因为字典也用大括号包围。关键的区别是字典中使用冒号字符（:）分隔键和值。而在集合中绝不会出现冒号，只会有逗号。

除了不允许有重复，还要注意，与字典中一样，使用集合时解释器同样不会维持插入顺序。不过，与所有数据结构类似，集合可以用sorted函数对输出排序。另外，类似于列表和字典，集合也可以根据需要扩展和收缩。

作为一个集合，这个数据结构可以完成集合类操作，如差集、交集和并集。为了展示集合的实际使用，我们再来看这一章前面讨论的元音计数程序。（上一章中）在最初开发vowels3.py时曾经承诺我们会考虑使用集合而不是列表作为这个程序的主数据结构。现在就来兑现这个承诺。

高效创建集合

下面再来看vowels3.py，它使用一个列表来得出单词中出现的元音。

下面再给出这个代码。注意这个程序中如何确保每个找到的元音只记一次。也就是说，我们要很小心地确保不会向found列表增加任何重复的元音：

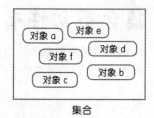

集合

这是"vowels3.py"，它会报告一个单词中找到的唯一元音。这个代码使用列表作为主要数据结构。

```
vowels3.py - /Users/Paul/Desktop/_NewBook/ch02/vowels3.py (3.4.3)
vowels = ['a', 'e', 'i', 'o', 'u']
word = input("Provide a word to search for vowels: ")
found = []
for letter in word:
    if letter in vowels:
        if letter not in found:
            found.append(letter)
for vowel in found:
    print(vowel)

Ln: 11 Col: 0
```

我们不允许"found"列表中出现重复元素。

继续下面的工作之前，先用IDLE将这个代码保存为vowels7.py，这样就可以完成修改而不用担心破坏原来基于列表的解决方案（我们知道原来的方案是可行的）。我们首先会在>>>提示窗口中做一些试验，然后再来调整vowels7.py代码，这已经成为我们的标准做法。一旦确定需要的新代码，可以再在IDLE编辑窗口中编写这个代码。

从序列创建集合

首先使用上一页中间的代码创建一个元音集合（如果你已经在>>>提示窗口中键入了这个代码可以跳过这一步）：

```
>>> vowels = { 'a', 'e', 'e', 'i', 'o', 'u', 'u' }
>>> vowels
{'e', 'u', 'a', 'i', 'o'}
```

下面是一个很有用的简写形式，可以向set函数传递任意序列（如一个字符串）来快速生成一个集合。下面展示了如何使用set函数创建元音集合：

这两行代码完成的工作是一样的：它们都会向一个变量赋一个新的集合对象。

```
>>> vowels2 = set('aeeiouu')
>>> vowels2
{'e', 'u', 'a', 'i', 'o'}
```

集合

充分利用集合方法

现在我们已经将元音存放在一个集合中，下一步要得到一个单词，确定这个单词中是否包含元音字母。为此可以检查单词中的各个字母是否在这个集合中，因为in操作符对于集合的操作与对字典和列表的操作是一样的。也就是说，我们可以使用in来确定一个集合中是否包含某个字母，然后用一个for循环来循环处理单词中的字母。

不过，这里不采用这个策略，因为集合方法可以为我们完成这些循环工作。

使用集合时，下面给出完成这个操作的一种更好的办法。这里充分利用了每个集合都提供的方法，利用这些方法可以完成并集、差集和交集等操作。修改vowels7.py中的代码之前，下面先在>>>提示窗口中做些试验，并考虑解释器看到的集合数据是怎样的，从而了解这些方法如何工作。一定要在你的计算机上跟着我们完成这些试验。首先来创建一个元音集合，然后为word变量赋一个值：

```
>>> vowels = set('aeiou')
>>> word = 'hello'
```

解释器会创建两个对象：一个集合和一个字符串。下面展示了解释器内存中的元音集合：

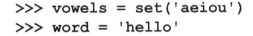

vowels

这个集合包含5个字母对象。

下面来看对这个元音集合和由word变量中的值创建的字母集合完成一个并集操作会发生什么。我们将把word单词传递到set函数来动态创建第二个集合，再把这个集合传递到vowels提供的union方法。这个调用的结果又是一个集合，我们将它赋给另一个变量（这个变量名为u）。这个新变量是两个集合中对象的合并（一个并集）：

Python将"word"中的值转换为一个字母对象集合（在转换中会删除所有重复对象）。

```
>>> u = vowels.union(set(word))
```

"union"将一个集合与另一个集合合并，再把合并结果赋给一个新变量"u"（这也是一个集合）。

调用这个union方法之后，*vowels*和u集合是怎样的？

union合并集合

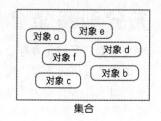

集合

上一页的最后我们使用union方法创建了一个名为u的新集合，这是vowels集合中的字母与word中的唯一字母组成的一个合并结果。创建这个新集合的动作不会对vowels有任何影响，它与完成这个并集操作前的状态是一样的。不过，这个u集合是新的，因为它会作为并集操作的结果而创建。

具体如下：

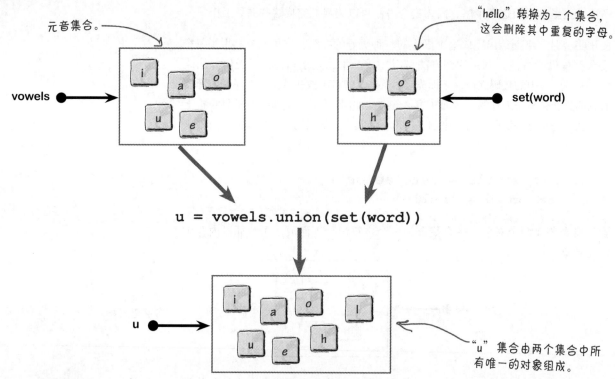

元音集合。

vowels

"hello"转换为一个集合，这会删除其中重复的字母。

set(word)

u = vowels.union(set(word))

u

"u"集合由两个集合中所有唯一的对象组成。

循环代码做了什么？

这行代码中做了大量工作。需要说明，你没有特别指示解释器完成一个循环。实际上，你只是告诉解释器你希望做什么，而不是你希望它怎么做，解释器会负责创建一个新集合，其中包含你想要的对象。

（既然我们已经创建了并集）可能需要将得到的集合转换为一个有序列表，这是一个很常见的需求。这很容易，因为我们可以使用sorted和list函数：

一个有序的由唯一字母组成的列表。

```
>>> u_list = sorted(list(u))
>>> u_list
['a', 'e', 'h', 'i', 'l', 'o', 'u']
```

集合

difference告诉你哪些不是共有元素

另一个集合方法是difference，给定两个集合，它会告诉你哪些元素只在一个集合中而不在另一个集合中。与使用union类似，下面采用同样的方式使用difference，看看会得到什么：

```
>>> d = vowels.difference(set(word))
>>> d
{'u', 'i', 'a'}
```

difference函数将vowels中的对象与set(word)中的对象进行比较，然后返回一个新的对象集合（这里名为d），其中包含在vowels集合中但不在set(word)中的对象。

具体如下：

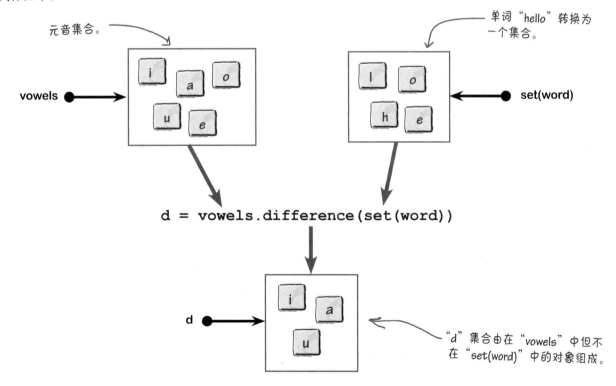

这里可以再次注意到，我们能得到这个结果而没有使用for循环。difference函数可以完成所有具体工作，我们要做的就是指出我们需要什么。

翻到下一页来看最后一个集合方法：intersection。

intersection报告共同对象

我们要介绍的第3个集合方法是intersection，它取一个集合中的对象，与另一个集合中的对象进行比较，然后报告找到的共同对象。

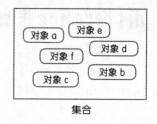

集合

intersection方法看上去很有希望满足vowels7.py的需求，因为我们想知道用户提供的单词中哪些字母是元音字母。

应该记得word变量中有字符串"hello"，vowels集合中包含所有元音字母。下面展示了intersection方法的具体使用：

```
>>> i = vowels.intersection(set(word))
>>> i
{'e', 'o'}
```

intersection方法确认了元音e和o在word变量中。具体如下：

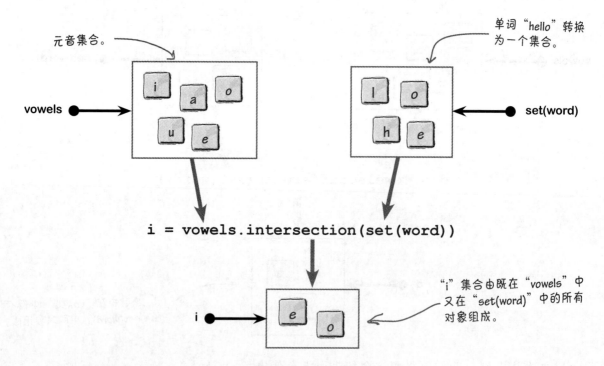

除了前面几页介绍的这3个方法，还有很多其他的集合方法，不过在这3个方法中，我们最感兴趣的是intersection。只用一行代码，我们就解决了上一章开头提出的问题：找出任意字符串中的元音，而且根本不必使用任何循环代码。下面再回到vowels7.py程序，具体应用我们现在掌握的知识。

集合：已经知道些什么

我们已经掌握了Python集合数据结构的一些知识，下面做一个简短的总结：

BULLET POINTS

- Python的集合中不允许有重复。

- 与字典类似，集合用大括号包围，不过集合没有键/值对。集合中每个唯一对象之间用一个逗号分隔。

- 同样与字典类似，集合不维持插入顺序（不过可以用sorted函数排序）。

- 可以向set函数传递任何序列，由这个序列中的对象创建一个元素集合（去除所有重复）。

- 集合提供了大量内置功能，包括完成并集、差集和交集的方法。

Sharpen your pencil

下面再一次给出vowels3.py程序的代码。

根据目前你对集合的了解，拿出笔来，划掉不再需要的代码。在右边给出的空格上，写出需要增加的代码将这个原本使用列表的程序改为使用集合。

提示：最后得到的代码会简短得多。

```python
vowels = ['a', 'e', 'i', 'o', 'u']
word = input("Provide a word to search for vowels: ")
found = []
for letter in word:
    if letter in vowels:
        if letter not in found:
            found.append(letter)
for vowel in found:
    print(vowel)
```

完成之后，一定要把这个文件重命名为vowels7.py。

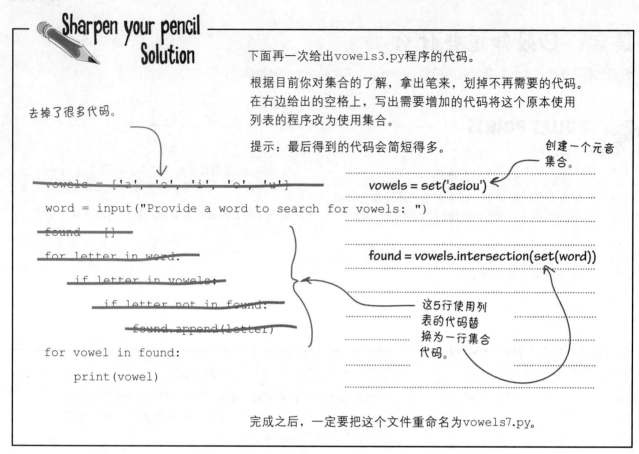

Sharpen your pencil
Solution

下面再一次给出vowels3.py程序的代码。

根据目前你对集合的了解，拿出笔来，划掉不再需要的代码。
在右边给出的空格上，写出需要增加的代码将这个原本使用
列表的程序改为使用集合。

提示：最后得到的代码会简短得多。

创建一个元音
集合。

去掉了很多代码。

```
vowels = ['a', 'o', 'i', 'o', 'u']
word = input("Provide a word to search for vowels: ")
found = []
for letter in word:
    if letter in vowels:
        if letter not in found:
            found.append(letter)
for vowel in found:
    print(vowel)
```

vowels = set('aeiou')

found = vowels.intersection(set(word))

这5行使用列
表的代码替
换为一行集合
代码。

完成之后，一定要把这个文件重命名为vowels7.py。

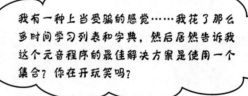

我有一种上当受骗的感觉……我花了那么
多时间学习列表和字典，然后居然告诉我
这个元音程序的最佳解决方案是使用一个
集合？你在开玩笑吗？

这不是浪费时间。

能够发现使用一种内置数据结构优于另一种数据结构，这
一点很重要（因为你希望确信使用了适当的数据结构）。要
做到这一点，唯一的办法就是尝试使用所有这些数据结构。
没有哪一个内置数据结构能够作为"万全"的技术，因为
它们都有自己的优缺点。了解了有哪些数据结构，就能根
据你的应用的数据需求更好地选择合适的数据结构。

测试

下面来运行vowels7.py，确认这个基于集合的版本能像我们预期的那样运行：

我们最新的代码。

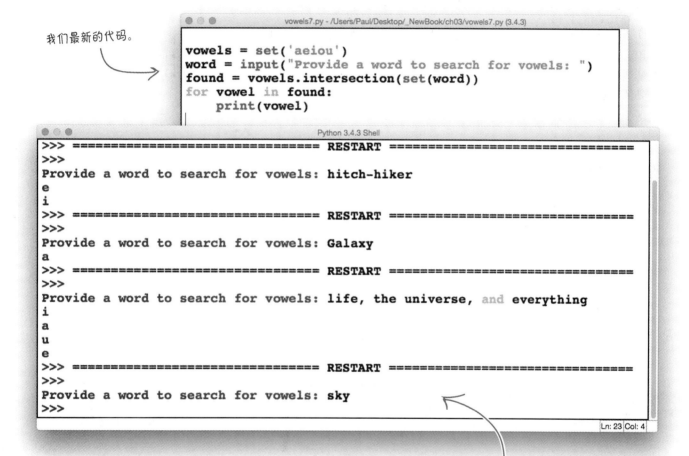

```
vowels = set('aeiou')
word = input("Provide a word to search for vowels: ")
found = vowels.intersection(set(word))
for vowel in found:
    print(vowel)
```

```
>>> =============================== RESTART ===============================
>>>
Provide a word to search for vowels: hitch-hiker
e
i
>>> =============================== RESTART ===============================
>>>
Provide a word to search for vowels: Galaxy
a
>>> =============================== RESTART ===============================
>>>
Provide a word to search for vowels: life, the universe, and everything
i
a
u
e
>>> =============================== RESTART ===============================
>>>
Provide a word to search for vowels: sky
>>>
```

一切都像预想的一样。

在这里使用集合是最佳选择……

不过，这并不是说另外两个数据结构没有用。例如，如果你需要完成频度计数，Python字典就最适用。不过，如果你更关心维持插入顺序，那么只有列表可以做到……列表通常都需要保持一个顺序。还有另外一个内置数据结构也会维持插入顺序，目前我们还没有讨论，这就是**元组**。

这一章最后就来讨论Python的元组，这样我们就完成了Python的所有4个内置数据结构的介绍。

为什么?

元组的意义

大多数刚接触Python的程序员最初遇到**元组**时,都会问为什么会存在这样一个数据结构。毕竟,元组就像是一个一旦创建(并填充数据)就不能改变的列表。元组是不可变的:它们不能改变。那么,为什么还需要元组呢?

事实上,有一个不可变的数据结构往往很有用。假设你要保证没有副作用,确保程序中的一些数据永远不会改变。或者你可能有一个很大的常量列表(你知道它不会改变),而且你很关心性能。既然不需要那些额外的(可变)列表处理代码,又何必引入这些代码的开销呢?在这些情况下,使用元组可以避免不必要的开销,并保证没有烦人的数据副作用。

如何发现代码中的元组

由于元组与列表紧密相关,毫无疑问它们看起来很相似(而且行为也类似)。元组用小括号包围,而列表使用中括号。可以在>>>提示窗口中比较元组和列表。注意我们要使用type内置函数来确认所创建的各个对象的类型:

there are no
Dumb Questions

问: "元组"这个词是从哪里来的?

答: 这要看你问的是谁,不过这个名字起源于数学领域。可以访问 *https://en.wikipedia.org/wiki/Tuple* 了解更多有关元组的知识。

这里没有什么新内容。这会创建一个元音列表。

"type"内置函数报告对象的类型。

```
>>> vowels = [ 'a', 'e', 'i', 'o', 'u' ]
>>> type(vowels)
<class 'list'>
>>> vowels2 = ( 'a', 'e', 'i', 'o', 'u' )
>>> type(vowels2)
<class 'tuple'>
```

这个元组看起来像一个列表,不过并不是列表。元组用小括号(而不是中括号)包围。

既然已经有了vowels和vowels2(而且填充了数据),下面可以让shell显示它们包含的对象。这样可以确认元组与列表并不相同:

```
>>> vowels
['a', 'e', 'i', 'o', 'u']
>>> vowels2
('a', 'e', 'i', 'o', 'u')
```

小括号指示这是一个元组。

不过如果我们试图改变一个元组会发生什么呢?

元组

元组是不可变的

由于元组有些类似于列表，它们也支持列表常用的中括号记法。我们已经知道，可以使用这种记法改变一个列表的内容。例如，可以如下将vowels列表中的小写字母i改为一个大写的I：

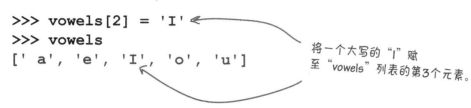

```
>>> vowels[2] = 'I'
>>> vowels
['a', 'e', 'I', 'o', 'u']
```

将一个大写的"I"赋至"vowels"列表的第3个元素。

正像我们预想的那样，列表中的第3个元素（索引位置2）已经改变，这正是我们想要的，因为列表是可变的。不过，下面来看看试图对vowels2元组做同样的事情会发生什么：

如果试图改变一个元组，解释器会报错。

```
>>> vowels2[2] = 'I'
Traceback (most recent call last):
  File "<pyshell#16>", line 1, in <module>
    vowels2[2] = 'I'
TypeError: 'tuple' object does not support item assignment
>>> vowels2
('a', 'e', 'i', 'o', 'u')
```

这里没有变化，因为元组是不可变的。

元组是不可变的，所以解释器抗议我们试图改变元组中存储的对象时，我们也无话可说。毕竟，这正是元组的关键所在：一旦创建和填充数据，元组就不能改变。

别误解：实际上这个行为很有用，特别是如果你需要确保一些数据不能改变，元组就很有用。要确保这一点，唯一的办法就是把数据放在一个元组中，然后让解释器拒绝任何代码改变这个元组的数据。

学习这本书后面的内容时，如果需要保证这一点，我们都会使用元组。再来看元音处理代码，现在可以很清楚地看到，vowels数据结构应当存储在一个元组中而不是列表中，因为在这种情况下没有必要使用一个可变的数据结构（这5个元音永远不需要改变）。

除此以外，元组就没有其他特殊性质了，可以把它们看作是不可变的列表，仅此而已。不过，还有一种用法会让很多程序员犯错，所以下面来学习这种用法，使你能避免这个错误。

如果你的结构中的数据少不改变，可以把这些数据放在一个元组中。

注意只有一个对象的元组

假设你希望把一个字符串存储在一个元组中。可能打算把这个字符串放在小括号里，然后把它赋给一个变量名……不过这样做并不能得到你想要的结果。

下面在>>>提示窗口中查看这个交互，从中可以看到发生了什么：

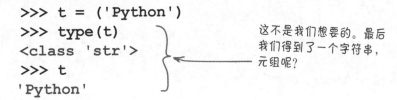

```
>>> t = ('Python')
>>> type(t)
<class 'str'>
>>> t
'Python'
```

这不是我们想要的。最后我们得到了一个字符串，元组呢？

这看起来像是只有一个对象的元组，但实际上并不是，它只是一个字符串。之所以会这样是因为Python语言的一个语法特性。这个规则指出，要让元组真正成为元组，每个元组在小括号之间至少要包含一个逗号，即使这个元组中只包含一个对象也不例外。这个规则说明要把一个对象赋至一个元组（在这里我们要赋一个字符串对象），还需要包括末尾的逗号，如下所示：

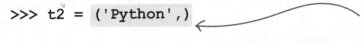

```
>>> t2 = ('Python',)
```

末尾的这个逗号让结果大不相同，因为它告诉解释器这是一个元组。

这看起来有些怪异，不过不用操心这一点。只需要记住这个规则就好了：每个元组在小括号之间至少要包含一个逗号。 如果现在让解释器告诉你t2的类型是什么（并显示它的值），它会指出t2是一个元组，这正我们想要的：

```
>>> type(t2)
<class 'tuple'>
>>> t2
('Python',)
```

这就好多了：现在我们有了一个元组。

解释器显示单对象元组时会带末尾的逗号。

函数可能接收和返回元组参数，这很常见，即使只是接收或返回单个对象。因此，使用函数时你会经常看到这个语法。对于函数和元组的关系，稍后还会介绍更多有关内容。实际上，下一章就会专门介绍函数（所以你不需要等待太久）。

既然你已经了解了这4种内置数据结构，在学习下一章的函数之前，下面先稍做停留，来看一个简短但很有意思的例子，这里会使用一个更复杂的数据结构。

结合内置数据结构

看到关于数据结构的这些讨论，我一直在想情况会不会变得更复杂。具体来说，我能不能把一个字典存储到另一个字典里？

很多人都在问这个问题。

程序员一旦熟悉了在列表和字典中存储数字、字符串和布尔值，他们很快就会问这些内置数据结构是否支持存储更复杂的数据。也就是说，这些内置数据结构本身能不能存储内置数据结构？

答案是**肯定的**，原因是Python中所有一切都是对象。

目前为止我们在各个内置数据结构中存储的都是对象。尽管它们都是"简单对象"（如数字和字符串），但没有关系，因为内置数据结构可以存储任意的对象。所有内置数据结构（尽管很"复杂"）也都是对象，所以可以采用你选择的任何方式混合这些数据结构。只需要像赋简单对象一样赋内置数据结构就可以。

下面来看一个例子，这里使用了一个存储字典的字典。

there are no Dumb Questions

问： 你说的这些是不是只适用于字典？可以有列表的列表吗？或者列表的集合，再或者字典的元组？

答： 这些都是可以的。我们会展示嵌套字典（字典的字典）如何工作，不过你完全可以用你选择的方式组合这些内置数据结构。

存储一个数据表

由于一切都是对象，任何内置数据结构都可以存储在任何其他内置数据结构中，从而构建任意复杂的数据结构……只要你能想得到，Python就可以做得到。例如，可能一个列表的字典包含元组，这些元组又包含字典的集合，尽管这听上去很不错，但事实上可能不太好，因为这实在太过于复杂了。

嵌套字典是一个很有意义的复杂结构。这个结构可以用来创建一个可变的表。为了说明这一点，假设我们要让这个表描述一个错综复杂的字符集合：

Name	Gender	Occupation	Home Planet
Ford Prefect	Male	Researcher	Betelgeuse Seven
Arthur Dent	Male	Sandwich-Maker	Earth
Tricia McMillan	Female	Mathematician	Earth
Marvin	Unknown	Paranoid Android	Unknown

应该记得，这一章刚开始时我们创建了一个名为`person3`的字典来存储Ford Prefect的数据：

```
person3 = { 'Name': 'Ford Prefect',
            'Gender': 'Male',
            'Occupation': 'Researcher',
            'Home Planet': 'Betelgeuse Seven' }
```

这里不打算为表中各行数据分别创建（然后处理）4个单独的字典变量，下面只创建一个字典变量，名为people。然后使用people来存储任意多个其他的字典。

首先，创建一个空的people字典，然后把Ford Prefect的数据赋给一个键：

从一个新的空字典开始。

```
>>> people = {}
>>> people['Ford'] = { 'Name': 'Ford Prefect',
                       'Gender': 'Male',
                       'Occupation': 'Researcher',
                       'Home Planet': 'Betelgeuse Seven' }
```

键是"Ford"，值是另一个字典。

包含字典的字典

创建people字典并增加了一个数据行（Ford的数据）之后，现在可以在>>>提示窗口中让解释器显示这个people字典。得到的输出有些混乱，不过确实包含了所有数据：

> 一个字典嵌入在另一个字典中，注意额外的大括号。

```
>>> people
{'Ford': {'Occupation': 'Researcher', 'Gender': 'Male',
'Home Planet': 'Betelgeuse Seven', 'Name': 'Ford Prefect'}}
```

（目前）people中只有一个嵌入的字典，所以把它叫做"字典的字典"（嵌套字典）有些牵强，因为people现在只包含一行数据。目前解释器看到的people如下所示：

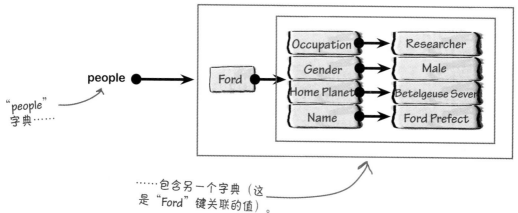

"people"字典……

……包含另一个字典（这是"Ford"键关联的值）。

现在继续在表中增加另外3行数据：

> Arthur的数据。

```
>>> people['Arthur'] = { 'Name': 'Arthur Dent',
                         'Gender': 'Male',
                         'Occupation': 'Sandwich-Maker',
                         'Home Planet': 'Earth' }
>>> people['Trillian'] = { 'Name': 'Tricia McMillan',
                           'Gender': 'Female',
                           'Occupation': 'Mathematician',
                           'Home Planet': 'Earth' }
>>> people['Robot'] = { 'Name': 'Marvin',
                        'Gender': 'Unknown',
                        'Occupation': 'Paranoid Android',
                        'Home Planet': 'Unknown' }
```

> Tricia的数据与"Trillian"键关联。

Marvin的数据与"Robot"键关联。

嵌套字典（也就是表）

`people`字典填充了4个嵌入的字典后，现在可以在>>>提示窗口中让解释器显示`people`字典。

这会在屏幕上显示一大堆乱七八糟的数据（如下所示）。

尽管很乱，不过确实包含了所有数据。注意，每个开始大括号表示一个新字典的开始，而结束大括号会结束一个字典。可以数数看（这里分别有5个开始大括号和5个结束大括号）：

有些难读，不过所有数据都在这里。

```
>>> people
{'Ford': {'Occupation': 'Researcher', 'Gender': 'Male',
'Home Planet': 'Betelgeuse Seven', 'Name': 'Ford Prefect'},
'Trillian': {'Occupation': 'Mathematician', 'Gender':
'Female', 'Home Planet': 'Earth', 'Name': 'Tricia
McMillan'}, 'Robot': {'Occupation': 'Paranoid Android',
'Gender': 'Unknown', 'Home Planet': 'Unknown', 'Name':
'Marvin'}, 'Arthur': {'Occupation': 'Sandwich-Maker',
'Gender': 'Male', 'Home Planet': 'Earth', 'Name': 'Arthur
Dent'}}
```

解释器只是把数据直接堆在屏幕上。能不能显示得更好看一些？

当然，我们可以让它更易读。

可以在>>>提示窗口中输入一个简短的`for`循环，迭代处理`people`字典中的各个键。与此同时，可以再用一个嵌套的`for`循环处理每一个嵌入的字典，这就能够在屏幕上输出更易读的结果了。

我们可以这样做……但不打算这么做，因为有人已经为我们做了这个工作。

美观打印的复杂数据结构

标准库包含一个名为pprint的模块，可以采用一种更易读的格式显示任意的数据结构。pprint这个名字就是"美观打印"（pretty print）的简写。

现在对我们的people（嵌套）字典使用pprint模块。下面再一次在>>>提示窗口中"原样"显示数据，然后导入pprint模块，再调用它的pprint函数来生成我们需要的输出：

我们的嵌套字典很难读。

```
>>> people
{'Ford': {'Occupation': 'Researcher', 'Gender': 'Male',
'Home Planet': 'Betelgeuse Seven', 'Name': 'Ford Prefect'},
'Trillian': {'Occupation': 'Mathematician', 'Gender':
'Female', 'Home Planet': 'Earth', 'Name': 'Tricia
McMillan'}, 'Robot': {'Occupation': 'Paranoid Android',
'Gender': 'Unknown', 'Home Planet': 'Unknown', 'Name':
'Marvin'}, 'Arthur': {'Occupation': 'Sandwich-Maker',
'Gender': 'Male', 'Home Planet': 'Earth', 'Name': 'Arthur
Dent'}}
>>>
>>> import pprint
>>>
>>> pprint.pprint(people)
{'Arthur': {'Gender': 'Male',
            'Home Planet': 'Earth',
            'Name': 'Arthur Dent',
            'Occupation': 'Sandwich-Maker'},
 'Ford': {'Gender': 'Male',
          'Home Planet': 'Betelgeuse Seven',
          'Name': 'Ford Prefect',
          'Occupation': 'Researcher'},
 'Robot': {'Gender': 'Unknown',
           'Home Planet': 'Unknown',
           'Name': 'Marvin',
           'Occupation': 'Paranoid Android'},
 'Trillian': {'Gender': 'Female',
              'Home Planet': 'Earth',
              'Name': 'Tricia McMillan',
              'Occupation': 'Mathematician'}}
```

导入"pprint"模块，然后调用"pprint"函数来具体打印。

这个输出读起来就容易多了。需要说明，这里还是有5个开始大括号和5个结束大括号。只不过，由于使用了"pprint"，现在看起来会更容易（另外数起来也会更容易）。

可视化显示复杂数据结构

下面更新我们的示意图，在people嵌套字典中填充了数据之后，看看解释器现在"看到"的这个字典是怎样的：

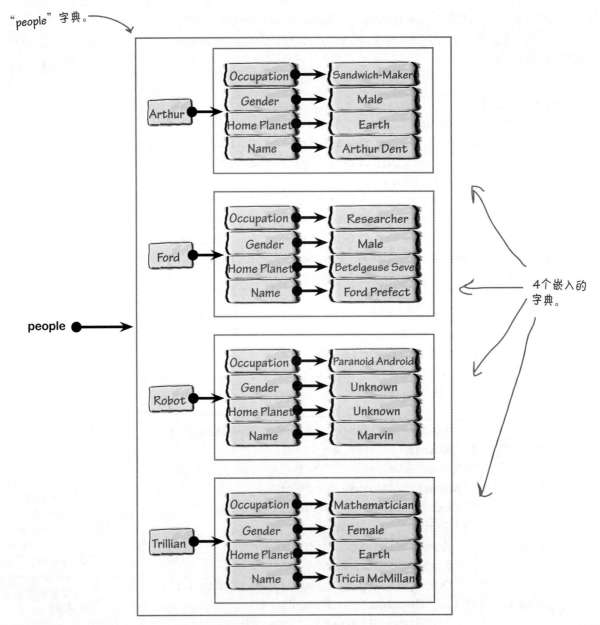

"people"字典。

people

4个嵌入的字典。

这里可能会有一个问题：现在所有这些数据存储在一个嵌套字典中，那么如何得到这些数据呢？我们在下一页回答这个问题。

访问一个复杂数据结构的数据

现在已经在people字典中存储了我们的数据表。下面先来回忆原来的数据表
是怎样的：

Name	Gender	Occupation	Home Planet
Ford Prefect	Male	Researcher	Betelgeuse Seven
Arthur Dent	Male	Sandwich-Maker	Earth
Tricia McMillan	Female	Mathematician	Earth
Marvin	Unknown	Paranoid Android	Unknown

如果要问我们Arthur做什么工作，我们会在**Name**列向下查找Arthur的名
字，然后横向查看这个数据行，直到找到**Occupation**列，在这里可以看
到"Sandwich-Maker"。

要访问一个复杂数据结构（如我们的people嵌套字典）中的数据，也可以遵
循一个类似的过程，现在就在>>>提示窗口中展示这个过程。

首先在people字典中查找Arthur的数据，为此要把Arthur的键放在中括号之
间：

请求Arthur的
数据行。

```
>>> people['Arthur']
{'Occupation': 'Sandwich-Maker', 'Home Planet': 'Earth',
'Gender': 'Male', 'Name': 'Arthur Dent'}
```

与"Arthur"键关联
的字典数据行。

找到Arthur的数据行之后，现在可以请求与Occupation键关联的值。为此，
我们要使用**第二对**中括号来索引Arthur的字典，访问我们要查找的数据：

找到这一行。　　　　　　　　　　　找到这一列。

```
>>> people['Arthur']['Occupation']
'Sandwich-Maker'
```

通过使用两对中括号，可以指定你感兴趣的行和列，从表中访问任何数据值。
行对应外围字典（这里就是people）使用的一个键，而列对应内嵌字典使用
的某个键。

数据可以任意复杂

无论你只有少量简单数据（一个简单列表），还是有更为复杂的数据（嵌套字典），有一点要知道：Python的4个内置数据结构可以满足你的任何数据需要。特别棒的一点是，你构建的数据结构具有动态特点。除了元组，其他各个数据结构都可以根据需要扩展和收缩，由Python解释器负责为你完成内存分配/撤销的有关细节。

数据的介绍还没有结束，我们将在本书后面讨论这部分内容。不过，现在你已经掌握了足够多的知识，那可以具体做些事情了。

下一章中，我们开始讨论Python中有效地重用代码的技术，我们会学习最基本的代码重用技术：函数。

第3章的代码（1/2）

```
vowels = ['a', 'e', 'i', 'o', 'u']
word = input("Provide a word to search for vowels: ")

found = {}

found['a'] = 0
found['e'] = 0
found['i'] = 0
found['o'] = 0
found['u'] = 0

for letter in word:
    if letter in vowels:
        found[letter] += 1

for k, v in sorted(found.items()):
    print(k, 'was found', v, 'time(s).')
```

这是"vowels4.py"的代码，它会完成频度计数。这个代码（主要）基于我们最早在第2章看到的"vowels3.py"。

为了去除字典初始化代码，我们创建了"vowels5.py"，不过这个代码会遇到一个运行时错误而崩溃（因为没有初始化频度数）。

```
vowels = ['a', 'e', 'i', 'o', 'u']
word = input("Provide a word to search for vowels: ")

found = {}

for letter in word:
    if letter in vowels:
        found[letter] += 1

for k, v in sorted(found.items()):
    print(k, 'was found', v, 'time(s).')
```

```
vowels = ['a', 'e', 'i', 'o', 'u']
word = input("Provide a word to search for vowels: ")

found = {}

for letter in word:
    if letter in vowels:
        found.setdefault(letter, 0)
        found[letter] += 1

for k, v in sorted(found.items()):
    print(k, 'was found', v, 'time(s).')
```

"vowels6.py"利用"setdefault"方法修正了这个运行时错误，每个字典都提供了这个方法（如果没有为一个键设置值，会为它赋一个默认值）。

第3章的代码（2/2）

```python
vowels = set('aeiou')
word = input("Provide a word to search for vowels: ")
found = vowels.intersection(set(word))
for vowel in found:
    print(vowel)
```

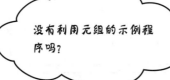

元音程序的最后一个版本"vowels7.py"，它利用Python的集合数据结构大大简化了基于列表的"vowels3.py"代码，不过仍然可以提供同样的功能。

没有利用元组的示例程序吗？

确实没有。不过没关系。

这一章没有通过示例程序来展示元组，因为元组并不单独使用，等我们结合函数讨论时就会用到元组。前面已经说过，遇到函数（下一章）时就会看到元组，另外在这本书后面也会见到元组的使用。每次看到元组时，我们都会指出各个元组的用法。随着你的Python之旅的深入，你会不断看到元组的出现。

4 代码重用

函数与模块

不管我写多少代码，过一会儿就变得完全无法控制……

重用代码是构建一个可维护的系统的关键。

要在Python中重用代码，以**函数**为始，也以**函数**为终。取几行代码，为它们指定一个名字，你就得到了一个（可以重用的）函数。取一组函数，把它们打包成一个文件，你就得到了一个**模块**（也可以重用）。有人说与人分享很美好，此言不假，到这一章最后，你会了解Python的函数和模块如何工作，到时候就能很好地**分享**和**重用**你的代码了。

利用函数重用代码

尽管几行Python代码就能做很多工作，不过迟早你会发现程序的代码基会不断增长……而且，随着代码基的增长，情况很快会变得越来越难管理。开始可能只有20行Python代码，很快就会像吹气球一样猛增到500行甚至更多！如果发生这种情况，就要开始考虑使用哪些策略来减少代码基的复杂性。

与很多其他编程语言类似，Python支持模块化，你可以把大的代码块分解为较小的、更容易管理的代码块。这是通过创建函数来实现的，可以认为函数就是命名的代码块。应该还记得第1章中的这个示意图，这里显示了函数、模块和标准库之间的关系：

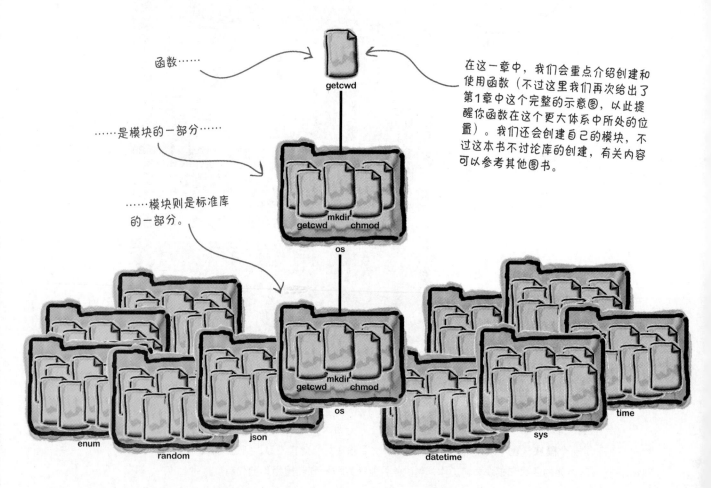

函数……

……是模块的一部分……

……模块则是标准库的一部分。

在这一章中，我们会重点介绍创建和使用函数（不过这里我们再次给出了第1章中这个完整的示意图，以此提醒你函数在这个更大体系中所处的位置）。我们还会创建自己的模块，不过这本书不讨论库的创建，有关内容可以参考其他图书。

在这一章中，我们会重点讨论创建你自己的函数时所涉及的内容，如图最上面所示。一旦成功地创建了函数，后面还会介绍如何创建模块。

引入函数

把我们已有的一些代码变成函数之前，下面花点时间来分析Python中的函数。完成这个介绍后，我们会查看已有的一些代码，按照所需的步骤将它变成一个可以重用的函数。

不要过于担心细节。这里只是要对Python中的函数有一个总的认识，这一页和下一页就会介绍这个内容。我们将在这一章后面深入介绍你需要知道的所有细节问题。这一页上的IDLE窗口提供了一个模板，创建任何函数时都可以使用这个模板。仔细查看这个模板，考虑以下问题：

1 函数引入了两个新关键字：def和return

这两个关键字在IDLE中都用橙色显示。def关键字指定函数名（用蓝色显示），并详细列出函数可能有的参数。return关键字是可选的，可以用来向调用这个函数的代码传回一个值。

2 函数可以接收参数数据

函数可以接收参数数据（也就是函数的输入）。可以在def行函数名后面指定一个参数列表，放在小括号之间。

3 函数包含代码，（通常）还有文档

代码在def行下缩进一层，会包括适当的注释。我们展示了为代码增加注释的两种方法：可以使用一个三重引号字符串［在模板中用绿色显示，这称为一个docstring（文档字符串）］，也可以使用一个单行注释，这种注释有一个#符号前缀（在下面的模板中用红色显示）。

"def"行指定函数名，并列出参数。

"docstring"描述这个函数的用途。

一个方便的函数模板。

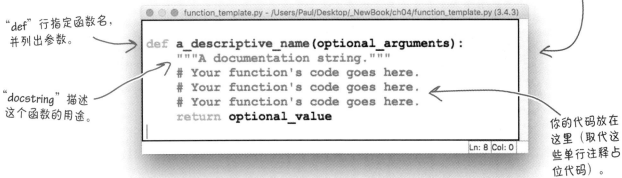

```
function_template.py - /Users/Paul/Desktop/_NewBook/ch04/function_template.py (3.4.3)

def a_descriptive_name(optional_arguments):
    """A documentation string."""
    # Your function's code goes here.
    # Your function's code goes here.
    # Your function's code goes here.
    return optional_value

                                                    Ln: 8 Col: 0
```

你的代码放在这里（取代这些单行注释占位代码）。

Geek Bits

Python使用"函数"这个词描述一个可重用的代码块。其他编程语言也可能使用"过程"、"子例程"和"方法"等名字。如果函数要作为一个Python类的一部分，它就称为一个"方法"。在后面一章你会了解Python类和方法的全部内容。

类型信息呢？

再来看我们的函数模板。除了要执行的一些代码，你有没有觉得缺少些什么？有哪些信息需要指定但在这里并没有指定呢？再来仔细看一看：

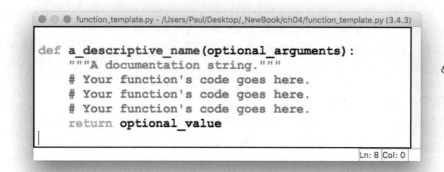

这个函数模板有没有少点什么？

> 我有点被这个函数模板搞晕了。解释器怎么知道这些参数的类型是什么，另外又怎么知道返回值的类型是什么？

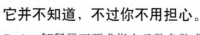

它并不知道，不过你不用担心。

Python解释器不要求指定函数参数或返回值的类型。相对于你之前用过的编程语言，这可能会让你不知所措。不过别着急。

Python允许将任何对象作为参数发送给函数，而且允许将任何对象作为返回值传回。解释器不关心也不检查这些对象的类型是什么（它只检查是否提供了参数和返回值）。

在Python3中，可以指示期望的参数/返回值的类型（实际上这一章后面我们就会这么做）。不过，指示期望类型并不会"魔法般地"打开类型检查，因为Python从来不会检查参数或返回值的类型。

用 "def" 命名代码块

一旦确定希望重用的Python代码块，就可以创建一个函数。要用def关键字（这是*define*的缩写）创建函数。def关键字后面是函数名、一个可选的空参数表（用小括号包围），一个冒号，然后是一行或多行的代码。

应该记得上一章最后的vowels7.py程序，给定一个单词，它会输出这个单词中包含的元音：

取一个元音
集合……

……和一个
单词……

……然后完成一个
交集操作。

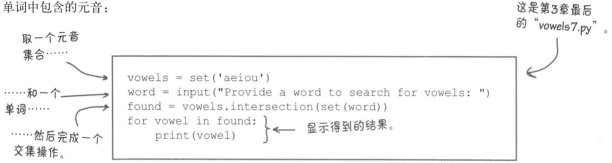

```
vowels = set('aeiou')
word = input("Provide a word to search for vowels: ")
found = vowels.intersection(set(word))
for vowel in found:
    print(vowel)
```

显示得到的结果。

这是第3章最后
的 "vowels7.py"。

下面假设你计划在一个更大的程序中多次使用这5行代码。你肯定不希望在每一个需要这个代码的地方一次次地复制和粘贴……所以，为了更便于管理，同时为了确保只维护这个代码的**一个副本**，下面要创建一个函数。

（现在）我们将在Python Shell上展示如何创建函数。要把上面的5行代码转换成一个函数，需要使用def关键字指示函数开始；为这个函数指定一个描述性的名字（这总是一个好主意），提供一个可选的空参数表（用小括号包围），后面是一个冒号，然后让这些代码行相对于def关键字缩进，如下所示：

花点时间为函数选一个描述性的好名字。

为函数指定一个
描述性的好名字。

提供一个可选的参数列表，在这里，这个函数没有参数，
所以这个列表为空。

用 "def" 关
键字开始。

不要忘记冒号。

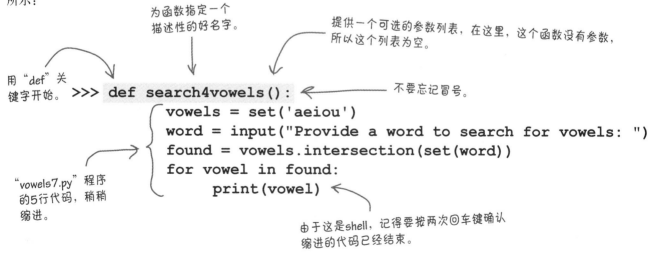

```
>>> def search4vowels():
        vowels = set('aeiou')
        word = input("Provide a word to search for vowels: ")
        found = vowels.intersection(set(word))
        for vowel in found:
                print(vowel)
```

"vowels7.py" 程序
的5行代码，稍稍
缩进。

由于这是shell，记得要按两次回车键确认
缩进的代码已经结束。

既然函数已经存在，下面来调用这个函数看看它能不能像我们期望的那样工作。

调用你的函数

要在Python中调用函数，需要提供函数名以及这个函数需要的所有参数的值。由于search4vowels函数（目前）没有参数，所以调用时可以提供一个空的参数表，如下：

```
>>> search4vowels()
Provide a word to search for vowels: hitch-hiker
e
i
```

再次调用这个函数，它会再次运行：

```
>>> search4vowels()
Provide a word to search for vowels: galaxy
a
```

并不奇怪：调用这个函数会执行它的代码。

在编辑器中编辑函数，而不要在提示窗口中编辑

目前，我们已经将search4vowels函数的代码输入到>>>提示窗口中，看起来是这样的：

```
>>> def search4vowels():
        vowels = set('aeiou')
        word = input("Provide a word to search for vowels: ")
        found = vowels.intersection(set(word))
        for vowel in found:
            print(vowel)
```

我们的函数已经输入键到shell提示窗口中。

要进一步处理这个代码，可以在>>>提示窗口中再次输入并进行编辑，不过很快这就会变得非常麻烦。应该记得，一旦>>>提示窗口中处理的代码有多行，就最好把这些代码复制到一个IDLE编辑窗口中。在IDLE编辑窗口中可以更轻松地进行编辑。所以，在继续后面的工作之前，先把代码复制到编辑窗口。

创建一个新的空IDLE编辑窗口，然后将函数的代码从>>>提示行（记得不要复制>>>字符）复制粘贴到这个编辑窗口中。一旦确认格式和缩进正确，先将文件保存为vsearch.py，然后再进一步处理。

从shell复制这个函数的代码之后，一定要把代码保存为"vsearch.py"。

使用IDLE的编辑器修改

以下是IDLE中的vsearch.py文件:

现在函数代码在IDLE编辑窗口中,而且已经保存为"vsearch.py"。

```
vsearch.py - /Users/Paul/Desktop/_NewBook/ch04/vsearch.py (3.4.3)

def search4vowels():
    vowels = set('aeiou')
    word = input("Provide a word to search for vowels: ")
    found = vowels.intersection(set(word))
    for vowel in found:
        print(vowel)

                                                      Ln: 8 Col: 0
```

在编辑窗口中按F5时,会发生两件事:IDLE shell会回到前台,另外shell会重启。不过,屏幕上什么都不会出现。现在来看看这是什么意思:按下F5。

之所以什么都没有显示,原因在于你还没有真正调用这个函数。我们稍后会调用它,不过现在先对函数做一个修改。这是一个很小的修改,但非常重要。

下面在函数最上面增加一些文档。

要为代码增加一个多行注释(**docstring**),需要用三重引号包围注释文本。

下面再次给出vsearch.py文件,这里在函数最上面增加了一个docstring。你要对你的代码做同样的修改:

如果按F5时IDLE显示一个错误,别害怕! 回到编辑窗口,检查你的代码与我们的代码是否完全相同,然后再尝试一次。

为函数代码增加了一个docstring,它(简要地)描述了这个函数的用途。

```
vsearch.py - /Users/Paul/Desktop/_NewBook/ch04/vsearch.py (3.4.3)

def search4vowels():
    """Display any vowels found in an asked-for word."""
    vowels = set('aeiou')
    word = input("Provide a word to search for vowels: ")
    found = vowels.intersection(set(word))
    for vowel in found:
        print(vowel)

                                                      Ln: 9 Col: 0
```

这些字符串用来做什么?

再来看现在的函数。特别要注意这个代码中的3个字符串,它们在IDLE中都用绿色显示:

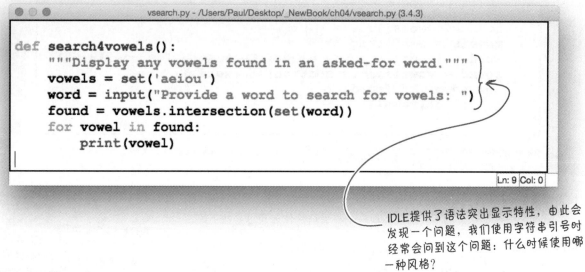

IDLE提供了语法突出显示特性,由此会发现一个问题,我们使用字符串引号时经常会问到这个问题:什么时候使用哪一种风格?

了解字符串引号字符

在Python中,字符串可以用单引号字符(')、双引号字符(")或者三重引号("""或''')包围。

前面提到过,加三重引号的字符串称为**docstring**,因为它们主要用作为文档,用来描述一个函数的用途(如上所示)。尽管可以使用"""或'''来包围docstring,不过大多数Python程序员更倾向于使用"""。Docstring有一个有趣的特征,它可以跨多行(其他编程语言使用"heredoc"来表示同样的概念)。

用单引号字符(')或双引号字符(")包围的字符串**不能**跨多行:必须在同一行上用一个匹配的引号字符结束这个字符串(因为Python使用行末字符来结束一个语句)。

究竟使用哪个字符包围字符串?这取决于你,不过大多数Python程序员都使用单引号字符。尽管如此,实际上最重要的是所用的引号字符应当一致。

这一页上面所示的代码(尽管只是几行代码)在使用字符串引号字符方面就不一致。需要说明,这个代码完全可以运行(因为解释器不关心你使用哪一种风格),不过混合使用多种风格会让代码很难读(这不是荣耀的事情)。

使用的字符串引号字符要保持一致。如果可以,尽量使用单引号。

遵循PEP的最佳实践

关于代码（而不只是字符串）的格式化，Python编程社区已经花了很长时间来建立最佳实践，并提供了相应的文档说明。这个最佳实践名为**PEP 8**。PEP是"Python增强协议"（Python Enhancement Protocol）的缩写。

已经有大量PEP文档，它们主要详细描述Python编程语言中已提出和已实现的增强特性，还提出了一些建议（要做什么以及不要做什么），另外还描述了各种Python过程。PEP文档的细节可能技术性很强，（通常）很难理解。因此，大多数Python程序员尽管知道PEP的存在，但很少详细地去了解。大多数PEP都是如此，但PEP 8除外。

PEP 8是Python代码的风格指南。建议所有Python程序员都要阅读，而且就是这个文档中指出了上一页介绍的建议，即字符串引号应当"保持一致"。花点时间至少读一遍PEP 8。另外还有一个文档PEP 257描述了格式化docstring的有关约定，也很有必要读一读。

下面再次给出search4vowels函数，不过这里采用了遵循PEP 8和PEP 257的形式。变化并不大，不过由于字符串两边统一都使用单引号字符（不包括docstring），看上去确实好一些了：

> 可以在这里找到PEP：https://www.python.org/dev/peps/。

> 这是一个遵循PEP 257的docstring。

```
vsearch.py - /Users/Paul/Desktop/_NewBook/ch04/vsearch.py (3.4.3)

def search4vowels():
    """Display any vowels found in an asked-for word."""
    vowels = set('aeiou')
    word = input('Provide a word to search for vowels: ')
    found = vowels.intersection(set(word))
    for vowel in found:
        print(vowel)

                                                        Ln: 9  Col: 0
```

> 我们采用了PEP 8的建议，一致地使用单引号字符包围字符串。

当然，并不要求你编写完全符合PEP 8的代码。例如，我们的函数名search4vowels就没有遵循PEP 8的原则，PEP 8建议函数名中的单词应当用一个下划线分隔，所以更符合PEP的名字应当是search_for_vowels。需要说明，PEP 8只是一组指导原则，而不是规则。不必完全遵循这些原则，只是要有所考虑，相比之下，我们更喜欢search4vowels这个名字。

也就是说，如果你编写了符合PEP 8的代码，大多数Python程序员都会很感谢你，因为这通常比不遵循PEP的代码更易读。

下面再继续增强search4vowels函数，让它接受参数。

函数可以接收参数

我们不再让函数提示用户输入一个要搜索的单词，下面修改search4vowels函数，从而可以传入单词作为一个参数的输入。

增加参数很简单：只需要把这个参数名插入到def行上的小括号中间。这个参数名将成为函数代码组中的一个变量。这个编辑工作很容易。

下面还要删除提示用户提供要搜索的单词的那一行代码，这也很容易。

作为提醒，下面来看这个代码的当前状态：

要记住：
"代码组"是
Python中对
"块"的叫法。

```
vsearch.py - /Users/Paul/Desktop/_NewBook/ch04/vsearch.py (3.4.3)

def search4vowels():
    """Display any vowels found in an asked-for word."""
    vowels = set('aeiou')
    word = input('Provide a word to search for vowels: ')
    found = vowels.intersection(set(word))
    for vowel in found:
        print(vowel)

                                                    Ln: 9 Col: 0
```

这是原来的函数。

这一行不再需要。

对函数完成上面建议的两个编辑处理（如上所示），IDLE编辑窗口将如下所示（注意：我们还更新了docstring，这总是一个好主意）：

```
vsearch.py - /Users/Paul/Desktop/_NewBook/ch04/vsearch.py (3.4.3)

def search4vowels(word):
    """Display any vowels found in a supplied word."""
    vowels = set('aeiou')
    found = vowels.intersection(set(word))
    for vowel in found:
        print(vowel)

                                                    Ln: 8 Col: 0
```

将参数名放在小括号之间。

不再有"input"函数调用（因为我们不再需要那行代码）。

每次修改代码之后一定要保存你的文件，之后才能按F5，这样才会运行新版本的函数。

测试

```
vsearch.py - /Users/Paul/Desktop/_NewBook/ch04/vsearch.py (3.4.3)

def search4vowels(word):
    """Display any vowels found in a supplied word."""
    vowels = set('aeiou')
    found = vowels.intersection(set(word))
    for vowel in found:
        print(vowel)
```

当前的"search4vowels"代码

```
                                 Python 3.4.3 Shell
>>> =============================== RESTART ===============================
>>>
>>> search4vowels()
Traceback (most recent call last):
  File "<pyshell#3>", line 1, in <module>
    search4vowels()
TypeError: search4vowels() missing 1 required positional argument: 'word'
>>> search4vowels('hitch-hiker')
e
i
>>> search4vowels('hitch-hiker', 'galaxy')
Traceback (most recent call last):
  File "<pyshell#5>", line 1, in <module>
    search4vowels('hitch-hiker', 'galaxy')
TypeError: search4vowels() takes 1 positional argument but 2 were given
>>>
                                                                    Ln: 12 Col: 4
```

尽管在这个测试中我们调用了3次"search4vowels"函数，但只有一个调用成功运行，就是传入了一个字符串参数的那个调用。另外两个函数调用都失败了。花点时间好好读一读解释器生成的错误消息，看看这些不正确的调用问题出在哪里。

there are no Dumb Questions

问： 在Python中创建函数是不是限制为只能有一个参数？

答： 不，可以有任意多个参数，这取决于你的函数要提供什么服务。我们有意从一个非常简单的例子开始，随着这一章内容的展开，后面还会接触到更复杂的例子。在Python中，利用函数的参数可以做很多事情，我们计划在接下来的几十页讨论函数可以完成的主要工作。

函数返回一个结果

除了用函数抽取出一些代码并指定一个名字，程序员通常还希望函数能返回计算得到的某个值，使得调用这个函数的代码能进一步处理这个值。为了支持从函数返回一个值（或多个值），Python提供了return语句。

解释器遇到函数代码组中的一个return语句时，会发生两件事：这个函数会在return语句结束，另外提供给return语句的值将传回给调用代码。这个行为与大多数其他编程语言中return的做法是类似的。

下面先来看一个简单的例子，从我们的search4vowels函数返回一个值。具体来讲，会根据作为参数提供的单词中是否包含元音来返回True或False。

这与这个函数现有的功能有些偏离，不过请耐心等待，因为稍后就会建立一些更复杂（更有用）的功能。先从一个简单的例子开始，这样可以确保先掌握基础知识，然后再继续前进。

听上去是个不错的计划，可以接受。只是我有一个问题，怎么知道一个东西是真是假呢？

事实上……

Python提供了一个内置函数，名为bool，提供某个值时，它会告诉你这个值计算为True还是False。

bool不仅可以处理任何值，它还能处理任何Python对象。实际上，Python中的"真值"概念并不像其他编程语言中那样，1代表True，而0代表False。

下面先停一下，首先简要了解True和False，然后再回到我们的return讨论中来。

真值观察

Python中的每一个对象都有一个关联的真值，表示这个对象计算为True或False。

如果计算为0、值None、空串或一个空的内置数据结构，则为False。这意味着下面所有这些例子都为False：

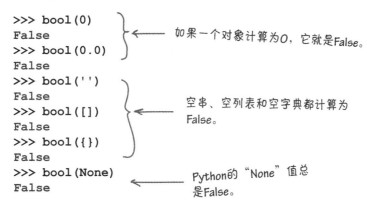

```
>>> bool(0)
False
>>> bool(0.0)
False
```
如果一个对象计算为0，它就是False。

```
>>> bool('')
False
>>> bool([])
False
>>> bool({})
False
```
空串、空列表和空字典都计算为False。

```
>>> bool(None)
False
```
Python的"None"值总是False。

Python中所有其他对象都计算为True。下面是True对象的一些例子：

```
>>> bool(1)
True
>>> bool(-1)
True
```
不为0的数都是True，即使它是负数也为True。

```
>>> bool(42)
True
>>> bool(0.00000000000000000000000000000001)
True
```
它可以非常小，但仍不是0，所以它是True。

```
>>> bool('Panic')
True
```
非空的串总是True。

```
>>> bool([42, 43, 44])
True
>>> bool({'a': 42, 'b':42})
True
```
非空的内置数据结构是True。

可以向bool函数传递任何对象来确定它是True还是False。

严格地讲，任何非空的数据结构都计算为True。

返回一个值

再来看我们的函数代码，目前它可以接受任何值作为参数，在所提供的值中
搜索元音，然后在屏幕上显示找到的元音：

```python
def search4vowels(word):
    """Display any vowels found in a supplied word."""
    vowels = set('aeiou')
    found = vowels.intersection(set(word))
    for vowel in found:
        print(vowel)
```

我们将修改这两行代码。

修改这个函数，根据是否找到元音来返回True或False，这很简单。只需要
把最后两行代码（for循环）替换为下面这行代码：

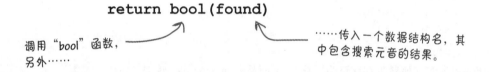

return bool(found)

调用"bool"函数，
另外……

……传入一个数据结构名，其
中包含搜索元音的结果。

如果什么都没有找到，函数返回False；否则，它会返回True。完成这个修
改之后，现在可以在Python shell上测试这个新版本的函数，看看会发生什么：

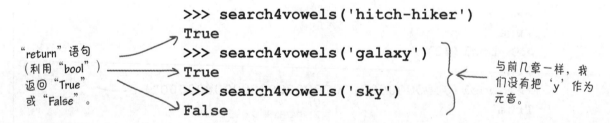

```
>>> search4vowels('hitch-hiker')
True
>>> search4vowels('galaxy')
True
>>> search4vowels('sky')
False
```

"return"语句
（利用"bool"）
返回"True"
或"False"。

与前几章一样，我
们没有把'y'作为
元音。

如果你看到的结果还是与上一个版本一样，要确保已经保存了函数的这个新
版本，而且在编辑窗口按了F5。

Geek Bits

不要试图在return传回调用代码的对象两边加小括号。没有必要这么做。return语句不是一个函
数调用，所以使用小括号不是一个语法要求。当然也可以使用（如果你确实想这么做），但是大多
数Python程序员都不会这么做。

返回多个值

函数设计为返回一个值，但有时需要返回多个值。唯一的办法就是把多个值打包在一个数据结构中，然后返回这个数据结构。这样一来，你仍然只返回一个对象，但它实际上可能包含多个数据。

下面给出我们目前的函数，它返回一个布尔值（也就是说，一个值）：

注意：我们已经更新了注释。

```python
def search4vowels(word):
    """Return a boolean based on any vowels found."""
    vowels = set('aeiou')
    found = vowels.intersection(set(word))
    return bool(found)
```

要让函数返回多个值（放在一个集合中）而不只是一个布尔值，编辑很简单。我们只需要将bool调用删除：

```python
def search4vowels(word):
    """Return any vowels found in a supplied word."""
    vowels = set('aeiou')
    found = vowels.intersection(set(word))
    return found
```

结果作为一个数据结构（一个集合）返回。

我们又更新了注释。

可以进一步把上一个版本的函数中最后两行代码缩减为一行，删除不必要的found变量。不用将intersection的结果赋给found变量再返回这个变量，可以直接返回intersection：

```python
def search4vowels(word):
    """Return any vowels found in a supplied word."""
    vowels = set('aeiou')
    return vowels.intersection(set(word))
```

返回数据，但没有使用不必要的"found"变量。

我们的函数现在会返回一个单词中找到的元音集合，这正是我们最初想要的。

不过，测试时，有一个结果有些问题……

测试

下面来试着运行最后这个版本的search4vowels函数，看看它的表现如何。将最新的代码加载到一个IDLE编辑窗口，按F5将这个函数导入Python Shell，然后调用几次函数：

```
Python 3.4.3 Shell
>>> ============================== RESTART ==============================
>>>
>>> search4vowels('hitch-hiker')
{'e', 'i'}
>>> search4vowels('galaxy')
{'a'}
>>> search4vowels('life, the universe and everything')
{'e', 'u', 'a', 'i'}
>>> search4vowels('sky')
set()
>>>
                                                                    Ln: 38 Col: 4
```

每个函数调用都能正常工作，尽管最后一个调用的结果看起来有些古怪。

这个 "set()" 是怎么回事？

上面的测试中，所有例子都能很好地工作，这个函数取一个字符串参数，然后返回在这个字符串中找到的元音集合。 这个结果（也就是这个集合）可能包含多个值。不过，最后一个响应看起来有些古怪，是不是？下面来更仔细地分析这个调用：

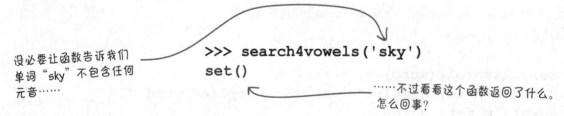

没必要让函数告诉我们单词"sky"不包含任何元音……

```
>>> search4vowels('sky')
set()
```

……不过看看这个函数返回了什么。怎么回事？

你可能希望函数返回{}来表示一个空集合，不过这是一个很常见的误解，因为{}表示一个空字典，而不是空集合。

解释器把空集合表示为set()。

这看起来可能有一些古怪，不过Python中就是这样。下面花点时间来回忆4个内置数据结构，重点关注解释器如何表示各个空数据结构。

回忆内置数据结构

下面来回忆可以使用的4个内置数据结构。我们依次查看各个数据结构，包括列表、字典、集合，最后来看元组。

在shell上先用数据结构内置函数（简写为BIF）创建一个空的数据结构，然后分别赋少量数据，再显示赋值之后各个数据结构的内容：

> **BIF是"内置函数"(built-in function) 的简写。**

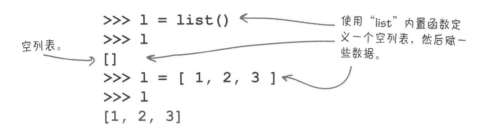

空列表。

```
>>> l = list()
>>> l
[]
>>> l = [ 1, 2, 3 ]
>>> l
[1, 2, 3]
```

使用"list"内置函数定义一个空列表，然后赋一些数据。

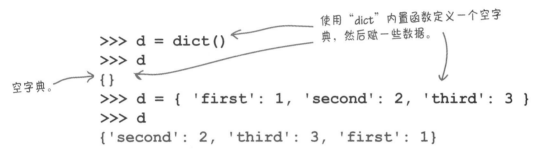

使用"dict"内置函数定义一个空字典，然后赋一些数据。

空字典。

```
>>> d = dict()
>>> d
{}
>>> d = { 'first': 1, 'second': 2, 'third': 3 }
>>> d
{'second': 2, 'third': 3, 'first': 1}
```

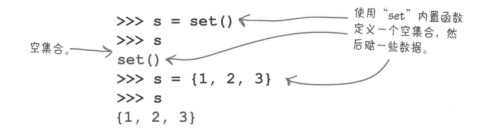

使用"set"内置函数定义一个空集合，然后赋一些数据。

空集合。

```
>>> s = set()
>>> s
set()
>>> s = {1, 2, 3}
>>> s
{1, 2, 3}
```

> 尽管集合用大括号包围，但字典也同样用大括号包围。空字典已经用双大括号表示，所以空集合只能表示为"set()"。

使用"tuple"内置函数定义一个空元组，然后赋一些数据。

空元组。

```
>>> t = tuple()
>>> t
()
>>> t = (1, 2, 3)
>>> t
(1, 2, 3)
```

继续学习之前，花点时间回顾解释器如何表示这一页上的空数据结构。

使用注解改进文档

前面回顾了4个数据结构，这确认了search4vowels函数确实返回了一个集合。不过，除非调用这个函数并检查返回类型，否则函数的使用者如何能提前知道这一点呢？他们怎么知道会得到什么？

对此的一种解决方法就是把这个信息增加到docstring。这里假设你在docstring中很清楚地指出了参数和返回值将是什么，而且这个信息很容易找到。要让程序员们对建立函数文档达成一致意见并认可同一个标准，这可能有些困难（PEP 257只建议了docstring的格式），所以Python 3现在支持一种称为注解的**记法**（也称为类型提示）。使用这种记法时，注解（以一种标准方式）描述返回类型以及所有参数的类型。要记住以下几点：

① **函数注解是可选的。**
不使用注解也完全可以。实际上，很多已有的Python代码就没有使用注解（因为只有使用最新的Python 3的程序员才能使用注解）。

② **函数注解可以提供信息。**
它们会提供有关函数的详细信息，不过不会有任何其他行为（如类型检查）。

下面对search4vowels函数的参数增加注解。第一个注解指示这个函数希望word参数的类型是一个字符串（:str），第二个注解指出这个函数会向其调用者返回一个集合（-> set）：

这里指出希望"word"参数是一个字符串。

这里指出函数向其调用者返回一个集合。

```python
def search4vowels(word:str) -> set:
    """Return any vowels found in a supplied word."""
    vowels = set('aeiou')
    return vowels.intersection(set(word))
```

注解语法很简单。每个函数参数会追加一个冒号以及期望的类型。在我们的例子中，:str指定这个函数希望得到一个字符串。返回类型在参数列表后面提供，由一个箭头符号指示，这个箭头后面是返回类型，然后是一个冒号。这里-> set:指示这个函数要返回一个集合。

到目前为止，一切都正常。

现在我们采用了一种标准方式对函数增加了注解。正因如此，使用这个函数的程序员现在就能知道他们要为函数提供什么，以及可以从这个函数得到什么。不过，解释器不会检查调用函数时是否提供了一个字符串，也不会检查这个函数是否总是返回一个集合。这就带来一个很明显的问题……

关于注解的更多详细内容，参见PEP 3107（https://www.python.org/dev/peps/pep-3107/）。

为什么使用函数注解？

既然Python解释器不打算使用你的注解来检查函数参数的类型和函数的返回类型，为什么还要增加注解呢？

注解的目的不是让解释器的日子更好过，而是为了让函数的使用者更轻松。注解是一个文档标准，而不是一个类型强制机制。

事实上，解释器并不关心参数的类型是什么，也不关心函数会返回什么类型的数据。解释器只是用你提供的参数（不管它们是什么类型）来调用你的函数，执行函数的代码，然后向调用者返回return语句提供的任何值。解释器并不考虑来回传递的数据的类型。

对于使用函数的程序员来说，注解的意义就是他们无需读你的函数代码就能知道这个函数需要接收什么类型的数据，以及会从函数返回什么类型。如果没有使用注解，要想知道这些信息，他们就必须读你的代码。如果没有包含注解，起码要读docstring，即使是写得最漂亮的docstring。

这又带来一个问题：如何查看注解而不读函数代码呢？从IDLE的编辑窗口按F5，然后在>>>提示窗口中使用help BIF。

使用注解来帮助建立函数文档，并使用"help" BIF查看注解。

测试

如果还没有这么做，现在使用IDLE的编辑器为你的search4vowels副本增加注解，保存你的代码，然后按F5键。Python Shell会重启，>>>提示符会等待你的操作。利用help BIF请求显示search4vowels文档，如下所示：

```
Python 3.4.3 Shell
>>> ============================= RESTART =============================
>>>
>>> help(search4vowels)
Help on function search4vowels in module __main__:

search4vowels(word:str) -> set
    Return any vowels found in a supplied word.

>>> |
```

"help"不仅会显示注解，还会显示docstring。

函数：我们已经知道些什么

下面先暂停一下，来回顾（目前为止）我们了解的Python函数知识。

 BULLET POINTS

- 函数是命名的代码块。

- def关键字用来命名函数，函数代码在def关键字下（相对于def关键字）缩进。

- Python的三重引号字符串可以用来为函数增加多行注释。如果采用这种方式，它们称为docstring。

- 函数可以接受任意多个命名参数，也可以没有参数。

- return语句允许函数返回任意多个值（也可以不返回任何值）。

- 函数注解可以用来描述函数参数的类型以及函数的返回类型。

下面再花点时间回顾search4vowels函数的代码。由于它接收一个参数，并返回一个集合，所以它比这一章开始时这个函数的第一个版本更有用，因为我们现在可以在更多的地方使用这个函数：

这个函数的最新版本。

```python
def search4vowels(word:str) -> set:
    """Return any vowels found in a supplied word."""
    vowels = set('aeiou')
    return vowels.intersection(set(word))
```

除了接收一个参数表示要搜索的单词，如果还能接收第二个参数详细指定要搜索什么，这个函数会更有用。这就允许我们查找任何字母集合，而不只是这5个元音。

另外，使用word作为参数名是可以的，但是并不太好，因为这个函数显然接受任意字符串作为参数，而不只是一个单词。更好的变量名可能是phrase，因为这能更贴切地反映我们希望从函数的使用者那里接收什么。

下面修改我们的函数来反映最后这个建议。

建立一个通用的函数

这是修改后的search4vowels版本（在IDLE中显示），这里体现了上一页最
后的第二个建议。具体地，我们把word变量名改为更合适的phrase：

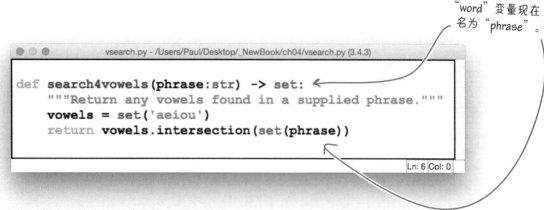

"word" 变量现在
名为 "phrase"。

```
def search4vowels(phrase:str) -> set:
    """Return any vowels found in a supplied phrase."""
    vowels = set('aeiou')
    return vowels.intersection(set(phrase))
```

上一页最后的另外一个建议是允许用户指定要搜索的字母集合，而不总是使用
5个元音。为此，我们可以为函数增加第二个参数，指定在phrase中搜索哪
些字母。这个修改很容易。不过，一旦完成这个修改，原来的函数名就不合适
了，因为我们不再只是搜索元音，而是会搜索任意的字母集合。不过我们并不
改变当前的函数，下面根据第一个函数创建另一个函数。我们要做到：

1 **为这个新函数指定一个更通用的名字。**
不再继续修改search4vowels，下面创建一个新函数，名为search4letters，这个名
字可以更好地反映这个新函数的用途。

2 **增加第二个参数。**
增加第二个参数允许我们指定要在字符串中搜索的字母集合。下面把这个参数命名为
letters。另外不要忘记还要为letters增加注解。

3 **删除vowels变量。**
在这个函数代码组中使用vowels没有任何意义了，因为我们现在要搜索用户指定的一
个字母集合。

4 **更新docstring。**
如果不同时调整docstring，只是复制然后修改代码是不合适的。我们的文档需要更
新，来反映这个新函数做什么。

我们会逐步完成这4个任务。讨论各个任务时，一定要编辑你的vsearch.py文件来
反映所要做的修改。

创建另一个函数（1/3）

如果你还没有打开vsearch.py文件，那么在一个IDLE编辑窗口中打开这个文件。

第1步要创建一个新函数，我们称之为search4letters。要注意，PEP 8建议所有顶层函数上下要有两个空行。本书的所有下载代码都遵循这个原则，不过这本书中显示的代码没有这样做（因为篇幅很宝贵）。

在这个文件的最后输入**def**，后面是新函数的名字：

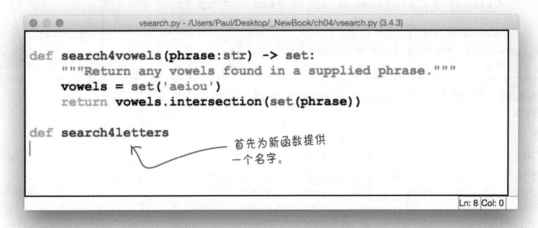

首先为新函数提供一个名字。

在**第2步**中，我们要完成这个函数的def行，增加两个必要参数的名字，phrase和letters。记住要把参数列表包围在小括号里，另外不要忘记包含末尾的冒号（和注解）：

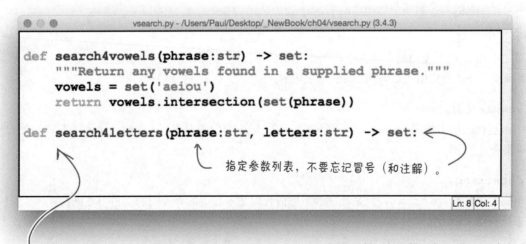

指定参数列表，不要忘记冒号（和注解）。

注意到了吗？IDLE编辑器预计到下一行代码需要缩进（而且自动确定了光标的位置）。

完成了第1步和第2步之后，现在可以编写这个函数的代码。这个代码与search4vowels函数中的代码很类似，只不过我们不打算再依赖vowels变量。

创建另一个函数 (2/3)

在**第3步**中，要为函数编写代码，使得函数中不再需要使用vowels变量。也可以继续使用这个变量，不过要为它指定一个新名字（因为vowels不再体现这个变量真正的作用）。与之前不再需要found变量一样，出于同样的原因，这里不需要一个临时变量。来看search4letters中的这行新代码，它可以完成search4vowels中那两行代码同样的工作：

```
vsearch.py - /Users/Paul/Desktop/_NewBook/ch04/vsearch.py (3.4.3)

def search4vowels(phrase:str) -> set:
    """Return any vowels found in a supplied phrase."""
    vowels = set('aeiou')
    return vowels.intersection(set(phrase))

def search4letters(phrase:str, letters:str) -> set:
    return set(letters).intersection(set(phrase))

                                                        Ln: 9  Col: 0
```

两行代码变成一行。

如果search4letters中的这行代码让你有些发怵，不要担心。看起来很复杂，但实际上还好。下面就来详细分析这行代码，具体了解它到底做什么。首先letters参数的值转换为一个集合：

$$set(letters)$$

从"letters"创建一个集合对象。

这个set内置函数调用由letters变量中的字符创建一个集合对象。不需要把这个集合对象赋给一个变量，因为我们更希望立即使用字母集合而不是把这个集合存储在一个变量中以后使用。要使用刚刚创建的这个集合对象，在它后面追加一个点号，然后指定你想要调用的方法，因为未赋至变量的对象也同样有方法。由上一章使用集合的经验可以知道，intersection方法取其参数（phrase）中包含的字符集合，与已有的集合对象（letters）求交集：

$$set(letters).intersection(set(phrase))$$

从"letters"创建的集合对象与从"phrase"创建的集合对象完成一个交集操作。

最后，利用return语句将这个交集操作的结果返回给调用代码：

$$return\ set(letters).intersection(set(phrase))$$

将结果发回给调用代码。

创建另一个函数（3/3）

现在只剩下**第4步**，我们要向新创建的函数增加一个docstring。为此，需要在新函数的def行后面增加一个三重引号字符串。下面是我们使用的docstring（作为注释，它很简洁，不过很有效）：

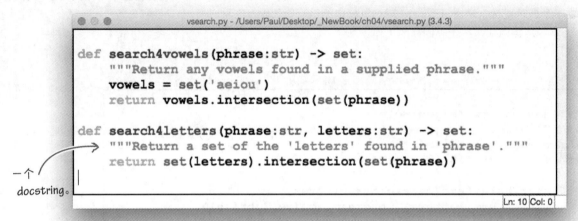

```
                vsearch.py - /Users/Paul/Desktop/_NewBook/ch04/vsearch.py (3.4.3)

def search4vowels(phrase:str) -> set:
    """Return any vowels found in a supplied phrase."""
    vowels = set('aeiou')
    return vowels.intersection(set(phrase))

def search4letters(phrase:str, letters:str) -> set:
    """Return a set of the 'letters' found in 'phrase'."""
    return set(letters).intersection(set(phrase))

                                                                    Ln: 10  Col: 0
```

一个 docstring。

完成这一步之后，我们的4个步骤都已经完成，现在可以测试 search4letters了。

> 为什么要这么麻烦地创建一个只有单行代码的函数？在需要的地方直接复制粘贴这行代码不是更好吗？

函数还可以隐藏复杂性。

没错，我们只是创建了一个包含单行代码的函数，看起来好像没有多少"节省"。不过，需要说明，这个函数包含一个很复杂的代码行，这对函数的使用者是隐藏的，这会是一种很有意义的做法（更何况，这要远远好于直接的复制粘贴）。

例如，大多数程序员在程序中看到一个search4letters函数调用时，都能猜出这个函数要做什么。不过，如果他们在程序中看到这行复杂的代码行，很可能毫无头绪，不知道它要做什么。所以，尽管search4letters很"简短"，但把这种复杂性抽象到函数中仍然是一个好主意。

测试

再一次保存vsearch.py文件，然后按F5尝试运行这个search4letters函数：

```
Python 3.4.3 Shell

>>> ================================ RESTART ================================
>>>
>>> help(search4letters)
Help on function search4letters in module __main__:

search4letters(phrase:str, letters:str) -> set
    Return a set of the 'letters' found in 'phrase'.

>>> search4letters('hitch-hiker', 'aeiou')
{'e', 'i'}
>>> search4letters('galaxy', 'xyz')
{'x', 'y'}
>>> search4letters('life, the universe, and everything', 'o')
set()
>>>
                                                              Ln: 78 Col: 4
```

使用"help"内置函数来了解如何使用"search4letters"。

所有这些例子都能生成我们想要的结果。

现在search4letters函数比search4vowels更通用，因为它可以接收任意的字母集合，并在给定的一个短语中搜索这些字母，而不只是搜索字母a、e、i、o和u。这使得我们的新函数比search4vowels有用得多。现在假设我们有一个很大的代码基，其中大量使用了search4vowels。我们已经决定放弃search4vowels，把它替换为search4letters，因为"上层人物"认为既然search4vowels能做的事情search4letters都可以做，就没有必要同时保留这两个函数。如果想把代码基中的"search4vowels"完全替换为"search4letters"，在这里是不可行的，因为还需要增加第2个参数值，用search4letters模拟search4vowels的行为时，第2个参数值总是aeiou。所以，例如，下面的单参数调用：

```
search4vowels("Don't panic!")
```

现在要替换为以下有两个参数的调用（自动完成替换会有些困难）：

```
search4letters("Don't panic!", 'aeiou')
```

如果能以某种方式为search4letters的第2个参数指定一个默认值就好了，这样一来，如果没有提供其他值，函数就可以使用这个默认值。如果我们能把默认值设置为aeiou，就能对整个代码完成完全替换（这样编辑代码就会很容易了）。

Python允许我指定默认值？不是做梦吧？不过我知道这只是异想天开……

169

为参数指定默认值

Python函数的任何参数都可以指定一个默认值，如果调用这个函数的代码没有提供其他值，就会自动使用这个默认值。为参数赋一个默认值的机制很简单：只需要在函数的def行中包含默认值作为赋值。

下面是search4letters当前的def行：

```
def search4letters(phrase:str, letters:str) -> set:
```

这个版本中，def行（如上所示）希望有两个参数，一个对应phrase，另一个对应letters。不过，如果为letters赋一个默认值，函数的def行就会变成：

```
def search4letters(phrase:str, letters:str='aeiou') -> set:
```

为"letters"参数赋了一个默认值，如果调用代码没有提供替代值，就会使用这个默认值。

我们可以像从前一样使用search4letters函数：为两个参数提供所需的值。不过，如果忘记提供第2个参数（letters），解释器会代表你使用值aeiou。

如果在vsearch.py文件中完成这个修改（并保存），就可以如下调用我们的函数：

```
>>> search4letters('life, the universe, and everything')
{'a', 'e', 'i', 'u'}
>>> search4letters('life, the universe, and everything', 'aeiou')
{'a', 'e', 'i', 'u'}
>>> search4vowels('life, the universe, and everything')
{'a', 'e', 'i', 'u'}
```

这3个函数调用都会生成同样的结果。

在这个调用中，我们调用了"search4vowels"，而不是"search4letters"。

这些函数调用不仅都生成同样的输出，它们还展示了现在不再需要search4vowels函数，因为search4letters的letters参数支持一个默认值（比较上面的第一个和最后一个调用）。

现在，如果让我们放弃search4vowels函数，将代码基中所有search4vowels函数调用替换为search4letters，由于采用了函数参数的默认值机制，只需一个简单的完全替换就能做到。另外，我们不必只是为了搜索元音而使用search4letters。第2个参数允许我们指定要搜索的任何字符集合。因此，现在search4letters更为通用，也更有用。

位置赋值与关键字赋值

我们已经看到，调用search4letters函数时可以指定一个或两个参数，第2个参数是可选的。如果只提供一个参数，letters参数就默认为一个元音字符串。再来看这个函数的def行：

函数的"def"行。

```
def search4letters(phrase:str, letters:str='aeiou') -> set:
```

除了支持默认参数，Python解释器还允许使用**关键字参数**来调用一个函数。要了解关键字参数是什么，下面来考虑目前为止我们是如何调用search4letters的，例如：

```
search4letters('galaxy', 'xyz')

def search4letters(phrase:str, letters:str='aeiou') -> set:
```

在上面的调用中，两个字符串根据它们的位置赋给phrase和letters参数。也就是说，第一个字符串赋给phrase，第二个字符串赋给letters。这称为**位置赋值**，因为这里要根据参数的顺序来赋值。

在Python中，还可以按参数名来引用参数，如果是这样，就不再按照位置顺序来赋值，这称为**关键字赋值**。如果使用关键字参数，调用函数时可以按任意的顺序将各个字符串赋至相应的参数名，如下所示：

调用中使用关键字参数时，参数的顺序并不重要。

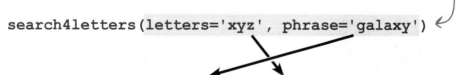

```
search4letters(letters='xyz', phrase='galaxy')

def search4letters(phrase:str, letters:str='aeiou') -> set:
```

这一页上的两个search4letters函数调用都会生成同样的结果：一个包含字母y和z的集合。尽管这个search4letters函数很小，从这个小函数很难看出使用关键字参数的好处，不过，在调用一个接收多个参数的函数时，就能明显地体现出这个特性提供的灵活性。本章的最后我们会看到这样一个函数的例子（由标准库提供）。

更新已经知道的函数知识

我们花了一些时间来研究函数参数是如何工作的，下面更新我们掌握的函数知识：

BULLET POINTS

- 除了支持代码重用，函数还可以隐藏复杂性。如果你有一行复杂的代码，想要大量使用，可以把它抽象为一个简单的函数调用。

- 任何函数参数都可以在函数的 `def` 行赋一个默认值。如果为一个参数设置了默认值，调用函数时，为这个参数指定值就是可选的。

- 除了按位置赋参数，还可以使用关键字。使用关键字时，任何顺序都是可以的（因为使用关键字可以去除任何二义性，位置不再重要）。

> 对我来说这些函数确实很棒。如何使用和共享这些函数呢？

方法不只一种。

既然你有了一些可以共享的代码，当然会问如何最好地使用和共享这些函数。与通常情况类似，这个问题有多个答案。不过，下面几页中，你会了解如何最好地打包和发布你的函数，确保你和其他人能够很容易地从你的工作受益。

函数带来模块

模块

既然我们这么麻烦地创建了一个可重用的函数（或者两个，vsearch.py文件中现在就有两个函数），你肯定会问：共享函数的最好的办法是什么？

可以在代码基中需要的地方通过复制和粘贴代码来共享代码，不过，这个想法很浪费，也很不好，我们不打算考虑这种做法。如果你的代码基中散布着同一个函数的多个副本，（如果你决定修改函数）这肯定会招致灾难。更好的办法是创建一个**模块**，其中包含你想要共享的所有函数的一个标准副本。这会带来另一个问题：Python中如何创建模块？

在模块中共享你的函数。

答案非常简单：模块就是包含函数的文件。让人高兴的是，这意味着vsearch.py已经是一个模块。下面再给出这个文件，现在可以称之为模块了：

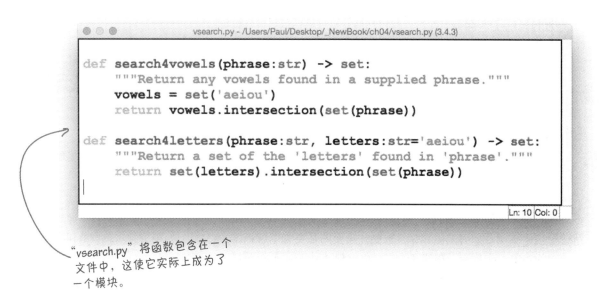

```
vsearch.py - /Users/Paul/Desktop/_NewBook/ch04/vsearch.py (3.4.3)

def search4vowels(phrase:str) -> set:
    """Return any vowels found in a supplied phrase."""
    vowels = set('aeiou')
    return vowels.intersection(set(phrase))

def search4letters(phrase:str, letters:str='aeiou') -> set:
    """Return a set of the 'letters' found in 'phrase'."""
    return set(letters).intersection(set(phrase))

                                                            Ln: 10 Col: 0
```

"vsearch.py" 将函数包含在一个文件中，这使它实际上成为了一个模块。

创建模块确实很容易，不过……

创建模块极其简单：只需要为你想要共享的函数创建一个文件。

一旦有了模块，要让模块中的函数对程序可用，这也很简单：只需要使用Python的import语句导入这个模块。

这本身并不复杂。不过，解释器会做一个假设，认为当前模块在**搜索路径**中，确保这一点可能有些麻烦。下面的几页就来研究模块导入的有关内容。

如何找到模块？

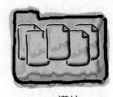

模块

还记得第1章中我们导入了random模块然后使用这个模块中的randint函数，random模块包含在Python的标准库中。下面是我们在shell上的操作：

指定要导入的模块，
然后……

```
>>> import random
>>> random.randint(0, 255)
42
```

……调用这个模块
的一个函数。

Python文档中详细描述了模块导入时会发生什么，如果你对这些细节感兴趣，可以去查看和研究Python文档。不过，实际上你只需要知道：查看模块时，解释器会在3个主要位置搜索模块。分别是：

1 你的当前工作目录。
这是解释器认为的你目前所在的文件夹。

2 你的解释器的site-packages位置。
这些目录包含你可能已经安装的第三方Python模块（也包括你自己写的模块）。

3 标准库位置。
这些目录包含构成标准库的所有模块。

Geek Bits

取决于你运行的操作系统，对于包含文件的位置，有的称之为**目录**，有的则称之为**文件夹**。本书中我们使用"文件夹"，不过讨论当前工作目录时会称之为目录（这是一个已经约定俗成的术语）。

取决于很多因素，解释器搜索位置2和位置3的顺序可能有变化。不过不用担心：了解这个搜索机制是如何工作的并不重要。重要的是要知道解释器总是首先搜索你的当前工作目录，在处理你自己的定制模块时这可能会带来麻烦。

为了说明会出什么问题，下面来完成一个小练习，这是为了强调这个问题专门设计的。在开始之前，你需要做到：

☐ 创建一个名为mymodules的文件夹，我们将用这个文件夹存储模块。在你的文件系统中的什么位置创建这个文件夹并不重要。只要保证有这个文件夹，而且你可以读/写这个文件夹就可以。

☐ 将你的vsearch.py文件移到这个新创建的mymodules文件夹中。在你的计算机上，这个文件应当是vsearch.py文件的唯一副本。

从命令行运行Python

模块

我们打算从操作系统的命令行窗口（或终端）运行Python解释器，展示这里可能会出什么问题（尽管我们要讨论的问题在IDLE中也会显示）。

如果你在运行某个版本的*Windows*，打开一个命令行提示窗口，跟着我们完成这个会话。如果你运行的不是*Windows*，我们会在下一页针对你的平台进行讨论（不过现在先继续读下去）。可以在*Windows* C:\>提示符后面键入**py -3**来调用Python解释器（在IDLE之外）。注意下图中，调用解释器之前，我们首先使用cd命令使mymodules文件夹成为当前工作目录。另外，可以看到，任何时候都可以在>>>提示窗口中输入quit()来退出解释器：

切换到"*mymodules*"文件夹。

启动Python 3。

导入模块。

使用这个模块的函数。

```
File  Edit  Window  Help  Redmond #1
C:\Users\Head First> cd mymodules

C:\Users\Head First\mymodules> py -3
Python 3.4.3 (v3.4.3:9b73f1c3e601, Feb 24 2015, 22:43:06) [MSC
v.1600 32 bit (Intel)] on win32
Type "help", "copyright", "credits" or "license" for more information.
>>> import vsearch
>>> vsearch.search4vowels('hitch-hiker')
{'i', 'e'}
>>> vsearch.search4letters('galaxy', 'xyz')
{'y', 'x'}
>>> quit()

C:\Users\Head First\mymodules>
```

退出Python解释器，返回到操作系统的命令行提示符。

正如我们预想的那样：我们成功地导入了vsearch模块，然后可以使用它的各个函数，只需在函数名前面加上这个模块名和一个点号作为前缀。注意命令行窗口中>>>提示符的行为与IDLE中的行为是一样的（唯一的区别是这里不能突出显示语法）。毕竟，这仍是同一个Python解释器。

尽管这一次与解释器的交互很成功，但这只是因为我们是从一个包含vsearch.py文件的文件夹开始的。从这里开始就会把这个文件夹作为当前工作目录。根据解释器搜索模块的做法，我们知道首先会搜索当前工作目录，所以毫不奇怪，这个交互肯定能成功，解释器能够找到我们的模块。

不过，如果我们的模块不在当前工作目录中会怎么样呢？

没有找到模块会产生ImportErrors

移出包含模块的文件夹之后，再重复上一页的练习。下面来看现在试图导入模块时会发生什么。下面是与Windows命令行提示窗口的再一次交互：

模块

切换到另一个文件夹（在这里，我们移至顶层文件夹）。

再次启动
Python 3。

尝试导入
模块……

……不过这
一次我们会
得到一个
错误！

```
File  Edit  Window  Help  Redmond #2
C:\Users\Head First> cd \

C:\>py -3
Python 3.4.3 (v3.4.3:9b73f1c3e601, Feb 24 2015, 22:43:06) [MSC
v.1600 32 bit (Intel)] on win32
Type "help", "copyright", "credits" or "license" for more information.
>>> import vsearch
Traceback (most recent call last):
  File "<stdin>", line 1, in <module>
ImportError: No module named 'vsearch'
>>> quit()

C:\>
```

vsearch.py文件不再位于解释器的当前工作目录中，因为我们现在并不在mymodules文件夹中。这意味着无法找到我们的模块文件，进一步这也说明我们无法导入这个模块，所以会从解释器得到ImportError错误。

如果尝试在非Windows的其他平台上完成这个练习，我们会得到同样的结果（不论是Linux、UNIX还是Mac OS X）。下面是在OS X上从mymodules文件夹与解释器的交互：

切换到这个
文件夹，然
后输入
"python3"
启动解释器。

导入模块。

这是可以的：
我们可以使
用这个模块
的函数。

```
File  Edit  Window  Help  Cupertino #1
$ cd mymodules

mymodules$ python3
Python 3.4.3 (v3.4.3:9b73f1c3e601, Feb 23 2015, 02:52:03)
[GCC 4.2.1 (Apple Inc. build 5666) (dot 3)] on darwin
Type "help", "copyright", "credits" or "license" for more information.
>>> import vsearch
>>> vsearch.search4vowels('hitch-hiker')
{'i', 'e'}
>>> vsearch.search4letters('galaxy', 'xyz')
{'x', 'y'}
>>> quit()

mymodules$
```

退出Python解释器，返回到你的操作系统的命令行提示符。

不论是什么平台都会出现ImportError

模块

如果你认为在一个非Windows平台上运行就能修正Windows平台上看到的这个导入问题，请三思：一旦切换到另一个文件夹，在类UNIX的系统上也会出现同样的ImportError：

切换到另一个文件夹（在这里，我们将移到顶层文件夹）。

再次启动Python 3。

尝试导入模块……

……不过这一次会得到一个错误！

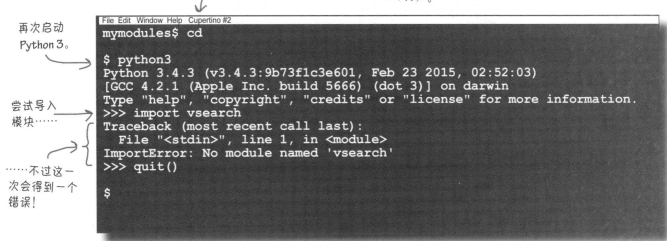

```
File  Edit  Window  Help  Cupertino #2
mymodules$ cd

$ python3
Python 3.4.3 (v3.4.3:9b73f1c3e601, Feb 23 2015, 02:52:03)
[GCC 4.2.1 (Apple Inc. build 5666) (dot 3)] on darwin
Type "help", "copyright", "credits" or "license" for more information.
>>> import vsearch
Traceback (most recent call last):
  File "<stdin>", line 1, in <module>
ImportError: No module named 'vsearch'
>>> quit()

$
```

与Windows上一样，vsearch.py文件不再位于解释器的当前工作目录中，因为我们现在不在mymodules文件夹中。这说明无法找到我们的模块文件，进一步这意味着我们无法导入这个模块，因此会从解释器得到ImportError。不论你在哪个平台上运行Python都会出现这个问题。

there are no
Dumb Questions

问： 难道不能指定特定的位置，比如在Windows平台上指定import C:\mymodules\vsearch，或者在类UNIX系统上指定import /mymodules/vsearch，这样不行吗？

答： 不，不可以。必须承认，这样做听上去好像很有吸引力，不过最终这是不可行的，因为Python的import语句不能以这种方式使用路径。另外，不管怎样，你肯定不希望在程序中加入硬编码的路径，因为路径经常会改变（原因有很多）。要尽可能避免在代码中使用硬编码的路径。

问： 如果不能使用路径，怎么让解释器找到我的模块呢？

答： 如果解释器无法在当前工作目录中找到你的模块，它会查找**site-packages**位置以及标准库（下一页会更详细地介绍site-packages）。如果能够把你的模块增加到某个**site-packages**位置，解释器就能找到它（而不论它的路径是什么）。

模块安装到Site-packages

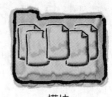

模块

前几页介绍解释器导入机制搜索的3个位置时，我们指出**site-packages**是解释器搜索的第2个位置，回忆一下我们是如何介绍site-packages的：

2 你的解释器的site-packages位置。

这些目录包含你可能已经安装的第三方Python模块（也包括你自己写的模块）。

由于提供和支持第三方模块是Python代码重用策略的核心，所以毫不奇怪，解释器提供了为Python增加模块的内置功能。

需要说明，标准库包含的模块集合由Python核心开发人员管理，这个模块集合很庞大，设计宗旨是让这些模块得到广泛使用，但是不能修改。具体来说，不能向标准库增加你自己的模块，也不能删除标准库的模块。不过，非常鼓励向site-packages位置增加和删除模块，为此甚至Python还提供了一些工具，以便更容易地完成这个工作。

使用 "setuptools" 将模块安装到site-packages

在Python 3.4版本中，标准库包含一个名为setuptools的模块，可以用来在site-packages中增加任何模块。尽管模块发布的细节（开始时）可能看起来很复杂，不过这里我们只是想把vsearch安装到site-packages，这个工作setuptools只需要3步就能完成：

1 创建一个发布描述。

这会明确我们希望setuptools安装的模块。

2 生成一个发布文件。

通过在命令行上使用Python，创建一个可共享的发布文件，其中包含模块的代码。

3 安装发布文件。

同样地，在命令行上使用Python，将发布文件（其中包含我们的模块）安装到site-packages中。

第1步需要为模块创建（至少）两个描述文件：setup.py和README.txt。下面来看具体是什么。

如果运行Python 3.4（或更新版本），setuptools的使用非常容易。如果没有运行3.4（或更新版本），请考虑升级。

创建必要的安装文件

如果按照上一页最下面的3个步骤，最后我们就能为模块创建一个**发布包**。这个包是一个压缩文件，其中包含在site-packages中安装模块所需的全部内容。

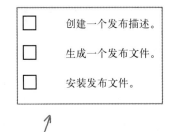

第1步要创建一个发布描述，为此我们要创建两个文件，这两个文件应当放在vsearch.py文件所在的同一个文件夹中。不论在哪个平台上运行都要这么做。第一个文件必须名为setup.py，要详细描述我们的模块。

下面是我们创建的setup.py文件，它描述了vsearch.py文件中的模块。这个文件包含两行Python代码：第一行从setuptools模块导入setup函数，第二行调用这个setup函数。

setup函数接收大量参数，其中很多是可选的。需要说明，为便于阅读，这个setup调用分为9行。我们利用了Python对关键字参数的支持，清楚地指出这个调用中哪个值赋给哪个参数。这里突出显示了最重要的两个参数；第一个参数指定了发布包，第二个突出显示的参数列出了创建发布包时要包含的.py文件：

从"setuptools"模块导入"setup"函数。

```python
from setuptools import setup

setup(
    name='vsearch',
    version='1.0',
    description='The Head First Python Search Tools',
    author='HF Python 2e',
    author_email='hfpy2e@gmail.com',
    url='headfirstlabs.com',
    py_modules=['vsearch'],
)
```

"name"参数指定发布包。常见的做法是按模块命名发布包。

这是一个"setup"函数调用。我们把它的参数分列在多行上。

这是包含在这个包中的所有".py"文件的列表。对于这个例子，只有一个文件："vsearch"。

除了setup.py，setuptools机制还要求有另一个文件（"readme"文件）可以在这个文件中放入包的文本描述。尽管必须有这个文件，但它的内容是可选的，所以（对目前来说）可以在setup.py文件所在的同一个文件夹中创建一个名为README.txt的空文件。这足以满足第1步中对第2个文件的需求。

创建发布文件

在这个阶段，应该有3个文件，我们已经把它们放在mymodules文件夹中：vsearch.py，setup.py和README.txt。

现在我们准备由这些文件创建一个发布包。这正是之前任务清单中的第2步：生成一个发布文件。我们将在命令行上完成这一步。尽管这一步很简单，但这里需要根据使用Windows还是某个类UNIX操作系统（Linux、UNIX或Mac OS X）来输入不同的命令。

☑ 创建一个发布描述。
☐ 生成一个发布文件。
☐ 安装发布文件。

在Windows上创建一个发布文件

如果在Windows上运行，在包含这3个文件的文件夹打开一个命令行提示窗口，然后输入以下命令：

在Windows上运行 Python 3。

```
C:\Users\Head First\mymodules> py -3 setup.py sdist
```

执行 "setup.py" 中的代码……

……并传递 "sdist" 作为参数。

发出这个命令后，Python解释器立即开始工作。屏幕上会出现大量消息（这里做了删减）：

```
running sdist
running egg_info
creating vsearch.egg-info
      ...
creating dist
creating 'dist\vsearch-1.0.zip' and adding 'vsearch-1.0' to it
adding 'vsearch-1.0\PKG-INFO'
adding 'vsearch-1.0\README.txt'
      ...
adding 'vsearch-1.0\vsearch.egg-info\top_level.txt'
removing 'vsearch-1.0' (and everything under it)
```

如果看到这个消息，说明一切正常。如果得到错误，检查至少在运行Python 3.4，另外要确保你的 "setup.py" 文件与我们的完全相同。

Windows命令行提示符会再次出现，这3个文件已经合并到一个发布文件中。这是一个**可安装的文件**，包含了你的模块的源代码，在这里这个文件名为vsearch-1.0.zip。

你会在一个名为dist的文件夹中找到新创建的这个ZIP文件，dist文件夹也由setuptools创建，位于你的工作文件夹下面（在这里工作文件夹就是mymodules）。

类UNIX操作系统上的发布文件

如果没有使用Windows，可以用上一页同样的方法创建一个发布文件。这3个文件（setup.py, README.txt和vsearch.py）放在一个文件夹中，在你的操作系统的命令行上执行这个命令：

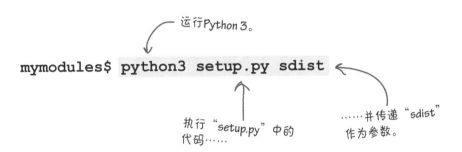

运行Python 3。

mymodules$ python3 setup.py sdist

执行"setup.py"中的代码……

……并传递"sdist"作为参数。

与Windows中类似，这个命令会在屏幕上产生大量消息：

```
running sdist
running egg_info
creating vsearch.egg-info
      . . .
running check
creating vsearch-1.0
creating vsearch-1.0/vsearch.egg-info
      . . .
creating dist
Creating tar archive
removing 'vsearch-1.0' (and everything under it)
```

这些消息与Windows上产生的消息稍有不同。如果看到这个消息，说明一切正常。如果没有看到这个消息（像Windows中一样），则需要反复检查。

你的操作系统的命令行提示符会再次出现，这3个文件已经合并到一个**源发布**文件（就是上面的sdist参数）。这是一个可安装的文件，包含了你的模块的源代码，在这里这个文件名为vsearch-1.0.tar.gz。

你会在一个名为dist的文件夹中找到新创建的这个归档文件，dist文件夹也由setuptools创建，位于你的工作文件夹下面（在这里工作文件夹就是mymodules）。

创建了源发布文件之后（作为ZIP文件或作为一个压缩tar归档文件），现在可以把你的模块安装到site-packages了。

用 "pip" 安装包

既然已经有了发布文件（取决于你的平台，这可能是一个ZIP文件或一个tar归档文件），现在来完成第3步：安装发布文件。Python提供了很多工具来帮助我们完成工作，这里也不例外，为我们提供了一些安装工具，使这个工作变得很简单。具体来说，Python 3.4（及更新版本）包含一个名为pip的工具，pip表示**P**ackage **I**nstaller for **P**ython（Python的包安装工具）。

✓	创建一个发布描述。
✓	生成一个发布文件。
☐	安装发布文件。

Windows上完成第3步

在dist文件夹下找到新创建的ZIP文件（应该记得，这个文件名为vsearch-1.0.zip）。在Windows浏览器中，按住Shift键不放，然后单击鼠标右键，会显示一个上下文菜单。从这个菜单中选择Open command window here（在这里打开命令窗口）。这会打开一个新的Windows命令提示窗口。在这个命令提示窗口中键入下面这行命令来完成第3步：

运行Python 3时包括模块pip，然后让pip安装指定的ZIP文件。

```
C:\Users\...\dist> py -3 -m pip install vsearch-1.0.zip
```

如果这个命令失败，指出存在一个权限错误，那么你可能要作为Windows管理员重启命令提示窗口，然后再次尝试。

上面这个命令成功时，屏幕上会显示以下消息：

```
Processing c:\users\...\dist\vsearch-1.0.zip
Installing collected packages: vsearch
  Running setup.py install for vsearch
Successfully installed vsearch-1.0
```

成功!

类UNIX操作系统完成第3步

运行Python 3时包括模块pip，然后让pip安装指定的压缩tar文件。

在Linux，UNIX或Mac OS X上，从新创建的dict文件夹打开一个终端，然后在提示窗口中执行以下命令：

```
.../dist$ sudo python3 -m pip install vsearch-1.0.tar.gz
```

上面这个命令成功时，屏幕上会显示以下消息：

```
Processing ./vsearch-1.0.tar.gz
Installing collected packages: vsearch
  Running setup.py install for vsearch
Successfully installed vsearch-1.0
```

成功!

这里我们使用 "sudo" 命令来确保安装时有适当的权限。

现在vsearch模块已经安装为site-packages的一部分。

模块：我们已经知道些什么

既然已经安装了vsearch模块，下面就可以在我们的任何程序中使用import vsearch了，根据我们掌握的知识，可以知道，现在解释器在需要时肯定能找到这个模块的函数。

如果以后决定更新某个模块的代码，可以重复这3步将更新的模块安装到site-packages。如果你确实建立了模块的一个新版本，一定要在setup.py文件中指定一个新的版本号。

下面花一点时间总结目前掌握的模块知识：

☑ 创建一个发布描述。

☑ 生成一个发布文件。

☑ 安装发布文件。

↖ 完成了！

BULLET POINTS

- 模块就是将一个或多个函数保存在文件中。

- 通过确保模块总在解释器的当前工作目录中（这是可能的，但比较困难）或者在解释器的*site-packages*位置上（到目前为止，这是更好的选择）的，可以共享一个模块。

- 按照setuptools的3个步骤可以确保将模块安装到*site-packages*，这将允许你导入模块并使用模块中的函数，而不论当前工作目录是什么。

共享你的代码（即分享）

既然已经创建了一个发布文件，下面可以向其他Python程序员共享这个文件，使他们也能使用pip安装你的模块。可以采用两种方式共享文件：非正式或正式。

要非正式地共享模块，只需要用你希望的任何方式把它发布给你想发布的任何人（可以使用email、U盘或者从你的个人网站下载）。真的，这完全取决于你。

要正式地共享你的模块，可以把发布文件上传到Python集中管理的基于web的软件存储库，名为PyPI（拼作"pie-pee-eye"，这是*Python Package Index*的缩写）。这个网站就是为了让所有Python程序员共享各种第三方Python模块。要了解这个网站上提供了哪些模块，可以访问PyPI网站：***https://pypi.python.org/pypi***。要了解通过PyPI上传和共享发布文件的过程，请阅读*Python Packaging Authority*维护的一个在线指南，可以在这里找到：***https://www.pypa.io***（这个指南并没有太多内容，不过有关细节超出了本书的范畴）。

关于函数和模块的介绍就快要结束了。不过还有一个小问题需要注意（这个内容不会超过5分钟）。准备好了吗？请翻开下一页。

其他Python程序员也可以使用pip安装你的模块。

奇怪的函数参数

Tom和Sarah已经读完了这一章，现在正在争论函数参数的行为。

Tom认为，参数传递到一个函数时，数据会**按值传递**，他写了一个名为double的小函数来说明这一点。Tom的double函数可以处理所提供的任何类型的数据。

下面是Tom的代码：

```
def double(arg):
    print('Before: ', arg)
    arg = arg * 2
    print('After:  ', arg)
```

Sarah正相反，她相信参数传递到一个函数时，数据是**按引用传递**的。Sarah也写了一个小函数来证明她的观点，这个函数名为change，可以处理列表。

下面是Sarah的代码：

```
def change(arg):
    print('Before: ', arg)
    arg.append('More data')
    print('After:  ', arg)
```

我们真不希望有人争论这种事情，因为（到目前为止）Tom和Sarah一直都是最棒的编程搭档。为了帮助解决这个问题，下面在>>>提示窗口中做些试验，来看到底谁是对的：是"认为按值传递"的Tom，还是"认为按引用传递"的Sarah。他们总不能都对，不是吗？肯定有些秘密需要解开，这就带来这样一个经常问到的问题：

Python中的函数参数支持按值还是按引用调用语义？

Geek Bits

你可能想要简单复习一下，需要说明，**按值参数传递**是指使用一个变量的值来取代一个函数参数的做法。如果这个值在函数代码组中改变，对于调用这个函数的代码来说，其中相应的变量值并不会受到任何影响。可以把这个参数认为是原变量值的一个副本。**按引用参数传递**（有时称为**按地址参数传递**）则不同，对于调用这个函数的代码，会维护这个代码中变量的一个链接。如果函数代码组中的变量改变，那么在调用这个函数的代码中，相应的变量值也会改变。可以把这个参数认为是原变量的一个别名。

展示按值调用语义

为了搞清楚Tom和Sarah在争论什么，下面把他们的函数放在他们自己的模块中，我们把这个模块命名为mystery.py。下面是在IDLE编辑窗口中显示的这个模块：

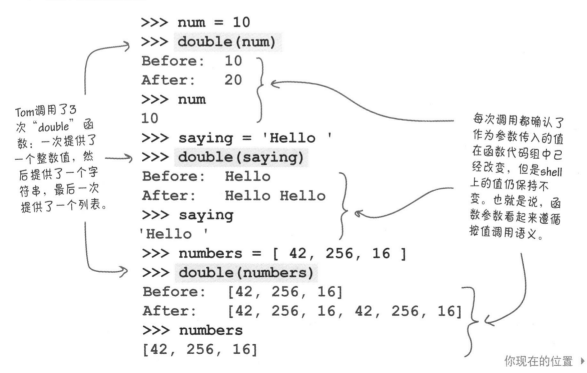

这两个函数很类似。它们都取一个参数，在屏幕上显示这个参数，处理它的值，然后再在屏幕上显示。

```python
def double(arg):
    print('Before: ', arg)
    arg = arg * 2
    print('After:  ', arg)

def change(arg):
    print('Before: ', arg)
    arg.append('More data')
    print('After:  ', arg)
```

这个函数将传入的值加倍。

这个函数为传入的列表追加一个字符串。

Ln: 11 Col: 0

Tom在屏幕上看到这个模块，就马上坐下来，开始在键盘上按F5，然后在IDLE的>>>提示窗口中键入以下代码。完成后，Tom放松下来，靠在椅子上，双臂交叉在胸前，有些得意地说：“看到没有？我说过这是按值调用。”来看Tom的shell与这个函数的交互：

```
>>> num = 10
>>> double(num)
Before:   10
After:    20
>>> num
10
>>> saying = 'Hello '
>>> double(saying)
Before:   Hello
After:    Hello Hello
>>> saying
'Hello '
>>> numbers = [ 42, 256, 16 ]
>>> double(numbers)
Before:   [42, 256, 16]
After:    [42, 256, 16, 42, 256, 16]
>>> numbers
[42, 256, 16]
```

Tom调用了3次“double”函数：一次提供了一个整数值，然后提供了一个字符串，最后一次提供了一个列表。

每次调用都确认了作为参数传入的值在函数代码组中已经改变，但是shell上的值仍保持不变。也就是说，函数参数看起来遵循按值调用语义。

你现在的位置 ▶ **185**

展示按引用调用语义

Sarah并没有被Tom咄咄逼人的气势吓住，她坐下来，拿起键盘准备使用shell。下面再给出IDLE编辑窗口中的代码，Sarah的`change`函数已经可以使用了：

这是"mystery.py"
模块。

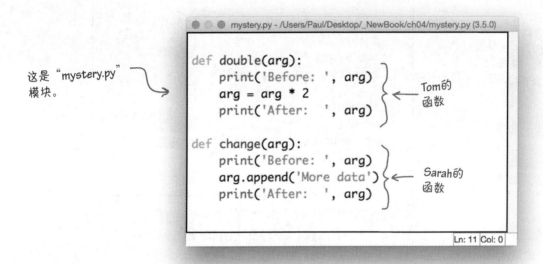

```python
def double(arg):
    print('Before: ', arg)
    arg = arg * 2
    print('After:  ', arg)


def change(arg):
    print('Before: ', arg)
    arg.append('More data')
    print('After:  ', arg)
```

Tom的函数

Sarah的函数

Ln: 11 Col: 0

Sarah在>>>提示窗口中输入了几行代码，然后也靠在椅子上，双臂交叉在胸前，对Tom说："嗯，如果Python只支持按值调用，你又怎么解释呢？"Tom无言以对。

来看Sarah的函数与shell的交互：

```
>>> numbers = [ 42, 256, 16 ]
>>> change(numbers)
Before:  [42, 256, 16]
After:   [42, 256, 16, 'More data']
>>> numbers
[42, 256, 16, 'More data']
```

使用与Tom同样的列表数据，Sarah调用了她的"change"函数。

看看发生了什么！这一次不仅函数中的参数值改变了，shell上值也改变了。看起来这说明Python函数*也*支持按引用调用语义。

这确实很奇怪。

Tom的函数明显地展示了按值调用参数语义，而Sarah的函数则展示了按引用调用语义。

这怎么可能？这里到底是怎么回事？难道这两种语义Python都支持吗？

已解决：奇怪的函数参数

Python函数参数支持按值还是按引用调用语义？

答案是：Tom和Sarah都是对的。根据具体情况，Python的函数参数语义**既**支持按值调用**也**支持按引用调用。

再来回忆Python中的变量并不是我们所认为的其他编程语言中的变量，这些变量**是对象引用**。可以把变量中存储的值认为是值的内存地址，而不是它真正的值。会把这个内存地址传入函数，而不是传入实际的值。这说明，Python函数支持的调用语义可以更准确地称为按对象引用调用语义。

根据对象指示的类型，不同情况下应用的具体调用语义可能不同。那么，为什么Tom的函数和Sarah的函数中参数看起来遵循按值和按引用调用语义呢？首先，它们并不是真正遵循这些调用语义，只是看起来像。实际上，解释器会查看对象引用（内存地址）指示的那个值的类型，如果变量指示一个**可变的**值，就会应用按引用调用语义。如果所指示的数据的类型是**不可变的**，则会应用按值调用语义。现在来考虑，对于我们的数据这意味着什么。

列表、字典和集合（都是可变的）总是会按引用传入函数，函数代码组中对变量数据结构的任何改变都会反映到调用代码中。毕竟，这些数据是可变的。

字符串、整数和元组（不可变）总会按值传入函数，函数中对变量的任何修改是这个函数私有的，不会反映到调用代码中。由于数据是不可变量，所以不能改变。

考虑下面这行代码，你就会明白了：

```
arg = arg * 2
```

这行代码看起来会在函数代码组中改变传入的一个列表，但是调用后在shell上显示这个列表时，列表并没有改变（这让Tom错误地认为所有参数传递都遵循按值调用语义），这是为什么？表面来看，这看起来就像是解释器的一个bug，因为我们刚刚说过，对一个可变值的修改会反映到调用代码中，不过这里并没有。也就是说，尽管列表是可变的，但Tom的函数没有改变调用代码中的数字列表。这是怎么回事？

要理解这里发生了什么，需要考虑到上面这行代码是一个**赋值语句**。赋值时会发生以下动作：=右边的代码先执行，然后所创建的值将其对象引用赋给=左边的变量。执行代码arg * 2会创建一个新值，它会有一个新的对象引用，然后这个新对象引用将赋给arg变量，覆盖函数代码组中arg存储的原先的对象引用。不过，在调用代码中"老"对象引用仍存在，它的值未改变，所以shell仍看到原来的列表，而不是Tom代码中创建的加倍后的新列表。将这个行为与Sarah的代码做个比较，Sarah的代码在一个现有列表上调用append方法。由于这里没有赋值，所以不会覆盖对象引用，因此Sarah的代码会让shell中的列表也改变，这是因为函数代码组中指示的列表和调用代码中指示的列表有相同的对象引用。

解开了这个疑惑之后，差不多就可以进入第5章了。不过还有一个重要的问题要解决。

可以测试PEP 8的兼容性吗？

继续后面的学习之前，我还有一个小
问题。我对编写PEP 8兼容代码的想法很
有兴趣……有没有办法自动检查我的代
码是否符合PEP 8？

嗯，这是可以的。

不过，只靠Python还不行，因为
Python解释器没有提供检查代码PEP
8兼容性的方法。不过，有很多第三
方工具可以做到这一点。

在进入第5章之前，下面先稍稍绕点
路，来看一个能够帮助你检查PEP
8兼容性的工具。

准备检查PEP 8的兼容性

下面稍稍绕点路，来检查代码的PEP 8兼容性。

Python编程社区花了大量时间来创建开发工具，让Python程序员能够更加轻松。其中一个工具就是**pytest**，这是一个测试框架，主要设计用来更容易地完成Python程序的测试。不论你编写什么类型的测试，**pytest**都能提供帮助。另外还可以为**pytest**增加插件来扩展它的功能。

pep8就是这样一个插件，它使用**pytest**测试框架检查你的代码是否违反PEP 8原则。

回顾我们的代码

下面再来回顾我们的vsearch.py代码，然后把它提供给**pytest/pep8**组合，检查它是否符合PEP 8。需要说明，这两个开发工具都需要安装，因为它们不是Python自带的（下一页会介绍如何安装）。

可以在这里了解pytest的更多信息：http://doc.pytest.org/en/latest/。

这里再一次给出vsearch.py模块的代码，我们将检查这个代码是否符合PEP 8原则：

```python
def search4vowels(phrase:str) -> set:
    """Return any vowels found in a supplied phrase."""
    vowels = set('aeiou')
    return vowels.intersection(set(phrase))

def search4letters(phrase:str, letters:str='aeiou') -> set:
    """Return a set of the 'letters' found in 'phrase'."""
    return set(letters).intersection(set(phrase))
```

这是 "vsearch.py" 中的代码。

安装pytest和PEP8插件

在这一章前面，已经使用pip工具把vsearch.py模块安装到计算机的Python解释器中。pip工具还可以用来为解释器安装第三方代码。

为此，需要使用你的操作系统的命令行提示窗口（而且要连接互联网）。下一章会使用pip安装一个第三方库。不过，现在我们将使用pip安装**pytest**测试框架和**PEP8**插件。

安装测试开发工具

DETOUR

在下面的示例屏幕上，显示了在Windows平台上运行时出现的消息。在Windows上，要使用py -3命令调用Python 3。如果在Linux或Mac OS X上，就要把这个Windows命令换成sudo python3。要在Windows上使用pip安装**pytest**，需要作为管理员从命令行提示窗口执行这个命令（搜索cmd.exe，然后按鼠标右键，从弹出的菜单选择*Run as Administrator*（作为管理员运行）：

```
py -3 -m pip install pytest
```

以管理员模式
开始……

……然后执
行"pip"命令安
装"pytest"……

……再检查是
否成功安装

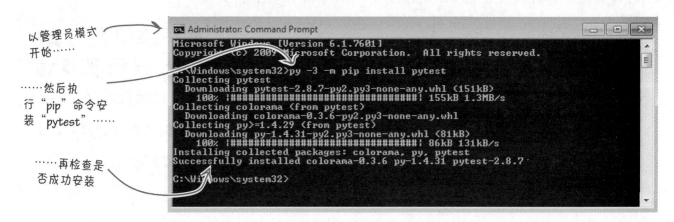

如果检查pip生成的消息，你会注意到，这里还安装了**pytest**的两个依赖包（**colorama**和**py**）。使用pip安装**pep8**插件时也会出现这种情况：同样会安装大量依赖包。下面是安装这个插件的命令：

要记住：如果不是在Windows
上，要把"py-3"替换为
"sudo python3"。

```
py -3 -m pip install pytest-pep8
```

在管理员模式下，
执行这个命令，
这会安装"pep8"
插件。

这个命令也成功了，
同样会安装必要的依
赖包。

我们的代码PEP 8兼容性如何?

安装了**pytest**和**PEP8**后,现在可以测试代码的PEP 8兼容性了。不论你在使用什么操作系统,都要执行同一个命令(因为每个平台上只是安装命令有所不同)。

pytest安装过程已经在你的计算机上安装了一个新程序,名为py.test。下面运行这个程序来检查vsearch.py代码的PEP 8兼容性。确保在vsearch.py文件所在的同一个文件夹中,然后执行下面这个命令:

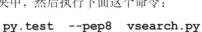

在我们的*Window*上执行这个命令时会生成以下输出:

唉呀,这个红色的输出不太妙,是不是?

```
E:\_NewBook\ch04>py.test --pep8 vsearch.py
============================= test session starts =============================
platform win32 -- Python 3.5.0, pytest-2.8.7, py-1.4.31, pluggy-0.3.1
rootdir: E:\_NewBook\ch04, inifile:
plugins: pep8-1.0.6
collected 1 items

vsearch.py F

=================================== FAILURES ===================================
_____ PEP8-check _____
E:\_NewBook\ch04\vsearch.py:2:25: E231 missing whitespace after ':'
def search4vowels(phrase:str) -> set:
                        ^
E:\_NewBook\ch04\vsearch.py:3:56: W291 trailing whitespace
    """Return any vowels found in a supplied phrase."""
                                                       ^
E:\_NewBook\ch04\vsearch.py:7:1: E302 expected 2 blank lines, found 1
def search4letters(phrase:str, letters:str='aeiou') -> set:
^
E:\_NewBook\ch04\vsearch.py:7:26: E231 missing whitespace after ':'
def search4letters(phrase:str, letters:str='aeiou') -> set:
                         ^
E:\_NewBook\ch04\vsearch.py:7:39: E231 missing whitespace after ':'
def search4letters(phrase:str, letters:str='aeiou') -> set:
                                      ^

========================= 1 failed in 0.05 seconds =========================

E:\_NewBook\ch04>
```

糟糕!看起来有**错误**,这说明这个代码并没有达到本该有的PEP 8兼容性。

花点时间好好读一读这里显示的消息(或者如果你跟着我们完成了这个检查,可以直接看你的屏幕上的消息)。所有"错误"看起来都(以某种方式)指向空白符(例如,空格、制表符、换行等)。下面来更详细地查看各个消息。

理解错误消息

pytest和**pep8**插件总共指出了vsearch.py代码中的5个问题。

第1个问题是我们对函数参数加注解时没有在:字符后面插入一个空格，而且有3处都是这个问题。来看第一个消息，注意pytest使用^字符来指示问题出现在哪里：

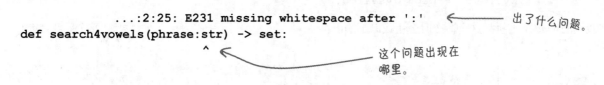

```
                    ...:2:25: E231 missing whitespace after ':'     ←——— 出了什么问题。
  def search4vowels(phrase:str) -> set:
                           ^  ←——————————————— 这个问题出现在
                                                哪里。
```

如果查看**pytest**输出最下面的两个问题，可以看到，3个地方都重复了这个错误：一次是在第2行，还有两次出现在第7行。修正这个问题很容易：只需要在冒号后面增加一个空格字符。

下一个问题看起来可能并不严重，不过会导致失败，因为当前代码行（第3行）确实违反了一个PEP 8原则，这个PEP 8原则指出不要在行末包含额外的空格：

出了什么问题。

```
                      ...:3:56: W291 trailing whitespace
  """Return any vowels found in a supplied phrase."""
                                              ^  ←————— 这个问题出现在
                                                        哪里。
```

解决第3行上的这个问题也很容易：只需要删除末尾的所有空白符。

最后一个问题（第7行最前面）如下：

```
                          ...7:1: E302 expected 2 blank lines, found 1
  def search4letters(phrase:str, letters:str='aeiou') -> set:
 ^
        这个问题出现在第7行最前面。                              出了什么问题。
```

对于在模块中创建函数，有一条PEP 8原则提出了这样一个建议：顶层函数和类定义前后要有两个空行。在我们的代码中，search4vowels和search4letters函数都在vsearch.py文件的顶层，它们之间只有一个空行分隔。要做到PEP 8兼容，这里应当有两个空行。

同样的，修正也很容易：只需要在这两个函数之间再插入一个空行。下面就来应用这些修正，然后重新测试修正后的代码。

随便说一句：可以访问http://pep8.org/，其中提供了Python风格指南的一个很美观的版本。

确认PEP 8兼容性

对vsearch.py中的Python代码完成这些修正后，现在文件的内容如下：

```python
def search4vowels(phrase: str) -> set:
    """Return any vowels found in a supplied phrase."""
    vowels = set('aeiou')
    return vowels.intersection(set(phrase))


def search4letters(phrase: str, letters: str='aeiou') -> set:
    """Return a set of the 'letters' found in 'phrase'."""
    return set(letters).intersection(set(phrase))
```

PEP 8兼容的"vsearch.py"。

通过**pytest**的**pep8**插件运行这个版本的代码时，输出确认了现在PEP 8兼容性方面不再有问题。下面是在我们的计算机上看到的输出（这里同样在*Windows*上运行）：

是绿色，很好。这个代码不存在PEP 8问题了。

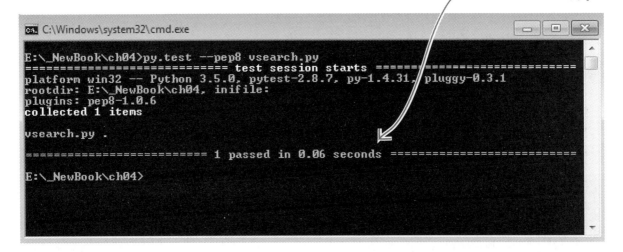

符合PEP 8很有意义

看到这些，你可能想知道为什么要这么小题大作（特别是只是在处理空白符而已），请好好想一想为什么希望符合PEP 8。PEP 8文档指出可读性很重要，而且读代码比写代码要多得多。如果你的代码符合一种标准的编码风格，就说明你的代码更易读，因为它"看起来像"程序员看到的其他代码。一致性很有意义。

pytest之旅就结束了。第5章再见。

从现在开始，（只要条件允许）本书中的所有代码都会遵循PEP 8原则。要尽量保证你的代码也是如此。

第4章的代码

```python
def search4vowels(phrase: str) -> set:
    """Returns the set of vowels found in 'phrase'."""
    return set('aeiou').intersection(set(phrase))


def search4letters(phrase: str, letters: str='aeiou') -> set:
    """Returns the set of 'letters' found in 'phrase'."""
    return set(letters).intersection(set(phrase))
```

这是"vsearch.py"模块中的代码，包含两个函数："search4vowels"和"search4letters"。

```python
from setuptools import setup

setup(
    name='vsearch',
    version='1.0',
    description='The Head First Python Search Tools',
    author='HF Python 2e',
    author_email='hfpy2e@gmail.com',
    url='headfirstlabs.com',
    py_modules=['vsearch'],
)
```

这是"setup.py"文件，它允许我们将模块变成一个可安装的发布包。

```python
def double(arg):
    print('Before: ', arg)
    arg = arg * 2
    print('After:  ', arg)


def change(arg: list):
    print('Before: ', arg)
    arg.append('More data')
    print('After:  ', arg)
```

这是"mystery.py"模块，这让Tom和Sarah互不服气。好在谜底已经揭开，他们又成为了很好的编程搭档。

5 构建一个Web应用

来真格的

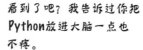

看到了吧？我告诉过你把Python放进大脑一点也不疼。

现阶段你已经掌握了足够多的Python知识，可以放心地构建应用了。

读完这本书的前4章，现在你已经可以在各种应用领域有效地使用Python了（尽管还有很多Python知识需要学习）。我们不打算研究所有这些应用领域是什么，这一章以及接下来一章中，我们会通过开发一个Web应用来获得有关的知识，这是Python尤其擅长的一个领域。在这个过程中，你会学习Python的更多知识。在正式开始之前，下面先来简单复习你掌握的Python知识。

Python: 你已经知道些什么

我们已经完成了4章的学习，下面先暂停，回顾一下到目前为止介绍了哪些
Python内容。

BULLET POINTS

- IDLE是Python的内置IDE，可以用来试验和执行Python代码，这可以是单语句代码段，也可以是在IDLE的文本编辑器中编写的更大的多语句程序。除了使用IDLE，也可以从操作系统的命令行直接运行Python代码文件，为此要使用 `py -3` 命令（Windows）或 `python3`（其他操作系统）。

- 你已经了解Python如何支持单值数据项，如整数和字符串，以及布尔值 `True` 和 `False`。

- 你已经研究了4个内置数据结构的用例：列表、字典、集合和元组。你知道可以采用多种方式组合这4种内置结构来创建复杂的数据结构。

- 你已经使用过很多Python语句，包括 `if`, `elif`, `else`, `return`, `for`, `from` 和 `import`。

- 你知道Python提供了一个丰富的标准库，已经见过以下模块的具体使用：`datetime`, `random`, `sys`, `os`, `time`, `html`, `pprint`, `setuptools` 和 `pip`。

- 除了标准库，Python还提供了一组方便的内置函数，称为BIF。以下是你已经用过的BIF：`print`, `dir`, `help`, `range`, `list`, `len`, `input`, `sorted`, `dict`, `set`, `tuple` 和 `type`。

- Python支持所有常用的操作符，而且还不止这些。你已经见过的操作符包括：`in`, `not in`, `+`, `-`, `= (assignment)`, `== (equality)`, `+=` 和 `*`。

- 除了支持中括号记法（即 `[]`）处理一个序列中的元素，Python还扩展了这种记法来支持**切片**，这允许你指定**开始**、**结束**和**步长值**。

- 你已经知道在Python中如何使用 `def` 语句创建你自己的定制函数。Python函数可以接受任意多个参数，还可以返回一个值（这是可选的）。

- 尽管单引号和双引号都可以用来包围字符串，Python约定（见PEP 8中的描述）建议选择并保持一种风格。在这本书中，我们决定所有字符串都用单引号包围，除非字符串本身包含一个单引号字符，对于这种情况，（作为一次性特例）我们会使用双引号。

- 还支持三重引号字符串，你已经看到如何使用三重引号字符串为定制函数增加docstring。

- 你已经了解可以把相关的函数分组为模块。模块构成了Python中代码重用机制的基础，你已经看到如何利用pip模块（包含在标准库中）采用一致的方式管理模块的安装。

- 谈到一致性，你已经知道在Python中**一切都是对象**，这（尽可能地）确保了一切都能像你预想的那样。开始用类定义你自己的定制对象时（我们会在后面一章介绍有关内容），这个概念会非常重要。

来构建一个应用

好吧，你说的对……我已经对Python有了一些了解。既然如此，有什么计划呢？现在要做什么？

我们来构建一个Web应用。

具体来讲，要利用我们的search4letters函数，让人们可以在Web上访问这个函数，这样任何人都可以通过Web浏览器访问这个函数提供的服务。

我们可以构建任意类型的应用，不过构建一个能实际运行的Web应用很有好处。在构建这样一个实用应用的同时，我们将有机会研究很多Python特性，而且与这本书目前为止看到的代码段相比，这个应用的内容要丰富得多。

Python在Web服务器端尤其擅长，这一章就会在这个领域构建和部署一个Web应用。

不过，在继续讨论之前，先来回顾Web是如何工作的，确保所有人都有相同的认识。

Web应用观察

不论你在Web上做什么，都与请求和响应有关。**Web请求**作为用户交互的结果从一个Web浏览器发送到一个Web服务器。在Web服务器上，会形成一个**Web响应**（或应答），并返回给Web浏览器。整个过程可以总结为5步，如下所示：

第2步：Web浏览器将用户的动作转换为一个Web请求，通过互联网将它发送到一个服务器。

我在浏览器的地址栏键入了**Web**地址，然后按回车……

第1步：你的用户输入一个Web地址，单击一个超链接，或者在她选择的Web浏览器中单击一个按钮。

互联网

Web服务器

第3步：Web服务器接收到这个Web请求，必须决定接下来做什么……

决定接下来做什么

这个时候有两种可能性。如果Web请求只是请求一个静态内容，如一个HTML文件、图像或存储在Web服务器硬盘上的其他资源，Web服务器会找到这个资源，准备把它作为一个Web响应返回给Web浏览器。

如果请求的是**动态内容**，也就是说，必须生成的内容，如搜索结果或一个在线购物车的当前内容，Web服务器会运行一些代码来生成Web响应。

第3步的（可能的）一些子步骤

实际中，第3步可能还包括多个子步骤，这取决于Web服务器如何生成响应。很明显，如果服务器所要做的只是找到静态内容，并把它返回给浏览器，子步骤就很简单，因为只需要从Web服务器的硬盘读取。

不过，如果必须生成动态内容，就会有更多子步骤，包括Web服务器运行代码，然后捕获程序输出作为Web响应，再把这个响应发回给正在等待的Web浏览器。

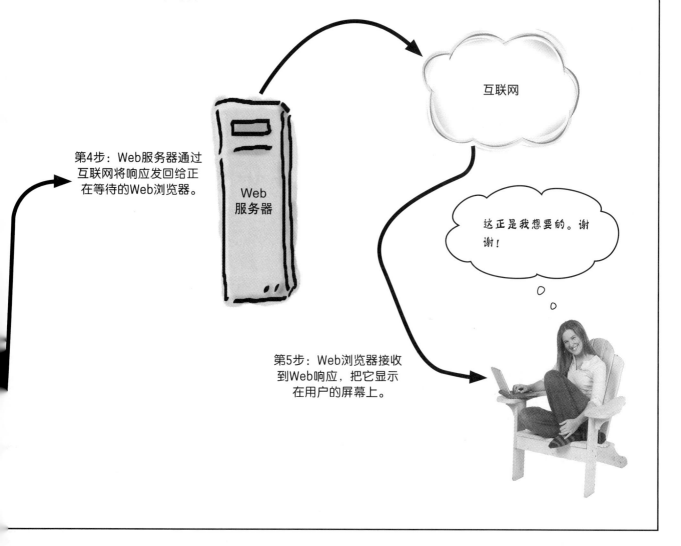

第4步：Web服务器通过互联网将响应发回给正在等待的Web浏览器。

互联网

Web 服务器

这正是我想要的。谢谢！

第5步：Web浏览器接收到Web响应，把它显示在用户的屏幕上。

我们希望Web应用做什么?

人们总想立即开始编写代码,不过先来考虑我们的Web应用要如何工作。

用户使用他们喜欢的Web浏览器与我们的Web应用交互。他们要做的就是在浏览器的地址栏输入这个Web应用的URL来访问应用的服务。然后浏览器上会出现一个Web页面,要求用户提供search4letters函数的参数。一旦输入参数,用户点击一个按钮就会看到结果。

回忆最新版本**search4letters**函数的def行,它指出这个函数需要至少1个但不能超过2个参数:phrase和letters(要在phrase中搜索letters)。记住,letters参数是可选的(默认为aeiou):

> "search4letters" 函数的 "def" 行,它需要至少1个但不超过2个参数。

```
def search4letters(phrase:str, letters:str='aeiou') -> set:
```

下面拿张餐巾纸简单画出我们希望这个Web页面是什么样。下面是我们画出的草图:

我们的Web页面有一个标题和一些描述性文字。

Welcome to search4letters on the Web!

Use this form to submit a search request:

Phrase:

Letters: aeiou

When you're ready, click this button:

Do it!

一个用来输入 "phrase" 的输入框,另一个可以用来输入 "letters"(注意这里的默认值)。

单击这个按钮将把用户的数据发送到正在等待的Web服务器。

Web服务器上发生了什么？

用户单击**Do it!**按钮时，浏览器将这个数据发送给正在等待的Web服务器，它会抽取phrase和letters值，然后代表正在等待的用户调用search4letters函数。

这个函数的结果会作为另一个Web页面返回到用户的浏览器，这里再在餐巾纸上画出草图（如下所示）。现在假设用户输入了"hitch-hiker"作为phrase，另外保留letters值仍默认为aeiou。下面是我们可能看到的结果Web页面：

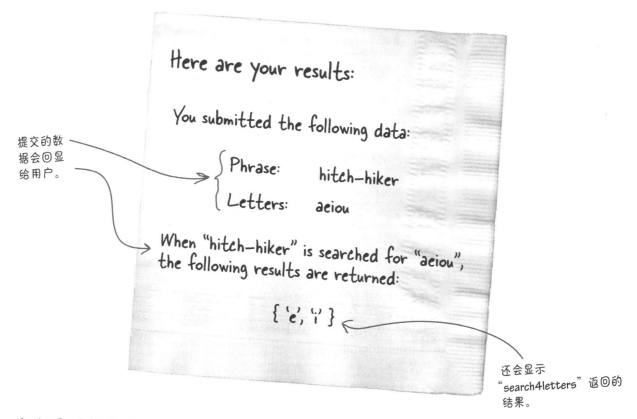

提交的数据会回显给用户。

Here are your results:

You submitted the following data:

Phrase: hitch-hiker
Letters: aeiou

When "hitch-hiker" is searched for "aeiou", the following results are returned:

{ 'e', 'i' }

还会显示"search4letters"返回的结果。

我们需要做什么？

除了你已经掌握的Python知识，要构建一个能实际运行的服务器端Web应用，还需要了解**Web应用框架**，它提供了一组通用的基础技术，可以基于这些技术构建你的Web应用。

尽管可以使用Python从头开始构建你需要的任何应用，不过如果这么做想想就很疯狂。其他程序员已经花了很多时间为你构建了一些Web框架。在这里Python有很多选择。不过，我们不打算为选择哪一个框架而纠结，这里直接选择一个名为Flask的流行框架，继续完成我们的工作。

安装Flask

在第1章中，我们知道Python的标准库提供了大量"内置电池"。不过，有时我们还需要使用应用特定的第三方模块，这不属于标准库。第三方模块可以根据需要导入到你的Python程序。不过，与标准库模块不同，第三方模块需要先安装才能导入和使用。Flask就是这样一个第三方模块。

上一章已经提到，Python社区维护了一个集中管理第三方模块的网站，名为**PyPI**（表示*Python Package Index*），这里维护着Flask（以及很多其他项目）的最新版本。

应该记得，在这本书前面曾经使用pip将我们的vsearch模块安装到Python。pip同样适用于PyPI管理的模块。如果你知道想要的模块的名字，可以使用pip将PyPI维护的任何模块直接安装到你的Python环境中。

可以在pypi.python.org找到PyPI。

用pip从命令行安装Flask

如果在Linux或Mac OS X上，可以在一个终端窗口中键入以下命令：

```
$ sudo -H python3 -m pip install flask
```

在Mac OS X和Linux上使用这个命令。

如果在Windows上，打开一个命令行提示窗口，一定要作为管理员运行（右键点击鼠标，从弹出菜单中选择作为管理员运行），然后执行下面这个命令：

```
C:\> py -3 -m pip install flask
```

注意：这里大小写很重要。这里的"flask"是小写的"f"。

在Windows上使用这个命令。

（不论你的操作系统是什么）这个命令会连接到PyPI网站，然后下载和安装Flask模块以及**Flask**依赖的另外4个模块：**Werkzeug**，**MarkupSafe**，**Jinja2**和**itsdangerous**。（现在）先不用担心另外这几个模块做什么；只要确保它们正确安装就可以了。如果一切正常，你会看到pip生成的输出最底下有一个类似下面的消息。注意这个输出可能有几十行：

```
        ...
Successfully installed Jinja2-2.8 MarkupSafe-0.23 Werkzeug-0.11 flask-0.10.1
itsdangerous-0.24
```

写这本书时，这是这些模块的当前版本号。

如果你没有看到"Successfully installed..."消息，要确保确实已经连入互联网，而且如上所示针对你的操作系统输入了正确的命令。另外如果安装到Python的模块版本号与我们的不同也不要过于紧张（因为模块在不断更新中，而且依赖的模块也可能变化）。只要你安装的版本至少达到这里所示的版本，那就没有问题。

Flask如何工作？

Flask提供了一组模块，可以帮助你构建服务器端Web应用。从理论上讲，这是一个微Web框架，因为它只提供了完成这个任务所需的最基本的一组技术。这意味着Flask的特性没有其他框架那么全面，如**Django**（这是所有Python Web框架之母），不过Flask是轻量级的，规模很小而且易于使用。

由于我们的需求不多（只有两个Web页面），所以在这里Flask作为Web框架完全能够胜任。

Geek Bits

Django是Python社区中一个非常流行的web应用框架。它预建有特别强大的管理功能，因此管理大型Web应用非常轻松。对于我们现在要建立的应用来说，这个框架有些大材小用了，所以我们更倾向于使用更简单但更轻量级的Flask。

检查Flask是否已经安装并正常运行

下面给出绝大多数Flask Web应用都有的代码，我们要用这些代码测试Flask是否已经安装并准备就绪。

使用你喜欢的文本编辑器创建一个新文件，把下面所示的代码键入这个文件，保存为hello_flask.py（如果愿意，你也可以把这个文件保存到单独的文件夹，我们把这个文件夹命名为webapp）：

成品代码

这是"hello_flask.py"。

```python
from flask import Flask

app = Flask(__name__)

@app.route('/')
def hello() -> str:
    return 'Hello world from Flask!'

app.run()
```

如这里所示输入这个代码……稍后会介绍这个代码是什么意思。

从你的操作系统命令行运行Flask

不要试图在IDLE中运行这个Flask代码，因为IDLE并不能很好地完成这种工作。IDLE非常适合试验小的代码段，但是如果要运行应用，最好在操作系统的命令行上直接通过解释器运行代码。下面就来这么做，看看会发生什么。

不要使用IDLE运行这个代码。

第一次运行Flask Web应用

如果在Windows上，可以从包含hello_flask.py程序文件的文件夹打开一个命令行提示窗口（提示：如果已经在文件浏览器中打开这个文件夹，按下Shift键，同时单击鼠标右键，这会弹出一个上下文菜单，可以从这个菜单选择*Open command window here*（在这里打开命令窗口））。Windows命令行窗口准备好之后，键入下面这个命令启动你的Flask应用：

我们把代码保存到一个名为"webapp"的文件夹中。

```
C:\webapp> py -3 hello_flask.py
```

让Python解释器运行"hello_flask.py"中的代码。

如果在Mac OS X或Linux上，需要在一个终端窗口中键入以下命令。一定要在包含hello_flask.py程序文件的同一个文件夹中执行这个命令：

```
$ python3 hello_flask.py
```

不论你在哪一个操作系统上运行，从现在开始，都会由Flask接管，只要它的内置Web服务器完成任何操作，都会在屏幕上显示状态消息。启动之后，Flask Web服务器会立即确认它已经启动，开始运行并在Flask测试Web地址（127.0.0.1）和协议端口（5000）上等待为Web请求提供服务：

如果看到这个消息，一切正常。

```
* Running on http://127.0.0.1:5000/ (Press CTRL+C to quit)
```

Flask的Web服务器已经准备就绪，正在等待。现在做什么？下面使用我们的Web浏览器与这个Web服务器交互。打开你喜欢的浏览器，键入Flask Web服务器启动消息中的URL：

你的Web应用在这里运行。如这里所示输入这个地址。

```
http://127.0.0.1:5000/
```

稍后，你的浏览器窗口中会出现hello_flask.py的"Hello world from Flask!"消息。除此以外，来看运行Web应用的终端窗口……这里也会出现一个新的状态消息，如下所示：

哈哈!有情况发生。

```
* Running on http://127.0.0.1:5000/ (Press CTRL+C to quit)
127.0.0.1 - - [23/Nov/2015 20:15:46] "GET / HTTP/1.1" 200 -
```

Geek Bits

要了解一个**协议端口号**的各个组成部分，这超出了本书的范畴。不过，如果你想了解更多，可以从这里开始：

https://en.wikipedia.org/wiki/Port_(computer_networking)

发生了什么（逐行分析）

不仅Flask会更新终端中的状态行，你的web浏览器现在也会显示Web服务器的
响应。下面是我们的浏览器现在显示的结果（这是在Mac OS X上运行的Safari
浏览器）：

从Flask Web服
务器返回了一
些消息。

通过浏览器访问这个Web应用启动状态消息中列出的URL，服务器会响应一
个"Hello world from Flask!"消息。

尽管我们的web应用只有6行代码，但是这里完成了很多工作，所以下面来回顾
这个代码，看看所有这些是如何发生的，我们会逐行地进行分析。后面计划完
成的所有其他工作都将建立在这6行代码基础上。

第一行代码导入flask模块的Flask类：

这是模块的名
字："flask"，
这里是小写
的"f"。

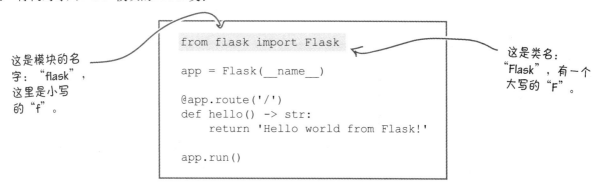

```python
from flask import Flask

app = Flask(__name__)

@app.route('/')
def hello() -> str:
    return 'Hello world from Flask!'

app.run()
```

这是类名：
"Flask"，有一个
大写的"F"。

还记得我们讨论的不同导入方式吗？

这里也可以直接写import flask，然后用flask.Flask指示Flask类，不过在这里使
用from版本的import语句更合适，因为使用flask.Flask的可读性不好。

创建一个Flask Web应用对象

第二行代码创建一个Flask类型的对象，把它赋给app变量。这看起来很简单，不过注意Flask使用了一个奇怪的参数，即__name__：

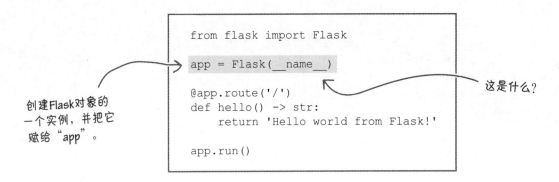

创建Flask对象的一个实例，并把它赋给"app"。

```
from flask import Flask

app = Flask(__name__)

@app.route('/')
def hello() -> str:
    return 'Hello world from Flask!'

app.run()
```

这是什么？

__name__值由Python解释器维护，在程序代码中的任何地方使用这个值时，它会设置为当前活动模块的名字。创建一个新的Flask对象时，Flask类需要知道__name__的当前值，所以必须作为一个参数传递这个值，正是这个原因这里使用了__name__（尽管它的用法看上去确实有些奇怪）。

这行代码尽管很简短，但是会为你完成大量工作，因为Flask框架抽象了很多Web开发细节，使你能集中精力定义具体的处理逻辑，即Web请求到达Web服务器时你希望发生什么。我们会从下一行代码开始定义如何处理请求。

Geek Bits

需要说明，__name__是两个下划线字符后面跟一个单词"name"，然后又有两个下划线字符，在Python代码中用来作为一个名字的前缀和后缀时，这称为"双下划线"。在你的Python之旅中,会经常看到这种命名约定，老练的Python程序员并不把它叫做"双下划线，name，双下划线"（这有些罗嗦和拗口），而是叫做"dunder name"，**这只是一个简称，表示同一个东西**。由于Python中大量使用了双下划线，它们统称为"dunders"，在这本书后面你会看到其他dunder及其使用的大量例子。

除了dunder，还有一个约定是使用单个下划线字符作为某些变量名的前缀。一些Python程序员把有单下划线前缀的名字称为"wonder"（这是"one underscore"的简写）。

用URL修饰函数

下一行代码引入一个新的Python语法：修饰符（**decorator**）。函数修饰符（如这个代码中的修饰符）可以调整一个现有函数的行为，而无需修改这个函数的代码（也就是说，函数得到修饰）。

你可能想把上面这句话多读几遍。

本质上讲，修饰符允许你根据需要为已有的一些代码增加额外的行为。修饰符不仅可以用于函数，也可以用来修饰类，尽管如此，修饰符还是主要用来修饰函数，所以大多数Python程序员把它们称为**函数修饰符**。

下面来看这个Web应用代码中的函数修饰符，这很容易发现，因为它以@符号开头：

Geek Bits

Python的修饰符语法从Java的注解语法得到灵感，另外也受到函数式编程世界的启发。

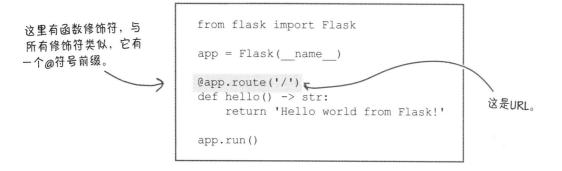

这里有函数修饰符，与所有修饰符类似，它有一个@符号前缀。

```
from flask import Flask

app = Flask(__name__)

@app.route('/')
def hello() -> str:
    return 'Hello world from Flask!'

app.run()
```

这是URL。

尽管还可以创建你自己的函数修饰符（后面一章会介绍有关内容），不过，现在先集中精力考虑函数修饰符的使用。Python中提供了一组内置的修饰符，另外很多第三方模块（如Flask）也针对特定的用途提供了相应的修饰符（route就是其中之一）。

在你的Web应用代码中，可以通过app变量使用Flask的route修饰符（这个变量在上一行代码中创建）。

route修饰符允许你将一个URL Web路径与一个已有的Python函数关联。在这里，URL "/" 将与下一行代码中定义的函数关联，这个函数名为hello。当一个指向 "/" URL的请求到达服务器时，route修饰符会安排Flask web服务器调用这个函数。然后route修饰符会等待所修饰的函数生成的输出，再将输出返回给服务器，然后服务器再将输出返回给正在等待的Web浏览器。

Flask（和route修饰符）如何完成所有这些"魔法"并不重要。重要的是Flask能为你完成所有这些工作，而你要做的只是写一个函数生成你想要的输出。Flask和route修饰符会负责所有具体细节。

函数修饰符可以调整一个已有函数的行为（而不用修改函数的代码）。

运行Web应用的行为

有了route修饰符，下一行开始定义它修饰的函数。在我们的Web应用中，这就是
hello函数，它只做一件事：调用这个函数时返回消息"Hello world from Flask!"：

这只是一个普通的
Python函数，调用
时，它会向其调用者
返回一个字符串（注
意'->str'注解）。

```
from flask import Flask

app = Flask(__name__)

@app.route('/')
def hello() -> str:
    return 'Hello world from Flask!'

app.run()
```

最后一行代码得到赋给app变量的Flask对象，让Flask开始运行它的Web服务器。这
是通过调用run来实现的：

```
from flask import Flask

app = Flask(__name__)

@app.route('/')
def hello() -> str:
    return 'Hello world from Flask!'

app.run()
```

让Web应用
开始运行。

此时，Flask会启动它的内置Web服务器，并在这个服务器中运行你的Web应用代
码。Web服务器接收到指向"/" URL的任何请求时，会响应"Hello world from
Flask!"消息，而指向其他URL的请求会得到一个404 "Resource not found"错误消
息。要看这里的错误处理，可以在浏览器的地址栏输入以下URL：

http://127.0.0.1:5000/doesthiswork.html

你的浏览器会显示一个"Not Found"消息，终端窗口中运行的Web应用也会用一个
适当的消息更新状态：

这个URL不存
在：404!

```
* Running on http://127.0.0.1:5000/ (Press CTRL+C to quit)
127.0.0.1 - - [23/Nov/2015 20:15:46] "GET / HTTP/1.1" 200 -
127.0.0.1 - - [23/Nov/2015 21:30:26] "GET /doesthiswork.html HTTP/1.1" 404 -
```

你看到的消息可能稍有不同。
不用为此担心。

为Web提供功能

你用仅仅6行代码就构建了一个能实际工作的Web应用！先把这些放在一边，下面来考虑在这里Flask为你做了什么：它提供了一种机制，利用这种机制你可以执行任何已有的Python函数，并在一个Web浏览器中显示它的输出。

为了向你的Web应用增加更多功能，所要做的只是要确定希望将函数与哪个URL关联，然后在完成具体工作的函数上面编写一个适当的@app.route修饰符行。现在就来这么做，这里将使用上一章的search4letters函数。

Sharpen your pencil

修改hello_flask.py来包含第二个URL：/search4。编写代码将这个URL与一个名为do_search的函数关联，它会（从我们的vsearch模块）调用search4letters函数。然后让do_search函数返回搜索时确定的结果，这里要在短语"life, the universe, and everything!"中搜索字符串'eiru,!'。

下面给出我们现有的代码，这里留出了一些空格，要在这里填入你编写的新代码。你的任务就是提供这些缺少的代码。

提示：search4letters返回的结果是一个Python集合。向等待的Web浏览器返回任何结果之前，一定要通过调用str内置函数（BIF）将结果强制转换为一个字符串，因为浏览器希望得到文本数据，而不是一个Python集合。（记住，"BIF"是Python对内置函数的叫法）。

不需要导入什么吗？

```
from flask import Flask

..........................................................

..........................................................

app = Flask(__name__)

@app.route('/')
def hello() -> str:
    return 'Hello world from Flask!'

..........................................................
..........................................................
..........................................................
..........................................................
app.run()
```

增加第2个修饰符。

在这里增加"do_search"函数的代码。

Sharpen your pencil
Solution

你要修改hello_flask.py来包含第二个URL，/search4，并编写代码将这个URL与一个名为do_search的函数关联，这个函数会（从我们的vsearch模块）调用search4letters函数。你要让do_search函数返回搜索时确定的结果，这里要在短语"life, the universe, and everything!"中搜索字符串'eiru,!'。

下面给出我们现有的代码，这里留出了一些空格，要在这里填入你编写的新代码。你的任务就是提供这些缺少的代码。

你的代码与我们的一样吗？

调用之前，需要从"vsearch"模块导入"search4letters"函数。

```python
from flask import Flask

from vsearch import search4letters

app = Flask(__name__)

@app.route('/')
def hello() -> str:
    return 'Hello world from Flask!'

@app.route('/search4')

def do_search() -> str:
    return str(search4letters('life, the universe, and everything', 'eiru,!'))

app.run()
```

第2个修饰符建立"/search4" URL。

"do_search"函数调用"search4letters"，然后将结果作为字符串返回。

要测试这个新功能，需要重启你的Flask Web应用，因为它现在运行的是老版本的代码。要停止Web应用，先返回到你的终端窗口，然后同时按下Ctrl和C。web应用会终止，你会回到操作系统提示符。按向上箭头找到前一个命令（就是之前启动hello_flask.py的命令），然后按回车键。这会再次显示初始的Flask状态消息，确认更新后的Web应用在等待请求：

停止Web应用……

然后重启。

```
$ python3 hello_flask.py
 * Running on http://127.0.0.1:5000/ (Press CTRL+C to quit)
127.0.0.1 - - [23/Nov/2015 20:15:46] "GET / HTTP/1.1" 200 -
127.0.0.1 - - [23/Nov/2015 21:30:26] "GET /doesthiswork.html HTTP/1.1" 404 -
^C
$ python3 hello_flask.py
 * Running on http://127.0.0.1:5000/ (Press CTRL+C to quit)
```

再次启动并运行。

 测试

由于你没有修改与默认'/' URL关联的代码，所以这个功能仍能正常工作，会显示"Hello world from Flask!"消息。

不过，如果在浏览器的地址栏输入 *http://127.0.0.1:5000/search4*，你会看到调用 search4letters的结果：

> 127.0.0.1:5000/search4
>
> {'u', 'i', ',', 'e', 'r'}

调用"search4letters"的结果。必须承认，这个输出并不会让人多兴奋，不过它确实证明了使用"/search4" URL会调用函数并返回结果。

there are no Dumb Questions

问： 我有些搞不懂用来访问这个Web应用的URL中的127.0.0.1和:5000部分。这两部分是什么？

答： 现在你是在你的计算机上测试这个Web应用，由于它连接到互联网，所以有自己唯一的IP地址。尽管如此，Flask并不使用你的IP地址，而是将它的测试Web服务器连接到互联网回送地址：127.0.0.1，通常这也称为localhost。这二者都是"我的计算机（不论它的实际IP地址是什么）"的简称。要让你的Web浏览器（也在你的计算机上）与Flask Web服务器通信，需要指定运行这个Web应用的地址，也就是:127.0.0.1。这是专门为这个目的保留的一个标准IP地址。

URL中的:5000部分明确了运行你的Web服务器的协议端口号。

一般地，Web服务器都在协议端口80上运行，这是一个互联网标准，因此不需要特别指定。当然你可以在你的浏览器地址栏中输入oreilly.com:80，这也是可以的，不过没有人这么做，因为oreilly.com本身就足够了（已经假设端口是:80）。

构建一个Web应用时，很少会在协议端口80上测试（因为这是为生产服务器保留的端口），所以大多数Web框架都会选择另一个端口运行Web应用。8080就是一个常见的选择，不过Flask使用5000作为它的测试协议端口。

问： 我在测试和运行我的Flask Web应用时，能使用5000以外的其他协议端口吗？

答： 可以，app.run()允许你为port指定一个值，这可以设置为任何值。不过，除非你有充分的理由改变端口号，否则现在还是继续使用Flask默认的5000。

回忆我们想要构建什么应用

我们的Web应用需要一个Web页面接收输入，另外还需要一个Web页面显示结果，也就是将输入提供给search4letters函数得到的结果。现在的Web应用代码根本达不到这个目的，不过前面的工作已经提供了一个基础，在此基础上可以构建我们真正需要的应用。

下面在左边显示了我们目前的代码，右边是这一章前面给出的"餐巾规范"。这里指出了代码中哪些地方可以提供各个餐巾描述的功能：

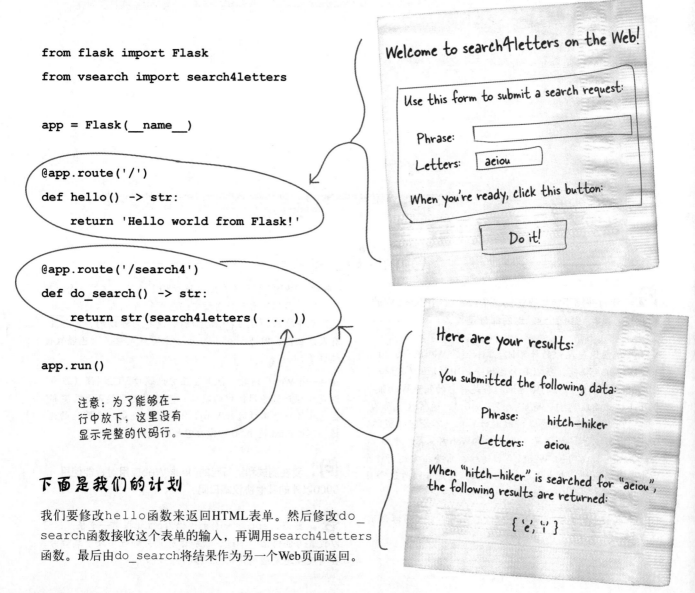

```python
from flask import Flask
from vsearch import search4letters


app = Flask(__name__)


@app.route('/')
def hello() -> str:
    return 'Hello world from Flask!'


@app.route('/search4')
def do_search() -> str:
    return str(search4letters( ... ))


app.run()
```

注意：为了能够在一行中放下，这里没有显示完整的代码行。

下面是我们的计划

我们要修改hello函数来返回HTML表单。然后修改do_search函数接收这个表单的输入，再调用search4letters函数。最后由do_search将结果作为另一个Web页面返回。

构建HTML表单

我们需要的HTML表单并不复杂。除了描述性文字，这个表单还包括两个输入框和一个按钮。

不过，如果你以前没有接触过这些HTML内容呢？

如果关于HTML表单、输入框和按钮的这些讨论让你很慌乱，别担心。不用害怕，我们知道你需要什么：如果你是一个初学者（或者想要快速复习HTML的内容），《Head First HTML与CSS（第二版）》为这些技术提供了最好的介绍。

如果你认为要把这本书先放在一边来补充HTML的知识似乎太麻烦，需要说明一点，我们将提供使用本书例子所需的全部HTML，这里并不要求你是一个HTML专家。如果对HTML有所了解当然很有帮助，不过这不是一个严格的要求（毕竟，这本书是关于Python的，而不是关于HTML）。

市场部指出：要想快速掌握HTML，我们诚心推荐这本书……这里绝对没有任何偏心。

创建HTML，然后发送到浏览器

条条大路通罗马。要从你的Flask Web应用创建HTML文本，也有不同的选择：

我喜欢把HTML放在大字符串里，然后嵌入到我的Python代码中，再根据需要返回这些字符串。这样一来，我喜欢的一切都在代码中，我能完全控制……这就是我的方式。Laura，你为什么不喜欢这么做呢？

嗯，Bob，把所有HTML都放在你的代码中是可以的，但是这样无法扩展。随着你的Web应用越来越庞大，所有那些嵌入的HTML会变得很乱……而且很难把你的HTML交给一个Web设计师进行美化。另外想重用HTML块也不容易。因此，我总是在我的Web应用中使用一个模板引擎。开始时可能需要多做些工作，但是一段时间后，我发现使用模板真的很值得……

Laura说的对，与Bob的方法相比，模板会让HTML更易于维护。下一页我们就会详细介绍模板。

模板观察

利用模板引擎，程序员可以应用面向对象的继承和重用概念来生成文本数据，如Web页面。

网站的外观可以在一个顶层HTML模板中定义，这称为**基模板**，然后其他HTML页面继承这个模板。如果对基模板做了某个修改，这个修改就会在继承该模板的所有HTML页面中体现。

Flask提供的模板引擎名为*Jinja2*，它很易于使用，而且功能很强大。这本书并不是要全面介绍有关Jinja2的全部内容，所以相应地，这两页的介绍很简短扼要。要想了解利用*Jinja2*能够做什么，更多详细内容请访问：

http://jinja.pocoo.org/docs/dev/

下面是这个Web应用使用的基模板。在这个文件（名为base.html）中，我们增加了希望所有Web页面共享的HTML标记。另外还使用了一些Jinja2特定的标记，来指示继承这个模板的HTML页面在呈现时要提供的内容（呈现是指准备传送到正在等待的Web浏览器）。注意出现在{{和}}之间的标记以及用{%和%}包围的标记是针对Jinja2模板引擎的：这里突出显示了这些标记，以便找到：

这是标准
HTML5标记。

这是一个Jinja2指令，指示将在呈现之前提供的一个值（可以把它想成是模板的一个参数）。

这是基模板。

```html
<!doctype html>
<html>
    <head>
        <title>{{ the_title }}</title>
        <link rel="stylesheet" href="static/hf.css" />
    </head>
    <body>
        {% block body %}

        {% endblock %}
    </body>
</html>
```

这个样式表定义了所有
Web页面的外观。

这些Jinja2指令指示要在呈现之前替换这里的HTML块，这要由继承这个模板的页面来提供。

有了基模板之后，可以使用Jinja2的extends指令继承这个模板。这样一来，继承模板的HTML文件只需要提供基模板中命名块的HTML。在这里，我们只有一个命名块：body。

下面是第一个页面的标记，这个页面名为entry.html。用户可以与这个HTML表单交互来提供Web应用需要的phrase和letters的值。

注意这个文件中没有重复基模板中的"样板"HTML，因为extends指令已经为我们包含了这些标记。我们要做的就是提供这个文件特定的HTML，为此要在名为body的Jinja2块中提供标记：

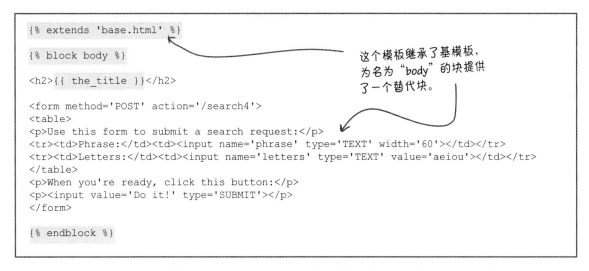

```
{% extends 'base.html' %}

{% block body %}

<h2>{{ the_title }}</h2>

<form method='POST' action='/search4'>
<table>
<p>Use this form to submit a search request:</p>
<tr><td>Phrase:</td><td><input name='phrase' type='TEXT' width='60'></td></tr>
<tr><td>Letters:</td><td><input name='letters' type='TEXT' value='aeiou'></td></tr>
</table>
<p>When you're ready, click this button:</p>
<p><input value='Do it!' type='SUBMIT'></p>
</form>

{% endblock %}
```

这个模板继承了基模板，为名为"body"的块提供了一个替代块。

最后，下面是results.html文件的标记，这个文件用来呈现搜索的结果。这个模板也继承了基模板：

```
{% extends 'base.html' %}

{% block body %}

<h2>{{ the_title }}</h2>

<p>You submitted the following data:</p>
<table>
<tr><td>Phrase:</td><td>{{ the_phrase }}</td></tr>
<tr><td>Letters:</td><td>{{ the_letters }}</td></tr>
</table>

<p>When "{{the_phrase }}" is search for "{{ the_letters }}", the following
results are returned:</p>
<h3>{{ the_results }}</h3>

{% endblock %}
```

与"entry.html"类似，这个模板也继承了基模板，另外为名为"body"的块提供了一个替代块。

注意这些额外的参数值，在呈现之前需要为它们提供值。

模板与Web页面相关

我们的Web应用需要呈现两个Web页面，现在已经有了两个模板，可以帮助我们完成这个工作。这两个模板都继承自基模板，因此它们继承了基模板的外观。现在要做的就是呈现这些页面。

在讨论Flask（以及Jinja2）如何呈现页面之前，下面再来对比地查看"餐巾规范"和我们的模板标记。注意包围在Jinja2 {% block %}指令中的HTML与餐巾上的手写规范相当一致。缺少的主要是这两个页面的标题，我们将在呈现时提供标题值来取代{{ the_title }}指令。可以把双大括号中的各个名字想成是模板的一个参数：

从这里下载这些模板（和CSS）：
http://python.itcarlow.ie/ed2/。

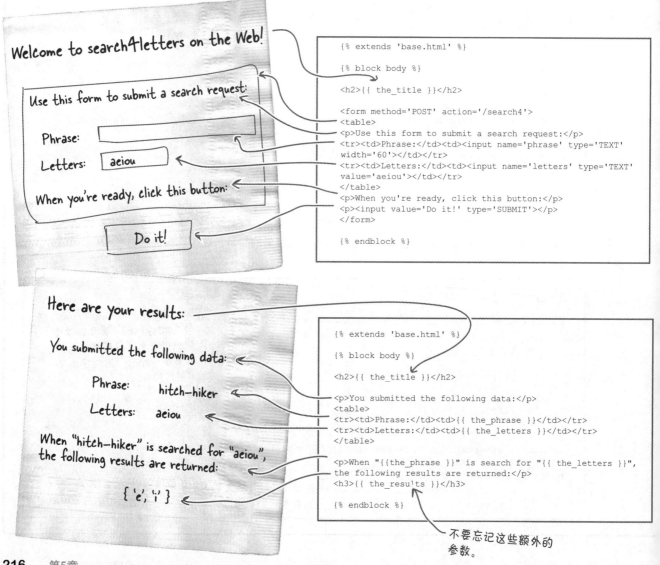

不要忘记这些额外的参数。

从Flask呈现模板

Flask提供了一个名为`render_template`的函数，如果指定一个模板名和所需的参数，调用这个函数时会返回一个HTML串。为了使用`render_template`，要把这个函数名增加到从flask模块导入的函数列表中（在代码最上面），然后根据需要调用这个函数。

不过，在此之前，下面先把包含Web应用代码的文件（目前名为`hello_flask.py`）重命名为更合适的名字。可以为你的Web应用使用喜欢的任何名字，不过，这里我们将这个文件重命名为`vsearch4web.py`。下面是这个文件中目前的代码：

```python
from flask import Flask
from vsearch import search4letters

app = Flask(__name__)

@app.route('/')
def hello() -> str:
    return 'Hello world from Flask!'

@app.route('/search4')
def do_search() -> str:
    return str(search4letters('life, the universe, and everything', 'eiru,!'))

app.run()
```

这个代码现在在一个名为 "vsearch4web.py" 的文件中。

为了呈现`entry.html`模板中的HTML表单，下面对以上代码做几处修改：

1 **导入render_template函数。**
将`render_template`增加到代码最上面`from flask`行上的导入列表中。

2 **创建一个新的URL，这里就是/entry。**
每次你的Flask web应用中需要一个新的URL时，都要增加一个新的`@app.route`行。我们会在`app.run()`代码行前面增加这一行。

3 **创建一个函数返回正确呈现的HTML。**
有了`@app.route`行之后，可以为新增的URL关联代码（使你的web应用更有用），为此要创建一个完成具体工作的函数。这个函数要调用`render_template`函数（并返回它的输出），这里要传入模板文件名（这里就是`entry.html`）以及模板所需的参数值（在这里，我们需要为`the_title`提供一个值）。

下面对现有代码完成这些修改。

显示Web应用的HTML表单

下面来增加代码实现上一页最后详细说明的3个修改。跟着我们对你的代码
完成同样的修改：

1 导入**render_template**函数。

```
from flask import Flask, render_template
```

将"render_template"增加
到从"flask"模块导入的函数
列表。

2 创建一个新的URL，这里就是**/entry**。

```
@app.route('/entry')
```

在"do_search"函数之后、"app.run()"行之前
插入这一行代码，为Web应用增加一个新URL。

3 创建一个函数返回正确呈现的HTML。

提供要呈现的模板名。

```
@app.route('/entry')
def entry_page() -> 'html':
        return render_template('entry.html',
                        the_title='Welcome to search4letters on the web!)
```

将这个函数增加到
新"@app.route"
行下面。

提供一个值与"the_title"
参数关联。

完成这些修改后，我们的web应用代码如下所示（增加的部分已经突出显
示）：

```
from flask import Flask, render_template
from vsearch import search4letters

app = Flask(__name__)

@app.route('/')
def hello() -> str:
    return 'Hello world from Flask!'

@app.route('/search4')
def do_search() -> str:
    return str(search4letters('life, the universe, and everything', 'eiru,!'))

@app.route('/entry')
def entry_page() -> 'html':
    return render_template('entry.html',
                            the_title='Welcome to search4letters on the web!')

app.run()
```

其余代码现在仍保持
不变。

准备运行模板代码

你可能很想打开一个命令行提示窗口，然后运行这个最新版本的代码。不过，由于一些原因，这并不能马上成功。

首先，基模板引用了一个名为hf.css的样式表，这个样式表要放在一个名为static的文件夹中（static文件夹在包含代码的文件夹之下）。下面是基模板中相应的代码段：

如果还没有下载模板和CSS，可以从这里下载：
http://python.itcarlow.ie/ed2/。

```
        ...
        <title>{{ the_title }}</title>
        <link rel="stylesheet" href="static/hf.css" />
    </head>
        ...
```

"hf.css" 文件
必须存在
（在 "static"
文件夹中）。

可以从本书的支持网站（见本书封底上的URL）下载这个CSS文件。一定要把下载的样式表放在一个名为static的文件夹中。

除此以外，Flask还要求你的模板存储在一个名为templates的文件夹中，与static文件夹类似，这个templates文件夹也在包含代码的文件夹之下。这一章的下载包中也包含了这3个模板……所以你不需要自己键入所有这些HTML！

假设你的Web应用的代码文件放在一个名为webapp的文件夹中，运行这个最新版本的vsearch4web.py之前，现在的结构应该是这样的：

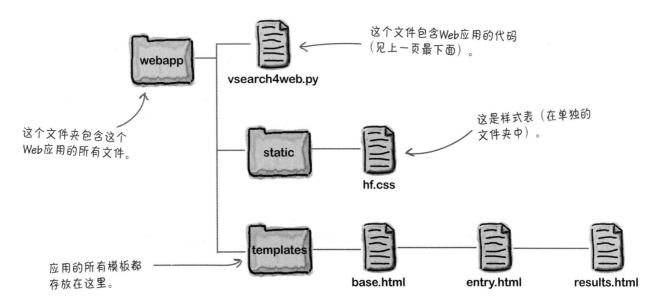

这个文件包含Web应用的代码（见上一页最下面）。

vsearch4web.py

这是样式表（在单独的文件夹中）。

这个文件夹包含这个Web应用的所有文件。

static

hf.css

应用的所有模板都存放在这里。

templates

base.html　　**entry.html**　　**results.html**

准备测试

如果一切都准备好了，已经下载了样式表和模板，而且更新了代码——现在可以尝试运行你的Flask Web应用。

可能上一个版本的代码仍在命令行提示窗口中运行。

现在回到那个窗口，同时按下Ctrl和C停止上一个Web应用的执行。按向上箭头回到前一个命令行，编辑要运行的文件名，然后按回车键。现在应该会运行新版本的代码，显示与之前一样的状态消息：

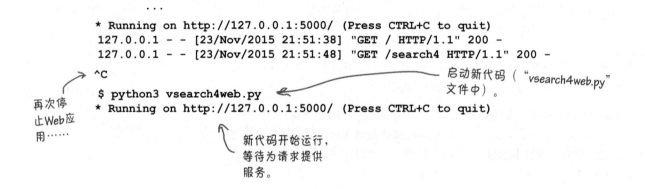

```
        ...
 * Running on http://127.0.0.1:5000/ (Press CTRL+C to quit)
127.0.0.1 - - [23/Nov/2015 21:51:38] "GET / HTTP/1.1" 200 -
127.0.0.1 - - [23/Nov/2015 21:51:48] "GET /search4 HTTP/1.1" 200 -
^C
$ python3 vsearch4web.py
 * Running on http://127.0.0.1:5000/ (Press CTRL+C to quit)
```

再次停止Web应用……

启动新代码（"vsearch4web.py"文件中）。

新代码开始运行，等待为请求提供服务。

应该记得，这个新版本的代码仍支持/和*search4 URL*，所以如果使用一个浏览器请求这些URL，会得到与这一章前面相同的响应。不过，如果使用以下URL：

http://127.0.0.1:5000/entry

浏览器中显示的响应将是所呈现的HTML表单（如下一页最上面所示）。命令行提示窗口会显示另外两个状态行：一个对应*/entry*请求，另一个与浏览器对hf.css样式表的请求有关：

请求HTML表单……

……你的浏览器还会请求样式表。

```
        ...
127.0.0.1 - - [23/Nov/2015 21:55:59] "GET /entry HTTP/1.1" 200 -
127.0.0.1 - - [23/Nov/2015 21:55:59] "GET /static/hf.css HTTP/1.1" 304 -
```

测试

下面是在浏览器中键入http://127.0.0.1:5000/entry时屏幕上显示的结果：

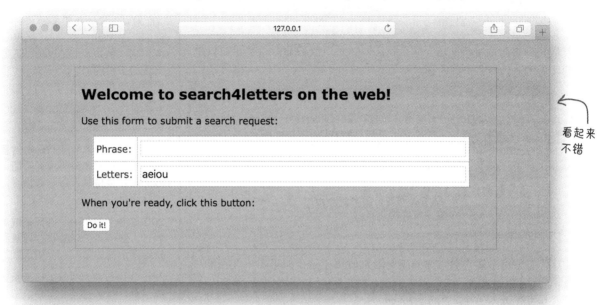

看起来
不错

这个页面肯定得不了Web设计大奖，不过看起来还不错，很像餐巾上画的草图。遗憾的是，如果输入一个短语并调整要查找的字母值（可选），单击*Do it!*按钮时会生成下面这个错误页面：

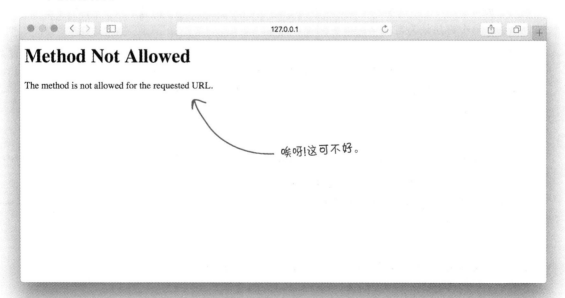

唉呀!这可不好。

真让人郁闷，是不是？下面来看发生了什么。

了解HTTP状态码

如果你的Web应用出了问题，Web服务器会响应一个HTTP状态码（这会发送到你的浏览器）。HTTP是允许Web浏览器和服务器通信的协议。状态码的含义很明确（见右边的"Geek Bits"说明）。实际上，每个Web请求都会生成一个HTTP状态码响应。

要看从Web应用向浏览器发送了哪个状态码，可以查看命令行提示窗口中显示的状态消息。我们看到的是：

```
      ...
127.0.0.1 - - [23/Nov/2015 21:55:59] "GET /entry HTTP/1.1" 200 -
127.0.0.1 - - [23/Nov/2015 21:55:59] "GET /static/hf.css HTTP/1.1" 304 -
127.0.0.1 - - [23/Nov/2015 21:56:54] "POST /search4 HTTP/1.1" 405 -
```

嗯，这里有问题，服务器生成了
一个客户端错误状态码。

这个405状态码指示客户端（你的浏览器）使用了这个服务器不允许的一个HTTP方法来发送请求。有一些不同的HTTP方法，不过对我们来说，你只需要知道其中两个方法：*GET*和*POST*。

① **GET方法。**
浏览器通常使用这个方法从Web服务器请求一个资源，到目前为止这个方法最为常用（这里我们说"通常"是指，也有可能使用GET从浏览器向服务器发送数据（但这很容易让人混淆），不过在这里我们不考虑这种做法）。目前我们的Web应用中所有URL都支持GET，这是Flask的默认HTTP方法。

② **POST方法。**
这个方法允许Web浏览器向服务器通过HTTP发送数据，这与HTML <form>标记紧密关联。可以让你的Flask Web应用从浏览器接收提交的数据，为此要在@app.route行上提供一个额外的参数。

下面调整与Web应用/*search4* URL对应的@app.route行，来接收所提交的数据。为此，返回到你的编辑器，再一次编辑vsearch4web.py文件。

Geek Bits

下面对从一个Web服务器（例如，你的Flask Web应用）向一个Web客户端（例如，你的Web浏览器）发送的各种HTTP状态码做一个简短粗略的解释。

主要有5类状态码：100类，200类，300类，400类和500类。

100~199范围内的状态码是**信息**消息：这些状态码都没有问题，服务器在提供关于客户端请求的详细信息。

200~299范围内的状态码是**成功**消息：服务器已经接收、理解和处理客户端的请求。一切正常。

300~399范围内的状态码是**重定向**消息：服务器通知客户端请求可以在别处处理。

400~499范围内的状态码是**客户端错误**消息：服务器从客户端接收到一个它不理解也无法处理的请求。通常这是客户端的问题。

500~599范围内的状态码是**服务器错误**消息：服务器从客户端接收到一个请求，但是服务器尝试处理这个请求时失败了。通常这是服务器的问题。

有关的更多详细内容，请访问：*https://en.wikipedia.org/wiki/List_of_HTTP_status_codes*。

处理提交的数据

除了接收URL作为第一个参数，@app.route修饰符还接收其他可选的参数。

其中之一是methods参数，这会列出URL支持的HTTP方法。默认地，Flask对所有URL都支持GET方法。不过，如果methods参数赋值为一个要支持的HTTP方法列表，就会覆盖这个默认行为。下面是目前的@app.route行：

```
@app.route('/search4')
```

这里没有指定要支持的HTTP方法，所以Flask默认为GET。

要让/search4 URL支持POST，需要为这个修饰符增加methods参数，并为它赋一个HTTP方法列表，也就是你希望这个URL支持的所有HTTP方法。下面的这行代码指出/search4 URL现在只支持POST方法（这意味着不再支持GET方法）：

```
@app.route('/search4', methods=['POST'])
```

"/search4" URL现在只支持POST方法。

只需要这个小小的修改，就足以让你的web应用不再得到"Method Not Allowed"消息，因为与HTML表单关联的POST与@app.route代码行上的POST一致：

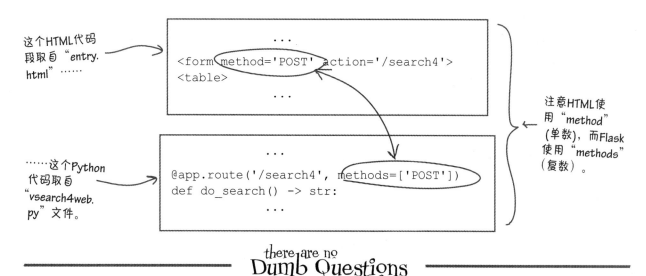

这个HTML代码段取自"entry.html"……

```
...
<form method='POST' action='/search4'>
<table>
...
```

……这个Python代码取自"vsearch4web.py"文件。

```
...
@app.route('/search4', methods=['POST'])
def do_search() -> str:
...
```

注意HTML使用"method"（单数），而Flask使用"methods"（复数）。

there are no Dumb Questions

问： 如果要让我的URL既支持GET方法又支持POST呢？可以吗？

答： 可以，你只需要把要支持的HTTP方法名增加到赋给methods参数的列表中。例如，如果你想为/search4 URL增加GET支持，只需要把@app.route代码行改为：@app.route('/search4', methods=['GET', 'POST'])。有关的更多内容，参见Flask文档（文档可以在这里找到：*http://flask.pocoo.org*）。

改进编辑/停止/启动/测试循环

现在我们已经保存了修改后的代码，接下来合理的步骤是在命令行提示窗口停止这个web应用，然后重启来测试我们的新代码。这个编辑/停止/启动/测试循环是可以的，不过，过一段时间后，这会变得很乏味（特别是如果你要对Web应用的代码做一系列小改动，就会反复这个过程）。

为了提高这个过程的效率，Flask允许在调试模式下运行web应用，每次Flask注意到代码已经改变时（通常是因为你做了修改并且已经保存），就会自动重启你的web应用（当然还不只这些）。这很有意义，所以下面打开调试模式，将vsearch4web.py中的最后一行代码修改如下：

```
app.run(debug=True)    ⟵———— 打开调试模式。
```

你的程序代码现在应该如下所示：

```python
from flask import Flask, render_template
from vsearch import search4letters

app = Flask(__name__)

@app.route('/')
def hello() -> str:
    return 'Hello world from Flask!'

@app.route('/search4', methods=['POST'])
def do_search() -> str:
    return str(search4letters('life, the universe, and everything', 'eiru,!'))

@app.route('/entry')
def entry_page() -> 'html':
    return render_template('entry.html',
                            the_title='Welcome to search4letters on the web!')


app.run(debug=True)
```

现在我们准备试着运行这个代码。为此，按下*Ctrl-C*停止目前正在运行的web应用（最后一次这样做），然后在命令行提示窗口按向上箭头和回车重启应用。

现在不再显示以往的"Running on http://127..."消息，Flask会显示3个新的状态行，它以这种方式告诉你现在已经打开调试模式。下面是我们的计算机上看到的结果：

```
$ python3 vsearch4web.py
 * Running on http://127.0.0.1:5000/ (Press CTRL+C to quit)
 * Restarting with stat    ⟵————
 * Debugger is active!
 * Debugger pin code: 228-903-465
```

这是Flask在告诉你：如果代码改变，Web应用会自动重启。另外：如果你的调试器pin码与我们的不同，也不用担心（这没关系）。我们并不使用这个pin码。

既然已经再一次运行，下面再与我们的Web应用交互，看看有什么变化。

测试

在浏览器中输入 *http://127.0.0.1:5000/entry* 返回到录入表单：

看上去还是很不错。

"Method Not Allowed"错误消息没有了，但还是不太对劲。你可以在这个表单中输入任何短语，然后单击*Do it!*按钮，现在不会出现错误。如果多尝试几次，你会注意到，返回的结果总是一样的（不论你使用什么短语或字母）。下面来调查这是怎么回事。

用Flask访问HTML表单数据

我们的web应用不再出现"Method Not Allowed"错误。但是，它总是返回相同的字符集：u, e, 逗号, i和r。简单地查看请求/*search4* URL时执行的代码，你就会发现为什么会这样：phrase和letters的值硬编码写在函数中：

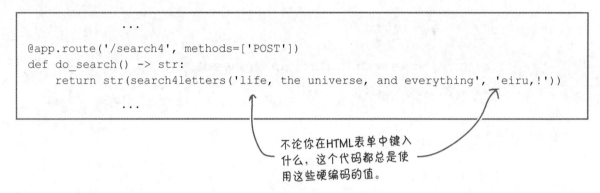

```
            ...
@app.route('/search4', methods=['POST'])
def do_search() -> str:
    return str(search4letters('life, the universe, and everything', 'eiru,!'))
            ...
```

不论你在HTML表单中键入什么，这个代码都总是使用这些硬编码的值。

我们的HTML表单将数据提交到Web服务器，但是要想对这些数据做某些处理，我们需要修改Web应用的代码来接收这个数据，然后对它完成一些操作。

Flask提供了一个内置对象，名为request，利用这个对象可以很容易地访问所提交的数据。request对象包含一个名为form的字典属性，可以访问从浏览器提交的HTML表单数据。与所有其他Python字典类似，form支持最早在第3章见到的中括号记法。要访问表单中的一个数据，可以把表单元素的名字放在中括号中：

可以在web应用的代码中通过"request.form['phrase']"访问这个表单元素的数据。

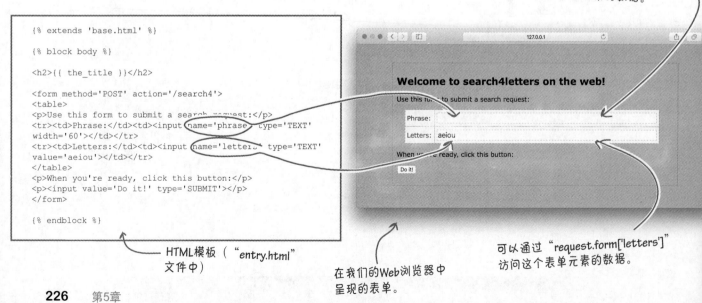

```
{% extends 'base.html' %}

{% block body %}

<h2>{{ the_title }}</h2>

<form method='POST' action='/search4'>
<table>
<p>Use this form to submit a search request:</p>
<tr><td>Phrase:</td><td><input name='phrase' type='TEXT'
width='60'></td></tr>
<tr><td>Letters:</td><td><input name='letters' type='TEXT'
value='aeiou'></td></tr>
</table>
<p>When you're ready, click this button:</p>
<p><input value='Do it!' type='SUBMIT'></p>
</form>

{% endblock %}
```

HTML模板（"entry.html"文件中）

在我们的Web浏览器中呈现的表单。

可以通过"request.form['letters']"访问这个表单元素的数据。

Welcome to search4letters on the web!

Use this form to submit a search request:

Phrase:

Letters: aeiou

When you're ready, click this button:

Do it!

在Web应用中使用请求数据

要使用request对象，需要在程序代码最前面的from　　flask行上导入request，然后根据需要从request.form访问数据。对我们来说，我们希望把do_search函数中硬编码的数据值替换为表单数据。这样做可以确保每次HTML表单中使用不同的phrase和letters值时，从Web应用返回的结果会相应地调整。

下面对我们的程序代码完成这些修改。首先在from Flask导入列表中增加request对象。为此，将vsearch4web.py的第一行代码修改如下：

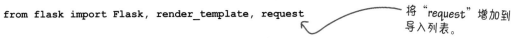

```
from flask import Flask, render_template, request
```

将"request"增加到导入列表。

从上一页介绍的信息可以知道，在代码中可以通过request.form['phrase']访问输入到HTML表单的phrase，输入的letters可以通过request.form['letters']来访问。下面调整do_search函数来使用这些值（并删除硬编码的字符串）：

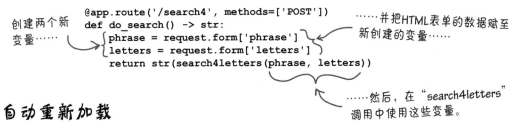

创建两个新变量……

```
@app.route('/search4', methods=['POST'])
def do_search() -> str:
    phrase = request.form['phrase']
    letters = request.form['letters']
    return str(search4letters(phrase, letters))
```

……并把HTML表单的数据赋至新创建的变量……

……然后，在"search4letters"调用中使用这些变量。

自动重新加载

现在……（已经对程序代码完成了上述修改）在做其他工作之前，保存你的vsearch4web.py文件，然后转到命令行提示窗口，查看Web应用生成的状态消息。以下是我们看到的结果（你看到的应该也类似）：

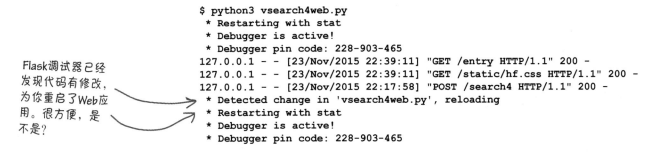

Flask调试器已经发现代码有修改，为你重启了Web应用。很方便，是不是？

```
$ python3 vsearch4web.py
 * Restarting with stat
 * Debugger is active!
 * Debugger pin code: 228-903-465
127.0.0.1 - - [23/Nov/2015 22:39:11] "GET /entry HTTP/1.1" 200 -
127.0.0.1 - - [23/Nov/2015 22:39:11] "GET /static/hf.css HTTP/1.1" 200 -
127.0.0.1 - - [23/Nov/2015 22:17:58] "POST /search4 HTTP/1.1" 200 -
 * Detected change in 'vsearch4web.py', reloading
 * Restarting with stat
 * Debugger is active!
 * Debugger pin code: 228-903-465
```

如果你看到结果的与这里显示的不同，别慌张。只有当你正确地完成了代码修改，才会自动重新加载。如果你的代码有错误，Web应用就会转到命令行提示窗口。要想再次运行，需要修正你的代码错误，然后手动地重启你的Web应用（按向上箭头，然后按回车键）。

测试

我们已经修改了这个Web应用，让它接收（和处理）HTML表单的数据，我们可以指定不同的短语和字母，它都表现得很好：

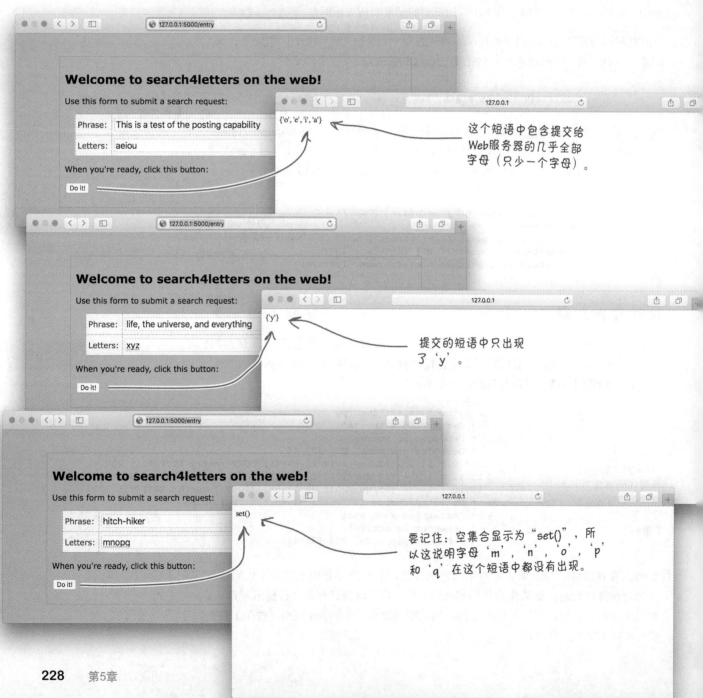

结果生成为HTML

现在与这个Web应用相关的功能都能正常工作了：任何Web浏览器都可以提交一个phrase/letters组合，这个Web应用会代表我们调用search4letters，并返回结果。不过，生成的输出还不是一个HTML　Web页面，它还只是原始数据，作为文本返回给正在等待的浏览器（它会把这个结果显示在屏幕上）。

回忆这一章前面给出的餐巾规范。我们希望生成这样的输出：

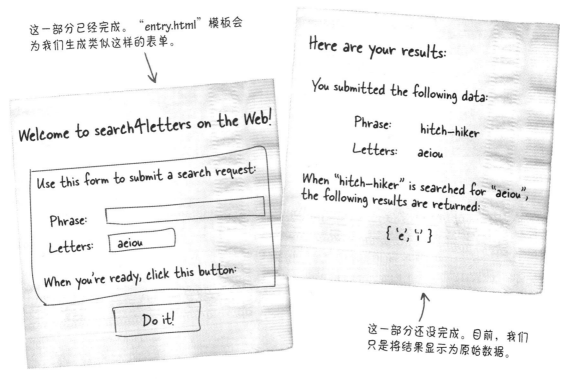

这一部分已经完成。"entry.html"模板会为我们生成类似这样的表单。

Here are your results:

You submitted the following data:

Phrase:　　hitch-hiker

Letters:　　aeiou

When "hitch-hiker" is searched for "aeiou", the following results are returned:

{ 'e', 'i' }

这一部分还没完成。目前，我们只是将结果显示为原始数据。

学习Jinja2的模板技术时，我们提供了两个HTML。第一个是entry.html，用于生成表单。第二个是results.html，用来显示结果。下面就用这个模板将我们的原始数据输出转换为HTML。

there are no Dumb Questions

问： 有没有可能使用Jinja2为非HTML的文本数据建立模板？

答： 可以，Jinja2是一个文本模板引擎，可以有很多用途。也就是说，尽管它通常用于Web开发项目（如这里的Flask项目），不过如果你真的希望这么做，它完全可以用于任何其他文本数据。

计算我们需要的数据

下面来回顾这一章前面给出的results.html模板的内容。这里突出显示了Jinja2特定的标记：

这是 "results.html"。

```
{% extends 'base.html' %}

{% block body %}

<h2>{{ the_title }}</h2>

<p>You submitted the following data:</p>
<table>
<tr><td>Phrase:</td><td>{{ the_phrase }}</td></tr>
<tr><td>Letters:</td><td>{{ the_letters }}</td></tr>
</table>

<p>When "{{the_phrase }}" is search for "{{ the_letters }}", the following
results are returned:</p>
<h3>{{ the_results }}</h3>

{% endblock %}
```

这里突出显示了双大括号包围的名字，这些是Jinja2变量，会从Python代码中的相应变量得到值。这里有4个这样的变量：the_title，the_phrase，the_letters和the_results。再来看do_search函数的代码（如下所示），稍后我们会调整这个代码，让它呈现上面显示的HTML模板。可以看到，这个函数已经包含呈现这个模板所需的4个变量中的两个（而且为了尽可能简单，我们在Python代码中使用了与Jinja2模板中所用变量名类似的名字：

这里有我们需要的
4个变量中的两个。

```
@app.route('/search4', methods=['POST'])
def do_search() -> str:
    phrase = request.form['phrase']
    letters = request.form['letters']
    return str(search4letters(phrase, letters))
```

还需要从这个函数中的变量和所赋的值来创建所需的其余两个模板参数（the_title和the_results）。

可以把"Here are your results:"字符串赋给the_title，然后把search4letters调用赋给the_results。这样在呈现模板之前，所有4个变量都能作为参数传入模板了。

模板磁贴

Head First作者们聚在一起，根据上一页最后描述的更新后do_search函数的需求，编写了所需的代码。他们采用真正的*Head First*风格，利用了一些代码磁贴……还有一个冰箱（最好不要问为什么）。一切搞定后，他们开了一个庆功会，但庆功会太过热闹，一个编辑甚至不小心撞到了冰箱上（嘴里还唱着啤酒歌），现在磁贴都掉到了地上。你的任务是把这些磁贴再贴回到代码中原本的位置上。

```python
from flask import Flask, render_template, request
from vsearch import search4letters

app = Flask(__name__)

@app.route('/')
def hello() -> str:
    return 'Hello world from Flask!'

@app.route('/search4', methods=['POST'])
def do_search() -> ....................:
    phrase = request.form['phrase']
    letters = request.form['letters']

    ..........................................................

    ..........................................................
    return
       ..........................................................

                ..........................................................
                ..........................................................
                ..........................................................
                ..........................................................

@app.route('/entry')
def entry_page() -> 'html':
    return render_template('entry.html',
                           the_title='Welcome to search4letters on the web!')

app.run(debug=True)
```

确定各个虚线位置上要放哪个代码磁贴。

这些是你要处理的磁贴。

```
str(search4letters(phrase, letters))
```
```
the_letters=letters,
```
```
'html'
```
```
=
```
```
title
```
```
=
```
```
the_results=results,
```
```
)
```
```
results
```
```
the_phrase=phrase,
```
```
the_title=title,
```
```
render_template('results.html',
```
```
'Here are your results:'
```

模板磁贴答案

你默默记下以后要注意这个编辑的洒量，然后开始工作，恢复这个新 do_search函数的所有代码磁贴。你的任务是把这些磁贴再贴回到代码中原本的位置上。

下面是我们完成这个任务时给出的答案：

```python
from flask import Flask, render_template, request
from vsearch import search4letters

app = Flask(__name__)

@app.route('/')
def hello() -> str:
    return 'Hello world from Flask!'

@app.route('/search4', methods=['POST'])
def do_search() ->  'html' :
    phrase = request.form['phrase']
    letters = request.form['letters']
    title  =  'Here are your results:'
    results  =  str(search4letters(phrase, letters))
    return render_template('results.html',
                the_phrase=phrase,
                the_letters=letters,
                the_title=title,
                the_results=results, )

@app.route('/entry')
def entry_page() -> 'html':
    return render_template('entry.html',
                the_title='Welcome to search4letters on the web!')

app.run(debug=True)
```

修改注解，指示这个函数现在返回HTML，而不是（像前一个版本中那样返回）一个纯文本字符串。

创建一个Python变量，名为"title"……

……并为"title"赋一个字符串。

创建另一个Python变量，名为"results"……

……将"search4letters"的调用结果赋给"results"。

呈现"results.html"模板。记住：这个模板需要4个参数值。

各个Python变量赋给相应的Jinja2参数。通过这种方式，程序代码的数据会传递到模板中。

不要忘记这个结束函数调用的结束小括号。

既然磁贴都放回原位，下面对你的vsearch4web.py完成这些代码修改。一定要保存文件，确保Flask自动地重新加载你的Web应用。现在我们准备做另一个测试。

测试

下面使用这一章前面同样的例子来测试这个Web应用的新版本。注意，一旦保存你的代码，Flask就会重启你的Web应用。

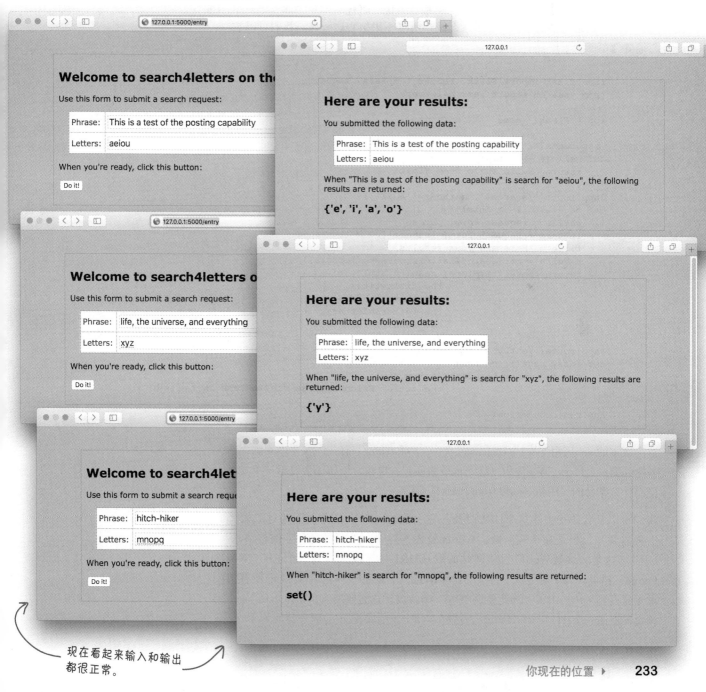

现在看起来输入和输出
都很正常。

最后一笔

下面再来看目前vsearch4web.py的代码。希望现在你已经掌握了所有这些代码。对于刚接触Python的程序员，还有一个小语法元素经常会让他们有些困惑，就是render_template调用中最后还包括一个逗号，因为大多数程序员认为这应该是一个语法错误，不该这么做。尽管（最初）看起来是有一些奇怪，但在Python中这是允许的（但不要求这么做）所以不用担心这一点，我们可以放心地继续下面的工作：

```python
from flask import Flask, render_template, request
from vsearch import search4letters

app = Flask(__name__)

@app.route('/')
def hello() -> str:
    return 'Hello world from Flask!'

@app.route('/search4', methods=['POST'])
def do_search() -> 'html':
    phrase = request.form['phrase']
    letters = request.form['letters']
    title = 'Here are your results:'
    results = str(search4letters(phrase, letters))
    return render_template('results.html',
                            the_title=title,
                            the_phrase=phrase,
                            the_letters=letters,
                            the_results=results,)

@app.route('/entry')
def entry_page() -> 'html':
    return render_template('entry.html',
                            the_title='Welcome to search4letters on the web!')

app.run(debug=True)
```

这个额外的逗号看起来有些奇怪，不过，这是一个完全合法的Python语法（但这是可选的，没有严格要求必须这么做）。

这个版本的web应用支持3个URL：/、/search4和/entry，有些内容要追溯到之前创建的第一个Flask Web应用（这一章最前面）。现在，/ URL会显示一个友好但没什么帮助的"Hello world from Flask!"消息。

我们可以从代码中去除这个URL以及与它关联的hello函数（因为这二者都不再需要），但是如果这么做，Web浏览器与这个web应用交互时倘若请求/URL（这是大多数Web应用和网站的默认URL），就会得到一个404"Not Found"错误。为了避免这个讨厌的错误消息，下面让Flask把对/URL的所有请求重定向到/entry URL。为此要调整hello函数，让它向所有请求/URL的web浏览器返回一个HTML redirect，这样实际上就能将指向/的请求替换为/entry。

重定向来避免不想要的错误

要想使用Flask的重定向技术，需要在from flask导入行上增加redicect（在代码最前面），然后修改hello函数的代码，如下所示：

在导入列表中增加"redirect"

```
from flask import Flask, render_template, request, redirect
from vsearch import search4letters

app = Flask(__name__)

@app.route('/')
def hello() -> '302':
    return redirect('/entry')

    ...
```

其余代码保持不变。

调整注解，更清楚地指出这个函数将返回什么。应该记得，300-399范围内的HTTP状态码是重定向，302是调用"redirect"时Flask向浏览器发回的状态码。

调用Flask的"redirect"函数，指示浏览器请求另外一个URL（在这里就是"/entry"）。

只需做这个简单的编辑，就可以确保web应用的用户请求*/entry*或*/* URL时将看到HTML表单。

完成这个修改，保存你的代码（这会触发自动重新加载），然后试着让你的浏览器分别访问这两个URL。每次都会显示HTML表单。下面来看这个Web应用在命令行提示窗口中显示的状态消息。你可能会看到类似这样的消息：

```
    ...
 * Detected change in 'vsearch4web.py', reloading
 * Restarting with stat
 * Debugger is active!
 * Debugger pin code: 228-903-465
127.0.0.1 - - [24/Nov/2015 16:54:13] "GET /entry HTTP/1.1" 200 -
127.0.0.1 - - [24/Nov/2015 16:56:43] "GET / HTTP/1.1" 302 -
127.0.0.1 - - [24/Nov/2015 16:56:44] "GET /entry HTTP/1.1" 200 -
```

已保存你的代码，所以Flask会重新加载你的Web应用。

这个请求指向"/entry" URL，这会立即得到服务。注意这里的200状态码（应该记得，这一章前面说过，200~299范围内的状态码是成功消息：服务器已经接收、理解和处理客户端的请求）。

如果一个请求指向"/" URL，我们的Web应用首先响应一个302重定向，然后Web浏览器会发送另一个请求指向"/entry" URL，这会成功地得到Web应用的服务（同样地，注意这里的200状态码）。

作为一个策略，这里使用重定向是可以的，不过有些浪费，每次指向*/* URL的一个请求都会变成两个请求（尽管客户端缓存会有些帮助，但这仍不是最优的做法）。如果Flask能够以某种方式将多个URL与一个给定的函数关联，就无需重定向了。这样会更好，不是吗？

函数可以有多个URL

不难猜出我们要做什么，对不对？

实际上Flask确实可以为一个给定的函数关联多个URL，这样就能减少对重定向的需要（比如上一页展示的重定向）。如果一个函数有多个关联的URL，Flask会尝试依次与各个URL匹配，如果找到一个匹配，就会执行这个函数。

要利用这个Flask特性并不难。首先，在程序代码最前面从`from flask`导入行删除`redirect`；我们不再需要这个函数，所以不要导入并不打算使用的代码。接下来，使用你的编辑器，剪切`@app.route('/')`代码行，然后把它粘贴到文件最下面`@app.route('/entry')`行的上面。最后，删除`hello`函数的两行代码，因为我们的web应用不再需要这些代码。

完成这些修改后，你的程序代码应该如下所示：

```python
from flask import Flask, render_template, request
from vsearch import search4letters

app = Flask(__name__)

@app.route('/search4', methods=['POST'])
def do_search() -> 'html':
    phrase = request.form['phrase']
    letters = request.form['letters']
    title = 'Here are your results:'
    results = str(search4letters(phrase, letters))
    return render_template('results.html',
                           the_title=title,
                           the_phrase=phrase,
                           the_letters=letters,
                           the_results=results,)

@app.route('/')
@app.route('/entry')
def entry_page() -> 'html':
    return render_template('entry.html',
                           the_title='Welcome to search4letters on the web!')

app.run(debug=True)
```

不再需要导入"redirect"，所以将它从这个导入行删除。

"hello"函数已经删除。

"entry_page"函数现在有两个关联的URL。

保存这个代码（这会触发重新加载），来测试这个新功能。如果访问/ URL，会出现HTML表单。简单查看Web应用的状态消息，可以确认现在处理/时只会有一个请求，而不再（像前面那样）有两个请求：

```
    ...
 * Detected change in 'vsearch4web.py', reloading
 * Restarting with stat
 * Debugger is active!
 * Debugger pin code: 228-903-465
127.0.0.1 - - [24/Nov/2015 16:59:10] "GET / HTTP/1.1" 200 -
```

同样地，会重新加载这个新版本的Web应用。

一个请求，一个响应。这才像回事。

更新我们知道些什么

我们用了40页来创建一个小Web应用，（通过一个简单的两页面网站）向万维网展示search4letters函数提供的功能。目前，这个Web应用在你的计算机上本地运行。稍后，我们将讨论如何把你的Web应用部署到云，不过先来更新目前已经掌握的知识：

BULLET POINTS

- 你已经了解Python Package Index (**PyPI**)，这是集中管理第三方Python模块的一个存储库。连接互联网时，可以使用pip从PyPI自动安装包。

- 使用pip安装**Flask**微Web框架，然后用它来构建你的Web应用。

- __name__值（由解释器维护）指出了当前活动的命名空间（后面会更详细地介绍有关内容）。

- 函数名前面的@符号标识这是一个修饰符。利用修饰符，可以改变一个已有函数的行为而无需修改这个函数的代码。在你的web应用中，使用了Flask的@app.route修饰符为Python函数关联URL。一个函数可以修饰多次（如do_search函数就关联了多个URL）。

- 已经了解了如何使用**Jinja2**文本模板引擎在Web应用中呈现HTML页面。

这是就这一章的全部内容吗？

你可能觉得这一章并没有介绍多少新的Python知识，确实如此。不过，这一章的一个重点是向你展示只需要很少的几行代码就能建立很有用的Web应用，这很大程度上是因为我们使用了Flask。模板技术也有很大帮助，因为利用模板，可以将Python代码（Web应用的逻辑）与HTML页面（Web页面的用户界面）分离。

可以进一步扩展这个Web应用，让它做更多事情，这并不需要太多工作。实际上，你可以让一个HTML设计师为你生成更多页面，而你可以集中精力编写Python代码，把所有内容集成在一起。随着Web应用的扩展，这种职责分离的优势就会体现出来。你可以专心完成Python代码（因为你是这个项目的程序员），而HTML设计师可以集中精力处理标记（因为这是他们的职责范围）。当然，你们都必须对Jinja2模板有所了解，不过这并不太难，不是吗？

准备把你的Web应用部署到云

这个Web应用已经可以在你的计算机上本地运行，现在来考虑部署这个应用，让更多的人都能使用。这有很多选择，作为Python程序员，你可以选择很多不同的基于Web的托管服务。有一个流行的服务名为*PythonAnywhere*，这个服务基于云，在AWS上托管。我们整个Head First Labs都爱它。

与几乎所有其他云托管的部署解决方案一样，*PythonAnywhere*喜欢控制Web应用的启动。对你来说，这意味着*PythonAnywhere*认为由它负责调用app.run()，这也说明不再需要在你的代码中调用app.run()。实际上，如果你试图执行这行代码，*PythonAnywhere*会拒绝运行你的Web应用。

对于这个问题，一个简单的解决方案就是先从文件中删除最后这行代码，再将文件部署到云。这当然是可行的，不过这也意味着你在本地运行Web应用时需要再把这行代码加回来。如果你要编写和测试新代码，应该在本地完成（而不是在*PythonAnywhere*上），因为云只是用来部署，而不是用来开发。另外，删除这行代码实际上意味着你必须为一个Web应用维护两个版本，一个包含这行代码，另一个没有这行代码。这绝对不是一个好主意（而且如果你要做更多修改，就会更难管理）。

如果能根据是在你的计算机上本地运行Web应用还是在*PythonAnywhere*上远程运行来选择性地执行代码就好了……

> 我在网上见过大量**Python**程序，其中很多在靠近末尾的位置都包含一个代码组，以**if __name__ == '__main__':**开头，这会不会有帮助？

没错，这是一个很好的建议。

很多Python程序中都使用了这行代码。它被大家昵称为"dunder name dunder main"。要了解为什么它很有用（以及为什么对于*PythonAnywhere*可以利用这个代码），下面再来仔细分析它会做什么，以及如何工作。

Dunder Name Dunder Main观察

要理解上一页最后建议的编程构造，下面来看一个使用了这个构造的小程序，名为dunder.py。这个程序只有3行，首先在屏幕上显示一个消息，打印当前的活动命名空间，这存储在__name__变量中。然后有一个if语句查看__name__的值是否设置为__main__，如果是，则显示另一个消息，确认__name__的值（也就是说，会执行与if代码组关联的代码）：

"dunder.py"程序代码，只有3行。

```
print('We start off in:', __name__)
if __name__ == '__main__':
    print('And end up in:', __name__)
```

显示"__name__"的值。

如果设置为"__main__"，则显示"__name__"的值。

使用你的编辑器（或IDLE）创建这个dunder.py文件，然后在命令行提示窗口运行这个程序，来看会发生什么。如果在Windows上，使用以下命令：

```
C:\> py -3 dunder.py
```

如果在Linux或Mac OS X上，则使用以下命令：

```
$ python3 dunder.py
```

不论在哪一个操作系统上，直接由Python执行时，dunder.py程序都会在屏幕上生成以下输出：

```
We start off in: __main__
And end up in: __main__
```

直接由Python执行时，这两个"print"调用都会显示输出。

到目前为止一切都很好。

现在，如果我们将dunder.py文件（记住，这也是一个模块）导入>>>提示窗口，看看会发生什么。这里显示了Linux/Mac OS X上的输出。要看Windows上的输出，需要把（下面的）python3替换为py -3：

```
$ python3
Python 3.5.1 ...
Type "help", "copyright", "credits" or "license" for more information.
>>> import dunder
We start off in: dunder
```

注意这里只显示了一行（而不是两行），因为"__name__"设置为"dunder"（这是所导入的模块的名字）。

这里要了解一点：如果你的程序代码直接由Python执行，dunder.py中的if语句会返回True，因为活动命名空间是__main__。不过，如果你的程序作为一个模块导入（就像上面的Python Shell提示窗口示例那样），if语句总是返回False，因为__name__的值不是__main__，而是所导入的模块的名字（在这里就是dunder）。

利用Dunder Name Dunder Main

现在你已经知道"dunder name dunder main"做什么，下面就利用它来解决*PythonAnywhere*希望代表你执行app.run()时遇到的问题。

看起来*PythonAnywhere*执行这个Web应用代码时，要把包含代码的文件作为一个模块导入。如果这个导入成功，*PythonAnywhere*就会调用app.run()。这就解释了为什么在代码最后保留app.run()对*PythonAnywhere*来说会是个问题，因为它认为app.run()还没有调用，而由于实际上已经调用了app.run()，所以它无法启动我们的Web应用。

为了解决这个问题，可以把app.run()调用包在一个*dunder name dunder main* if语句中（这会确保导入Web代码时不会执行app.run()）。

最后一次编辑vsearch4web.py（起码是这一章的最后一次），把最后一行代码修改如下：

```
if __name__ == '__main__':
    app.run(debug=True)
```

现在只有当直接由Python执行时才会运行"app.run()"代码行。

通过这个小小的修改，现在你可以继续在本地执行你的Web应用（这会执行app.run()行），也可以把这个Web应用部署到*PythonAnywhere*（这种情况下不会执行app.run()行）。不论你的web应用在哪里运行，现在代码只有一个版本，而且能正确地完成工作。

部署到PythonAnywhere （嗯……差不多吧）

接下来就要完成具体的部署，将你的Web应用部署到*PythonAnywhere*的云托管环境。

需要说明，对于这本书，将Web应用部署到云并不是一个绝对必要的需求。尽管我们希望在下一章扩展vsearch4web.py，让它提供额外的功能，但并不是部署到*PythonAnywhere*才能做到这一点。下一章（以及以后）扩展这个应用时，你完全可以继续在本地编辑/运行/测试你的Web应用。

不过，如果你确实希望把应用部署到云，可以参见附录B，其中提供了循序渐进的步骤说明，会告诉你如何完成*PythonAnywhere*上的部署。这并不难，不超过10分钟你就能掌握。

不论是否部署到云，我们都会在下一章再见，在那里我们会讨论在Python程序中保存数据的一些选择。

第5章的代码

```python
from flask import Flask
from vsearch import search4letters

app = Flask(__name__)

@app.route('/')
def hello() -> str:
    return 'Hello world from Flask!'

@app.route('/search4')
def do_search() -> str:
    return str(search4letters('life, the universe, and everything', 'eiru,!'))

app.run()
```

这是"hello_flask.py"，我们的第一个基于Flask的Web应用（Flask是Python的一个微Web框架技术）。

这是"vsearch4web.py"。这个Web应用可以向万维网提供"search4letters"函数的功能。除了Flask，这个代码还利用了Jinja2模板引擎。

```python
from flask import Flask, render_template, request
from vsearch import search4letters

app = Flask(__name__)

@app.route('/search4', methods=['POST'])
def do_search() -> 'html':
    phrase = request.form['phrase']
    letters = request.form['letters']
    title = 'Here are your results:'
    results = str(search4letters(phrase, letters))
    return render_template('results.html',
                           the_title=title,
                           the_phrase=phrase,
                           the_letters=letters,
                           the_results=results,)

@app.route('/')
@app.route('/entry')
def entry_page() -> 'html':
    return render_template('entry.html',
                           the_title='Welcome to... web!')

if __name__ == '__main__':
    app.run(debug=True)
```

这就是"dunder.py"，它能帮助我们理解这个非常方便的"dunder name dunder main"机制。

```python
print('We start off in:', __name__)
if __name__ == '__main__':
    print('And end up in:', __name__)
```

6 存储和管理数据

数据放在哪里

对，对……你的数据已经安全存储。实际上，我们说话的时候我已经都写下来了。

迟早需要把你的数据安全地存储在某个地方。

在**存储数据**方面，Python可以提供所有你想要的。在这一章中，你将学习如何存储和获取文本文件中的数据，作为存储机制，这可能有些简单，不过很多问题领域确实都在使用这种机制。除了由文件存储和获取你的数据，你还会学习管理数据的一些技巧。我们到下一章再讨论"正式内容"（也就是在数据库中存储数据），不过现在处理文件就够我们忙活的了。

用Web应用的数据做些什么

目前，你的Web应用（第5章中开发的应用）可以接收Web浏览器的输入（以phrase和letters的形式），完成一个search4letters调用，然后向正在等待的Web浏览器返回结果。一旦工作完成，你的Web应用就会丢掉它的所有数据。

关于Web应用使用的数据，我们可能会有很多问题。例如：已经响应了多少个请求？最常用的字母列表是什么？请求来自哪个IP地址？哪个浏览器用得最多？诸如此类。

为了回答这些（以及其他）问题，我们要保存这个Web应用的数据，而不是简单地将它们丢掉。上面的建议很有道理：下面就来记录每个Web请求的相关数据，有了记录机制，就能回答所有这些问题了。

Python支持打开、处理和关闭文件

不论使用哪种编程语言，存储数据最容易的方法都是将数据存储在一个文本文件中。因此，Python提供了内置支持来实现文件的打开（**open**）、处理（**process**）和关闭（**close**）。这种通用技术允许你打开一个文件，以某种方式处理其数据（读、写和/或追加数据），然后在完成时关闭文件（这会保存所做的修改）。

下面介绍如何使用Python的"打开、处理和关闭"技术打开一个文件，为它追加一些短字符串作为处理，然后关闭文件。由于我们现在只是做试验，下面在Python >>> shell上运行代码。

首先对一个名为todos.txt的文件调用open，这里使用追加模式，因为我们计划为这个文件增加数据。如果open调用成功，解释器会返回一个对象（称为一个流），这是实际文件的一个别名。这个对象将赋给一个变量，名为todos（不过这里也可以使用你喜欢的任何其他名字）：

Geek Bits

要访问>>>提示窗口：

- [ ] 在你的计算机上运行IDLE。
- [ ] 在*Linux*或*Mac OS X*终端上运行python3命令。或者
- [ ] 在*Windows*命令行上使用py -3。

打开一个文件……   ……它的文件名是这个……

```
>>> todos = open('todos.txt', 'a')
```

如果一切顺利，"open"会返回一个流，我们将这个文件流赋给这个变量。

……采用"追加模式"打开这个文件。

在代码中可以用todos变量指示你的文件（其他编程语言称之为文件句柄）。既然文件已经打开，下面使用print来写文件。如下所示，注意print有一个额外的参数（file），用来指定要写的文件流。我们想记住要做3件事（实际上，这些事情永远也做不完），所以这里调用3次print：

打印一个消息……   ……到文件流。

```
>>> print('Put out the trash.', file=todos)
>>> print('Feed the cat.', file=todos)
>>> print('Prepare tax return.', file=todos)
```

由于我们的任务列表不再需要增加其他记录，下面调用close方法来关闭文件，解释器为每一个文件流都提供了这样一个close方法：

```
>>> todos.close()
```

完成工作，所以最后关闭文件流进行清理。

如果忘记调用close，很可能会丢失数据。一定要记住调用close，这很重要。

从现有文件读取数据

既然已经在todos.txt文件中增加了一些数据行，下面来看从这个文件读取所保存的数据并显示在屏幕上需要的"打开、处理和关闭"代码。

这里不再采用追加模式打开文件，这一次我们只对读取文件中的数据感兴趣。由于读是open的默认模式，所以不需要提供**模式参数**。这里只需要提供文件名。在这个代码中，我们没有用todos作为文件的别名，而是用tasks指示这个打开的文件（与前面一样，这里可以使用你喜欢的任何其他变量名）：

"**读**" 是 "**open**" 函数的默认模式。

打开一个文件……
……它的文件名是这个。

```
>>> tasks = open('todos.txt')
```

如果一切顺利，"open"会返回一个文件流，我们将把它赋给这个变量。

现在使用tasks用一个for循环从这个文件读取各行。这样一来，for循环的迭代变量（chore）会赋为从文件读取的当前数据行。每次迭代会为chore赋一个数据行。在Python的for循环中使用一个文件流时，解释器很聪明，它知道每次循环迭代时要从文件读取一个数据行。另外它也足够聪明地知道如果没有更多数据需要读取就终止循环：

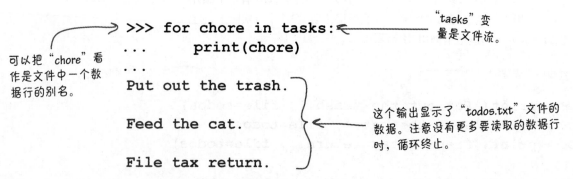

"tasks"变量是文件流。

```
>>> for chore in tasks:
...         print(chore)
...
Put out the trash.

Feed the cat.

File tax return.
```

可以把"chore"看作是文件中一个数据行的别名。

这个输出显示了"todos.txt"文件的数据。注意没有更多要读取的数据行时，循环终止。

由于只是从一个已写的文件中读取数据，与写数据时相比，这里调用close没有那么重要。不过只要不再需要一个文件都应该将它关闭，这总是一个好主意，所以工作完成时要调用close方法：

```
>>> tasks.close()
```

工作完成，所以关闭文件流进行清理。

there are no
Dumb Questions

问: 输出中额外的换行是怎么来的？文件中的数据有3行，for循环却生成了6行输出。这是怎么回事？

答: 没错，for循环的输出看上去确实很奇怪，不是吗？要了解发生了什么，下面来考虑print函数，它的默认行为是在屏幕上显示的任何内容后面追加一个换行。考虑到这一点，另外还要注意到这样一个事实：文件中的各行都以一个换行字符结束（而且这个换行符会作为数据行的一部分读取），所以最后就会打印两个换行：一个来自文件，另一个来自print。要告诉print不要包含第2个换行符，需要把print(chore)改为print(chore, end='')。这样做的效果就是抑制print追加换行符的默认行为，从而屏幕上不会再出现额外的换行。

问: 处理文件中的数据时还有哪些可用的模式？

答: 确实还有一些模式，我们会在下面的Geek Bits里做个总结（顺便说一句，这个问题问得好）。

Geek Bits

open的第一个参数是要处理的文件名。第二个参数是**可选的**。它可以设置为很多不同的值，指示这个文件以什么**模式**打开。模式包括"读"、"写"和"追加"。这些是最常用的模式值，如果第一个参数中指定的文件不存在，其他各个模式（除了'r'之外）都会创建一个新的空文件：

'r' 打开一个文件来**读**数据。这是默认模式，因此也是可选的。如果没有提供第二个参数，就假设为'r'。另外它还假设所读的文件已经存在

'w' 打开一个文件来**写**数据。如果文件中已经包含数据，在继续写之前会先清空文件中的数据。

'a' 打开一个文件来**追加**数据。保留文件的内容，向文件末尾增加新数据（可以与'w'的行为做个比较）。

'x' 打开一个**新文件**来写数据。如果文件已经存在则失败（将这个行为与'w'和'a'进行比较）。

默认地，文件以文本模式打开，这里假设文件包含文本数据行（例如，ASCII或UTF-8）。如果你要处理非文本数据（例如，一个图像文件或MP3文件），可以为模式增加"b"来指定**二进制模式**（例如，'wb'表示"写二进制数据"）。如果第二个参数中还包含"+"，则会打开文件来完成读写（例如，'x+b'表示"读写一个新的二进制文件"）。关于open的更多详细内容可以参考Python文档（还包括其他可选参数的信息）。

> 我在GitHub上见过很多Python项目，其中大多数在打开文件时都使用了一个"with"语句。这是什么意思？

with语句更方便。

结合使用open函数和close方法（中间再加一些处理）是可以的，不过大多数Python程序员不愿意使用这种"打开、处理、关闭"技术，而更喜欢with语句。下面花些时间来看这是为什么。

比"打开、处理、关闭"更好的"with"

介绍with之所以这么流行之前，下面先来看一些使用with的代码。这里给出了（两页前）我们写的代码，用来读入和显示todos.txt文件的当前内容。需要说明，我们调整了print函数调用，不让它在输出上显示额外的换行：

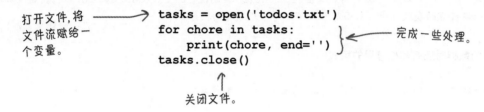

打开文件，将文件流赋给一个变量。

```
tasks = open('todos.txt')
for chore in tasks:
    print(chore, end='')
tasks.close()
```

完成一些处理。

关闭文件。

下面使用一个with语句重写这个代码。下面3行代码使用with可以完成（上面）4行代码同样的处理：

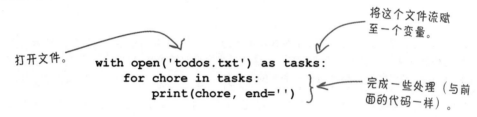

打开文件。

```
with open('todos.txt') as tasks:
    for chore in tasks:
        print(chore, end='')
```

将这个文件流赋至一个变量。

完成一些处理（与前面的代码一样）。

注意少了什么吗？这里没有close调用。with语句足够聪明，只要它的代码组结束，就会代表你调用close。

听上去可能没什么，但实际上这非常有用，因为很多程序员处理完文件时总是忘记调用close。如果只是读文件，这没有什么大问题，不过如果你在写一个文件，忘记调用close可能会导致数据丢失或数据破坏。利用with，你就不用记住要调用close，这个语句允许你集中精力考虑如何具体处理文件中的数据。

"with"语句管理上下文

with语句符合Python中内置的一个编码约定，这称为上下文管理协议。我们会在这本书后面详细讨论这个协议。现在你只要知道，处理文件时如果使用了with，你完全可以忘记调用close。with语句会管理其代码组运行的上下文，结合使用with和open时，解释器会为你完成收尾的清理工作，在需要时调用close。

Python支持"打开，处理，关闭"技术。不过大多数Python程序员更喜欢使用"with"语句。

你对处理文件已经有了一些了解，下面来具体运用你掌握的知识。以下给出了你的 web应用当前的代码。在我们告诉你要做什么之前，再好好读一读这个代码：

```python
from flask import Flask, render_template, request
from vsearch import search4letters

app = Flask(__name__)

@app.route('/search4', methods=['POST'])
def do_search() -> 'html':
    phrase = request.form['phrase']
    letters = request.form['letters']
    title = 'Here are your results:'
    results = str(search4letters(phrase, letters))
    return render_template('results.html',
                           the_title=title,
                           the_phrase=phrase,
                           the_letters=letters,
                           the_results=results,)

@app.route('/')
@app.route('/entry')
def entry_page() -> 'html':
    return render_template('entry.html',
                           the_title='Welcome to search4letters on the web!')

if __name__ == '__main__':
    app.run(debug=True)
```

这是第5章中的 "vsearch4web.py" 代码。

你的任务是编写一个新函数，名为log_request，它有两个参数：req和res。调用这个函数时，req参数赋为当前的Flask请求对象，res参数赋为调用search4letters的结果。log_request函数的代码组应当把req和res的值（作为一行）追加到一个名为vsearch.log的文件。为了帮助你开始，我们已经提供了这个函数的def行。你要提供其余的代码（提示：使用with）：

在这里编写函数的代码组。

```python
def log_request(req: 'flask_request', res: str) -> None:
```

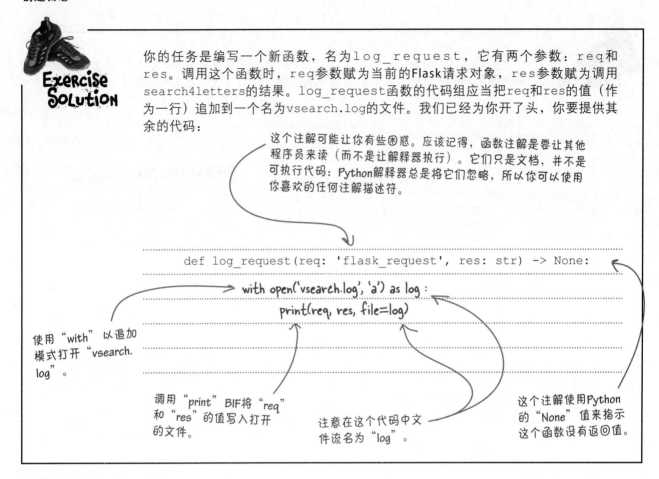

Exercise Solution

你的任务是编写一个新函数，名为log_request，它有两个参数：req和res。调用这个函数时，req参数赋为当前的Flask请求对象，res参数赋为调用search4letters的结果。log_request函数的代码组应当把req和res的值（作为一行）追加到一个名为vsearch.log的文件。我们已经为你开了头，你要提供其余的代码：

这个注解可能让你有些困惑。应该记得，函数注解是要让其他程序员来读（而不是让解释器执行）。它们只是文档，并不是可执行代码：Python解释器总是将它们忽略，所以你可以使用你喜欢的任何注解描述符。

```python
def log_request(req: 'flask_request', res: str) -> None:
    with open('vsearch.log', 'a') as log:
        print(req, res, file=log)
```

使用"with"以追加模式打开"vsearch.log"。

调用"print"BIF将"req"和"res"的值写入打开的文件。

注意在这个代码中文件流名为"log"。

这个注解使用Python的"None"值来指示这个函数没有返回值。

调用日志记录函数

既然已经有了log_request函数，我们什么时候调用它呢？

嗯，首先，下面在vsearch4web.py文件中增加log_request调用。可以把它放在这个文件中的任何地方，不过我们把它直接插入到do_search函数及其关联的@app.route修饰符上面。这样做是因为我们要在do_search函数中调用log_request，把它放在调用函数上面看上去是个好主意。

要确保在do_search函数结束前并且从search4letters调用返回results之后调用log_request。下面的do_search代码段中显示了所插入的调用：

在这里调用"log_request"函数。

```python
    ...
    phrase = request.form['phrase']
    letters = request.form['letters']
    title = 'Here are your results:'
    results = str(search4letters(phrase, letters))
    log_request(request, results)
    return render_template('results.html',
    ...
```

简单回顾

尝试运行最后这个版本的vsearch4web.py之前，下面先检查你的代码与我们的是否完全相同。下面给出整个文件，这里突出显示了增加的代码：

```python
from flask import Flask, render_template, request
from vsearch import search4letters

app = Flask(__name__)

def log_request(req: 'flask_request', res: str) -> None:
    with open('vsearch.log', 'a') as log:
        print(req, res, file=log)

@app.route('/search4', methods=['POST'])
def do_search() -> 'html':
    phrase = request.form['phrase']
    letters = request.form['letters']
    title = 'Here are your results:'
    results = str(search4letters(phrase, letters))
    log_request(request, results)
    return render_template('results.html',
                           the_title=title,
                           the_phrase=phrase,
                           the_letters=letters,
                           the_results=results,)

@app.route('/')
@app.route('/entry')
def entry_page() -> 'html':
    return render_template('entry.html',
                           the_title='Welcome to search4letters on the web!')

if __name__ == '__main__':
    app.run(debug=True)
```

这些是最新增加的代码，这些代码会把每个Web请求记录到一个名为"vsearch.log"的文件。

你可能已经注意到，我们Web应用中所有函数都没有注释。这是有意的（因为我们的篇幅有限，所以不得不有所取舍）。需要说明，你从本书支持网站下载的代码都会包含注释。

尝试运行你的Web应用……

在一个命令行提示窗口启动这个版本的Web应用（如果需要）。在Windows上，使用以下命令：

C:\webapps> py -3 vsearch4web.py

而在Linux或Mac OS X上，使用以下命令：

$ python3 vsearch4web.py

既然这个Web应用开始运行，下面通过HTML表单来记录一些数据。

测试

使用你的Web浏览器通过Web应用的HTML表单提交数据。如果你想跟着我们完成这这个测试，使用以下phrase和letters值提交3个搜索请求：

> hitch-hiker和aeiou。
>
> life, the universe, and everything和aeiou。
>
> galaxy和xyz。

开始之前，注意vsearch.log文件还不存在。

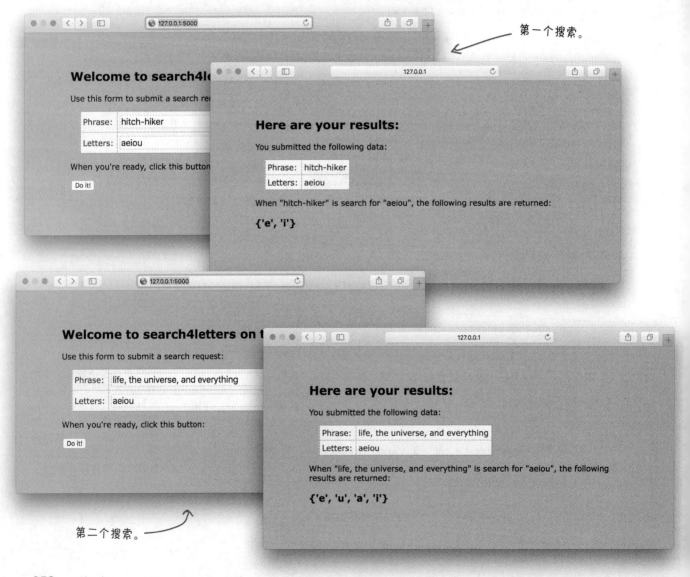

第一个搜索。

第二个搜索。

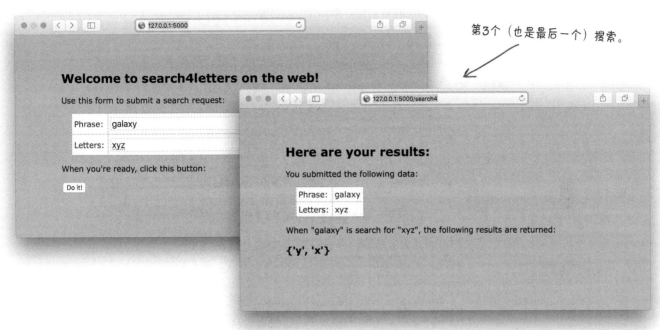

第3个（也是最后一个）搜索。

数据已经记录（在后台）

每次使用这个HTML表单向Web应用提交数据时，`log_request`函数会保存Web请求的详细信息，并把结果写入日志文件。第一次搜索之后，会在Web应用代码所在的同一个文件夹中创建`vsearch.log`文件：

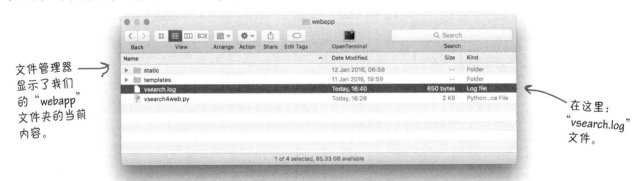

文件管理器显示了我们的"webapp"文件夹的当前内容。

在这里："vsearch.log"文件。

你可能打算用你的文本编辑器查看`vsearch.log`文件的内容。不过这有什么意思？由于这是一个Web应用，下面就通过这个Web应用本身来访问记录的数据。这样一来，与Web应用的数据交互时就不用离开Web浏览器。下面创建一个新的URL，名为*/viewlog*，它会根据需要显示日志的内容。

通过你的Web应用查看日志

要为这个Web应用增加对/viewlog URL的支持。这个Web应用接收到一个指向/viewlog的请求时，它要打开vsearch.log文件，读入所有数据，然后把这些数据发送到正在等待的浏览器。

你应该已经知道要做哪些工作。首先创建一个新的@app.route代码行（我们将在vsearch4web.py中靠近末尾的位置增加这行代码，就放在*dunder name dunder main*行上面）：

@app.route('/viewlog') ← 我们有一个全新的URL。

确定URL后，接下来要写一个函数与这个URL关联。我们把这个新函数命名为view_the_log。这个函数没有任何参数，它会向其调用者返回一个字符串；这个字符串是vsearch.log文件中所有数据行的连接结果。下面是这个函数的def行：

def view_the_log() -> str: ← 而且我们有一个全新的函数，（根据注解）它会返回一个字符串。

现在编写这个函数的代码组。必须打开文件来读数据。这是open函数的默认模式，所以只需要提供文件名作为open的参数。下面使用一个with语句管理上下文，我们的文件处理代码将在这个上下文中执行：

with open('vsearch.log') as log: ← 打开日志文件来读取数据。

在with语句的代码组中，要从文件读取所有数据行。你的第一个想法可能是循环处理这个文件，逐个地读取各个数据行。不过，解释器提供了一个read方法，调用这个方法时，它会"一次性"返回文件的全部内容。下面这行代码就会完成这个工作，创建一个新的字符串，名为contents：

contents = log.read() ← "一次性"读取整个文件，并将它赋至一个变量（这里我们将变量命名为"contents"）。

读取文件后，with语句的代码组结束（关闭文件），现在可以把这个数据发回正在等待的Web浏览器。这很简单：

return contents ← 得到"contents"中的行列表，并返回。

综合起来，现在就有了响应/viewlog请求所需的全部代码；如下所示：

这是支持"/viewlog"URL所需的全部代码。 →

```
@app.route('/viewlog')
def view_the_log() -> str:
    with open('vsearch.log') as log:
        contents = log.read()
    return contents
```

测试

增加并保存这个新代码后，你的Web应用应该会自动重新加载。可以输入你喜欢的一些新的搜索，不过前几页运行的搜索已经记录下来。你完成的新搜索会追加到日志文件中。下面使用/*viewlog* URL来看保存了什么数据。在浏览器的地址栏键入***http://127.0.0.1:5000/viewlog***。

下面是我们在Mac OS X上使用Safari时看到的结果（我们还检查了Firefox和Chrome，也会得到同样的输出）：

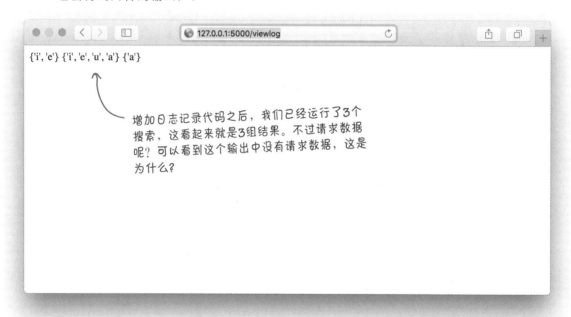

127.0.0.1:5000/viewlog

{'i', 'e'} {'i', 'e', 'u', 'a'} {'a'}

增加日志记录代码之后，我们已经运行了3个搜索，这看起来就是3组结果。不过请求数据呢？可以看到这个输出中没有请求数据，这是为什么？

输出有问题时从哪里开始检查

如果输出与你预想的不太一样（上面就出现了这种情况），最好首先检查Web应用究竟发送了什么数据。要注意重要的一点，屏幕上显示的是Web浏览器呈现（或解释）的Web应用数据。所有主流浏览器都允许你查看接收到的原始数据而不应用任何呈现。这称为页面的**源代码**，查看页面源代码对于调试很有帮助，要了解这里发生了什么，这也是很好的第一步。

如果你在使用*Firefox*或*Chrome*，在浏览器窗口上右键单击鼠标，从弹出菜单中选择**View Page Source**（查看页面源代码），来查看Web应用发送给你的原始数据。如果你在运行Safari，首先需要启用开发选项：打开Safari的首选项，然后选中Advanced（高级）标签页底部的"*Show Develop menu in the menu bar*"（在菜单条上显示开发菜单）选项。完成后，可以返回到浏览器窗口，右键点击鼠标，然后从弹出菜单选择"**Show Page Source**"（显示页面源代码）。现在继续查看原始数据，然后与我们得到的结果（下一页上）进行比较。

通过查看源代码检查原始数据

记住，log_request函数要为记录的每个Web请求保存两个数据：请求对象以及search4letters调用的结果。不过查看日志时（利用*viewlog*），你只看到了结果数据。请求对象到底发生了什么？查看源代码（也就是从Web应用返回的原始数据）能提供一些线索吗？

下面是我们使用Firefox查看原始数据时看到的输出。每个请求对象的输出显示为红色，这也给出了一个线索，指示我们的日志数据中有问题：

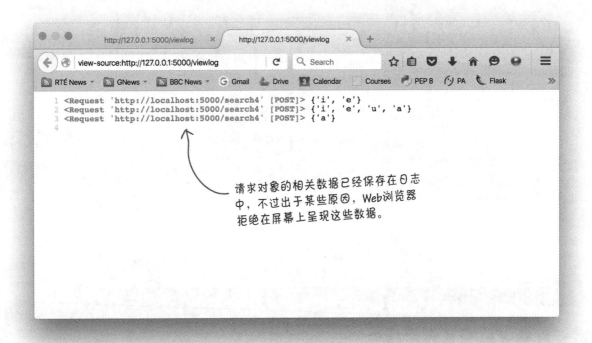

请求对象的相关数据已经保存在日志中，不过出于某些原因，Web浏览器拒绝在屏幕上呈现这些数据。

为什么没有呈现请求数据，解释起来并不难，而且Firefox用红色突出显示了请求数据，这也有助于理解发生了什么。看起来具体的请求数据并没有任何问题。不过，用尖括号（<和>）包围的数据让浏览器有些不满。浏览器看到一个开始尖括号时，会把这个尖括号和与之配对的结束尖括号之间的所有内容当作一个HTML标记。由于<Request>不是一个合法的HTML标记，现代浏览器会将它忽略，拒绝呈现尖括号之间的任何文本，情况就是这样。这就解开了请求数据消失的谜团。不过我们还是希望使用*/viewlog*查看日志时能看到这个数据。

我们要做的就是以某种方式告诉浏览器不要把包围请求对象的尖括号当作HTML标记，而要把它们处理为纯文本。好在Flask提供了一个很有帮助的函数。

现在来转义（你的数据）

最初创建HTML时，设计者知道有些Web页面设计人员可能希望显示尖括号（以及其他对HTML有特殊含义的字符）。因此，他们提出了转义的概念：对HTML的特殊字符编码，使它们能出现在Web页面上，而不是解释为HTML。已经定义了一系列这样的转换，对应每个特殊字符分别有一个转换。这个想法很简单：特殊字符<定义为<，>定义为>。如果发送这些转换形式而不是原始数据，Web浏览器就会正确地处理：它会显示<和>，而不再将它们忽略，而且会显示它们之间的所有文本。

Flask包含一个名为escape的函数（实际上这是从Jinja2继承的）。如果提供了一些原始数据，escape会把这些数据转换为HTML转义的等价形式。下面在Python >>>提示窗口中对escape做些试验，来了解它是如何工作的。

首先从flask模块导入escape函数，然后调用escape并提供一个字符串，其中不包含任何特殊字符：

导入这个 —————→
函数。

```
>>> from flask import escape
>>> escape('This is a Request')
Markup('This is a Request')
```

对一个普通字符串使用"escape"。

没有变化。

escape函数返回一个Markup对象，从用途来讲，这就像是一个字符串。向escape传入包含某个HTML特殊字符的字符串时，则会为你完成转换，如下所示：

```
>>> escape('This is a <Request>')
Markup('This is a &lt;Request&gt;')
```

对包含一些特殊字符的字符串使用"escape"。

特殊字符已经转义（也就是说，已经转换）。

与前面的例子（如上所示）类似，可以把这个标记对象（Markup）当作是一个普通的字符串。

如果可以对日志文件的数据调用escape，我们就能解决目前遇到的不显示请求数据的问题。这应该不难，因为日志文件会由view_the_log函数"一次性"读入，然后再作为一个字符串返回：

这是我们的日志数据（作为一个字符串）。

```
@app.route('/viewlog')
def view_the_log() -> str:
    with open('vsearch.log') as log:
        contents = log.read()
    return contents
```

要解决我们的问题，只需要对contents调用escape。

在Web应用中查看整个日志

对代码的修改很简单，不过得到的结果会大不相同。在flask模块的导入列表
中增加escape（程序最上面），然后在返回的结果字符串上调用escape：

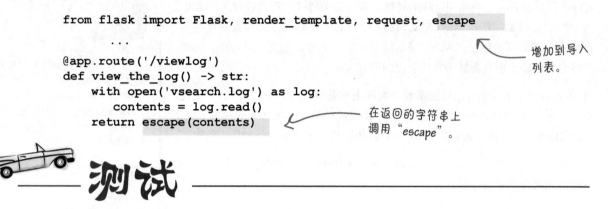

```
from flask import Flask, render_template, request, escape
    ...
@app.route('/viewlog')
def view_the_log() -> str:
    with open('vsearch.log') as log:
        contents = log.read()
    return escape(contents)
```

增加到导入列表。

在返回的字符串上调用"escape"。

测试

修改你的程序，如上所示导入和调用escape，然后保存你的代码（这样你的Web应用会
自动重新加载）。接下来，在浏览器中重新加载/viewlog URL。现在所有日志数据应该都
会出现在屏幕上。一定要查看HTML源代码，确认已经成功转义。下面是我们在Chrome
上测试这个版本的Web应用时看到的结果：

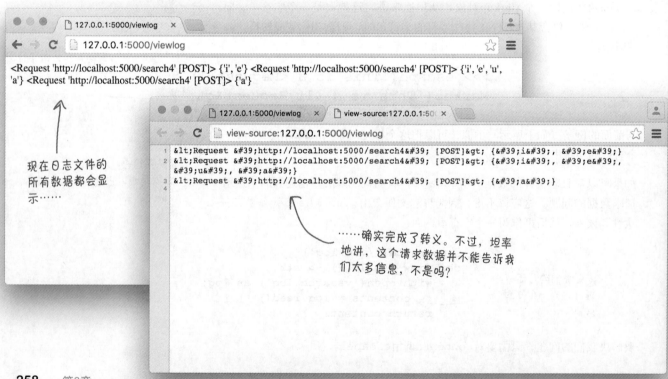

现在日志文件的
所有数据都会显
示……

……确实完成了转义。不过，坦率
地讲，这个请求数据并不能告诉我
们太多信息，不是吗？

更多地了解请求对象

日志文件中与web请求相关的数据并没有太大用处。下面是目前记录的一个例子，尽管所记录的各个结果不同，但是记录的每一个Web请求都完全一样：

记录的每一个Web
请求都相同。

```
<Request 'http://localhost:5000/search4' [POST]> {'i', 'e'}
<Request 'http://localhost:5000/search4' [POST]> {'i', 'e', 'u', 'a'}
<Request 'http://localhost:5000/search4' [POST]> {'a'}
```

记录的各个结果
不同。

这里只是在对象层次上记录这些Web请求，但实际上我们需要查看请求的内部，记录它包含的数据。在这本书前面已经看到，要了解Python中某个对象包含什么时，可以把这个对象提供给dir内置方法，查看它的方法和属性列表。

下面对log_request函数做一个小的调整，让它记录在各个请求对象上调用dir的输出。这个修改并不大，不再将原始的req作为第一个参数传入print，而是传入调用dir(req)的结果（作为一个字符串）。下面是这个新版本的log_request，这里突出显示了所做的修改：

```python
def log_request(req:'flask_request', res:str) -> None:
    with open('vsearch.log', 'a') as log:
        print(str(dir(req)), res, file=log)
```

我们在"req"上调用"dir"，这会生成一个列表，然后将这个列表传递到"str"，把它转换为一个字符串。得到的字符串再与"res"的值一同保存到日志文件中。

Exercise

下面来测试这个新的日志记录代码，来看会有什么不同。完成以下步骤：

1.　　修改你的log_request，要与我们的一致。

2.　　保存vsearch4log.py，从而重启你的Web应用。

3.　　找到并删除当前的vsearch.log文件。

4.　　通过浏览器输入3个新搜索。

5.　　使用/viewlog URL查看新创建的日志。

仔细查看浏览器中显示的内容。你现在看到的有意义吗？

测试

完成上一页最后的5个步骤后，下面是我们看到的结果。这里使用的是Safari（不过所有其他浏览器也会显示同样的结果）：

```
['__class__', '__delattr__', '__dict__', '__dir__', '__doc__', '__enter__', '__eq__', '__exit__', '__format__', '__ge__',
'__getattribute__', '__gt__', '__hash__', '__init__', '__le__', '__lt__', '__module__', '__ne__', '__new__', '__reduce__',
'__reduce_ex__', '__repr__', '__setattr__', '__sizeof__', '__str__', '__subclasshook__', '__weakref__', '_get_file_stream',
'_get_stream_for_parsing', '_is_old_module', '_load_form_data', '_parse_content_type', '_parsed_content_type',
'accept_charsets', 'accept_encodings', 'accept_languages', 'accept_mimetypes', 'access_route', 'application', 'args',
'authorization', 'base_url', 'blueprint', 'cache_control', 'charset', 'close', 'content_encoding', 'content_length', 'content_md5',
'content_type', 'cookies', 'data', 'date', 'dict_storage_class', 'disable_data_descriptor', 'encoding_errors', 'endpoint', 'environ',
'files', 'form', 'form_data_parser_class', 'from_values', 'full_path', 'get_data', 'get_json', 'headers', 'host', 'host_url', 'if_match',
'if_modified_since', 'if_none_match', 'if_range', 'if_unmodified_since', 'input_stream', 'is_multiprocess', 'is_multithread',
'is_run_once', 'is_secure', 'is_xhr', 'json', 'list_storage_class', 'make_form_data_parser', 'max_content_length',
'max_form_memory_size', 'max_forwards', 'method', 'mimetype', 'mimetype_params', 'module', 'on_json_loading_failed',
'parameter_storage_class', 'path', 'pragma', 'query_string', 'range', 'referrer', 'remote_addr', 'remote_user', 'routing_exception',
'scheme', 'script_root', 'shallow', 'stream', 'trusted_hosts', 'url', 'url_charset', 'url_root', 'url_rule', 'user_agent', 'values',
'view_args', 'want_form_data_parsed'] {'x', 'y'} ['__class__', '__delattr__', '__dict__', '__dir__', '__doc__', '__enter__',
'__eq__', '__exit__', '__format__', '__ge__', '__getattribute__', '__gt__', '__hash__', '__init__', '__le__', '__lt__',
'__module__', '__ne__', '__new__', '__reduce__', '__reduce_ex__', '__repr__', '__setattr__', '__sizeof__', '__str__',
'__subclasshook__', '__weakref__', '_get_file_stream', '_get_stream_for_parsing', '_is_old_module', '_load_form_data',
'_parse_content_type', '_parsed_content_type', 'accept_charsets', 'accept_encodings', 'accept_languages',
'accept_mimetypes', 'access_route', 'application', 'args', 'authorization', 'base_url', 'blueprint', 'cache_control', 'charset',
'close', 'content_encoding', 'content_length', 'content_md5', 'content_type', 'cookies', 'data', 'date', 'dict_storage_class',
'disable_data_descriptor', 'encoding_errors', 'endpoint', 'environ', 'files', 'form', 'form_data_parser_class', 'from_values',
'full_path', 'get_data', 'get_json', 'headers', 'host', 'host_url', 'if_match', 'if_modified_since', 'if_none_match', 'if_range',
'if_unmodified_since', 'input_stream', 'is_multiprocess', 'is_multithread', 'is_run_once', 'is_secure', 'is_xhr', 'json',
'list_storage_class', 'make_form_data_parser', 'max_content_length', 'max_form_memory_size', 'max_forwards', 'method',
'mimetype', 'mimetype_params', 'module', 'on_json_loading_failed', 'parameter_storage_class', 'path', 'pragma',
'query_string', 'range', 'referrer', 'remote_addr', 'remote_user', 'routing_exception', 'scheme', 'script_root', 'shallow', 'stream',
'trusted_hosts', 'url', 'url_charset', 'url_root', 'url_rule', 'user_agent', 'values', 'view_args', 'want_form_data_parsed'] {'u', 'i', 'e',
```

看起来很乱。不过请仔细看：这里是我们完成的一个搜索的结果。

这些到底是什么？

你可以在上面的输出中找出记录的结果。其余的输出都是在请求对象上调用dir的结果。可以看到，每个请求对象都有大量关联的方法和属性（即使忽略*dunders*和*wonders*，还是有很多其他方法和属性）。所以记录所有这些属性是没有意义的。

我们查看了所有这些属性，认为其中有3个对于日志记录很重要：

　　　req.form：从Web应用的HTML表单提交的数据。

　　　req.remote_addr：运行Web浏览器的IP地址。

　　　req.user_agent：提交数据的浏览器的标识。

下面调整log_request，只记录这3个特定的数据以及调用search4letters的结果。

记录特定的**Web**请求属性

由于现在有4个数据项需要记录，即表单详细信息、远程IP地址、浏览器标识以及调用search4letters的结果，刚开始修改log_request时可能会写类似下面的代码，这里用单独的print调用记录各个数据项：

```
def log_request(req:'flask_request', res:str) -> None:
    with open('vsearch.log', 'a') as log:
        print(req.form, file=log)
        print(req.remote_addr, file=log)
        print(req.user_agent, file=log)
        print(res, file=log)
```

用单独的"print"语句
记录各个数据项。

这个代码是可以的，不过存在一个问题，每个print调用会默认地在后面追加一个换行符，这说明对于每个Web请求会记录4行数据。如果使用上面的代码，日志文件中的数据可能如下所示：

输入到HTML表单的数据在单独的行上显示。顺便说一句："ImmutableMultiDict"是Flask特定的一个Python字典版本（工作方式与字典是一样的）。

对于每个远程IP地址分别
有一个数据行。

```
ImmutableMultiDict([('letters', 'aeiou'), ('phrase', 'hitch-hiker')])
127.0.0.1
Mozilla/5.0 (Macintosh; Intel Mac OS X 10_11_3) ... Safari/601.4.4
{'i', 'e'}
ImmutableMultiDict([('letters', 'aeiou'), ('phrase', 'life, the universe, and everything')])
127.0.0.1
Mozilla/5.0 (Macintosh; Intel Mac OS X 10_11_3) ... Safari/601.4.4
{'a', 'e', 'i', 'u'}
ImmutableMultiDict([('letters', 'xyz'), ('phrase', 'galaxy')])
127.0.0.1
Mozilla/5.0 (Macintosh; Intel Mac OS X 10_11_3) ... Safari/601.4.4
{'x', 'y'}
```

浏览器标识
也在单独一
行显示。

"search4letters"调用的结果会显示（每个结果
单独成行）。

这个策略并没有本质上的问题（因为记录的数据就是为了便于我们人类阅读）。不过想想看，如果要把这个数据读入一个程序，你需要做什么：对于每一个要记录的Web请求，需要从日志文件读4次（对应记录的每个数据行分别读一次）。这是因为4个数据行才构成一个Web请求。作为一个策略，这种方法看起来有些浪费。对于每个Web请求，如果代码只记录**一行**就会好得多。

记录单行分隔数据

更好的记录策略可能是把4部分数据写为一行，使用一个适当选择的分隔符来分隔各个数据项。

选择分隔符可能有些困难，因为你肯定不想选择一个有可能出现在所记录数据中的字符。用空格字符作为分隔符几乎毫无意义（因为所记录的数据中包含大量空格），对于要记录的数据，甚至使用冒号（:）、逗号（,）和分号（;）也可能有问题。我们向*Head First Labs*的程序员取经，他们建议使用竖线（|）作为分隔符：一方面这样我们人很容易分辨，另一方面我们记录的数据中不太可能有这个字符。下面就采纳这个建议，看看情况会怎么样。

之前已经看到，可以提供额外的参数来调整print的默认行为。除了file参数，还有一个end参数，允许你指定默认换行符之外的一个候选行末字符值。

下面修改log_request，使用一个竖线作为行末值，而不是默认的换行符：

Geek Bits

可以把**分隔符**想成是一个包含一个或多个字符的序列，用来在文本行中确定界限。经典的例子就是CSV文件中使用的逗号字符（,）。

```python
def log_request(req: 'flask_request', res: str) -> None:
    with open('vsearch.log', 'a') as log:
        print(req.form, file=log, end='|')
        print(req.remote_addr, file=log, end='|')
        print(req.user_agent, file=log, end='|')
        print(res, file=log)
```

这些"print"语句分别把默认的换行符替换为一个竖线。

正如我们预想的那样：现在对于每个web请求只会得到一个数据行，其中用一个竖线分隔记录的各个数据项。使用修改后的这个log_request时，我们的日志文件中数据是这样的：

每个Web请求写入单独的一行（这里为了适应篇幅，我们已经将结果自动换行）。

```
ImmutableMultiDict([('letters', 'aeiou'), ('phrase', 'hitch-hiker')])|127.0.0.1|Mozilla/5.0
(Macintosh; Intel Mac OS X 10_11_2) AppleWebKit/601.3.9 (KHTML, like Gecko) Version/9.0.2
Safari/601.3.9|{'e', 'i'}

ImmutableMultiDict([('letters', 'aeiou'), ('phrase', 'life, the universe, and everything')])|12
7.0.0.1|Mozilla/5.0 (Macintosh; Intel Mac OS X 10_11_2) AppleWebKit/601.3.9 (KHTML, like Gecko)
Version/9.0.2 Safari/601.3.9|{'e', 'u', 'a', 'i'}

ImmutableMultiDict([('letters', 'xyz'), ('phrase', 'galaxy')])|127.0.0.1|Mozilla/5.0
(Macintosh; Intel Mac OS X 10_11_2) AppleWebKit/601.3.9 (KHTML, like Gecko) Version/9.0.2
Safari/601.3.9|{'y', 'x'}
```

看到了吗？竖线作为分隔符。这里有3个竖线，这说明每行记录了4部分数据。

总共有3个Web请求，所以可以看到这个日志文件中有3个数据行。

最后一次修改日志记录代码

很多Python程序员都有一个怪毛病，喜欢使用冗长的代码。我们这个最新版本的log_ request工作得很好，不过有些过于罗嗦。具体来说，看起来对于记录的每一个数据项都有一个单独的print语句，这有些没必要。

print函数还有另一个可选的参数sep，它允许指定一个分隔值，如果要在一个print调用中打印多个值，就可以使用这个参数。默认地，sep设置为一个空格字符，不过你也可以使用你喜欢的任何值。在下面的代码中，将（上一页的）4个print调用替换为一个print调用，这里就利用了sep参数（设置为一个竖线字符）。这样一来，我们不用再为print指定end值作为默认的行末字符，正是因为这个原因，下面的代码中去除了end：

只有1个"*print*"调用，而不是4个。

```python
def log_request(req: 'flask_request', res: str) -> None:
    with open('vsearch.log', 'a') as log:
        print(req.form, req.remote_addr, req.user_agent, res, file=log, sep='|')
```

这么长的代码行！PEP 8对它没有什么意见吗？

没错，这个代码行确实违反了一个PEP 8原则。

有些Python程序员会对最后这行代码皱眉，因为**PEP 8**标准特别警告代码行不要超过79个字符。这个代码行有80个字符，确实有些违反原则，不过我们认为与我们的成就相比，这是值得的。

记住：并不是绝对要求严格地遵循PEP 8，因为 PEP 8只是一个风格指南，而不是一组不可违背的规则。在这里，我们认为这样做未尝不可。

下面来看这个新代码会带来怎样的不同。调整你的log_request函数，如下所示：

```
def log_request(req: 'flask_request', res: str) -> None:
    with open('vsearch.log', 'a') as log:
        print(req.form, req.remote_addr, req.user_agent, res, file=log, sep='|')
```

然后完成下面这4个步骤：

1. 保存vsearch4log.py（这会重启你的Web应用）。
2. 找到并删除你当前的vsearch.log文件。
3. 使用浏览器输入这3个新搜索。
4. 使用/viewlog URL查看新创建的日志。

再好好查看浏览器显示的结果。是不是比之前要好？

完成以上练习中列出的4个步骤之后，我们使用Chrome做最后一次测试。下面是我们在屏幕上看到的结果：

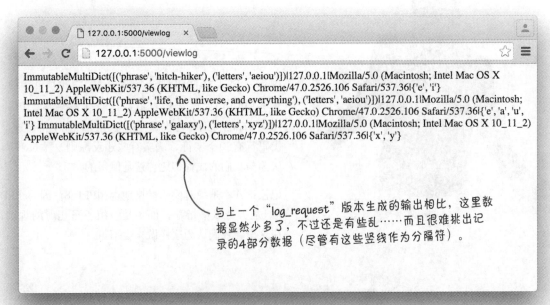

与上一个"log_request"版本生成的输出相比，这里数据显然少多了，不过还是有些乱……而且很难挑出记录的4部分数据（尽管有这些竖线作为分隔符）。

从原始数据到可读的输出

浏览器窗口中显示的数据还是其原始形式。要记住，我们从日志文件读入数据时对数据完成了HTML转义，但是将这个字符串发送到Web浏览器之前没有做任何其他处理。现代Web浏览器会接收这个字符串，去除所有不想要的空白符（如多余的空格、换行符等），然后将数据显示在窗口上。这正是我们的测试中所做的。尽管可以看到记录的（全部）数据，但并不便于阅读。可以考虑对原始数据做进一步的文本处理（让输出更易读），不过要生成可读的输出，一个更好的办法可能是以某种方式处理原始数据将它转换成一个表：

```
ImmutableMultiDict([('phrase', 'hitch-hiker'), ('letters', 'aeiou')])|127.0.0.1|Mozilla/5.0
(Macintosh; Intel Mac OS X 10_11_2) AppleWebKit/537.36 (KHTML, like Gecko) Chrome/47.0.2526.106
Safari/537.36|{'e', 'i'} ImmutableMultiDict([('phrase', 'life, the universe, and
everything'), ('letters', 'aeiou')])|127.0.0.1|Mozilla/5.0 (Macintosh; Intel Mac OS X 10_11_2)
AppleWebKit/537.36 (KHTML, like Gecko) Chrome/47.0.2526.106 Safari/537.36|{'e', 'a', 'u',
'i'} ImmutableMultiDict([('phrase', 'galaxy'), ('letters', 'xyz')])|127.0.0.1|Mozilla/5.0
(Macintosh; Intel Mac OS X 10_11_2) AppleWebKit/537.36 (KHTML, like Gecko) Chrome/47.0.2526.106
Safari/537.36|{'x', 'y'}
```

我们能把这个（不便于阅读）的
原始数据……

……变成一个类似这样的表吗？

Form Data	Remote_addr	User_agent	Results
ImmutableMultiDict([('phrase', 'hitch-hiker'), ('letters', 'aeiou')])	127.0.0.1	Mozilla/5.0 (Macintosh; Intel Mac OS X 10_11_2) AppleWebKit/537.36 (KHTML, like Gecko) Chrome/47.0.2526.106 Safari/537.36	{'e', 'i'}
ImmutableMultiDict([('phrase', 'life, the universe, and everything'), ('letters', 'aeiou')])	127.0.0.1	Mozilla/5.0 (Macintosh; Intel Mac OS X 10_11_2) AppleWebKit/537.36 (KHTML, like Gecko) Chrome/47.0.2526.106 Safari/537.36	{'e', 'a', 'u', 'i'}
ImmutableMultiDict([('phrase', 'galaxy'), ('letters', 'xyz')])	127.0.0.1	Mozilla/5.0 (Macintosh; Intel Mac OS X 10_11_2) AppleWebKit/537.36 (KHTML, like Gecko) Chrome/47.0.2526.106 Safari/537.36	{'x', 'y'}

如果你的Web应用能完成这个转换，那么任何人都能在他们的Web浏览器中查看日志数据，而且能很轻松地理解这些数据。

有没有想起什么?

再来看你想要生成什么。为了节省篇幅，我们只给出了上一页所示表格中的上面一部分。这里要生成的结果有没有让你想起本书前面介绍的某个内容？

Form Data	Remote_addr	User_agen	Results
ImmutableMultiDict([('phrase', 'hitch-hiker'), ('letters', 'aeiou')])	127.0.0.1	Mozilla/5.0 (Macintosh; Intel Mac OS X 10_11_2) AppleWebKit/537.36 (KHTML, like Gecko) Chrome/47.0.2526 .106 Safari/537.36	{'e', 'i'}

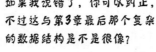

如果我说错了，你可以纠正，不过这与第3章最后那个复杂的数据结构是不是很像？

没错。这确实很像之前我们看到的。

在第3章的最后，我们得到下面这样一个数据表，把它转换成一个复杂的数据结构：一个嵌套字典。

Name	Gender	Occupation	Home Planet
Ford Prefect	Male	Researcher	Betelgeuse Seven
Arthur Dent	Male	Sandwich-Maker	Earth
Tricia McMillan	Female	Mathematician	Earth
Marvin	Unknown	Paranoid Android	Unknown

这个表的开头与上面要生成的表很像，不过这里要使用的数据结构是不是就是嵌套字典呢？

使用嵌套字典……还是其他数据结构？

第3章的数据表很适合使用嵌套字典模型，因为你可以快速访问这个数据结构，抽取出特定的数据。例如，如果你想知道Ford Prefect的母星，所要做的就是：

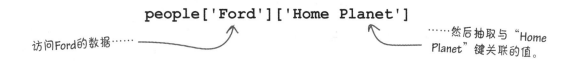

people['Ford']['Home Planet']

访问Ford的数据……

……然后抽取与"Home Planet"键关联的值。

要想随机地访问一个数据结构，没有什么能比得过嵌套字典。不过，对于我们的日志数据，这真是我们想要的吗？

下面来考虑目前我们有什么。

更仔细地查看日志数据

记住，每个日志行都包含4部分数据，分别由一个竖线分隔：HTML表单的数据、远程IP地址、web浏览器的标识，以及调用search4letters的结果。

下面是vsearch.log文件中一个示例数据行，这里突出显示了各个竖线：

表单数据。

远程机器的IP地址。

```
ImmutableMultiDict([('phrase', 'galaxy'), ('letters', 'xyz')])|127.0.0.1|Mozilla/5.0 (Macintosh; Intel
Mac OS X 10_11_2) AppleWebKit/537.36 (KHTML, like Gecko) Chrome/47.0.2526.106 Safari/537.36|{'x', 'y'}
```

Web浏览器的标识字符串。

"search4letters"调用的结果。

从vsearch.log文件读取这个日志数据时，它会作为一个字符串列表到达代码，因为我们使用了readlines方法。由于不需要从记录的数据中随机访问各个数据项，把这个数据转换为一个嵌套字典的做法可能并不好。不过，你需要按顺序处理各行，而且要按顺序处理每一行中的各个数据项。现在已经有一个字符串列表，所以你已经做到了一半，因为可以很容易地用一个for循环处理列表。不过，现在数据行是一个字符串，这是一个问题。如果这是一个数据项列表，而不是一个庞大的字符串，处理各个数据行就更容易了。现在的问题是：能把一个字符串转换为一个列表吗？

连起来的字符串也能分开

你已经知道可以使用"join"将一个字符串列表转换为一个字符串。下面再在>>>
提示窗口中展示这个技巧：

一个字符串列表。

```
>>> names = ['Terry', 'John', 'Michael', 'Graham', 'Eric']
>>> pythons = '|'.join(names)
>>> pythons
'Terry|John|Michael|Graham|Eric'
```

使用"join"技巧。

一个字符串，这是"names"列表中各个字符串连接起来构成的（各个字符串之间用一个竖线分隔）。

由于使用了"join"技巧，原先的字符串列表现在变成了一个字符串，（在这里）各个列表项之间用一个竖线分隔。可以用split方法把这个过程反过来，每个
Python字符串都内置提供了这个方法：

```
>>> individuals = pythons.split('|')
>>> individuals
['Terry', 'John', 'Michael', 'Graham', 'Eric']
```

用给定的分隔符将字符串分解为一个列表。

现在我们又回到之前的字符串列表。

从字符串列表变成嵌套列表

既然你又掌握了split方法，下面再来看日志文件中存储的数据，考虑需要对它做
什么处理。目前，vsearch.log文件中的各个数据行是一个字符串：

原始数据。

```
ImmutableMultiDict([('phrase', 'galaxy'), ('letters', 'xyz')])|127.0.0.1|Mozilla/5.0 (Macintosh; Intel
Mac OS X 10_11_2) AppleWebKit/537.36 (KHTML, like Gecko) Chrome/47.0.2526.106 Safari/537.36|{'x', 'y'}
```

目前你的代码会从vsearch.log文件将所有数据行读入一个字符串列表，名为
contents。这里显示了view_the_log函数的最后3行代码，它从文件读取数据，
并生成那个庞大的字符串：

打开日志文件……

```
            ...
    with open('vsearch.log') as log:
        contents = log.readlines()
    return escape(''.join(contents))
```

……将所有日志数据行读入一个名为"contents"的列表。

view_the_log函数的最后一行代码取contents中的字符串列表，（利用join）将
所有字符串连接到一个大字符串中，再把这个字符串再返回给正在等待的浏览器。

如果contents是一个嵌套列表而不是一个字符串列表，就可以使用一个for循环
按顺序处理contents了。这样就能生成一个更可读的输出，而不是现在我们在屏
幕上看到的这个结果。

应当什么时候转换？

目前，view_the_log函数从日志文件将所有数据读入一个字符串列表（名为contents）。不过我们更希望这个数据是一个嵌套列表。问题是，完成这个转换的"最佳时间"是什么时候？是不是应当把所有数据都读入一个字符串列表，然后"一次性"将这个字符串列表转换为一个嵌套列表？还是在读入各个数据行时就构建这个嵌套列表？

我们需要的数据已经在"contents"中，所以下面把它转换成一个嵌套列表。

我不太确定，因为这样一来我们就得对这个数据处理两次：一次是在读入时，另一次是在转换时。

尽管数据已经在contents中（由于使用了readlines方法），但我们不能忽视另一个事实：在这里已经循环处理过一次数据。调用readlines对我们来说可能只是一个调用，但是解释器（在执行readlines时）会循环处理文件中的数据。如果再次循环处理数据（将字符串转换为列表），就会让循环处理的工作**加倍**。如果只有少量日志记录，这可能不是大问题……但是，如果日志规模增大，这就会成为问题。关键在于：如果能只完成一次循环，那就只做一次循环！

处理数据：我们已经知道些什么

这一章前面你已经看到处理todos.txt文件中数据行的3行Python代码：

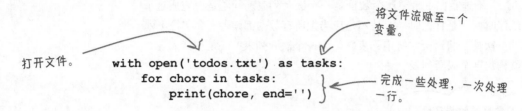

打开文件。

将文件流赋至一个变量。

```
with open('todos.txt') as tasks:
    for chore in tasks:
        print(chore, end='')
```

完成一些处理，一次处理一行。

你还见过split方法，它取一个字符串，根据某个分隔符（如果没有提供其他分隔符，默认为空格）将它转换为一个字符串列表。在我们的数据中，分隔符是一个竖线。下面假设将一个日志数据行存储在名为line的一个变量中。可以用以下代码把line的字符串转换为一个包含4个字符串的列表（使用竖线作为分隔符）：

这是新创建的列表的名字。

使用一个竖线作为分隔符。

```
four_strings = line.split('|')
```

使用"split"将字符串分解为一个子串列表。

由于永远也无法确定从日志文件读取的数据是否包含对HTML有特殊含义的字符，所以我们学习了escape函数。这个函数由Flask提供，可以将字符串中的任何HTML特殊字符转换为等价的转义值：

对一个包含HTML特殊字符的字符串使用"escape"。

```
>>> escape('This is a <Request>')
Markup('This is a &lt;Request&gt;')
```

另外，从第2章开始，你已经知道可以通过赋空列表（[]）来创建一个新列表。你还知道可以调用append方法来为一个已有列表的末尾赋值（增加数据），另外可以使用[-1]记法访问任何列表中的最后一项：

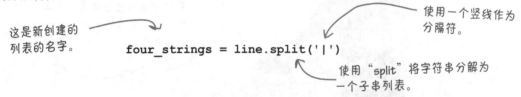

创建一个新的空列表，名为"names"。

向已有列表的末尾增加一些数据。

```
>>> names = []
>>> names.append('Michael')
>>> names.append('John')
>>> names[-1]
'John'
```

访问"names"列表中的最后一项。

有了以上知识，看你能不能完成下一页上的练习。

下面是view_the_log函数目前的代码:

```
@app.route('/viewlog')
def view_the_log() -> str:
    with open('vsearch.log') as log:
        contents = log.readlines()
    return escape(''.join(contents))
```

这个代码从日志文件将数据读入一个字符串列表。你的任务是把这个代码改写为将数据读入一个嵌套列表。

确保写入这个嵌套列表的数据已经适当地转义,因为你不希望漏掉任何HTML特殊字符。

另外,要确保你的新代码仍会向Web浏览器返回一个字符串。

我们已经为你开了一个头,请填入其余的代码:

前两行代码仍
保持不变。

```
@app.route('/viewlog')
def view_the_log() -> 'str':
```

....

....

....

....

在这里增加你的
新代码。

....

....

....

....

这个函数仍返
回一个字符串。

```
    return str(contents)
```

在这里多花些时间好好想一想。如果需要还可以在>>>shell上做些试验,如果没有头绪
也不担心,可以翻到下一页看看答案。

嵌套列表

下面是view_the_log函数目前的代码：

```
@app.route('/viewlog')
def view_the_log() -> str:
    with open('vsearch.log') as log:
        contents = log.readlines()
    return escape(''.join(contents))
```

你的任务是把这个代码改写为将数据读入一个嵌套列表。

确保写入这个嵌套列表的数据已经适当地转义，因为你不希望漏掉任何HTML特殊字符。

另外，要确保你的新代码仍会向Web浏览器返回一个字符串。

我们已经为你开了一个头，请填入其余的代码：

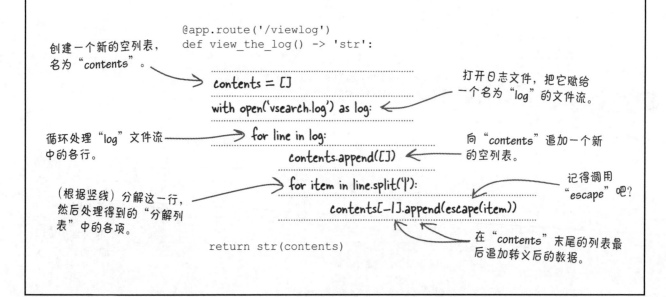

创建一个新的空列表，名为"contents"。

```
@app.route('/viewlog')
def view_the_log() -> 'str':
    contents = []
    with open('vsearch.log') as log:
        for line in log:
            contents.append([])
            for item in line.split('|'):
                contents[-1].append(escape(item))
    return str(contents)
```

打开日志文件，把它赋给一个名为"log"的文件流。

循环处理"log"文件流中的各行。

向"contents"追加一个新的空列表。

（根据竖线）分解这一行，然后处理得到的"分解列表"中的各项。

记得调用"escape"吧？

在"contents"末尾的列表最后追加转义后的数据。

在改写后的view_the_log函数中有这样一行代码，如果这个代码让你很困惑，不用担心：

```
contents[-1].append(escape(item))
```

这行代码要从内向外、从右向左读。

要理解这行（最初看来很吓人的）代码，技巧就在于要从内向外、从右向左读。首先从外围for循环的item开始，它会传递到escape。再用append将得到的字符串追加到contents末尾（[-1]）的列表。记住：contents本身是一个嵌套列表，即列表的列表。

测试

如下修改你的view_the_log函数：

```python
@app.route('/viewlog')
def view_the_log() -> 'str':
    contents = []
    with open('vsearch.log') as log:
        for line in log:
            contents.append([])
            for item in line.split('|'):
                contents[-1].append(escape(item))
    return str(contents)
```

保存你的代码（这会让你的Web应用重新加载），然后在浏览器中重新加载*/viewlog* URL。
下面是我们在浏览器中看到的结果：

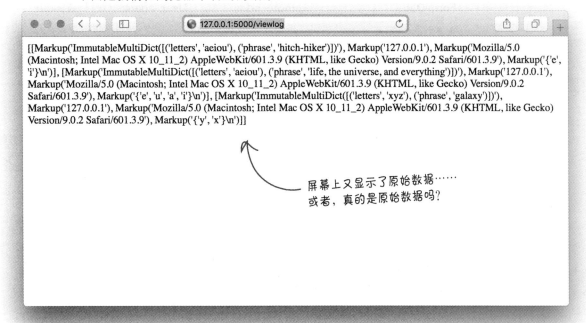

屏幕上又显示了原始数据……
或者，真的是原始数据吗？

仔细查看输出

乍一看，这个新版本的view_the_log生成的输出与之前看到的输出非常
相似。不过，实际上它们并不相同：这个新输出是一个嵌套列表，而不再
是一个字符串列表。这是一个很重要的变化。如果现在使用一个适当设计
的Jinja2模板处理contents，就基本上能得到这里所需的可读的输出了。

用HTML生成可读的输出

应该记得，我们的目标是生成在屏幕上看起来更美观的输出，而不是上一页上的原始数据。为此，HTML提供了一组标记来定义表格的内容：包括 <table>, <th>, <tr>和<td>。记住这一点，下面再来看看我们想要生成的表格的上面一部分。对于日志中的每一行，这个表中会有一个相应的数据行，组织为4列（每一列有一个描述性的标题）。

可以把整个表放在一个HTML <table>标记里，每个数据行有自己的<tr>标记。描述标题对应<th>标记，每个原始数据有相应的<td>标记：

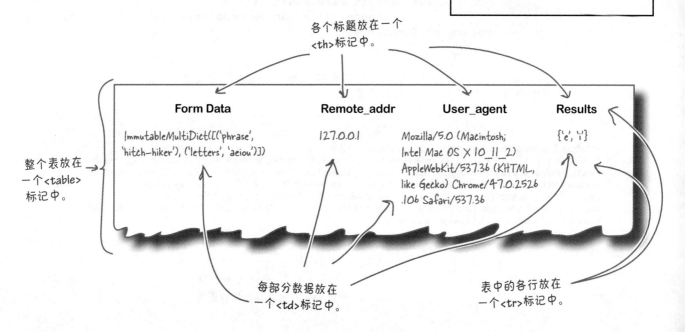

如果发现需要生成HTML（特别是<table>），就应该想起Jinja2。Jinja2模板引擎主要就是设计用来生成HTML，这个引擎包含一些基本的编程构造（大致基于Python语法），可以用来"自动实现"你可能需要的显示逻辑。

上一章中，你已经看到Jinja2的{{和}}标记，以及{% block %}标记，利用这些标记，可以使用HTML变量和块作为模板的参数。实际上{%和%}标记要通用得多，可以包含任何Jinja2语句，其中就包括for循环构造。下一页上你会看到一个新模板，将利用Jinja2的for循环从contents中包含的嵌套列表来构建可读的输出。

在模板中嵌入显示逻辑

下面是一个新模板，名为viewlog.html，可以用这个模板将日志文件的原始
数据转换为一个HTML表格。这个模板希望传入contents嵌套列表作为它的
一个参数。这里突出显示了希望你特别关注的模板部分。需要说明，Jinja2的
for循环构造与Python的for循环非常相似。不过有两个主要区别：

- 行尾不需要一个冒号（:）（因为%}标记相当于一个分隔符）。

- 循环的代码组用{% endfor %}结束，因为Jinja2不支持缩进（所以需要
  另外一种机制）。

可以看到，第一个for循环希望在一个名为the_row_titles的变量中查找数
据，而第二个for循环希望得到the_data中的数据。第三个for循环（嵌套在
第二个循环中）希望数据是一个数据项列表：

你不用自己创建这个模板，
可以从以下地址下载：
http://python.itcarlow.ie/ed2/

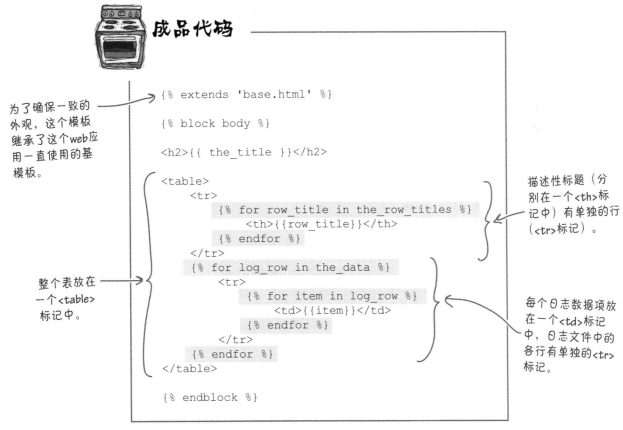

成品代码

为了确保一致的外观，这个模板继承了这个web应用一直使用的基模板。

```
{% extends 'base.html' %}

{% block body %}

<h2>{{ the_title }}</h2>

<table>
    <tr>
        {% for row_title in the_row_titles %}
            <th>{{row_title}}</th>
        {% endfor %}
    </tr>
    {% for log_row in the_data %}
        <tr>
            {% for item in log_row %}
                <td>{{item}}</td>
            {% endfor %}
        </tr>
    {% endfor %}
</table>

{% endblock %}
```

整个表放在一个<table>标记中。

描述性标题（分别在一个<th>标记中）有单独的行（<tr>标记）。

每个日志数据项放在一个<td>标记中，日志文件中的各行有单独的<tr>标记。

使用之前，一定要把这个模板放在你的Web应用的templates文件夹下面。

用Jinja2生成可读的输出

由于viewlog.html模板继承自base.html，要记得为the_title参数提供一个值，并在the_row_titles中提供一个列标题（描述性标题）列表。另外不要忘记将contents赋给the_data参数。

目前view_the_log函数是这样的：

```
@app.route('/viewlog')
def view_the_log() -> 'str':
    contents = []
    with open('vsearch.log') as log:
        for line in log:
            contents.append([])
            for item in line.split('|'):
                contents[-1].append(escape(item))
    return str(contents)
```

目前我们向正在等待的Web浏览器返回一个字符串。

要在viewlog.html上调用render_template，为它需要的3个参数分别传入值。下面创建一个描述性标题元组，并把它赋给the_row_titles，然后将contents的值赋至the_data。在呈现这个模板之前，我们还为the_title提供了一个适当的值。

记住：元组就是一个只读的列表。

记住这些，下面修改view_the_log（我们突出显示了修改的部分）：

```
@app.route('/viewlog')
def view_the_log() -> 'html':
    contents = []
    with open('vsearch.log') as log:
        for line in log:
            contents.append([])
            for item in line.split('|'):
                contents[-1].append(escape(item))
    titles = ('Form Data', 'Remote_addr', 'User_agent', 'Results')
    return render_template('viewlog.html',
                           the_title='View Log',
                           the_row_titles=titles,
                           the_data=contents,)
```

修改注解来指示现在会返回HTML（而不是一个字符串）。

创建描述性标题的一个元组。

调用"render_template"，并为模板的各个参数提供值。

对你的view_the_log函数完成这些修改，然后保存，使Flask重启你的Web应用。完成后，在浏览器中使用 http://127.0.0.1:5000/viewlog URL查看日志。

测试

下面是使用更新后的Web应用查看日志时我们看到的页面。这个页面与所有其他页面有同样的外观，所以可以相信我们的Web应用使用了正确的模板。

我们对这个结果很满意（希望你也是），因为这与我们希望达到的目标非常相似：可读的输出。

View Log

Form Data	Remote_addr	User_agent	Results
ImmutableMultiDict([('letters', 'aeiou'), ('phrase', 'hitch-hiker')])	127.0.0.1	Mozilla/5.0 (Macintosh; Intel Mac OS X 10_11_2) AppleWebKit/601.3.9 (KHTML, like Gecko) Version/9.0.2 Safari/601.3.9	{'e', 'i'}
ImmutableMultiDict([('letters', 'aeiou'), ('phrase', 'life, the universe, and everything')])	127.0.0.1	Mozilla/5.0 (Macintosh; Intel Mac OS X 10_11_2) AppleWebKit/601.3.9 (KHTML, like Gecko) Version/9.0.2 Safari/601.3.9	{'e', 'u', 'a', 'i'}
ImmutableMultiDict([('letters', 'xyz'), ('phrase', 'galaxy')])	127.0.0.1	Mozilla/5.0 (Macintosh; Intel Mac OS X 10_11_2) AppleWebKit/601.3.9 (KHTML, like Gecko) Version/9.0.2 Safari/601.3.9	{'y', 'x'}

不仅输出是可读的，而且看起来也不错。

如果查看上面这个页面的源代码，鼠标右键单击页面，然后从弹出菜单选择适当的选项，你会看到日志中的每一个数据项都放在它自己的<td>标记中，每个数据行也有自己的<tr>标记，整个表放在一个HTML <table>中。

Web应用代码的当前状态

下面暂停一下，先来回顾这个Web应用的代码。已经在这个Web应用的代码基中增加了补充的日志记录代码（`log_request`和`view_the_log`），不过所有代码只需要一页就能显示。下面是显示在一个IDLE编辑窗口中的`vsearch4web.py`代码（方便你在查看代码时能利用它的语法突出显示特性）：

```
vsearch4web.py - /Users/paul/Desktop/_NewBook/ch06/webapp/vsearch4web.py (3.5.1)

from flask import Flask, render_template, request, escape
from vsearch import search4letters


app = Flask(__name__)

def log_request(req:'flask_request', res:str) -> None:
    with open('vsearch.log', 'a') as log:
        print(req.form, req.remote_addr, req.user_agent, res, file=log, sep='|')

@app.route('/search4', methods=['POST'])
def do_search() -> 'html':
    phrase = request.form['phrase']
    letters = request.form['letters']
    title = 'Here are your results:'
    results = str(search4letters(phrase, letters))
    log_request(request, results)
    return render_template('results.html',
                           the_title=title,
                           the_phrase=phrase,
                           the_letters=letters,
                           the_results=results,)

@app.route('/')
@app.route('/entry')
def entry_page() -> 'html':
    return render_template('entry.html',
                           the_title='Welcome to search4letters on the web!')

@app.route('/viewlog')
def view_the_log() -> 'html':
    contents = []
    with open('vsearch.log') as log:
        for line in log:
            contents.append([])
            for item in line.split('|'):
                contents[-1].append(escape(item))
    titles = ('Form Data', 'Remote_addr', 'User_agent', 'Results')
    return render_template('viewlog.html',
                           the_title='View Log',
                           the_row_titles=titles,
                           the_data=contents,)

if __name__ == '__main__':
    app.run(debug=True)

                                                                    Ln: 2  Col: 0
```

关于数据的问题

我们已经很好地实现了这个Web应用的功能，不过能不能回答这一章开头提出的问题：已经响应了多少个请求？最常用的字母列表是什么？请求来自哪些IP地址？哪个浏览器用得最多？

最后两个问题一定程度上可以根据/*viewlog* URL显示的输出来回答。你能看到请求来自哪里（**Remote_addr**列），还可以看到使用了哪个web浏览器（**User_agent**列）。不过，如果你想得出网站用户使用最多的主流浏览器是哪一个，这就不太容易了。只查看显示的日志数据还不够，还必须完成额外的一些计算。

前两个问题也不容易回答。显然这里同样需要做进一步的计算。

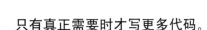

我们要做的就是再写一些代码来完成这些计算，对不对？

只有真正需要时才写更多代码。

如果我们只能用Python，那么好吧，我们确实需要编写更多的代码来回答这些问题（以及可能出现的任何其他问题）。毕竟，写Python代码很有意思，而且Python也很擅长处理数据。看起来毫无疑问要编写更多代码来回答你们的问题，不是吗？

嗯……实际上，还有另外一些技术可以很容易地回答我们提出的这些问题，而无需我们编写更多的Python代码。具体来讲，如果可以把日志数据保存到一个数据库中，就可以利用数据库查询技术的强大功能来回答几乎所有问题。

下一章中，你会看到如何修改你的Web应用，将数据记录到一个数据库中而不是记录到文本文件中。

代码

第6章的代码

记住：它们都完成同样的事情，不过Python程序员更喜欢这个代码而不是这一个。

```python
with open('todos.txt') as tasks:
    for chore in tasks:
        print(chore, end='')
```

```python
tasks = open('todos.txt')
for chore in tasks:
    print(chore, end='')
tasks.close()
```

这是我们增加到Web应用的日志记录代码，可以将Web请求记录到一个文本文件中。

```python
    ...

def log_request(req: 'flask_request', res: str) -> None:
    with open('vsearch.log', 'a') as log:
        print(req.form, req.remote_addr, req.user_agent, res, file=log, sep='|')

    ...


@app.route('/viewlog')
def view_the_log() -> 'html':
    contents = []
    with open('vsearch.log') as log:
        for line in log:
            contents.append([])
            for item in line.split('|'):
                contents[-1].append(escape(item))
    titles = ('Form Data', 'Remote_addr', 'User_agent', 'Results')
    return render_template('viewlog.html',
                           the_title='View Log',
                           the_row_titles=titles,
                           the_data=contents,)

    ...
```

这里没有显示"vsearch4web.py"的全部代码，只显示了新增的部分（翻回上一页，你会看到整个程序）。

7 使用数据库

具体使用Python 的DB-API

有意思……如果是这样，我们最好把数据存储在一个数据库里。

对。我看也是。不过……怎么做呢？

把数据存储在关系数据库系统里很方便。

这一章中，你会了解如何编写代码与流行的**MySQL**数据库技术交互，这里会使用一个通用的数据库API，名为**DB-API**。利用DB-API（所有Python安装都会提供这个API），可以编写通用的代码，从而能很容易地从一个数据库产品迁移到另一个数据库产品……这里假设数据库都懂SQL。尽管我们使用MySQL，但你完全可以对你喜欢的关系数据库使用DB-API代码（不论是什么数据库）。下面来看在Python中使用关系数据库涉及哪些内容。这一章并没有太多新的Python知识，不过使用Python与数据库交互是个非常重要的内容，很有必要好好学习。

基于数据库的Web应用

这一章计划修改你的Web应用，将日志数据存储在一个数据库中，而不是像上一章那样存储在一个文本文件中。我们希望，通过这个修改，你能对上一章提出的问题给出答案：响应了多少个请求？最常用的字母列表是什么？请求来自哪些IP地址？哪个浏览器用得最多？

不过，要达到这个目的，首先我们需要确定使用什么数据库系统。这有很多选择，可以用十几页篇幅来介绍有哪些候选的数据库技术，研究它们各自的优缺点，不过我们不打算这么做。实际上，由于MySQL非常流行，我们选择使用MySQL作为我们的数据库技术。

确定选择MySQL之后，后面十几页将完成以下4个任务：

1 安装MySQL服务器。

2 为Python安装一个MySQL数据库驱动程序。

3 为我们的web应用创建数据库和表。

4 创建代码来处理这个web应用的数据库和表。

完成这4个任务之后，就能修改vsearch4web.py代码，将数据记入MySQL而不是记录到一个文本文件中。然后再使用SQL查询和（幸运地）回答我们的问题。

there are no Dumb Questions

问：这里必须使用MySQL吗？

答：如果想跟着我们学习这一章后面的例子，那么答案就是肯定的。

问：我可以使用MariaDB而不是MySQL吗？

答：可以，因为MariaDB是MySQL的克隆版本，可以使用MariaDB作为你的数据库系统而不是"官方的"MySQL，这没有任何问题（实际上，在Head First Labs，MariaDB是开发运维团队最喜欢的数据库）。

问：PostgreSQL呢？可以用这个数据库吗？

答：嗯……也可以，前提是如果你已经在使用PostgreSQL（或者另外一个基于SQL的数据库管理系统），那么可以尝试用这个数据库取代MySQL。不过，需要说明，这一章不会提供有关PostgreSQL（或其他数据库）的任何特定的说明，所以如果我们向你展示了MySQL的某个特性，而在你选择的数据库上这个特性的表现有所不同，你就必须在你自己的数据库上做些试验。另外还有一个独立的单用户SQLite，这是Python提供的一个数据库，允许你使用SQL而不需要单独的服务器。也就是说，使用哪一种数据库技术很大程度上取决于你打算做什么。

任务1: 安装MySQL服务器

如果已经在你的计算机上安装了MySQL，可以直接转到任务2。

如何安装MySQL取决于你使用的操作系统。好在MySQL（和它的"兄弟"MariaDB）的支持人员很给力，让这个安装过程非常简单。

如果你在运行Linux，可以很容易地在软件存储库中找到`mysql-server`（或`mariadb-server`）。使用你的软件安装工具（`apt`, `aptitude`, `rpm`, `yum`或任何其他工具）像安装其他包一样安装MySQL。

如果你在运行*Mac OS X*，建议先安装*Homebrew*（可以在这里找到Homebrew：*http://brew.sh*），然后用它安装MariaDB，因为从我们的经验来看，这个组合安装效果很好。

对于所有其他系统（包括各种*Windows*版本），我们建议安装MySQL服务器的**社区版（Community Edition）**，可以在这里获得：

http://dev.mysql.com/downloads/mysql/

或者，如果你想使用MariaDB，可以从这里下载：

https://mariadb.org/download/

不论你下载和安装哪个版本的服务器，一定要阅读相关的安装文档。

> 这太痛苦了，因为我以前从来没有用过MySQL……

如果对你来说这是全新的内容，也不用担心。

学习这些内容时，我们并不期望你是一个MySQL神童。为了帮助你掌握每一个例子，我们会提供你需要的全部知识（即使你以前从来没有用过MySQL）。

如果你想花些时间学习更多的有关知识，建议你找一本Lynn Beighley的《Head First SQL》，这是一本非常棒的入门书。

- ☐ 在你的计算机上安装MySQL。
- ☐ 安装一个MySQL Python驱动程序。
- ☐ 创建数据库和表。
- ☐ 创建代码来读/写数据。

完成每一个任务时我们会给它打勾。

来自市场的声音：在全世界……所有MySQL书里…这是我们初学MySQL时带到酒吧……嗯……办公室的书。

尽管这本书是关于SQL查询语言的，但是它使用了MySQL数据库管理系统来完成所有例子。尽管这本书出版比较早，但仍然是一个非常棒的学习资源。

引入Python的DB-API

安装了数据库服务器之后，下面让它先稍事休息，现在我们要在Python中增加MySQL支持。

实际上，Python解释器对于处理数据库已经提供了一些支持，不过没有对MySQL特定的支持。它提供的是一个标准数据库API（应用编程接口），称为*DB-API*，可以用来处理基于SQL的数据库。这里缺少一个针对你使用的具体数据库技术的**驱动程序**来连接DB-API。

这里有一个约定：程序员使用Python与任何底层数据库交互时都使用DB-API，而不论这个数据库技术具体是什么。这样做是因为，利用驱动程序，程序员无需了解与数据库具体API交互的底层细节，因为DB-API在代码与驱动程序之间提供了一个抽象层。这里的想法是：通过使用DB-API编程，可以根据需要替换底层数据库技术，而无需丢弃现有的代码。

这一章后面还会更多地介绍DB-API。下面用图示来说明使用Python的DB-API时会发生什么：

☑	在你的计算机上安装MySQL。
☐	安装一个MySQL Python驱动程序。
☐	创建数据库和表。
☐	创建代码来读/写数据。

Geek Bits

Python的DB-API在PEP 0247中定义。尽管如此，不要以为必须读这个PEP，因为这个PEP主要用作为数据库驱动程序实现者的一个规范（而不是一个关于如何使用的教程）。

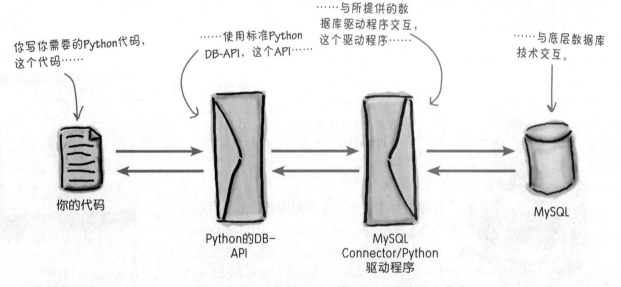

你写你需要的Python代码，这个代码……

……使用标准Python DB-API，这个API……

……与所提供的数据库驱动程序交互，这个驱动程序……

……与底层数据库技术交互。

你的代码

Python的DB-API

MySQL Connector/Python驱动程序

MySQL

有些程序员看到这个图之后，就得出结论认为使用Python的DB-API效率肯定非常低。毕竟，在代码和底层数据库系统之间有两个技术层。不过，使用DB-API允许你根据需要替换底层数据库，而避免任何数据库"锁定"（如果你直接对一个数据库编写代码，就会"锁定"到这个数据库）。另外考虑到任意两个SQL方言都不会完全相同，而使用DB-API提供了一个更高层的抽象，所以会很有帮助。

任务2: 为Python安装一个MySQL数据库驱动程序

任何人都可以编写数据库驱动程序（而且很多人确实这样做过），不过通常会由各个数据库生产商来为他们支持的各个编程语言提供一个官方的驱动程序。Oracle（MySQL技术的所有者）提供了一个*MySQL-Connector/ Python*驱动程序，这一章我们就会使用这个驱动程序。不过还有一个问题：*MySQL-Connector/Python*不能用pip安装。

这是不是意味着我们无法对Python使用*MySQL-Connector/Python*了？当然不是。事实上，第三方模块无法使用pip机制并不少见。我们要做的就是"手动"安装这个模块，（相对于使用pip来说）这需要一些额外的工作，但并不多。

下面来手动安装*MySQL-Connector/Python*驱动程序（一定要记住，还有另外一些驱动程序，比如PyMySQL；不过，我们更喜欢*MySQL-Connector/Python*，因为这是MySQL制造者提供的官方支持的驱动程序）。

首先访问*MySQL-Connector/Python*下载页面：*https://dev.mysql.com/downloads/connector/python/*。可以在这个Web页面上从Select Platform（选择平台）下拉菜单选择你的操作系统。忽略其他选项，将选择下拉项改为*Platform Independent*（平台独立），如下所示：

然后，单击某一个*Download*按钮（一般地，*Windows*用户要下载ZIP文件，*Linux*和*Mac OS X*用户可以下载GZ文件）。把下载的文件保存到你的计算机上，然后双击这个文件，在下载位置上将它解开（解压缩）。

安装MySQL Connector/Python

在计算机上下载并解开驱动程序后，在新创建的文件夹中打开一个终端窗口〔如果在Windows上，要作为管理员打开终端窗口（选择*Run as Administrator*）〕。

在我们的计算机上，新创建的文件夹名为mysql-connector-python-2.1.3，在Downloads文件夹中解压缩。要在Windows中安装这个驱动程序，需要在mysql-connector-python-2.1.3文件夹中执行以下命令：

```
py  -3  setup.py  install
```

在Linux或Mac OS X上，则要使用以下命令：

```
sudo  -H  python3  setup.py  install
```

不论你使用哪一个操作系统，执行上面的命令时都会在屏幕上看到一组消息，可能类似下面这样：

```
running install
Not Installing C Extension
running build
running build_py
running install_lib
running install_egg_info
Removing /Library/Frameworks/Python.framework/Versions/3.5/lib/python3.5/site-packages/
mysql_connector_python-2.1.3-py3.5.egg-info
Writing /Library/Frameworks/Python.framework/Versions/3.5/lib/python3.5/site-packages/
mysql_connector_python-2.1.3-py3.5.egg-info
```

> 这些路径可能与你的计算机上的路径不同，不用担心。

用pip安装一个模块时，也会经过同样的过程，只不过会对你隐藏这些消息。你在这里看到的是状态消息，指示了安装在顺利进行。如果有问题，得到的错误消息会提供足够的信息来解决这个问题。如果安装过程中一切正常，这些消息的出现就能确认现在可以使用*MySQL Connector/Python*了。

右侧清单：

- ☑ 在你的计算机上安装MySQL。
- ☐ 安装一个MySQL Python驱动程序。
- ☐ 创建数据库和表。
- ☐ 创建代码来读/写数据。

---

there are no Dumb Questions

问： 我需要担心这个 "Not Installing C Extension"（未安装C扩展）消息吗？

答： 不用。第三方模块有时包含嵌入的C代码，这可以帮助改进计算密集型处理。不过，并不是所有操作系统都提供了预安装的C编译器，所以，（如果你认为需要C扩展）在安装一个模块时必须明确地要求启用C扩展支持。如果你没有要求，第三方模块安装机制会使用（可能更慢的）Python代码而不是C代码。这使得这个模块可以用于任何平台，而不论是否有C编译器。如果一个第三方模块完全使用Python代码，则称为它是用"纯Python"编写的。在上面的例子中，我们安装了纯Python版本的*MySQL Connector/Python*驱动程序。

任务3: 创建Web应用的数据库和表

现在已经在你的计算机上安装了MySQL数据库服务器和*MySQL-Connector/Python*驱动程序。该完成第3个任务了，也就是创建我们的Web应用需要的数据库和表。

为此，你要使用MySQL服务器的命令行工具与它交互，这是一个小工具，需要从终端窗口启动。这个工具称为MySQL控制台。下面是启动这个控制台的命令，要作为MySQL数据库管理员登录（使用根用户ID）：

```
mysql  -u  root  -p
```

如果安装MySQL服务器时设置了一个管理员口令，按回车键之后键入这个口令。或者，如果没有口令，只需要按两次回车。不论哪一种情况，你都会进入控制台提示窗口，使用MySQL时如下面左边所示，或者如果使用MariaDB，则如右边所示：

```
mysql>                          MariaDB [None]>
```

你在控制台提示窗口输入的任何命令都会传送到MySQL服务器执行。下面首先为我们的Web应用创建一个数据库。要记住：我们想用这个数据库存储日志数据，所以数据库名应当反映这个用途。这里把我们的数据库叫做vsearchlogDB。以下是创建这个数据库的控制台命令：

```
mysql> create database vsearchlogDB;
```

控制台会响应一个（有些难懂的）状态消息：`Query  OK,  1  row  affected (0.00 sec)`。这是控制台在以它的方式告诉你一切正常。

一定要用一个分号结束输入到MySQL控制台的各个命令。

下面为我们的Web应用专门创建一个数据库用户ID和口令，以便在与MySQL交互时使用，而不是一直使用根用户ID（这是一种不好的做法）。下一个命令会创建一个新的MySQL用户，名为vsearch，使用"vsearchpasswd"作为这个新用户的口令，并为这个vsearch用户提供访问vsearchlogDB数据库的全部权限：

```
mysql> grant all on vsearchlogDB.* to 'vsearch' identified by 'vsearchpasswd';
```

会出现一个类似的Query OK状态消息，这就确认了这个用户已经创建。下面使用以下命令从控制台注销：

```
mysql> quit
```

如果愿意也可以使用一个不同的口令。只是要记住在后面的例子中要用你自己的口令而不是我们的口令。

返回到你的操作系统之前，你会看到控制台会给你一个友好的Bye消息。

确定日志数据的结构

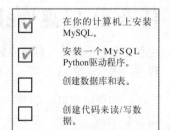

现在你已经创建了Web应用中要使用的一个数据库，下面可以在这个数据库中（根据应用的需要）创建一些表。对我们来说，这里只需要一个表，因为我们只需要存储各个Web请求的相关数据。

应该还记得上一章如何将这个数据存储在一个文本文件中，vsearch.log文件中的每一行都遵循一个特定的格式：

我们记录了"phrase"的
值……

……以及"letters"的值。

提交表单数据的计算机的
IP地址也会记录下来。

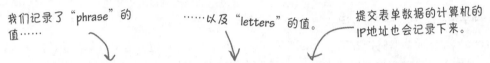

```
ImmutableMultiDict([('phrase', 'galaxy'), ('letters', 'xyz')])|127.0.0.1|Mozilla/5.0 (Macintosh; Intel
Mac OS X 10_11_2) AppleWebKit/537.36 (KHTML, like Gecko) Chrome/47.0.2526.106 Safari/537.36|{'x', 'y'}
```

有一个（相当大的）字符串描述所用的
Web浏览器。

最后（但绝不是不重要），在"phrase"
中搜索"letters"所生成的实际结果也
会记录。

你创建的表至少需要5个字段，分别对应短语、字母、IP地址、浏览器以及结果值。不过我们还包含了另外两个字段：每个请求的唯一ID，以及记录这个消息时的时间戳。由于最后这两个字段极为常见，MySQL提供了一种便捷的方法为记录的每一个请求增加这些数据，如这一页最下面所示。

可以在控制台中指定你想要创建的表结构。不过，在此之前，下面先用以下命令作为我们新创建的vsearch用户来登录（而且按回车后要提供正确的口令）：

记住：我们将这
个用户的口令设置
为"vsearchpasswd"。

```
mysql  -u  vsearch  -p  vsearchlogDB
```

下面的SQL语句可以用来创建所需的这个表（名为log）。注意->符号不是SQL语句的一部分，它是控制台自动增加的，指示它希望你提供更多输入（你的SQL有多行）。输入表示结束的分号字符然后按回车键时，语句结束（并执行）：

MySQL会自动为这些字段
提供数据。

这是控制台
的连接符。

```
mysql> create table log (
    -> id int auto_increment primary key,
    -> ts timestamp default current_timestamp,
    -> phrase varchar(128) not null,
    -> letters varchar(32) not null,
    -> ip varchar(16) not null,
    -> browser_string varchar(256) not null,
    -> results varchar(64) not null );
```

这些字段包含各个请求的相关
数据（由表单数据提供）。

确认表可以存放数据

既然创建了这个表，我们已经完成了第3个任务。

下面在控制台上确认这个表确实有我们需要的结构。还是作为用户vsearch登录MySQL控制台，在提示窗口执行*describe log*命令：

```
mysql> describe log;
+----------------+--------------+------+-----+-------------------+----------------+
| Field          | Type         | Null | Key | Default           | Extra          |
+----------------+--------------+------+-----+-------------------+----------------+
| id             | int(11)      | NO   | PRI | NULL              | auto_increment |
| ts             | timestamp    | NO   |     | CURRENT_TIMESTAMP |                |
| phrase         | varchar(128) | NO   |     | NULL              |                |
| letters        | varchar(32)  | NO   |     | NULL              |                |
| ip             | varchar(16)  | NO   |     | NULL              |                |
| browser_string | varchar(256) | NO   |     | NULL              |                |
| results        | varchar(64)  | NO   |     | NULL              |                |
+----------------+--------------+------+-----+-------------------+----------------+
```

没错：可以看到log表已经存在，而且结构符合这个Web应用的日志记录需要。
输入quit退出控制台（因为现在它的工作已经结束了）。

> 那么现在我可以为这个表增加数据了，对吗？我朋友是一个**SQL**专家，他说我可以手动地用一堆**INSERT**语句增加数据……

对，这是一种可能。

你完全可以在控制台中输入一堆INSERT SQL语句，手动地为新创建的表增加数据。不过，要记住：我们希望这个Web应用**自动**向log表增加Web请求数据，同样也要使用INSERT语句。

为此，我们需要编写一些Python代码与log表交互。相应地，我们要学习有关Python的DB-API的更多知识。

DB-API观察（1/3）

应该记得，这一章前面的图中明确了Python的DB-API相对于你的代码、你选择的数据库驱动程序以及你的底层数据库系统的位置。

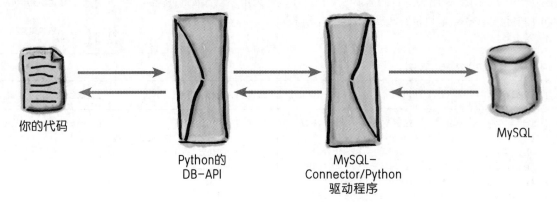

使用DB-API的好处是，你可以轻松替换驱动程序/数据库组合，而只需对Python代码做非常小的改动（只要你只使用DB-API提供的功能）。

下面来看根据这个重要Python标准编写代码时涉及哪些内容。这里我们将展示6个步骤。

DB-API步骤1：定义连接属性

连接到MySQL时需要4部分信息：①运行MySQL服务器的计算机（称为主机）的IP地址/主机名；②要使用的用户ID；③与用户ID关联的口令；④这个用户ID想要交互的数据库名。

*MySQL-Connector/Python*驱动程序允许你将这些连接属性放在一个Python字典中，以便于使用和引用。下面在>>>提示窗口中输入这个"DB-API观察"中的代码。一定要在你的计算机上跟着我们完成这些步骤。下面的字典（名为dbconfig）将4个必要的"连接键"与相应的值关联：

DB-API步骤2: 导入数据库驱动程序

定义了连接属性后，下面来导入数据库驱动程序：

>>> **import mysql.connector** ← 为你使用的数据库
导入驱动程序。

有了这个导入，DB-API就可以使用MySQL特定的驱动程序了。

DB-API步骤3: 建立与服务器的一个连接

下面使用DB-API的connect函数建立我们的连接。将这个连接的引用保存在一个名为conn的变量中。下面给出connect调用，它会建立与MySQL数据库服务器的连接（并创建conn）：

>>> **conn = mysql.connector.connect(**dbconfig)**

这个调用建立连接。　　　　　　　　　　传入连接属性字典。

注意connect函数的参数前面有一个奇怪的**（如果你是一个C/C++程序员，不要把**读作"指针的指针"，因为Python没有指针的概念）。**记法告诉connect函数用一个变量提供了一个参数字典（在这里就是dbconfig，你刚才创建的字典）。如果看到**，connect函数会把这个字典参数展开为4个单独的参数，然后在connect函数中使用这些参数来建立连接（在后面一章你会看到更多**记法，不过现在直接使用就行了）。

DB-API步骤4: 打开一个游标

要向数据库发送SQL命令（通过刚才打开的连接）以及从数据库接收结果，我们需要一个游标。可以把游标想成是数据库中的文件句柄（上一章介绍过，一旦打开一个磁盘文件，就可以利用文件句柄与这个文件通信）。

创建游标很简单：只需要调用cursor方法，每个连接对象都有这个方法。对于上面的连接，我们把所创建的游标的一个引用保存在一个变量中（毫不奇怪，我们把它命名为cursor）：

>>> **cursor = conn.cursor()** ← 创建一个游标来向服务器
发送命令以及接收结果。

现在可以向服务器发送SQL命令了，而且（希望）得到一些结果。

不过，在此之前，我们先花点时间来回顾目前为止完成的步骤。我们已经为数据库定义了连接属性，导入了驱动程序模块，创建了一个连接对象，而且创建了一个游标。不论你使用什么数据库，要与MySQL交互，这些步骤都是一样的（只是连接属性可能不同）。通过游标与数据交互时要记住这一点。

 **DB-API观察 (2/3)**

创建了游标并赋至一个变量后，现在使用SQL查询语言与数据库中的数据交互。

DB-API步骤5: 完成SQL查询!

可以利用cursor变量向MySQL发送SQL查询，以及获取MySQL处理查询生成的结果。

一般地，*Head First Labs*的Python程序员喜欢用一个三重引号字符串编写他们想要发送给数据库服务器的SQL，然后把这个字符串赋至一个名为_SQL的变量。之所以使用三重引号字符串，这是因为SQL查询通常有多行，而三重引号字符串可以暂时不启用Python解释器的"行末即语句结束"规则。使用_SQL作为变量名是*Head First Labs*程序员的约定，不过你也可以使用任何其他变量名（不必全大写，也不一定非要有一个下划线作为前缀）。

下面首先向MySQL请求我们连接的数据库中的表名。为此，将show tables查询赋至_SQL变量，然后调用cursor.execute函数，并传入_SQL作为参数：

将SQL查询赋给 → `>>> _SQL = """show tables"""`
一个变量。   `>>> cursor.execute(_SQL)` ← 将"_SQL"变量中的查询发送到MySQL执行。

在>>>提示窗口键入上面的cursor.execute命令时，这个SQL查询会发送到MySQL服务器，它会执行这个查询（假设这是合法而且正确的SQL）。不过，查询的结果不会立即显示；你必须请求得到结果。

可以使用以下3个游标方法请求结果：

* cursor.fetchone获取**一行**结果。

* cursor.fetchmany获取你指定的**任意行**结果。

* cursor.fetchall获取结果中的**所有数据行**。

对现在来说，下面使用cursor.fetchall方法获取以上查询的所有结果，将结果赋给一个名为res的变量，然后在>>>提示窗口显示res的内容：

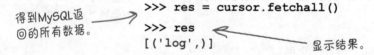

得到MySQL返 → `>>> res = cursor.fetchall()`
回的所有数据。   `>>> res` ←
          `[('log',)]`   显示结果。

res的内容看起来有点奇怪，是不是？你可能希望在这里看到一个单词，因为从前面可以知道，我们的数据库（vsearchlogDB）只包含一个名为log的表。不过，cursor.fetchall返回的结果总是一个元组列表，即使实际返回的只有一个数据（如上面这种情况）也不例外。下面来看另一个例子，这里会从MySQL返回更多数据。

下一个查询是describe log，这会查询数据库中log表的信息。如下所示，这个信息显示了两次，一次采用它的原始形式（有些杂乱），然后再分多行显示。应该记得，cursor.fetchall返回的结果是一个元组列表。

下面再一次使用cursor.fetchall：

将SQL查询……

……发送到服务器……

……然后访问结果。

```
>>> _SQL = """describe log"""
>>> cursor.execute(_SQL)
>>> res = cursor.fetchall()
>>> res
```

看起来有点乱，不过这确实是一个元组列表。

```
[('id', 'int(11)', 'NO', 'PRI', None, 'auto_increment'), ('ts',
'timestamp', 'NO', '', 'CURRENT_TIMESTAMP', ''), ('phrase',
'varchar(128)', 'NO', '', None, ''), ('letters', 'varchar(32)',
'NO', '', None, ''), ('ip', 'varchar(16)', 'NO', '', None, ''),
('browser_string', 'varchar(256)', 'NO', '', None, ''), ('results',
'varchar(64)', 'NO', '', None, '')]
```

得到结果中的各行……

```
>>> for row in res:
        print(row)
```

……分行显示。

元组列表中的各个元组都在单独的行上显示。

```
('id', 'int(11)', 'NO', 'PRI', None, 'auto_increment')
('ts', 'timestamp', 'NO', '', 'CURRENT_TIMESTAMP', '')
('phrase', 'varchar(128)', 'NO', '', None, '')
('letters', 'varchar(32)', 'NO', '', None, '')
('ip', 'varchar(16)', 'NO', '', None, '')
('browser_string', 'varchar(256)', 'NO', '', None, '')
('results', 'varchar(64)', 'NO', '', None, '')
```

与原始输出相比，上面的逐行显示可能看起来没有多少改进，不过，再与之前MySQL控制台显示的输出做个比较（如下所示）。上面和下面显示的是同样的数据，只不过现在这个数据在一个名为res的Python数据结构中。

看起来很像。它们是相同的数据。

```
mysql> describe log;
+----------------+--------------+------+-----+-------------------+----------------+
| Field          | Type         | Null | Key | Default           | Extra          |
+----------------+--------------+------+-----+-------------------+----------------+
| id             | int(11)      | NO   | PRI | NULL              | auto_increment |
| ts             | timestamp    | NO   |     | CURRENT_TIMESTAMP |                |
| phrase         | varchar(128) | NO   |     | NULL              |                |
| letters        | varchar(32)  | NO   |     | NULL              |                |
| ip             | varchar(16)  | NO   |     | NULL              |                |
| browser_string | varchar(256) | NO   |     | NULL              |                |
| results        | varchar(64)  | NO   |     | NULL              |                |
+----------------+--------------+------+-----+-------------------+----------------+
```

DB-API观察 （3/3）

下面使用一个insert查询在log表中增加一些示例数据。

你可能想把下面所示的查询（这里有多行）赋至_SQL变量，然后调用cursor.execute将这个查询发送到服务器：

```
>>> _SQL = """insert into log
              (phrase, letters, ip, browser_string, results)
              values
              ('hitch-hiker', 'aeiou', '127.0.0.1', 'Firefox', "{'e', 'i'}")"""
>>> cursor.execute(_SQL)
```

别误解我们的意思，上面所示的代码确实能工作。不过，通常我们并不想以这种方式硬编码写入数据值，因为每个insert存储到表中的数据值往往不同。要记住：你的计划是把各个web请求的详细信息记录到log表，这意味着对于每一个请求，这些数据值都会改变，所以以这种方式硬编码写入数据简直就是一个灾难。

为了避免硬编码数据（如上所示），Python的DB-API允许在查询串中放置"数据占位符"，调用cursor.execute时可以在这些占位符上填入具体的值。从效果上讲，这就允许你用多个不同的数据值重用一个查询，在执行查询前向查询传入值作为参数。查询中的占位符是字符串值，在下面的代码中用%s指定。

将下面的这些命令与上面的命令做个比较：

```
>>> _SQL = """insert into log
              (phrase, letters, ip, browser_string, results)
              values
              (%s, %s, %s, %s, %s)"""
>>> cursor.execute(_SQL, ('hitch-hiker', 'xyz', '127.0.0.1', 'Safari', 'set()'))
```

> 建立查询时，使用DB-API占位符而不是具体的数据值。

上面有两点需要说明。首先，不是在SQL查询中硬编码写入具体的数据值，我们使用了%s占位符，这会告诉DB-API在执行查询前要把这里替换为一个字符串值。可以看到，上面有5个%s占位符，所以需要说明的第二点就是cursor.execute调用希望得到5个额外的参数。但这里有一个问题：cursor.execute并不能接收任意数目的参数，它最多只能接收2个参数。

这该怎么办？

查看上面所示的最后一行代码，显然cursor.execute接收了提供给它的5个数据值（而没有任何警告），这是怎么回事？

再仔细查看这行代码。看到数据值两边的小括号了吗？使用小括号会把这5个值变成一个元组（包含各个数据值）。实际上，上面这行代码向cursor.execute提供了两个参数：一个是包含占位符的查询，另外就是这个数据值元组。

那么，执行这一页上的代码时，数据值会插入到log表，是吗？嗯……不尽然。

使用cursor.execute向一个数据库系统发送数据时（使用insert查询），数据可能并不会立即保存到数据库中。这是因为，写数据库是一个开销很大的操作（从处理周期的角度来看），所以很多数据库系统会缓存insert，之后再一次应用全部insert。有时这可能意味着你以为在表中的数据并不真正在表中，这就可能带来问题。

例如，如果你使用insert向一个表发送数据，然后立即使用select读回这个数据，数据可能无法得到，因为它可能还在数据库系统的缓存中等待写入。如果发生这种情况，你就很不走运，因为select无法返回任何数据。当然最后数据总会写入，因为毕竟数据没有丢失，但这个默认的缓存行为可能不是你想要的。

如果你乐于接受数据库写操作带来的性能下降，那么可以使用conn.commit方法强制数据库系统将所有可能缓存的数据全部提交到数据库表中。下面就来这么做，确保上一页的两个insert语句应用到log表。写入数据后，现在可以使用一个select查询确认数据值确实已经保存：

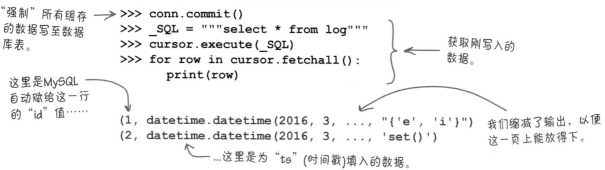

"强制"所有缓存的数据写至数据库表。

```
>>> conn.commit()
>>> _SQL = """select * from log"""
>>> cursor.execute(_SQL)
>>> for row in cursor.fetchall():
        print(row)

(1, datetime.datetime(2016, 3, ..., "{'e', 'i'}")
(2, datetime.datetime(2016, 3, ..., 'set()')
```

获取刚写入的数据。

我们缩减了输出，以便这一页上能放得下。

这里是MySQL自动赋给这一行的"id"值……

……这里是为"ts"(时间戳)填入的数据。

从上面可以看到，在一行中插入数据时，MySQL会自动为id和ts确定要使用的正确的数据值。从数据库服务器返回的数据（与前面一样）是一个元组列表。这里没有将cursor.fetchall的结果保存到一个变量，然后再迭代处理那个变量，这个代码中我们直接在一个for循环中使用了cursor.fetchall。另外，不要忘记：元组是不可变的列表，因此，也支持通常的中括号访问记法。这说明你可以在上面的for循环中索引所使用的row变量，来挑出需要的单个数据项。例如，row[2]会挑出phrase，row[3]会选出letters，row[-1]选出结果。

DB-API步骤6: 关闭游标和连接

数据提交到数据库表中后，要进行清理，关闭游标以及连接：

```
>>> cursor.close()
True
>>> conn.close()
```

清理总是一个好主意。

需要说明，游标会返回True来确认已经成功关闭，而连接只是直接关闭。不再需要游标和连接时就应该将它们关闭，这总是一个好主意，因为数据库系统只有一组有限的资源。*Head First Labs*的程序员喜欢让数据库游标和连接打开所需的足够长的时间，但不会过长。

任务4: 创建代码处理Web应用的数据库和表

完成了"DB-API观察"中的6个步骤后，现在就已经有了与log表交互所需的代码，这意味着你已经完成了任务4：创建代码来处理web应用的数据库和表。

下面来回顾可以使用的代码（这里完整地给出了所有代码）：

☑ 在你的计算机上安装 MySQL。

☑ 安装一个MySQL Python驱动程序。

☑ 创建数据库和表。

☑ 创建代码来读/写数据。

我们的任务已经全部完成！

```python
dbconfig = { 'host': '127.0.0.1',
             'user': 'vsearch',
             'password': 'vsearchpasswd',
             'database': 'vsearchlogDB', }
```
定义你的连接属性。

```python
import mysql.connector
```
导入数据库驱动程序。

```python
conn = mysql.connector.connect(**dbconfig)
cursor = conn.cursor()
```
建立一个连接并创建一个游标。

```python
_SQL = """insert into log
          (phrase, letters, ip, browser_string, results)
          values
          (%s, %s, %s, %s, %s)"""
```
将查询赋至一个字符串（注意5个占位符参数）。

```python
cursor.execute(_SQL, ('galaxy', 'xyz', '127.0.0.1', 'Opera', "{'x', 'y'}"))
```
将查询发送到服务器，记得要为各个参数提供值（以元组的形式）。

```python
conn.commit()
```
强制要求数据库写数据。

```python
_SQL = """select * from log"""

cursor.execute(_SQL)

for row in cursor.fetchall():
    print(row)
```
从表获取（刚写入的）数据，逐行显示输出。

```python
cursor.close()
conn.close()
```
完成时进行清理。

这4个任务现在都已经完成，下面可以调整你的Web应用，让它把Web请求数据记录到MySQL数据库系统中，而不是（像现在这样）记入一个文本文件。下面就来做这个工作。

数据库磁贴

再来看上一章的log_request函数。

应该记得这个小函数接收两个参数：一个Web请求对象以及vsearch的结果：

```
def log_request(req: 'flask_request', res: str) -> None:
    with open('vsearch.log', 'a') as log:
        print(req.form, req.remote_addr, req.user_agent, res, file=log, sep='|')
```

你的任务是把这个函数的代码组替换为将数据记入数据库（而不是文本文件）的代码。def行仍保持不变。这一页最下面散落了一些磁贴，确定你需要其中的哪些磁贴，然后把它们放在合适的位置上来提供这个函数的代码：

```
def log_request(req: 'flask_request', res: str) -> None:
```

....

....

....

....

....

....

....

....

....

....

....

....

唉呀！一堆乱七八糟的磁贴。你能帮忙吗？

```
conn.close()
```

```
cursor = conn.cursor()
```

```
conn.commit()
```

```
_SQL = """select * from log"""
```

```
import mysql.connector
```

```
cursor.execute(_SQL, (req.form['phrase'],
                      req.form['letters'],
                      req.remote_addr,
                      req.user_agent.browser,
                      res, ))
```

```
dbconfig = { 'host': '127.0.0.1',
             'user': 'vsearch',
             'password': 'vsearchpasswd',
             'database': 'vsearchlogDB', }
```

```
_SQL = """insert into log
          (phrase, letters, ip, browser_string, results)
          values
          (%s, %s, %s, %s, %s)"""
```

```
for row in cursor.fetchall():
    print(row)
```

```
cursor.execute(_SQL)
```

```
conn = mysql.connector.connect(**dbconfig)
```

```
cursor.close()
```

数据库磁贴答案

再来看上一章的log_request函数：

```python
def log_request(req: 'flask_request', res: str) -> None:
    with open('vsearch.log', 'a') as log:
        print(req.form, req.remote_addr, req.user_agent, res, file=log, sep='|')
```

你的任务是把这个函数的代码组替换为将数据记入数据库的代码。def行仍保持不变。
这一页最下面散落了一些磁贴，确定你需要其中的哪些磁贴。

```python
def log_request(req: 'flask_request', res: str) -> None:
```

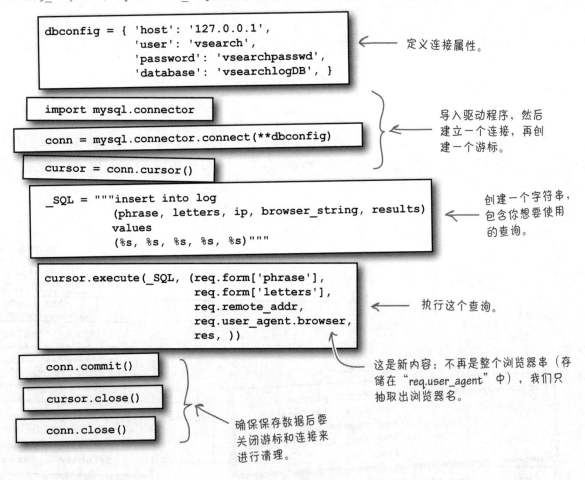

```python
    dbconfig = { 'host': '127.0.0.1',
                 'user': 'vsearch',
                 'password': 'vsearchpasswd',
                 'database': 'vsearchlogDB', }
```
← 定义连接属性。

```python
    import mysql.connector

    conn = mysql.connector.connect(**dbconfig)

    cursor = conn.cursor()
```
← 导入驱动程序，然后建立一个连接，再创建一个游标。

```python
    _SQL = """insert into log
              (phrase, letters, ip, browser_string, results)
              values
              (%s, %s, %s, %s, %s)"""
```
← 创建一个字符串，包含你想要使用的查询。

```python
    cursor.execute(_SQL, (req.form['phrase'],
                          req.form['letters'],
                          req.remote_addr,
                          req.user_agent.browser,
                          res, ))
```
← 执行这个查询。

```python
    conn.commit()

    cursor.close()

    conn.close()
```
确保保存数据后要关闭游标和连接来进行清理。

这是新内容：不再是整个浏览器串（存储在"req.user_agent"中），我们只抽取出浏览器名。

这些磁贴没有用到。

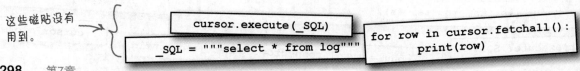

```python
cursor.execute(_SQL)

_SQL = """select * from log"""

for row in cursor.fetchall():
    print(row)
```

测试

修改你的vsearch4web.py文件的代码,将原来的`log_request`函数的代码替换为上一页上的代码。保存你的代码时,在一个命令行提示窗口启动最新版本的Web应用。应该记得,在Windows上需要使用以下命令:

> **C:\webapps> py -3 vsearch4web.py**

在*Linux*或*Mac OS X*上,要这个命令:

> **$ python3 vsearch4web.py**

你的Web应用应当在这个Web地址开始运行:

> ***http://127.0.0.1:5000/***

使用你喜欢的web浏览器来完成几个搜索,确认这个Web应用能很好地运行。

这里我们要做两点说明:

- 你的Web应用的表现与之前完全相同:每次搜索会向用户返回一个"结果页面"。

- 你的用户并不知道现在搜索数据记入一个数据库表而不是一个文本文件。

遗憾的是,我们现在不能使用/*viewlog* URL查看这些最新的日志记录,因为与这个URL关联的函数(`view_the_log`)只能处理vsearch.log文本文件(而不能用于数据库)。下一页我们会做更多说明来修正这个问题。

对现在来说,在这个测试的最后,我们要使用MySQL控制台来确认这个最新版本的`log_request`将数据记入了log表。打开另一个终端窗口,跟着我们完成下面的操作(注意:我们调整了输出的格式并做了删减,以便能够在这一页放下):

登录MySQL
控制台。

这个查询要求得到"log"表中的所有数据(你的
具体数据可能有所不同)。

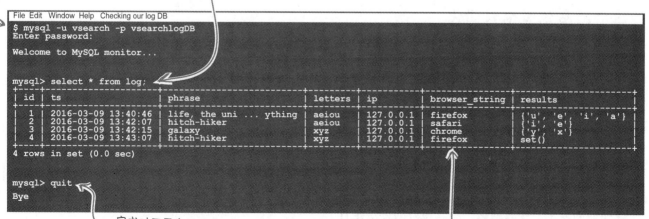

```
File Edit Window Help Checking our log DB
$ mysql -u vsearch -p vsearchlogDB
Enter password:

Welcome to MySQL monitor...


mysql> select * from log;
+----+---------------------+----------------------+---------+-----------+---------------+-----------------------+
| id | ts                  | phrase               | letters | ip        | browser_string | results              |
+----+---------------------+----------------------+---------+-----------+---------------+-----------------------+
|  1 | 2016-03-09 13:40:46 | life, the uni ... ything | aeiou | 127.0.0.1 | firefox       | {'u', 'e', 'i', 'a'} |
|  2 | 2016-03-09 13:42:07 | hitch-hiker          | aeiou   | 127.0.0.1 | safari        | {'i', 'e'}            |
|  3 | 2016-03-09 13:42:15 | galaxy               | xyz     | 127.0.0.1 | chrome        | {'y', 'x'}            |
|  4 | 2016-03-09 13:43:07 | hitch-hiker          | xyz     | 127.0.0.1 | firefox       | set()                 |
+----+---------------------+----------------------+---------+-----------+---------------+-----------------------+
4 rows in set (0.0 sec)


mysql> quit
Bye
```

完成时不要忘记退出
控制台。

记住:我们只存储了浏览器名。

存储数据只是问题的一半

运行了上一页的测试后，现在可以确信log_request中使用Python DB-API的代码确实能够将各个Web请求的详细信息存储到log表中。

再来看最新版本的log_request函数（这里包含一个docstring，作为它的第一行代码）：

```python
def log_request(req: 'flask_request', res: str) -> None:
    """Log details of the web request and the results."""
    dbconfig = { 'host': '127.0.0.1',
                 'user': 'vsearch',
                 'password': 'vsearchpasswd',
                 'database': 'vsearchlogDB', }

    import mysql.connector

    conn = mysql.connector.connect(**dbconfig)
    cursor = conn.cursor()
    _SQL = """insert into log
                (phrase, letters, ip, browser_string, results)
                values
                (%s, %s, %s, %s, %s)"""
    cursor.execute(_SQL, (req.form['phrase'],
                          req.form['letters'],
                          req.remote_addr,
                          req.user_agent.browser,
                          res, ))
    conn.commit()
    cursor.close()
    conn.close()
```

有经验的Python程序员
可能对这个函数的代
码不以为然。再过几页
你就会知道为什么。

这个新函数有很大变化

与处理一个简单的文本文件时相比，现在log_request函数中有更多代码，但是这些额外的代码是与MySQL交互所需要的（你要用它们来回答这一章最后关于日志数据的问题），所以这个更大更复杂的新log_request函数看来很好。

不过，应该记得你的Web应用还有一个函数view_the_log，它要获取vsearch.log日志文件中的数据，并用一个格式美观的web页面显示这些数据。现在我们需要更新view_the_log函数的代码，从数据库的log表中获取数据，而不是从文本文件获取。

现在的问题是：要做到这一点，最好的办法是什么？

如何最好地重用你的数据库代码？

现在你已经有了将Web应用各个请求的详细信息记入MySQL的代码。要想类似地在view_the_log函数中从log表获取数据，应该不需要太多工作。问题是：要想这么做，最好的方法是什么？我们向3个程序员提出了这个问题……结果得到了3种不同的答案。

快速剪切粘贴这个代码，然后修改代码，搞定！

我认为我们应该把处理数据库的代码放在单独的函数中，然后在需要时调用这个函数。

这不是很明显吗？现在我们该考虑使用类和对象了，这才是处理这类重用问题的正确方法。

就其本身而言，上面的每一个建议都是可以的，可能有的建议稍有些问题（特别是第1个）。让人惊讶的是，对于这种情况，Python程序员一般不会单独采用以上提出的任何一个解决方案。

考虑你想重用什么

下面再来看`log_request`函数中的数据库代码。

应该很清楚，这个函数中有些部分可以在编写其他与数据库系统交互的代码时重用。因此，我们对这个函数的代码做了标注，强调了我们认为可以重用的部分，另外的部分则是特定于`log_request`函数的核心工作：

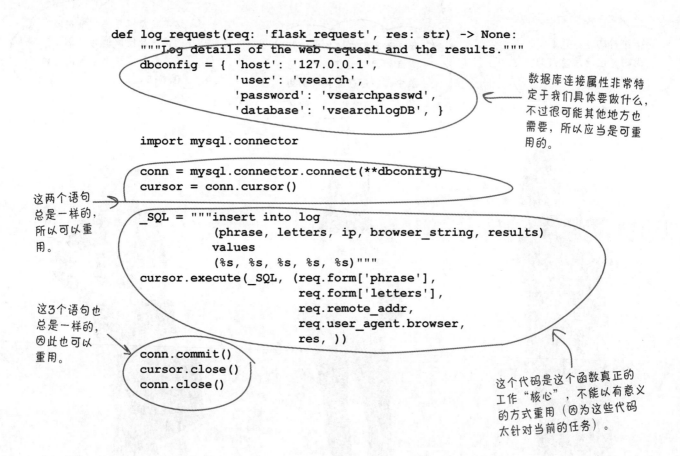

根据这个简单的分析，`log_request`函数有3组代码语句：

- 一组语句可以很容易地重用（如创建`conn`和`cursor`，以及调用`commit`和`close`）。

- 一组语句特定于当前问题，不过仍然需要可重用（如使用`dbconfig`字典）。

- 一组语句不能重用（如赋值`_SQL`和调用`cursor.execute`）。以后与MySQL的交互往往需要一个不同的SQL查询以及不同的参数（如果有）。

那个Import呢?

> 关于重用的这些讨论很好……不过你是不是忘了考虑重用那个 "**import**" 语句?

不,我们并没有忘。

我们考虑重用`log_request`函数的代码时并没有忘记这个`import mysql.connector`语句。

我们故意没有谈它,这是因为我们想对这个语句做些特殊处理。问题并不是我们不想重用这个语句,而是它不应当出现在函数的代码组里!

确定import语句的位置时要当心

前几页我们提到过,经验丰富的程序员看到这个`log_request`函数的代码时可能不以为然。这是因为函数代码组中包含了`import mysql.connector`代码行。尽管最新的测试清楚地展示了这个代码能工作,但他们仍对这个代码不甚认可。那么,问题在哪里呢?

解释器在你的代码中遇到一个`import`语句时会发生一些情况,这里的问题就与此有关:导入的模块会完全读入,然后由解释器执行。如果`import`语句在函数之外,这个行为没有什么问题,因为所导入的模块(通常)只读一次,然后执行一次。

不过,如果`import`语句出现在一个函数内部,那么**每一次调用这个函数时都会读入和执行**。这是一种极为浪费的做法(尽管我们可以看到,解释器不会阻止你把`import`语句在放一个函数里)。我们的建议很简单:仔细考虑将`import`语句放在哪里,不要在函数内部放任何`import`语句。

考虑你打算做什么

除了从重用的角度考虑log_request函数中的代码，还可以根据运行时间对函数的代码分类。

这个函数的"核心"是对_SQL变量赋值，以及调用cursor.execute。这两个语句最清楚地体现了这个函数要做什么（**do**），说实话，这也是最重要的部分。这个函数最开始的语句定义了连接属性（在dbconfig中），然后创建了一个连接和游标。这个**建立**（**setup**）代码总是在函数的具体工作之前运行。这个函数中的最后3个语句（一个commit和两个close）要在函数具体工作之后执行。这是一个**清理**（**teardown**）代码，会完成所需的所有清理工作。

记住这种"建立、处理、清理"模式，下面再来看这个函数。需要说明，我们已经重新放置了import语句，让它在log_request函数的代码组之外执行（从而避免更多的不屑）。

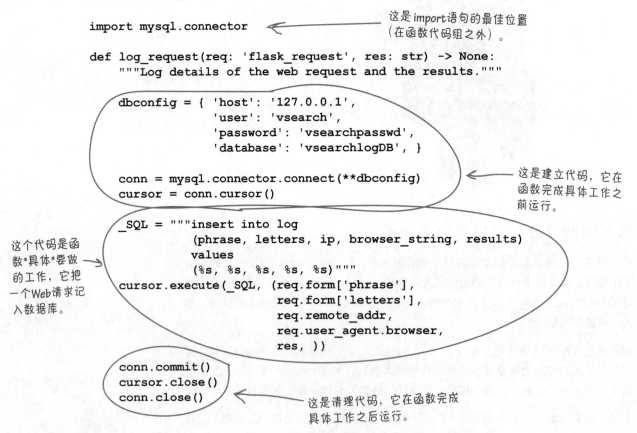

这是import语句的最佳位置（在函数代码组之外）。

```python
import mysql.connector

def log_request(req: 'flask_request', res: str) -> None:
    """Log details of the web request and the results."""

    dbconfig = { 'host': '127.0.0.1',
                 'user': 'vsearch',
                 'password': 'vsearchpasswd',
                 'database': 'vsearchlogDB', }

    conn = mysql.connector.connect(**dbconfig)
    cursor = conn.cursor()

    _SQL = """insert into log
            (phrase, letters, ip, browser_string, results)
            values
            (%s, %s, %s, %s, %s)"""
    cursor.execute(_SQL, (req.form['phrase'],
                          req.form['letters'],
                          req.remote_addr,
                          req.user_agent.browser,
                          res, ))
    conn.commit()
    cursor.close()
    conn.close()
```

这是建立代码，它在函数完成具体工作之前运行。

这个代码是函数*具体*要做的工作，它把一个Web请求记入数据库。

这是清理代码，它在函数完成具体工作之后运行。

如果有办法重用这种"建立、处理、清理"模式，那就太棒了！

你以前已经见过这个模式

考虑我们得出的模式：建立代码做准备，后面是完成具体工作的代码，然后是清理代码来收尾。实际上，你在上一章已经遇到过这种模式的代码（只是不那么明显）。下面再给出这个代码：

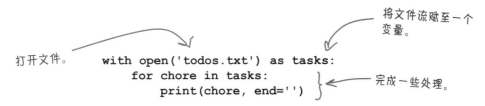

将文件流赋至一个变量。

打开文件。

```python
with open('todos.txt') as tasks:
    for chore in tasks:
        print(chore, end='')
```

完成一些处理。

应该记得，with语句会管理运行其代码组代码的上下文。处理文件时（如上面的代码所示），with语句会打开指定的文件，返回一个表示这个文件流的变量。在这个例子中，这个变量就是tasks变量；这是建立（**setup**）代码。与with语句关联的代码组是**处理**（**do**）代码；这里有一个for循环，会完成具体的工作（也就是"核心部分"）。最后，用with打开一个文件时，它承诺当with的代码组结束时会关闭打开的这个文件。这就是**清理**（**teardown**）代码。

最好能把我们的数据库代码挂接到with语句中。如果可以写类似这样的代码，让with语句负责所有数据库建立和清理的细节，那就太理想了：

我们还需要定义连接属性。

```python
dbconfig = { 'host': '127.0.0.1',
             'user': 'vsearch',
             'password': 'vsearchpasswd',
             'database': 'vsearchlogDB', }

with UseDatabase(dbconfig) as cursor:
    _SQL = """insert into log
              (phrase, letters, ip, browser_string, results)
              values
              (%s, %s, %s, %s, %s)"""
    cursor.execute(_SQL, (req.form['phrase'],
                          req.form['letters'],
                          req.remote_addr,
                          req.user_agent.browser,
                          res, ))
```

这个"with"语句处理数据库而不是磁盘文件，并返回一个游标来进行处理。

上一页的"处理代码"仍保持不变。

不要试图运行这个代码，因为你还没有写"UseDatabase"上下文管理器。

好消息是Python提供了**上下文管理协议**，它允许程序员根据需要挂接with语句。但这也带来一个坏消息……

坏消息并没有那么糟糕

上一页的最后，我们指出好消息是Python提供了一个上下文管理协议，允许程序员在需要时挂接with语句。你可能知道怎么做，可以创建一个名为UseDatabase的上下文管理器，（作为with语句的一部分）用来与数据库通信。

这里的想法是，可以把你刚才写的建立和清理"样板"代码（用来将Web应用的日志数据保存到一个数据库）替换为一个with语句，如下所示：

```
          ...
   with UseDatabase(dbconfig) as cursor:
          ...
```

这个"with"语句与用于文件和"open" BIF的with语句很类似，只不过这里要处理一个数据库。

坏消息是创建上下文管理器很复杂，因为你需要知道如何创建一个Python类来成功地挂接这个协议。

想想看，到目前为止，你已经编写了大量实用的代码，而并不需要创建类，这很好，特别是要知道有些编程语言中如果不首先创建一个类就不允许做任何事情（没错，我们说的就是你，Java）。

但是，现在要鼓起勇气创建类了（不过说实话，在Python中创建类并没有那么可怕）。

因为创建类很有用，所以接下来我们先不讨论如何向Web应用增加数据库代码，而是专门用下一章（很短的一章）介绍类。我们介绍的知识足以让你创建UseDatabase上下文管理器。在这之后，后面的一章中我们还会再回到这个数据库代码（和我们的Web应用），运用新掌握的编写类的技能，编写UseDatabase上下文管理器。

第7章的代码

```python
import mysql.connector

def log_request(req: 'flask_request', res: str) -> None:
    """Log details of the web request and the results."""

    dbconfig = { 'host': '127.0.0.1',
                 'user': 'vsearch',
                 'password': 'vsearchpasswd',
                 'database': 'vsearchlogDB', }

    conn = mysql.connector.connect(**dbconfig)
    cursor = conn.cursor()

    _SQL = """insert into log
              (phrase, letters, ip, browser_string, results)
              values
              (%s, %s, %s, %s, %s)"""
    cursor.execute(_SQL, (req.form['phrase'],
                          req.form['letters'],
                          req.remote_addr,
                          req.user_agent.browser,
                          res, ))
    conn.commit()
    cursor.close()
    conn.close()
```

这是Web应用中目前运行的数据库代码（也就是"log_request"函数）。

```python
dbconfig = { 'host': '127.0.0.1',
             'user': 'vsearch',
             'password': 'vsearchpasswd',
             'database': 'vsearchlogDB', }

with UseDatabase(dbconfig) as cursor:
    _SQL = """insert into log
              (phrase, letters, ip, browser_string, results)
              values
              (%s, %s, %s, %s, %s)"""
    cursor.execute(_SQL, (req.form['phrase'],
                          req.form['letters'],
                          req.remote_addr,
                          req.user_agent.browser,
                          res, ))
```

这是我们打算写的代码，它与当前代码的作用相同（替换"log_request"函数中的代码组）。不过，不要试图运行这个代码，因为没有"UseDatabase"上下文管理器，它还无法工作。

8 一点点类

抽象行为和状态

嗯……来看看吧：我的所有状态，还有你的所有行为……

……而且都在同一个地方。太美妙了！

类允许把代码行为和状态打包在一起。

在这一章中，要把你的Web应用先放在一边，学习如何创建Python类。这是为了能够借助Python类来创建上下文管理器。了解如何创建和使用类非常有用，所以这一章专门来介绍这个内容。这里不会介绍类的所有方方面面，不过为了能让你自信地创建你的Web应用期待的上下文管理器，我们会介绍你需要了解的全部内容。下面就来看看到底涉及哪些方面。

挂接到 "with" 语句

上一章最后提到过，理解如何将建立和清理代码挂接到Python的with语句很简单……不过前提是你要知道如何创建Python**类**。

尽管这本书已经读了大半，但到目前为止的所有工作都不需要定义类就可以完成。只使用Python的函数机制就能编写很有用而且可重用的代码。还有另外一些方法来编写和组织代码。面向对象就是非常流行的一种方法。

使用Python时并不绝对要求采用面向对象范式编程，而且在如何编写代码方面，这种语言很灵活。不过，如果要挂接到with语句中，尽管标准库提供了类似的支持而没有使用类（然而标准库的方法使用不太广泛，所以这里不打算使用这种方法），但**推荐的方法**是通过一个类来实现。

所以，要挂接with语句，必须创建一个类。一旦知道如何编写类，你就能创建一个实现并遵循**上下文管理协议**的类。这个协议是挂接with语句的（Python内置）机制。

下面来学习在Python中如何创建和使用类，然后下一章再返回来讨论我们的上下文管理协议。

> 上下文管理协议允许你编写一个挂接到 "with" 语句的类。

---

there are no Dumb Questions

问：Python到底是一种什么类型的编程语言：面向对象、函数式还是过程式语言？

答：这是一个很好的问题，很多转到Python的程序员最后总会问到这个问题。答案是：Python支持从所有这3种流行方法借用的编程范式，而且Python还鼓励程序员根据需要混合使用。这个概念可能很难理解，特别是如果你持有这样一种观点，认为你写的所有代码都必须放在一个类里，要从这个类实例化对象（如其他编程语言中那样，例如Java）。

我们的建议是，不要为此担心：可以用你熟悉的任何一种范式创建代码，不过不要只是因为你不熟悉其他范式（方法）就加以贬低。

问：这么说……一开始就创建类是不是不对？

答：不，并不是这个意思，如果这是你的应用所需要的，那就没有错。不必把所有代码都放在类中，不过如果你想这么做，Python不会阻拦你。

在本书中，到目前为止，我们的所有工作都没有要求创建类，但现在是时候了，很有必要使用一个类来解决让我们困扰的一个特定的应用问题：如何最好地在Web应用中共享我们的数据库处理代码。我们要混合使用编程范式来解决当前的这个问题，这很好。

面向对象入门

深入分析类之前，需要说明重要的一点，我们不打算在这一章介绍Python中有关类的所有内容。我们的目的只是为你提供足够的知识，使你能很有信心地创建一个实现上下文管理协议的类。

因此，我们不会讨论资深面向对象编程（OOP）程序员可能希望在这里看到的一些主题，如继承和多态（尽管Python确实支持继承和多态）。这是因为，我们在创建上下文管理器时主要是对**封装**感兴趣。

如果上面那段话里的行话让你不知所云，不用担心：你完全可以继续读下去，而不需要提前知道这些OOP术语到底是什么意思。

上一页你已经了解到，要挂接with语句需要创建一个类。在具体介绍如何创建类之前，下面来看Python中的类由什么组成，并编写一个示例类。一旦了解如何编写类，我们还会（在下一章中）再回到这个挂接with语句的问题上来。

不要被这一页上的这些术语吓住！

如果要举办一个比赛，看看这本书里哪一页上的术语最多，这一页肯定胜出。不要被这里使用的所有这些行话吓住。如果你已经了解OOP，这可能很好理解。**如果你还不了解，下面会给出这里真正重要的部分。** 别担心：完成后面几页的例子后，这些内容就会更清楚了。

类将行为和状态打包在一起

使用类允许你将**行为**和**状态**打包在一个对象中。

听到行为这个词时，可以把它想成是函数，也就是说，这是一个完成某种工作（或实现一种行为）的代码块。

听到状态这个词时，可以把它想成是变量，也就是说，这是一个在类中存储值的位置。我们说一个类将行为和状态打包在一起，就是在说一个类包装了函数和变量。

对于上面的这些介绍，结论是：如果你知道函数是什么以及变量是什么，你就大致能理解类是什么（以及如何创建一个类）。

类有方法和属性

在Python中，要通过创建方法来定义类的行为。

面向对象编程（OOP）中，对于在类中定义的函数，就称为方法。随着时间的流逝，为什么不把方法直接叫做类函数已经无从得知，同样的，类变量也不直接叫做类变量，而被称为属性。

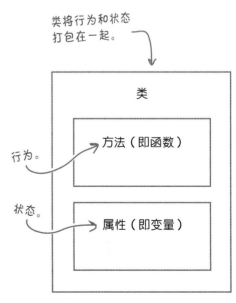

类将行为和状态打包在一起。

类

行为。 → 方法（即函数）

状态。 → 属性（即变量）

由类创建对象

要使用一个类，需要从类创建对象（下面你会看到一个例子）。这称为对象实例化。听到实例化这个词时，可以把它想成是调用，也就是说，你要调用一个类来创建一个对象。

可能很奇怪，可以创建一个没有状态或行为的类，但对Python而言，这仍是一个类。实际上，这样一个类是空的。下面就开始创建我们的类示例，首先来看一个空类，然后以此为起点。我们会在解释器的>>>提示窗口创建，建议你也跟着我们一起做。

首先创建一个名为CountFromBy的空类。为此要在类名前加一个class关键字，然后提供实现这个类的代码组（在必要的冒号后面）：

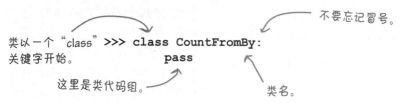

不要忘记冒号。

类以一个"class"
关键字开始。

```
>>> class CountFromBy:
        pass
```

这里是类代码组。

类名。

"pass"是一个合法的语句（也就是说，语法正确），但它什么也不做。可以把它想成是一个空语句。

需要说明，这个类的代码组包含Python关键字pass，这是Python的空语句（也就是说，它什么也不做）。在解释器希望找到具体代码的任何地方都可以使用pass。在这里，我们还没有准备好填入CountFromBy类的详细内容，所以使用pass避免语法错误，因为正常情况下，如果试图创建一个类，而这个类的代码组中没有任何代码，就存在语法错误。

既然类已经存在，下面从这个类创建两个对象，一个名为a，另一个名为b。注意，从类创建对象看起来与调用函数非常相似：

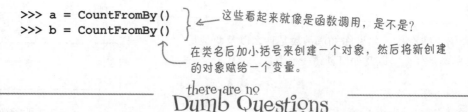

```
>>> a = CountFromBy()
>>> b = CountFromBy()
```

这些看起来就像是函数调用，是不是？

在类名后加小括号来创建一个对象，然后将新创建的对象赋给一个变量。

there are no
Dumb Questions

问： 查看其他人的代码时，我怎么知道像CountFromBy()的代码是要创建一个对象还是要调用一个函数？对我来说，这就像是一个函数调用……

答： 这个问题问得好。从表面来看，你是不知道的。不过，Python编程社区有一个普遍认可的约定：函数用小写字母命名（另外有下划线来强调），而类用CamelCase形式命名（单词连接在一起，而且各个单词的首字母大写）。按照这个约定，应该很清楚count_from_by()是一个函数调用，而CountFromBy()会创建一个对象。只要所有人都遵循这个约定，就没有问题，而且强烈建议你也这么做。不过，如果你忽视这个建议，就会有问题了，大多数Python程序员都可能对你和你的代码退避三舍。

对象共享行为，但不共享状态

从一个类创建对象时，每个对象会共享这个类的行为（类中定义的方法），但是会维护其自己的状态副本（属性）：

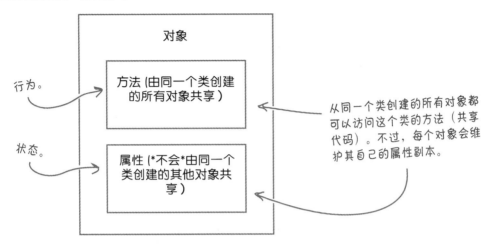

等我们在CountFromBy示例中填入具体内容时，就会更清楚地理解这个区别。

定义我们希望CountFromBy做什么

下面定义我们希望CountFromBy类具体做什么（因为空类没有什么用）。

我们要让CountFromBy成为一个递增计数器。默认地，这个计数器从0开始计数，然后（根据需要）增1。我们还允许提供一个替代的起始值和/或增量。这说明，例如你可以创建一个从100开始每次递增10的CountFromBy对象。

下面概要说明CountFromBy类要做什么（一旦编写了它的代码）。通过了解类如何使用，在我们编写CountFromBy代码时你就能更好地理解这个代码。我们的第一个例子使用了类的默认值：从0开始，根据请求通过调用increase方法递增1。新创建的对象会赋给一个新变量，我们将把它命名为c：

注意：这个新"CountFromBy"类还不存在，稍后就会创建。

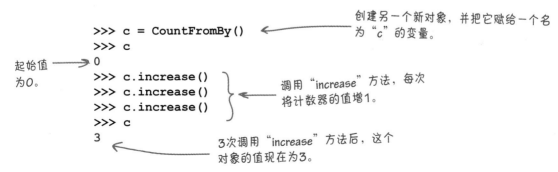

用CountFromBy做更多事情

上一页最下面的 `CountFromBy` 使用示例展示了它的默认行为：除非特定指定，`CountFromBy` 对象维护的计数器从0开始计数，每次递增1。还可以指定一个替代的起始值，如下一个例子所示，这里从100开始计数：

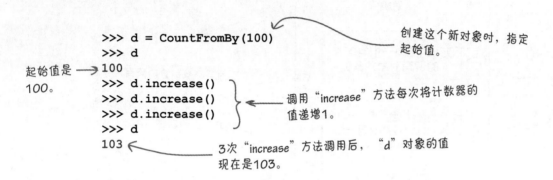

```
>>> d = CountFromBy(100)      创建这个新对象时，指定
>>> d                         起始值。
100
>>> d.increase()
>>> d.increase()              调用"increase"方法每次将计数器的
>>> d.increase()              值递增1。
>>> d
103                           3次"increase"方法调用后，"d"对象的值
                              现在是103。
```

起始值是100。

除了指定起始值，还可以指定增量，如下所示，我们从100开始，每次递增10：

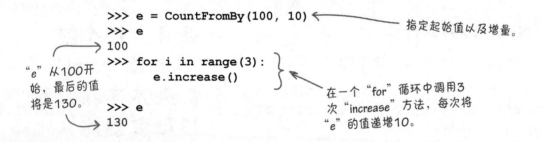

```
>>> e = CountFromBy(100, 10)      指定起始值以及增量。
>>> e
100
>>> for i in range(3):
        e.increase()              在一个"for"循环中调用3
                                  次"increase"方法，每次将
>>> e                             "e"的值递增10。
130
```

"e"从100开始，最后的值将是130。

在最后这个例子中，计数器从0（默认值）开始，但是每次递增15。不用指定 (0, 15) 作为类的参数，这个例子使用了一个关键字参数，允许我们只指定增量，而保留起始值仍为默认值（0）：

```
>>> f = CountFromBy(increment=15)      指定增量。
>>> f
0
>>> for j in range(3):
        f.increase()                   与前面一样，调用3
                                       次"increase"。
>>> f
45
```

"f"从0开始，最后的值为45。

很有必要重申一次：对象共享行为，但不共享状态

前面的例子创建了4个新CountFromBy对象：c，d，e和f，每个对象都可以访问increase方法，这是从CountFromBy类创建的所有对象共享的行为。increase方法的代码只有一个副本，所有这些对象都使用这个代码。不过，每个对象会维护它自己的属性值。在这些例子中，这就是计数器的当前值，对于各个对象，这个值是不同的，如下所示：

```
>>> c
3
>>> d
103
>>> e
130
>>> f
45
```

这4个"CountFromBy"对象维护自己的属性值。

类行为会由它的各个对象共享，而状态不能共享。每个对象会维护其自己的状态。

下面再强调一次重点：方法代码是共享的，而属性数据不共享。

可以把类想成是一个"饼干模子"，一个工厂用它来制造对象，对象的行为相同，但是有自己的数据。

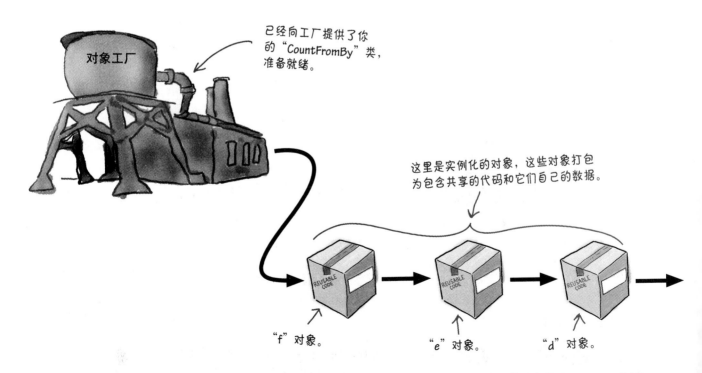

已经向工厂提供了你的"CountFromBy"类，准备就绪。

对象工厂

这里是实例化的对象，这些对象打包为包含共享的代码和它们自己的数据。

"f"对象。 "e"对象。 "d"对象。

调用方法：理解细节

之前我们指出，方法就是类中定义的函数。我们还看到了调用CountFromBy中方法的几个例子。这里使用我们熟悉的点记法调用increase方法：

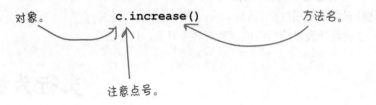

对象。　　　　　**c.increase()**　　　　　方法名。

注意点号。

可以考虑解释器遇到上面这行代码时实际（在后台）执行的代码，这很有意义。解释器总会把上面的代码转换为以下调用。注意这里c的变化：

CountFromBy.increase(c)

定义这个方法的类的类名。　　　　　（要增加的）对象。

注意点号。　　　　方法名。

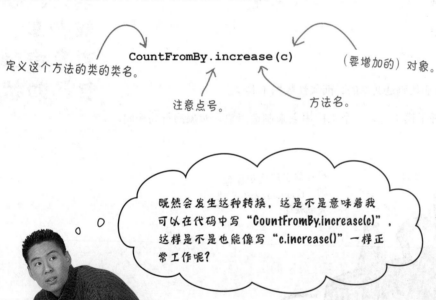

既然会发生这种转换，这是不是意味着我可以在代码中写"CountFromBy.increase(c)"，这样是不是也能像写"c.increase()"一样正常工作呢？

对，是这样。不过没人这么做。

而且你也不会这么做，因为Python解释器总会为你完成这个转换……所以，既然能写更简洁的代码，又何必罗嗦呢？

至于解释器为什么这么做，等你更多地了解方法如何工作时就会更清楚了。

方法调用:到底发生了什么

乍一看,解释器把c.increase()转换为CountFromBy.increase(c)可能有些奇怪,不过还是要了解会发生这种转换,这有助于解释为什么你写的每一个方法都至少有一个参数。

当然方法完全可以有多个参数,不过第一个参数总是必不可少的,这样才能接收这个对象为参数(在上一页中的例子里,这就是c)。实际上,Python编程社区中一种约定俗成的做法是为各个方法的第一个参数指定一个特殊的名字:self。

increase作为c.increase()调用时,你可能以为这个方法的def行应该如下所示:

`def increase():`

不过,如果定义一个方法而没有必要的第一个参数,运行你的代码时解释器会报错。因此,increase方法的def行实际上应当写为:

`def increase(self):`

如果在你的类代码中使用其他名字而不是self,这被认为是一种非常不好的形式,尽管确实需要花些时间来习惯使用self(很多其他编程语言也有一个类似的概念,不过它们更喜欢this这个名字。Python的self与this基本上是同样的概念)。

在对象上调用一个方法时,Python会把调用对象实例作为第一个参数,这个对象总是赋给各个方法的self参数。这一点本身就解释了为什么self如此重要,以及为什么self要作为你写的每一个对象方法的第一个参数。调用一个方法时,你不需要为self提供一个值,因为解释器会为你做这件事:

> 编写类中的代码时,可以把"self"想成是当前对象的一个别名。

你写的代码:　　　　　　　　　　　　　　　**Python执行的代码:**

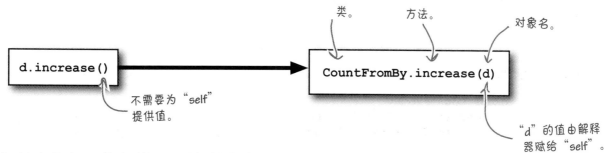

你写的代码:
`d.increase()`
不需要为"self"提供值。

Python执行的代码:
类。　　方法。　　对象名。
`CountFromBy.increase(d)`
"d"的值由解释器赋给"self"。

既然你已经知道了self的重要性,下面来看如何编写increase方法的代码。

为类增加方法

下面创建一个新文件来保存我们的类代码。创建countfromby.py，然后加入这一章前面的类代码：

```
class CountFromBy:
    pass
```

我们将为这个类增加increase方法，为此要删除pass语句，把它替换为increase的方法定义。这样做之前，先来回忆如何调用increase：

```
c.increase()
```

根据这个调用，你可能会误认为increase方法没有参数，因为小括号之间没有任何东西，是吧？不过，这并不是全部。因为你刚才已经了解到，解释器会把上面这行代码转换为下面这行代码：

```
CountFromBy.increase(c)
```

我们写的方法代码需要考虑到这个转换。基于所有这些考虑，下面是这个类中increase方法的def行：

```
class CountFromBy:
    def increase(self) -> None:
```

与这本书中的其他函数一样，我们为返回值提供了一个注解。

方法就像函数一样，所以用"def"定义。

每个方法的第一个参数总是"self"，而且它的值总由解释器提供。

increase方法没有其他参数，所以在def行上除了self我们不需要提供其他参数。不过，在这里包含self极其重要，因为如果忘记加self会导致语法错误。

完成了def行之后，现在我们要做的就是为increase增加一些代码。下面假设这个类维护两个属性：val和incr。val包含当前对象的当前值，incr包含每次调用increase时val的增量。了解到这一点，你可能会错误地为increase增加下面这行代码，想要完成递增：

```
val += incr
```

不过下面才是增加到increase方法的正确的代码行：

```
class CountFromBy:
    def increase(self) -> None:
        self.val += self.incr
```

取对象的当前值"val"，将它增加"incr"的值。

考虑为什么这个代码行是正确的，而上面的代码不正确？

关于 "self" 你是说真的吗?

等一下……我认为Python的亮点之一就是代码易读。我发现使用 "self" 看起来一点也不容易,而且它还要作为类的一部分(所以必然大量使用),这让我不禁在想:不是开玩笑吧?

别担心。习惯self**并不需要太长时间。**

我们也同意Python使用self看起来确实有点奇怪……起码最初看来是这样。不过,过一段时间后,你就会习惯,甚至可能达到熟视无睹的地步。

如果忘记了而没有在方法中增加self,你很快就会看到问题,解释器会显示一堆TypeError,告诉你缺少些东西,缺少的东西就是self。

至于使用self是否会让Python的类代码更难读……嗯,我们不太确定。在我们看来,每次我们看到self用作为一个函数的第一个参数时,我们的大脑就会自动地知道所看到的是一个方法,而不是一个函数。对我们来说,这是一件好事。

可以这样来想:如果使用了self,说明你看到的代码是一个方法,而不是一个函数(没有使用self)。

"self" 的重要性

如下所示，increase方法在代码组中在类的各个属性前都加了self。请考虑
为什么会这样：

```
class CountFromBy:
    def increase(self) -> None:
        self.val += self.incr
```

在方法代码组中使用 "self"
有什么意义？

你已经知道，调用一个方法时，会由解释器将当前对象赋给self，而且解释器
希望每个方法的第一个参数都考虑到这一点（从而能完成赋值）。

现在来考虑关于从类创建的各个对象我们已经知道些什么：从同一个类创建的
每一个对象会共享这个类的方法代码（即行为），但是会维护它自己的属性数
据副本（即状态）。这是通过关联属性值和对象来做到的，也就是说与self
关联。

了解到这一点，考虑下面这个版本的increase方法，前几页我们说过，这个方
法是不正确的：

```
class CountFromBy:
    def increase(self) -> None:
        val += incr
```

不要这么做，它不会做你
认为它该做的事情。

从表面看，最后这行代码看起来没问题，因为它要做的就是增加val的当前
值，增量为incr的当前值。不过想想看这个increase方法结束时会发生什
么：val和incr都只是存在于increase中，它们会超出其作用域，因此方法
结束的瞬间它们就会被撤销。

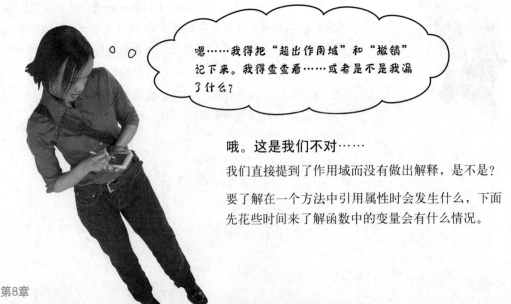

嗯……我得把 "超出作用域" 和 "撤销"
记下来。我得查查看……或者是不是我漏
了什么？

哦。这是我们不对……

我们直接提到了作用域而没有做出解释，是不是？

要了解在一个方法中引用属性时会发生什么，下面
先花些时间来了解函数中的变量会有什么情况。

处理作用域

为了展示函数中使用的变量会发生什么，下面在>>>提示窗口上做些试验。你可以试着执行下面的代码。我们标出了标注1到8来指导你完成试验：

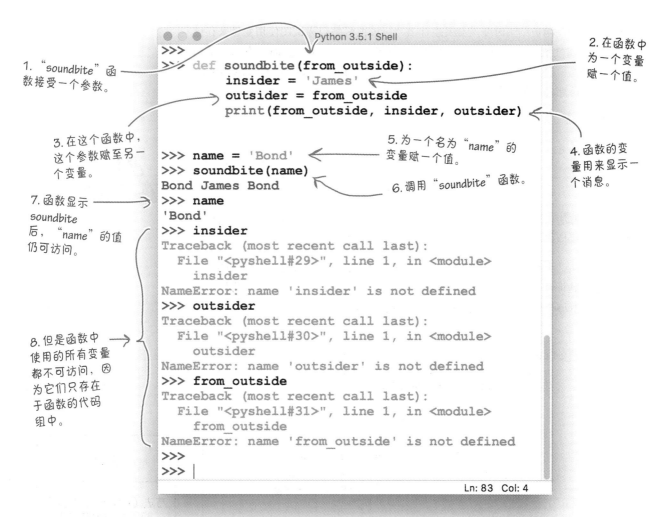

1. "soundbite" 函数接受一个参数。

2. 在函数中为一个变量赋一个值。

3. 在这个函数中，这个参数赋至另一个变量。

4. 函数的变量用来显示一个消息。

5. 为一个名为"name"的变量赋一个值。

6. 调用"soundbite"函数。

7. 函数显示 soundbite 后，"name"的值仍可访问。

8. 但是函数中使用的所有变量都不可访问，因为它们只存在于函数的代码组中。

```
>>>
>>> def soundbite(from_outside):
        insider = 'James'
        outsider = from_outside
        print(from_outside, insider, outsider)

>>> name = 'Bond'
>>> soundbite(name)
Bond James Bond
>>> name
'Bond'
>>> insider
Traceback (most recent call last):
  File "<pyshell#29>", line 1, in <module>
    insider
NameError: name 'insider' is not defined
>>> outsider
Traceback (most recent call last):
  File "<pyshell#30>", line 1, in <module>
    outsider
NameError: name 'outsider' is not defined
>>> from_outside
Traceback (most recent call last):
  File "<pyshell#31>", line 1, in <module>
    from_outside
NameError: name 'from_outside' is not defined
>>>
>>> 
```

Python 3.5.1 Shell

Ln: 83 Col: 4

变量在函数的代码组中定义时，它们只是在这个函数运行时才存在。也就是说，此时这些变量"在作用域中"，在函数的代码组中是可见而且可用的。不过，一旦函数结束，函数中定义的所有变量都会被撤销，它们会"超出作用域"，而且它们使用的所有资源会由解释器回收。

soundbite函数中使用的3个变量就是如此，如上所示。函数结束的那一刻，insider，outsider和from_outside都不复存在。想要在函数代码组之外引用这些变量（也就是函数作用域之外），都会导致NameError。

属性名前面加 "self"

如果只是处理一个调用之后完成一些工作然后返回一个值的函数，上一页描述的函数行为没有问题。你通常不关心函数中使用的变量会发生什么，因为一般只对函数的返回值感兴趣。

既然你已经知道函数结束时变量会发生什么，应该很清楚当你试图使用变量来存储和记住类的属性值时，这个（不正确的）代码可能会带来问题。因为方法就是函数，这只是另一种称呼，所以如果如下编写increase，val和incr在increase方法调用之后都将不再存在：

```
class CountFromBy:
    def increase(self) -> None:
        val += incr
```

不要这么做，因为一旦方法结束，这些变量就不再存在。

不过，对于方法，情况有所不同。方法使用属于一个对象的属性值，而在方法结束之后对象的属性仍存在。也就是说，方法结束时，对象的属性值不会被撤销。

为了保证方法结束后属性赋值仍有效，属性值必须赋给方法结束时不会撤销的某个东西。这正是调用这个方法的当前对象，它存储在self中，这就解释了为什么这个方法代码中每个属性值前面需要加self，如下所示：

```
class CountFromBy:
    def increase(self) -> None:
        self.val += self.incr
```

这样好多了，由于使用了 "self"，"val" 和 "incr" 现在与对象关联。

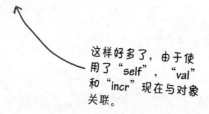

"self" 是对象的一个别名。

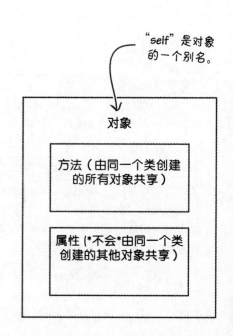

对象

方法（由同一个类创建的所有对象共享）

属性 (*不会*由同一个类创建的其他对象共享)

规则很简单：如果需要引用类中的一个属性，必须在属性名前面加上self。self中的值是一个别名，指示调用这个方法的对象。

在这个上下文中，当你看到self，可以把它想成是"这个对象的"。所以self.val可以读作为"这个对象的val"。

使用之前初始化（属性）值

所有这些关于self重要性的讨论让我们忽略了一个重要的问题：如何为属性赋一个起始值？实际上，increase方法中的代码（使用了self的正确代码），在执行时会失败。这个失败是因为：在Python中，在对变量赋值之前不能使用这个变量，而不论在哪里使用。

为了说明这个问题的严重性，考虑>>>提示窗口中的以下简短会话。注意任何一个变量未定义时，第一个语句都会失败：

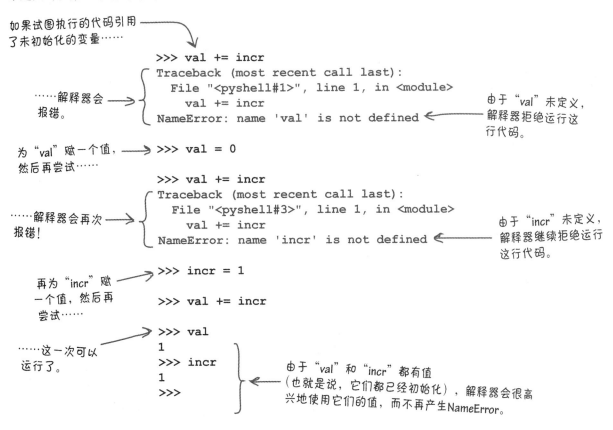

如果试图执行的代码引用了未初始化的变量……

……解释器会报错。

```
>>> val += incr
Traceback (most recent call last):
  File "<pyshell#1>", line 1, in <module>
    val += incr
NameError: name 'val' is not defined
```

由于"val"未定义，解释器拒绝运行这行代码。

为"val"赋一个值，然后再尝试……

```
>>> val = 0
```

……解释器会再次报错！

```
>>> val += incr
Traceback (most recent call last):
  File "<pyshell#3>", line 1, in <module>
    val += incr
NameError: name 'incr' is not defined
```

由于"incr"未定义，解释器继续拒绝运行这行代码。

再为"incr"赋一个值，然后再尝试……

```
>>> incr = 1
>>> val += incr
```

……这一次可以运行了。

```
>>> val
1
>>> incr
1
>>>
```

由于"val"和"incr"都有值（也就是说，它们都已经初始化），解释器会很高兴地使用它们的值，而不再产生NameError。

在Python中，不论在哪里使用变量，都必须首先用一个起始值初始化。问题是：对于一个从Python类创建的新对象，如何初始化呢？

如果你了解面向对象编程，"构造函数"这个词现在肯定会跃入脑海。在其他语言中，构造函数是一个特殊方法，可以利用这样一个方法定义第一次创建一个对象时会发生什么，这通常包括对象实例化和属性初始化。在Python中，对象实例化由解释器自动处理，所以你不需要定义一个构造函数来完成这个工作。有一个名为__init__的魔法方法允许你根据需要初始化属性。下面来看dunder init（即__init__）能够做什么。

Dunder "init" 初始化属性

再把思路转回到上一章，那时使用了dir内置函数来显示Flask req对象的所有
详细信息。还记得这个输出吗？

```
['__class__', '__delattr__', '__dict__', '__dir__', '__doc__', '__enter__', '__eq__', '__exit__', '__format__', '__ge__',
'__getattribute__', '__gt__', '__hash__', '__init__', '__le__', '__lt__', '__module__', '__ne__', '__new__', '__reduce__',
'__reduce_ex__', '__repr__', '__setattr__', '__sizeof__', '__str__', '__subclasshook__', '__weakref__', '_get_file_stream',
'_get_stream_for_parsing', '_is_old_module', '_load_form_data', '_parse_content_type', '_parsed_content_type',
'accept_charsets', 'accept_encodings', 'accept_languages', 'accept_mimetypes', 'access_route', 'application', 'args',
'authorization', 'base_url', 'blueprint', 'cache_control', 'charset', 'close', 'content_encoding', 'content_length', 'content_md5',
'content_type', 'cookies', 'data', 'date', 'dict_storage_class', 'disable_data_descriptor', 'encoding_errors', 'endpoint', 'environ',
'files', 'form', 'form_data_parser_class', 'from_values', 'full_path', 'get_data', 'get_json', 'headers', 'host', 'host_url', 'if_match',
'if_modified_since', 'if_none_match', 'if_range', 'if_unmodified_since', 'input_stream', 'is_multiprocess', 'is_multithread',
'is_run_once', 'is_secure', 'is_xhr', 'json', 'list_storage_class', 'make_form_parser', 'max_content_length',
'max_form_memory_size', 'max_forwards', 'method', 'mimetype', 'mimetype_params', 'module', 'on_json_loading_failed',
'parameter_storage_class', 'path', 'pragma', 'query_string', 'range', 'referrer', 'remote_addr', 'remote_user', 'routing_exception',
'scheme', 'script_root', 'shallow', 'stream', 'trusted_hosts', 'url', 'url_charset', 'url_rule', 'user_agent', 'values'
```

看看所有这些 dunder!

那时，我们建议你忽略所有这些dunder。不过，现在是时候表明它们的用途了：
这些dunder提供了每个类标准行为的"挂钩"。

除非被覆盖，否则这个标准行为在一个名为object的类中实现。object类是
解释器内置的类，所有其他Python类都自动继承这个类（包括你的类）。这是
OOP的说法，表示你的类可以原样使用object提供的dunder方法，或者可以根
据需要覆盖（提供你自己的方法实现）。

如果你不想覆盖，那么不必覆盖任何object方法。不过，有些情况下可能需要
覆盖，例如，如果你想指定对从你的类创建的对象使用相等操作符（==）时会
发生什么，可以为__eq__方法编写你自己的代码。如果你想指定对对象使用大
于操作符（>）时要发生什么，可以覆盖__ge__方法。如果想初始化与对象相
关联的属性，可以使用__init__方法。

所有类都可用的标准 dunder称为 "魔法方法"。

由于object提供的dunder如此有用，它们被Python程序员几乎视为神明。实际
上，很多Python程序员就称这些dunder为魔法方法（因为它们表现得就像"有魔
法一样"）。

所有这些意味着，如果你的类中提供了一个方法，其def行如下所示，每次从
你的类创建一个新对象时，解释器都会调用你的__init__方法。注意这里包含
了self作为这个dunder init的第一个参数（这里遵循了所有类中所有方法的
规则）：

```
def __init__(self):
```

尽管名字看起来有些奇怪，不过dunder "init"与所有其他方法一样，也是一个方法。记住：必须传入"self"作为它的第一个参数。

用Dunder "init" 初始化属性

下面为CountFromBy类增加__init__来初始化从这个类创建的对象。

现在来增加一个空的__init__方法，它什么也不做，只有一个pass（稍后我们会增加具体的行为）：

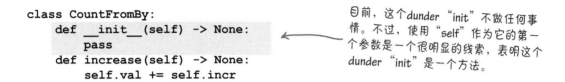

```
class CountFromBy:
    def __init__(self) -> None:
        pass
    def increase(self) -> None:
        self.val += self.incr
```

目前，这个dunder "init" 不做任何事情。不过，使用 "self" 作为它的第一个参数是一个很明显的线索，表明这个dunder "init" 是一个方法。

从increase中已有的代码可以知道，可以通过在属性名前加self来访问类中的属性。这说明，我们也可以在__init__中使用self.val和self.incr来引用类的属性。不过，我们希望使用__init__初始化类的属性（val和incr）。问题是：这些初始化值来自哪里，另外它们的值如何传入__init__？

向dunder "init" 传入任意数量的参数数据

由于__init__是一个方法，而方法就是伪装的函数，所以可以向__init__方法（或者任何方法）传入你希望的任意多个参数值。你要做的就是提供参数名。下面将用来初始化self.val的参数命名为v，并使用i作为初始化self.incr的参数。

下面把v和i增加到__init__方法的def行，然后在dunder init的代码组中使用这些值初始化我们的类属性，如下所示：

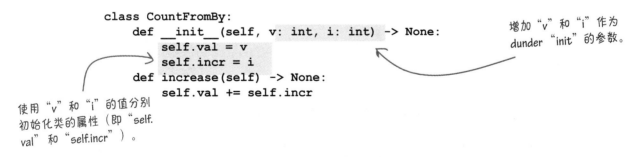

```
class CountFromBy:
    def __init__(self, v: int, i: int) -> None:
        self.val = v
        self.incr = i
    def increase(self) -> None:
        self.val += self.incr
```

增加 "v" 和 "i" 作为dunder "init" 的参数。

使用 "v" 和 "i" 的值分别初始化类的属性（即 "self.val" 和 "self.incr"）。

如果我们现在可以让v和i得到值，最后这个版本的__init__就能初始化类属性。这又带来另一个问题：如何向v和i提供值？为了帮助回答这个问题，我们需要尝试使用这个版本的类，看看会发生什么。下面就来这么做。

尝试使用这个类

测试

使用IDLE中的编辑窗口，花点时间如下更新你的countfromby.py文件中的代码。完成后，按F5开始在IDLE的>>>提示窗口创建对象：

按F5在IDLE的shell中尝试使用"CountFromBy"类。

```
countfromby.py - /Users/paul/Desktop/_NewBook/ch08/countfromby.py (3.5.1)

class CountFromBy:

    def __init__(self, v: int, i: int) -> None:
        self.val = v
        self.incr = i

    def increase(self) -> None:
        self.val += self.incr

                                              Ln: 2  Col: 0
```

"CountFromBy"类的最新版本。

在编辑窗口中按F5执行代码，这会把CountFromBy类导入解释器。来看我们尝试从CountFromBy类创建一个新对象时会发生什么：

从类创建一个新对象（名为"g"）……但是这样做时，你会得到一个错误！

```
                                    Python 3.5.1 Shell
Python 3.5.1 (v3.5.1:37a07cee5969, Dec  5 2015, 21:12:44)
[GCC 4.2.1 (Apple Inc. build 5666) (dot 3)] on darwin
Type "copyright", "credits" or "license()" for more information.
>>>
========= RESTART: /Users/paul/Desktop/_NewBook/ch07/countfromby.py =========
>>>
>>> g = CountFromBy()
Traceback (most recent call last):
  File "<pyshell#1>", line 1, in <module>
    g = CountFromBy()
TypeError: __init__() missing 2 required positional arguments: 'v' and 'i'
>>>
>>>

                                                              Ln: 13  Col: 4
```

这可能不是你希望看到的。不过来看这个错误消息（这类错误类型为TypeError），特别注意TypeError行上的消息。解释器告诉我们__init__方法希望接收两个参数值，v和i，但是实际上并没有接收到这两个参数（在这里，什么也没有接收到）。我们没有向类提供参数，但是这个错误消息告诉我们，（创建一个新对象时）提供给类的所有参数会传递到__init__方法。

记住这一点，下面再来尝试创建一个CountFromBy对象。

下面回到>>>提示窗口，创建另一个对象（名为h），取两个整数值作为对应v和i的参数：

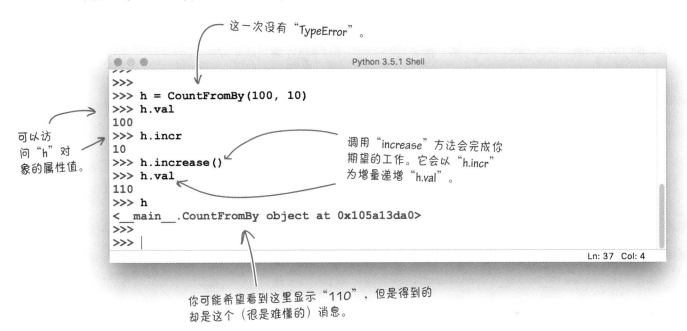

这一次没有"TypeError"。

可以访问"h"对象的属性值。

调用"increase"方法会完成你期望的工作。它会以"h.incr"为增量递增"h.val"。

你可能希望看到这里显示"110"，但是得到的却是这个（很是难懂的）消息。

在上面可以看到，这一次情况好多了，因为不再有TypeError异常，这说明h对象已经成功创建。可以使用h.val和h.incr访问h的属性值，还可以调用这个对象的increase方法。只是当试图访问h的值时，情况又变得有些奇怪。

从这个测试我们学到了什么？

下面是从这个测试得到的主要收获：

- 创建对象时，提供给类的所有参数值都会传递到__init__方法，如上面的100和10（注意一旦dunder init结束，v和i就不再存在，但我们不用担心，因为它们的值已经分别安全地存储在对象的self.val和self.incr属性中）。

- 可以结合对象名和属性名来访问属性值。注意我们就使用了h.val和h.incr来访问这些属性值（对于从一种"更严格的"OOP语言转向Python的读者，要注意我们并不需要创建获取方法或设置方法）。

- 单独使用对象名时（如上面与shell的最后一个交互），解释器发回一个神秘的消息。至于这是什么（以及为什么会有这个消息）将在下面讨论。

理解CountFromBy的表示

在shell中键入对象名想要显示它的当前值时，解释器生成了下面的输出：

<__main__.CountFromBy object at 0x105a13da0>

如果你看到的值与这里不同也不用担心。读完这一页就会明白了。

我们说上面的输出"奇怪"，乍一看，确实是这样。为了理解这个输出是什么意思，下面返回IDLE的shell，再从CountFromBy创建另一个对象，因为我们不想添乱，这里把它命名为j。

在下面的会话中，可以注意到，为j显示的奇怪消息由调用某些内置函数（BIF）生成的值组成。先跟着我们完成这个会话，后面会对这些BIF的作用做出解释：

```
Python 3.5.1 Shell
>>>
>>> j = CountFromBy(100, 10)
>>> j
<__main__.CountFromBy object at 0x1035be278>
>>>
>>> type(j)
<class '__main__.CountFromBy'>
>>>
>>> id(j)
4351320696
>>>
>>> hex(id(j))
'0x1035be278'
>>>
>>>
                                          Ln: 21  Col: 4
```

"j"的输出由某些Python内置函数生成的值组成。

type BIF会显示创建这个对象的类的有关信息，（上面）报告j是一个 CountFromBy 对象。

id BIF显示对象内存地址的有关信息（这是一个唯一的标识符，解释器用这个标识符来跟踪对象）。你在屏幕上看到的很可能与上面报告的不同。

作为j输出的一部分，这里显示的内存地址是id的值，不过转换为一个十六进制数（这是hex BIF的作用）。所以，为j显示的整个消息就是type的输出以及id的输出（转换为十六进制）的组合。

一个很自然地问题是：为什么会这样？

如果没有告诉解释器你希望如何表示你的对象，解释器就必须做出处理，所以它会提供以上所示的表示。好在，可以通过编写你自己的__repr__魔法方法覆盖这种默认行为。

覆盖dunder "repr" 来指定解释器如何表示对象。

定义CountFromBy的表示

除了作为一个魔法方法，`__repr__`功能还提供为一个内置函数，名为repr。下面是我们要求help BIF描述repr的作用时所给出的部分回答："返回对象的标准字符串表示"。换句话说，help BIF在告诉你repr（以及进一步的`__repr__`）要返回对象的一个字符串化版本。

"对象的这个字符串化版本"看起来依赖于各个对象做什么。你可以为你的类编写一个`__repr__`方法来控制对象的表示。下面就对CountFromBy类做这个工作。

首先在CountFromBy类中为dunder repr增加一个新的def行，除了必要的self没有其他参数（记住，这是一个方法）。按我们通常的做法，再增加一个注解，使读代码的人能知道这个方法会返回一个字符串：

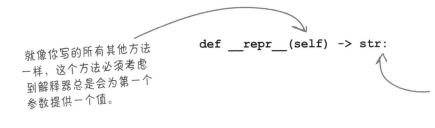

就像你写的所有其他方法一样，这个方法必须考虑到解释器总是会为第一个参数提供一个值。

```
def __repr__(self) -> str:
```

这使得这个方法的用户知道它将返回一个字符串。记住：在代码中使用注解是可选的，但是很有帮助。

写好了def行之后，只需要编写代码返回CountFromBy对象的一个字符串表示。为此，这里我们希望得到self.val中的值，这是一个整数，要将它转换为一个字符串。

好在有str BIF，完成这个工作很简单：

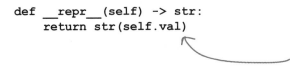

```
def __repr__(self) -> str:
    return str(self.val)
```

取"self.val"中的值，将它转换为一个字符串，再把它返回给这个方法的调用者。

向类增加了这个简短的方法后，只要在>>>提示窗口显示CountFromBy对象，解释器就会使用这个方法。print BIF也使用dunder repr来显示对象。

完成这个修改并尝试运行更新后的代码之前，下面先简单讨论上一个测试中中浮出水面的另一个问题。

为CountFromBy提供合理的默认值

下面来回顾CountFromBy类的当前版本的__init__方法：

```
        ...
    def __init__(self, v: int, i: int) -> None:
        self.val = v
        self.incr = i
        ...
```

这个版本的dunder "init" 方法希望在每次调用时提供两个参数值。

应该记得，我们想要从这个类创建一个新对象而没有为v和i传入值时，得到了一个TypeError：

```
>>> g = CountFromBy()
Traceback (most recent call last):
  File "<pyshell#1>", line 1, in <module>
    g = CountFromBy()
TypeError: __init__() missing 2 required positional arguments: 'v' and 'i'
>>>
>>>
```

唉呀！不好了。

在这一章前面，我们指出希望CountFromBy类支持以下默认行为：这个计数器从0开始，每次（请求时）递增1。你已经知道如何向函数参数提供默认值，对于方法也是一样——要在def行上赋默认值：

```
        ...
    def __init__(self, v: int=0, i: int=1) -> None:
        self.val = v
        self.incr = i
        ...
```

由于方法就是函数，所以也支持对参数使用默认值（不过这里使用单字符变量名不算太高明："v" 是值，而 "i" 是增量值）。

如果对你的CountFromBy代码做这个很小但很重要的修改，然后保存文件（在再一次按F5之前），你会看到现在可以创建具有这个默认行为的对象：

```
                        Python 3.5.1 Shell
>>>
>>>
>>> i = CountFromBy()
>>> i.val
0
>>> i.incr
1
>>> i.increase()
>>> i.val
1
>>>
>>>
                                                    Ln: 50  Col: 4
```

初始化对象时我们没有指定要用的值，所以这个类会提供dunder "init" 中指定的默认值。

正如我们期望的那样，"increase" 方法每次调用时将 "i.val" 增1。这是默认行为。

测试

确保你的类代码（countfromby.py中）与我们的（如下所示）完全相同。将你的类代码加载到IDLE的编辑窗口，按F5运行最新版本的CountFromBy类：

```
● ● ● ●   countfromby.py - /Users/paul/Desktop/_NewBook/ch08/countfromby.py (3.5.1)

class CountFromBy:

    def __init__(self, v: int=0, i: int=1) -> None:
        self.val = v
        self.incr = i

    def increase(self) -> None:
        self.val += self.incr

    def __repr__(self) -> str:
        return str(self.val)
                                                    Ln: 13  Col: 0
```

这是增加了dunder "repr" 代码的 "CountFromBy" 类。

```
● ● ●              Python 3.5.1 Shell

>>> k = CountFromBy()
>>> k
0
>>> k.increase()
>>> k
1
>>> print(k)
1
>>> l = CountFromBy(100)
>>> l
100
>>> l.increase()
>>> print(l)
101
>>> m = CountFromBy(100, 10)
>>> m
100
>>> m.increase()
>>> m
110
>>> n = CountFromBy(i=15)
>>> n
0
>>> n.increase()
>>> n
15
>>>
                                                    Ln: 33  Col: 4
```

在>>>提示窗口引用对象时，或者在 "print" 调用中引用对象时，会运行dunder "repr" 代码。

"k" 对象使用类的默认值，从0开始，增量为1。

"l" 对象提供了一个替代的起始值，然后每次调用 "increase" 时增1。

"m" 为两个默认值提供了替代值。

"n" 对象使用一个关键字参数为增量提供了一个替代值（但从0开始）。

类：我们知道些什么

CountFromBy类已经提供这一章前面要求的行为，下面来回顾现在我们对Python中的类了解多少：

BULLET POINTS

- Python类允许你共享**行为**（即方法）和**状态**（即属性）。

- 如果记得方法是**函数**，属性是**变量**，就不会有大问题。

- class关键字在代码中引入一个新类。

- 从类创建一个新对象看上去非常类似于一个函数调用。记住：要从一个名为CountFromBy的类创建一个名为mycount的对象，可以使用以下代码行：

  mycount = CountFromBy()

- 如果从一个类创建一个对象，这个对象会与从这个类创建的所有其他对象**共享**这个类的代码。不过，每个对象会维护它**自己的**属性**副本**。

- 通过创建**方法**来为类增加行为。方法就是在类中定义的函数。

- 要为类增加一个**属性**，需要创建一个变量。

- 会向每个方法传入当前对象的一个**别名**作为它的第一个参数。Python约定坚持第一个参数名为self。

- 在方法代码组中，引用属性时要加self前缀，确保方法代码结束后属性值仍**存在**。

- __init__方法是所有Python类提供的众多**魔法方法**之一。

- 属性值由__init__方法（即dunder init）初始化。这个方法允许你在创建新对象时为属性赋起始值。Dunder init会接收创建对象时传入类的所有值的一个**副本**。例如，创建这个对象时值100和10会传入__init__：

  mycount2 = CountFromBy(100, 10)

- 另一个魔法方法是__repr__，这允许你控制在>>>提示窗口显示时以及用print BIF打印时对象的表示。

> 这很好……不过提醒我一下：学习所有这些类知识的出发点是什么？

我们想创建一个上下文管理器。

我们知道这确实花了一些时间，不过之所以走这条路就是为了对类有足够的了解，使我们能够创建代码来挂接Python的**上下文管理协议**。如果我们可以挂接这个协议，就能在Python的with语句中使用我们的web应用的数据库代码，因为这样可以更容易地共享以及重用这个数据库代码。既然你已经对类有所了解，下面就来考虑挂接上下文管理协议（下一章）。

第8章的代码

这是"countfromby.py"
文件中的代码。

```python
class CountFromBy:

    def __init__(self, v: int=0, i: int=1) -> None:
        self.val = v
        self.incr = i

    def increase(self) -> None:
        self.val += self.incr

    def __repr__(self) -> str:
        return str(self.val)
```

9 上下文管理协议

✳ 挂接Python的with语句 ✳

> 对，没错……只需要很少的费用，我们肯定能管理运行代码的上下文。

现在该将你所学派上用场了。

第7章讨论了Python中如何使用**关系数据库**，第8章又介绍了如何在Python代码中使用**类**。这一章中，我们将结合这两种技术生成一个**上下文管理器**，从而能够扩展with语句来处理关系数据库系统。这一章将创建一个新的遵循Python**上下文管理协议**的类来挂接with语句。

要共享这个Web应用的数据库代码，哪种办法最好？

第7章在`log_request`函数中创建了数据库代码，这个代码很有效，不过你必须暂停一下，来考虑如何才能最好地共享这个代码。还记得第7章最后给出的建议吧：

快速剪切粘贴这个代码，然后修改代码，搞定！

我认为我们应该把处理数据库的代码放在单独的函数中，然后在需要时调用这个函数。

这不是很明显吗？现在我们该考虑使用类和对象了，这才是处理这类重用问题的正确方法。

那时我们指出以上的每一个建议都是可以的，不过相信Python程序员一般不会单独采用以上提出的任何一个解决方案。我们认为更好的策略是使用with语句挂接上下文管理协议，不过为了达到这个目的，你需要先对类有一些了解。这正是上一章的主题。既然已经知道了如何创建一个类，现在就该回到我们的任务：创建一个上下文管理器来共享Web应用的数据库代码。

再来看你要做什么

下面是第7章中的数据库管理代码。这个代码目前是我们的Flask Web应用的一部分。
应该记得,这个代码会连接我们的MySQL数据库,将Web请求的详细信息保存到
log表,提交所有未保存的数据,然后断开与数据库的连接:

```python
import mysql.connector

def log_request(req: 'flask_request', res: str) -> None:
    """Log details of the web request and the results."""

    dbconfig = { 'host': '127.0.0.1',
                 'user': 'vsearch',
                 'password': 'vsearchpasswd',
                 'database': 'vsearchlogDB', }

    conn = mysql.connector.connect(**dbconfig)
    cursor = conn.cursor()

    _SQL = """insert into log
                (phrase, letters, ip, browser_string, results)
                values
                (%s, %s, %s, %s, %s)"""
    cursor.execute(_SQL, (req.form['phrase'],
                          req.form['letters'],
                          req.remote_addr,
                          req.user_agent.browser,
                          res, ))
    conn.commit()
    cursor.close()
    conn.close()
```

这个字典详细描述了数据库连接属性。

这一部分使用凭据来连接数据库,然后创建一个游标。

这是完成具体工作的代码:把请求数据增加到"log"数据库表中。

最后,这个代码清理数据库连接。

如何最好地创建一个上下文管理器?

我们要把上面的代码转换为可以在一个with语句中使用的代码,在讨论如何完成
这个转换之前,下面先来讨论如何通过遵循上下文管理协议实现这一点。尽管标
准库中也支持创建简单的上下文管理器(使用contextlib模块),但是如果要
使用with控制某个外部对象(如这里的数据库连接),一般认为创建一个遵循上
下文管理协议的类才是正确的方法。

了解这一点后,下面来看"遵循上下文管理协议"是什么意思。

用方法管理上下文

上下文管理协议听上去很深奥、很可怕，但实际上很简单。这个协议指出，你创建的任何类都必须至少定义两个魔法方法：__enter__和__exit__。这就是协议。如果遵循这个协议时，你的类就可以挂接到with语句。

Dunder "enter" 完成建立

一个对象用于with语句时，在with语句的代码组开始之前，解释器会调用这个对象的__enter__方法。这就为你提供了一个机会，可以在dunder enter中执行必要的建立代码。

这个协议进一步指出dunder enter可以（但不是必须）向with语句返回一个值（稍后会看到为什么这很重要）。

Dunder "exit" 完成清理

一旦with语句的代码组结束，解释器就会调用这个对象的__exit__方法。这发生在with语句代码组结束之后，这为你提供了一个机会来完成必要的清理。

由于with语句代码组中的代码可能失败（并产生一个异常），dunder exit必须做好准备在发生这种情况时进行处理。这一章后面创建dunder exit方法的代码时会再回来讨论这个问题。

如果创建一个定义了__enter__和__exit__的类，解释器就会自动认为这个类是一个上下文管理器，因此可以挂接到（并用于）with语句。换句话说，这样一个类遵循上下文管理协议，并实现了一个上下文管理器。

(你已经知道) dunder "init" 完成初始化

除了dunder enter和dunder exit，还可以根据需要为类增加其他方法，包括定义你自己的__init__方法。从上一章可以知道，定义dunder init允许你完成额外的对象初始化。Dunder init在__enter__之前运行（也就是说，在上下文管理器的建立代码执行之前）。

为上下文管理器定义__init__并不是一个绝对的要求（因为上下文管理器只需要定义__enter__和__exit__），不过有时定义这个方法很有用，因为这样可以将初始化活动与建立活动分离。为我们的数据库连接创建一个上下文管理器时（如本章后面），我们就定义了__init__来初始化数据库连接凭据。这样做并不是绝对必要，但我们认为这样有助于保持整洁，而且使上下文管理器类代码更易读，也更容易理解。

协议是所遵循的一个得到认定的过程（或一组规则）。

如果你的类定义了dunder "enter" 和 dunder "exit"，它就是一个上下文管理器。

你已经见过上下文管理器的使用

最早遇到with语句是在第6章，那时使用了一个with语句来确保之前打开的
文件会在其关联的with语句结束时自动关闭。应该记得，这个代码会打开
todos.txt文件，然后逐行地读取并显示这个文件中的每一行，然后会自动关
闭文件（因为open是一个上下文管理器）：

```
with open('todos.txt') as tasks:
    for chore in tasks:
        print(chore, end='')
```

你的第一个"with"语句
（来自第6章）。

下面再来看这个with语句，特别强调dunder enter，dunder exit和dunder init
在哪里调用。我们对各个标注编了号，来帮助你了解这些dunder的执行顺序。
注意，在这里没有看到初始化、建立或清理代码；我们知道（而且相信）这些
方法会在需要时"在后台"运行：

2. 一旦dunder "init"执行，解释器会调用dunder
"enter"来确保调用"open"的结果会赋给"tasks"
变量。

1. 解释器遇到这
个"with"语句时，它
首先调用与"open"
调用关联的dunder
"init"。

```
with open('todos.txt') as tasks:
    for chore in tasks:
        print(chore, end='')
```

3. "with"语句结束时，解释器调用上下文管理器的
dunder "exit"来完成清理。在这个例子中，解释器
确保打开的文件会妥善关闭，然后才会继续。

需要你做什么

（借助一个新类）创建我们自己的上下文管理器之前，下面先做个回顾：为了挂接
with语句，上下文管理协议希望你提供些什么。你必须创建一个提供以下内容的类：

1. 一个__init__方法，来完成初始化（如果需要）。

2. 一个__enter__方法，来完成所有建立工作。

3. 一个__exit__方法，来完成所有清理工作（也就是最后的整理）。

有了这些知识，现在来创建一个上下文管理器类，逐个地编写这些方法，同时根据需要
借用我们现有的数据库代码。

创建一个新的上下文管理器类

首先，需要为我们的新类提供一个名字。另外，我们要把新类的代码放在单独的文件中，从而能轻松地重用（记住：将Python代码放在一个单独的文件中时，它会变成一个模块，可以根据需要导入其他Python程序）。

我们的新文件名为DBcm.py（数据库上下文管理器（database context manager）的缩写），另外将这个新类命名为UseDatabase。要在你的web应用代码所在的同一个文件夹中创建DBcm.py文件，因为正是这个web应用要导入UseDatabase类（如果你编写了这个类）。

使用你喜欢的编辑器（或IDLE），创建一个新的编辑窗口，然后将这个新的空文件保存为DBcm.py。我们知道，为了让我们的类遵循上下文管理协议，它必须：

> 要记住：
> Python中
> 命名一个类
> 时要使用
> CamelCase
> 形式。

1. 提供一个__init__方法完成初始化。

2. 提供一个__enter__方法包含所有建立代码。

3. 提供一个__exit__方法包含所有清理代码。

现在先为类代码中这3个必要的方法增加3个"空"定义。空方法包含一个pass语句。以下是目前的代码：

这是我们的"DBcm.py"文件在IDLE中的显示。目前，它包括一个"import"语句，另外有一个名为"UseDatabase"的类，其中包含3个"空"方法。

```
DBcm.py - /Users/paul/Desktop/_NewBook/ch09/webapp/DBcm.py (3.5.1)
import mysql.connector


class UseDatabase:

    def __init__(self):
        pass

    def __enter__(self):
        pass

    def __exit__(self):
        pass

                                                    Ln: 14  Col: 0
```

注意在这个DBCm.py文件的最前面有一个import语句，这个模块包含MySQL连接器功能（我们的新类要依赖这个功能）。

现在我们要做的就是将log_request函数中相关的部分移到UseDatabase类的正确的方法中。嗯……尽管这里说的是"我们"，但实际上是指"你"。该动手写一些方法代码了。

用数据库配置初始化类

现在来说明如何使用UseDatabase上下文管理器。下面给出上一章中的代码，不过这里已经重写为使用一个with语句，这个with使用了你要编写的UseDatabase上下文管理器：

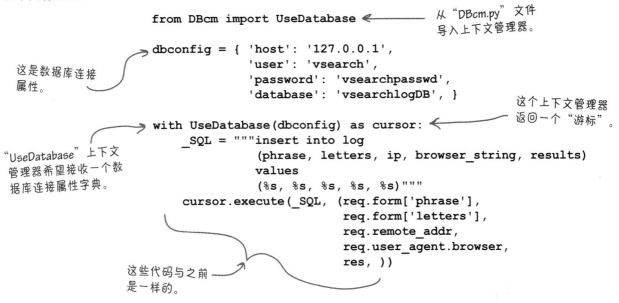

```
from DBcm import UseDatabase

dbconfig = { 'host': '127.0.0.1',
             'user': 'vsearch',
             'password': 'vsearchpasswd',
             'database': 'vsearchlogDB', }

with UseDatabase(dbconfig) as cursor:
    _SQL = """insert into log
                (phrase, letters, ip, browser_string, results)
                values
                (%s, %s, %s, %s, %s)"""
    cursor.execute(_SQL, (req.form['phrase'],
                          req.form['letters'],
                          req.remote_addr,
                          req.user_agent.browser,
                          res, ))
```

从"DBcm.py"文件导入上下文管理器。

这是数据库连接属性。

这个上下文管理器返回一个"游标"。

"UseDatabase"上下文管理器希望接收一个数据库连接属性字典。

这些代码与之前是一样的。

Sharpen your pencil

下面先从 __init__ 方法开始，我们要用这个方法初始化UseDataBase 的所有属性。根据上面所示的用法，这个dunder init方法接收一个参数，这是一个连接属性字典，名为config（需要增加到下面的def行）。下面要把config保存为一个名为configuration的属性。在dunder init中增加必要的代码，将这个字典保存到configuration属性：

```
import mysql.connector

class UseDatabase:

    def __init__(self, ........................................ )
        ........................................................................................................
```

完成"def"行。

这里漏了什么吗?

将配置字典保存到一个属性。

dunder init完成

Sharpen your pencil
Solution

下面先从__init__方法开始，我们要用这个方法初始化UseDataBase的所有属性。根据上面所示的用法，这个dunder init方法接收一个参数，这是一个连接属性字典，名为config（需要增加到下面的def行）。下面要把config保存为一个名为configuration的属性。在dunder init中增加必要的代码，将这个字典保存到configuration属性：

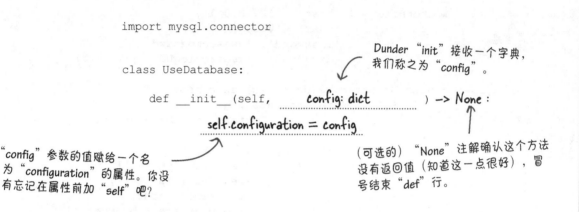

```
import mysql.connector

class UseDatabase:

    def __init__(self, config: dict ) -> None:
        self.configuration = config
```

Dunder "init" 接收一个字典，我们称之为 "config"。

"config" 参数的值赋给一个名为 "configuration" 的属性。你没有忘记在属性前加 "self" 吧？

（可选的）"None" 注解确认这个方法没有返回值（知道这一点很好），冒号结束 "def" 行。

你的上下文管理器开始成形

编写了dunder init方法后，可以继续编写dunder enter方法（__enter__）。在此之前，确保你目前为止所写的代码与我们的一致，如以下IDLE中所显示的：

确保你的dunder "init" 与我们的一致。

```
DBcm.py - /Users/paul/Desktop/_NewBook/ch09/webapp/DBcm.py (3.5.1)

import mysql.connector


class UseDatabase:

    def __init__(self, config: dict) -> None:
        self.configuration = config

    def __enter__(self):
        pass

    def __exit__(self):
        pass

                                              Ln: 14  Col: 0
```

用Dunder "enter" 完成建立

dunder enter方法为你提供了一个地方来执行需要在with语句代码组运行之前先执行的建立代码。应该还记得log_request函数中处理这个建立工作的代码：

```
                    ...
        dbconfig = { 'host': '127.0.0.1',
                     'user': 'vsearch',
                     'password': 'vsearchpasswd',
                     'database': 'vsearchlogDB', }

        conn = mysql.connector.connect(**dbconfig)
        cursor = conn.cursor()

        _SQL = """insert into log
                  (phrase, letters, ip, browser_string, results)
                    ...
```

这是 "log_request" 函数中的建立代码。

这个建立代码使用连接属性字典来连接MySQL，然后在连接上创建一个数据库游标（我们需要这个游标从Python代码向数据库发送命令）。由于每次编写代码与数据库交互时都要执行这个建立代码，下面在上下文管理器中完成这个工作，从而能很容易地重用。

Sharpen your pencil

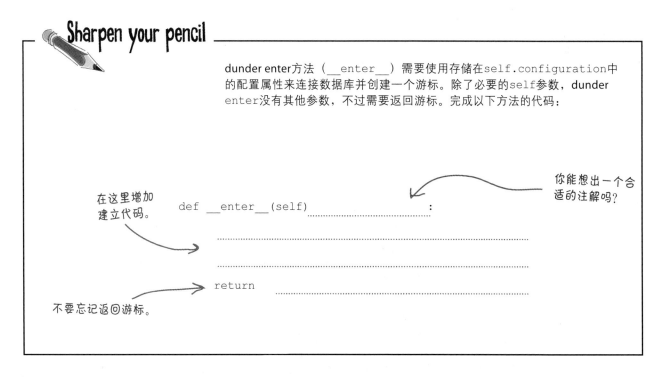

dunder enter方法（__enter__）需要使用存储在self.configuration中的配置属性来连接数据库并创建一个游标。除了必要的self参数，dunder enter没有其他参数，不过需要返回游标。完成以下方法的代码：

你能想出一个合适的注解吗?

在这里增加建立代码。

```
def __enter__(self) ........................... :

    ...............................................................

    ...............................................................

    return  .......................................................
```

不要忘记返回游标。

Sharpen your pencil
Solution

dunder enter方法（__enter__）需要使用存储在self.configuration中的配置属性来连接数据库并创建一个游标。除了必要的self参数，dunder enter没有其他参数，不过需要返回游标。完成以下方法的代码：

这个注解告诉使用这个类的用户会从这个方法返回什么。

没有忘记在所有属性前面加上"self"前缀吧？

```
def __enter__(self) _____ -> 'cursor' :
    self.conn = mysql.connector.connect(**self.configuration)
    self.cursor = self.conn.cursor()
    return   self.cursor
```

这里一定要用 "self.configuration" 而不是 "dbconfig"。

返回游标。

不要忘记在所有属性前面加 "self" 前缀

你可能会奇怪为什么我们在dunder enter中将conn和cursor指定为属性（分别在它们前面加了self前缀）。这样做是为了确保当这个方法结束时conn和cursor仍存在，因为在__exit__方法中还需要这两个变量。为了确保这一点，我们为conn和cursor变量分别增加了self前缀；这样做就会把它们增加到类的属性表中。

编写dunder exit之前，要确认你的代码与我们的一致：

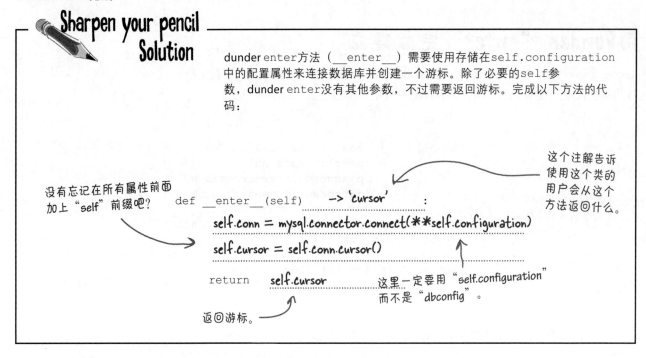

DBcm.py - /Users/paul/Desktop/_NewBook/ch09/webapp/DBcm.py (3.5.1)*

```python
import mysql.connector


class UseDatabase:

    def __init__(self, config: dict) -> None:
        self.configuration = config

    def __enter__(self) -> 'cursor':
        self.conn = mysql.connector.connect(**self.configuration)
        self.cursor = self.conn.cursor()
        return self.cursor

    def __exit__(self):
        pass
```

快要完成了。只剩下一个方法要编写。

Ln: 16 Col: 0

用Dunder "exit" 完成清理

dunder exit方法为你提供了一个地方来执行需要在with语句结束时运行的清理代码。应该记得log_request函数中处理清理工作的代码：

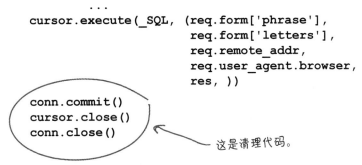

```
                    ...
cursor.execute(_SQL, (req.form['phrase'],
                      req.form['letters'],
                      req.remote_addr,
                      req.user_agent.browser,
                      res, ))

conn.commit()
cursor.close()
conn.close()
```

这是清理代码。

清理代码会向数据库提交数据，然后关闭游标和连接。每次与数据库交互时都会完成这个清理，所以我们要把这个代码增加到你的上下文管理器，为此需要将3行代码移到dunder exit中。

不过，在此之前，你要知道，关于dunder exit有一个问题：它要处理with代码组中可能出现的任何异常。如果出了某个问题，解释器就会通知__exit__，向这个方法传递3个参数：exec_type，exc_value和exc_trace。你的def行需要考虑到这一点，正是因为这个原因，我们在下面的代码中增加了3个参数。尽管如此，现在我们先不考虑这个异常处理机制，在后面一章讨论可能出什么问题以及如何解决时再回来讨论这个内容（请耐心等待）。

Sharpen your pencil

清理代码就是允许你完成清理工作的地方。对于这个上下文管理器，清理工作包括确保在关闭游标和连接之前将数据提交到数据库。在下面的方法中增加你认为需要的代码。

现在先不要担心这些参数。

```
def __exit__(self, exc_type, exc_value, exc_trace)                    :
```

在这里增加清理代码。

Sharpen your pencil
Solution

清理代码就是允许你完成清理工作的地方。对于这个上下文管理器，清理工作包括确保在关闭游标和连接之前将数据提交到数据库。在下面的方法中增加你认为需要的代码。

现在先不用担心这些参数。

```
def __exit__(self, exc_type, exc_value, exc_trace) -> None :
    self.conn.commit()
    self.cursor.close()
    self.conn.close()
```

之前保存的属性要用来提交未保存的数据，以及关闭游标和连接。与以往一样，记住要在属性名前面加"self"前缀。

这个注解确认了这个方法没有返回值；这些注解是可选的，但是加注解是很好的实践做法。

你的上下文管理器可以准备测试了

编写了dunder exit代码后，在把它集成到我们的web应用代码之前，现在来测试这个上下文管理器。照我们的老规矩，首先在Python的shell提示窗口（>>>）测试这个新代码。在此之前，再做最后一次检查，确保你的代码与我们的一致：

完成的"UseDatabase"上下文管理器类。

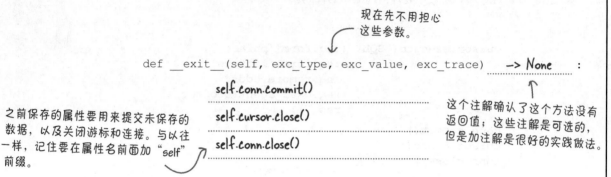

DBcm.py - /Users/paul/Desktop/_NewBook/ch09/webapp/DBcm.py (3.5.1)

```python
import mysql.connector


class UseDatabase:

    def __init__(self, config: dict) -> None:
        self.configuration = config

    def __enter__(self) -> 'cursor':
        self.conn = mysql.connector.connect(**self.configuration)
        self.cursor = self.conn.cursor()
        return self.cursor

    def __exit__(self, exc_type, exc_value, exc_trace) -> None:
        self.conn.commit()
        self.cursor.close()
        self.conn.close()
```

Ln: 18 Col: 0

"真正的"类会包含文档，不过这里删去了代码中的文档以节省（这一页的）篇幅。本书的下载代码中都包括文档。

测试

DBcm.py的代码加载到IDLE编辑窗口后，按F5测试你的上下文管理器：

从"DBcm.py"模块文档导入上下文管理器类。

使用上下文管理器向服务器发送一些SQL，并得到返回的一些数据。

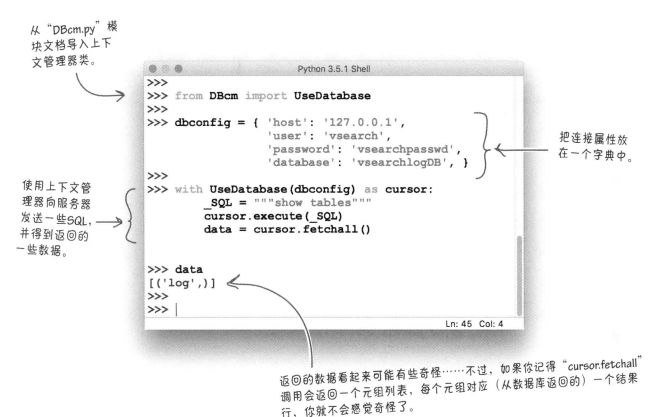

```
                          Python 3.5.1 Shell
>>>
>>> from DBcm import UseDatabase
>>>
>>> dbconfig = { 'host': '127.0.0.1',
                 'user': 'vsearch',
                 'password': 'vsearchpasswd',
                 'database': 'vsearchlogDB', }
>>>
>>> with UseDatabase(dbconfig) as cursor:
        _SQL = """show tables"""
        cursor.execute(_SQL)
        data = cursor.fetchall()


>>> data
[('log',)]
>>>
>>> |
                                                    Ln: 45  Col: 4
```

把连接属性放在一个字典中。

返回的数据看起来可能有些奇怪……不过，如果你记得"cursor.fetchall"调用会返回一个元组列表，每个元组对应（从数据库返回的）一个结果行，你就不会感觉奇怪了。

这里并没有太多代码，不是吗？

看到上面的代码，你会发现并不需要有太多代码。因为你已经成功地将一些数据库处理代码移入UseDatabase类，初始化、建立和清理工作现在都由你的上下文管理器"在后台"处理。你要做的就是提供连接属性和你想要执行的SQL查询，其余的所有工作都由上下文管理器完成。你的清理代码会作为上下文管理器的一部分重用。现在可以更清楚地看到这个代码的"关键"是什么：从数据库得到数据并处理。上下文管理器隐藏了与数据库连接/断开连接的细节（这些总是一样的），所以你可以集中精力考虑要如何处理你的数据。

下面更新你的Web应用来使用这个上下文管理器。

重新考虑你的Web应用代码(1/2)

自上一次考虑Web应用代码以来，已经过去不短的时间了。

（第7章中）最后一次处理Web应用代码时，你更新了`log_request`函数，将Web应用的web请求保存到MySQL数据库。之所以要（在第8章中）学习类就是为了确定最好的方法来共享增加到`log_request`的数据库代码。现在我们知道了，最好的办法（对于这种情况）就是使用刚刚编写的`UseDatabase`上下文管理器类。

除了修改`log_request`来使用这个上下文管理器，还要修改代码中的一个函数来处理数据库中的数据，这个函数名为`view_the_log`（目前它还只是处理`vsearch.log`文本文件）。修改这两个函数之前，先来回忆Web应用代码的当前状态（这一页和下一页）。这里我们特别强调了需要修改的部分：

你的Web应用的代码在"webapp"文件夹的"vsearch4web. py"文件中。

```python
from flask import Flask, render_template, request, escape
from vsearch import search4letters

import mysql.connector

app = Flask(__name__)


def log_request(req: 'flask_request', res: str) -> None:
    """Log details of the web request and the results."""
    dbconfig = {'host': '127.0.0.1',
                'user': 'vsearch',
                'password': 'vsearchpasswd',
                'database': 'vsearchlogDB', }

    conn = mysql.connector.connect(**dbconfig)
    cursor = conn.cursor()
    _SQL = """insert into log
              (phrase, letters, ip, browser_string, results)
              values
              (%s, %s, %s, %s, %s)"""
    cursor.execute(_SQL, (req.form['phrase'],
                          req.form['letters'],
                          req.remote_addr,
                          req.user_agent.browser,
                          res, ))
    conn.commit()
    cursor.close()
    conn.close()
```

这里需要导入"DBcm"。

必须修改这个代码来使用"UseDatabase"上下文管理器。

重新考虑你的Web应用代码(2/2)

```python
@app.route('/search4', methods=['POST'])
def do_search() -> 'html':
    """Extract the posted data; perform the search; return results."""
    phrase = request.form['phrase']
    letters = request.form['letters']
    title = 'Here are your results:'
    results = str(search4letters(phrase, letters))
    log_request(request, results)
    return render_template('results.html',
                           the_title=title,
                           the_phrase=phrase,
                           the_letters=letters,
                           the_results=results,)


@app.route('/')
@app.route('/entry')
def entry_page() -> 'html':
    """Display this webapp's HTML form."""
    return render_template('entry.html',
                           the_title='Welcome to search4letters on the web!')


@app.route('/viewlog')
def view_the_log() -> 'html':
    """Display the contents of the log file as a HTML table."""
    contents = []
    with open('vsearch.log') as log:
        for line in log:
            contents.append([])
            for item in line.split('|'):
                contents[-1].append(escape(item))
    titles = ('Form Data', 'Remote_addr', 'User_agent', 'Results')
    return render_template('viewlog.html',
                           the_title='View Log',
                           the_row_titles=titles,
                           the_data=contents,)


if __name__ == '__main__':
    app.run(debug=True)
```

必须修改这个代码，从而通过"UseDatabase"上下文管理器使用数据库中的数据。

回忆 "log_request" 函数

要修改log_request函数来使用UseDatabase上下文管理器，实际上很多工作已经为你完成了（之前我们已经展示了要实现的代码）。

再来看log_request。目前，数据库连接属性字典（代码中的dbconfig）在log_request中定义。由于你希望在需要修改的另一个函数中（view_the_log）使用这个字典，下面把它移出log_request函数，从而能根据需要与其他函数共享：

下面把这个字典移出这个函数，从而可以根据需要与其他函数共享这个字典。

```
def log_request(req: 'flask_request', res: str) -> None:

    dbconfig = {'host': '127.0.0.1',
                'user': 'vsearch',
                'password': 'vsearchpasswd',
                'database': 'vsearchlogDB', }
    conn = mysql.connector.connect(**dbconfig)
    cursor = conn.cursor()
    _SQL = """insert into log
                (phrase, letters, ip, browser_string, results)
                values
                (%s, %s, %s, %s, %s)"""
    cursor.execute(_SQL, (req.form['phrase'],
                          req.form['letters'],
                          req.remote_addr,
                          req.user_agent.browser,
                          res, ))
    conn.commit()
    cursor.close()
    conn.close()
```

不要将dbconfig移入Web应用的全局空间，如果以某种方式把它增加到这个Web应用的内部配置中会更有用。

很幸运，Flask（像很多其他Web框架一样）提供了一个内置的配置机制：有一个字典（Flask称之为app.config）允许你调整Web应用的一些内部设置。由于app.config是一个普通的Python字典，可以根据需要向它增加你自己的键和值，所以这里就采用这种方式增加dbconfig中的数据。

然后可以修改log_request的其他代码来使用UseDatabase。

下面来完成这些修改。

修改"log_request"函数

对Web应用完成修改后，代码如下所示：

我们把原来的"import"语句修改为这个更新后的语句。

将连接属性字典增加到Web应用的配置中。

调整代码来使用"UseDatabase"，一定要从"app.config"传入数据库配置。

```
vsearch4web.py - /Users/paul/Desktop/_NewBook/ch09/webapp/vsearch4web.py (3.5.1)
from flask import Flask, render_template, request, escape
from vsearch import search4letters

from DBcm import UseDatabase

app = Flask(__name__)

app.config['dbconfig'] = {'host': '127.0.0.1',
                          'user': 'vsearch',
                          'password': 'vsearchpasswd',
                          'database': 'vsearchlogDB', }


def log_request(req: 'flask_request', res: str) -> None:
    """Log details of the web request and the results."""

    with UseDatabase(app.config['dbconfig']) as cursor:
        _SQL = """insert into log
                    (phrase, letters, ip, browser_string, results)
                    values
                    (%s, %s, %s, %s, %s)"""
        cursor.execute(_SQL, (req.form['phrase'],
                              req.form['letters'],
                              req.remote_addr,
                              req.user_agent.browser,
                              res, ))
```

Ln: 10　Col: 0

在文件的前面，我们将import mysql.connector语句替换为一个从DBcm模块导入UseDatabase的import语句。DBcm.py文件本身的代码中就包括import mysql.connector语句，所以从这个文件中删除import mysql.connector（因为我们不希望将它导入两次）。

我们还把数据库连接属性字典移入Web应用的配置中。另外修改了log_request的代码来使用我们的上下文管理器。

基于对类和上下文管理器的所有了解，你应该能读懂上面的代码了。

现在继续修改view_the_log函数。确保如上所示修改你的Web应用代码，然后再翻开下一页。

回忆 "view_the_log" 函数

下面花些时间来仔细查看view_the_log中的代码，因为自上一次详细考虑这个函数之后已经过去了很长时间。作为回忆，这个函数的当前版本从vsearch.log文本文件抽取日志数据，将数据转换为嵌套列表（名为contents），然后再将数据发送到一个名为viewlog.html的模板：

```python
@app.route('/viewlog')
def view_the_log() -> 'html':

    contents = []
    with open('vsearch.log') as log:
        for line in log:
            contents.append([])
            for item in line.split('|'):
                contents[-1].append(escape(item))

    titles = ('Form Data', 'Remote_addr', 'User_agent', 'Results')
    return render_template('viewlog.html',
                           the_title='View Log',
                           the_row_titles=titles,
                           the_data=contents,)
```

从文件获取每个数据行，将它转换为一个转义项列表，这会追加到 "contents" 列表。

所处理的日志数据发送到模板来显示。

下面是用viewlog.html模板呈现contents嵌套列表中的数据时得到的输出。目前可以通过/*viewlog* URL访问Web应用的这个功能：

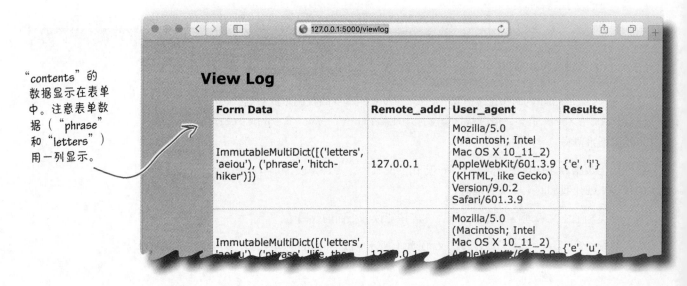

"contents" 的数据显示在表单中。注意表单数据（"phrase" 和 "letters"）用一列显示。

Form Data	Remote_addr	User_agent	Results
ImmutableMultiDict([('letters', 'aeiou'), ('phrase', 'hitch-hiker')])	127.0.0.1	Mozilla/5.0 (Macintosh; Intel Mac OS X 10_11_2) AppleWebKit/601.3.9 (KHTML, like Gecko) Version/9.0.2 Safari/601.3.9	{'e', 'i'}
ImmutableMultiDict([('letters', 'aeiou'), ('phrase', 'life, the...	127.0.0.1	Mozilla/5.0 (Macintosh; Intel Mac OS X 10_11_2) AppleWebKit/601.3.9	{'e', 'u',

不只是代码改变

具体修改view_the_log中的代码来使用上下文管理器之前，先暂停一下，来考虑
数据库中log表中存储的数据。第7章中测试最初的log_request代码时，你可以
登录MySQL控制台，然后检查所保存的数据。回忆之前的这个MySQL控制台会话：

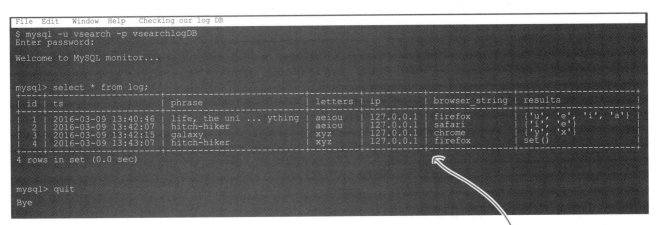

保存在数据库表中的
日志数据。

如果结合当前存储在vsearch.log文件中的内容来考虑上面的数据，显然view_
the_log的一些处理代码已经不再需要，因为现在数据存储在一个表中。下面是
vsearch.log文件中日志数据的一个片段：

```
ImmutableMultiDict([('phrase', 'galaxy'), ('letters', 'xyz')])|127.0.0.1|Mozilla/5.0 (Macintosh; Intel
Mac OS X 10_11_2) AppleWebKit/537.36 (KHTML, like Gecko) Chrome/47.0.2526.106 Safari/537.36|{'x', 'y'}
```

日志数据存储为"vsearch.
log"文件中的一个长字
符串。

view_the_log中的一些代码之所以存在，只是因为目前日志数据存储为vsearch.
log文件中的一个长字符串集合（用竖线分隔）。这种形式是可以的，不过我们确
实需要额外编写一些代码来保证这个数据有意义。

log表中的数据却非如此，因为它"默认是结构化的"。这说明，你不需要在
view_the_log中完成额外的处理；所要做的就是从表中抽取数据，这会作为一个
元组列表返回给你（利用DB-API的fetchall方法）。

不仅如此，log表中的数据分离了phrase的值和letters的值。如果对模板呈现代
码做一个很小的修改，生成的输出可以显示5列数据（而不是现在的4列），这样浏
览器显示的结果会更有用，也更易读。

修改 "view_the_log" 函数

根据前面几页讨论的内容，要修改当前的view_the_log代码，你要做两件事：

1. 从数据库表获取日志数据（而不是文件）。

2. 调整titles列表来支持5列（而不是4列）。

如果你感到不解，不明白为什么这个修改任务表里没有包含对viewlog.html模板的调整，不用疑惑：你不需要对那个文件做任何修改，因为当前的模板完全可以处理任意多个标题和你发送的任意数量的数据。

下面是view_the_log函数的当前代码，也就是你要修改的代码：

根据上面的任务1，
需要替换这个代码。

```
@app.route('/viewlog')
def view_the_log() -> 'html':

    contents = []
    with open('vsearch.log') as log:
        for line in log:
            contents.append([])
            for item in line.split('|'):
                contents[-1].append(escape(item))

    titles = ('Form Data', 'Remote_addr', 'User_agent', 'Results')
    return render_template('viewlog.html',
                           the_title='View Log',
                           the_row_titles=titles,
                           the_data=contents,)
```

根据上面的任务2，
需要修改这行代码。

下面是你需要的SQL查询

在做下一个练习之前（其中将更新view_the_log函数），下面给出一个SQL查询，执行这个SQL查询时，会返回这个Web应用的MySQL数据库中存储的所有日志数据。这个数据会从数据库作为一个元组列表返回给你的Python代码。下一页的练习中需要使用这个查询：

```
select phrase, letters, ip, browser_string, results
from log
```

Sharpen your pencil

下面是view_the_log函数，需要修改这个函数来使用log表中的数据。
你的任务是提供这里缺少的代码。一定要阅读这里的标注，它们提示了
你需要做什么：

```
@app.route('/viewlog')
def view_the_log() -> 'html':

    with ....................................................... :

        _SQL = """select phrase, letters, ip, browser_string, results
                    from log"""

        ..........................................................
        ..........................................................

    titles = ( ............. , ............. , 'Remote_addr', 'User_agent', 'Results')

    return render_template('viewlog.html',
                            the_title='View Log',
                            the_row_titles=titles,
                            the_data=contents,)
```

在这里使用你的上下文管理器，
不要忘记游标。

将查询发送到服务器，
然后获取结果。

在这里titles少了
哪一列？

我要把这些记下来。新代码不仅比原来更
简短，而且也更易读和易于理解。

没错，这正是我们一直以来的目标。

通过把日志数据移到一个MySQL数据库中，你就
不再需要创建（然后处理）一种定制的文本文件格
式了。

另外，通过重用你的上下文管理器，可以简化
Python中与MySQL的交互。这样谁会不喜欢呢？

view_the_log完成

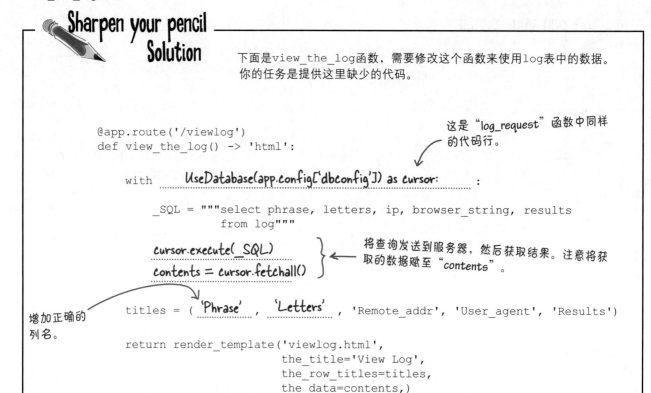

Sharpen your pencil Solution

下面是view_the_log函数，需要修改这个函数来使用log表中的数据。你的任务是提供这里缺少的代码。

```
@app.route('/viewlog')
def view_the_log() -> 'html':

    with   UseDatabase(app.config['dbconfig']) as cursor:   :
                                                                        ← 这是"log_request"函数中同样的代码行。

        _SQL = """select phrase, letters, ip, browser_string, results
                    from log"""

        cursor.execute(_SQL)                                  ← 将查询发送到服务器，然后获取结果。注意将获取的数据赋至"contents"。
        contents = cursor.fetchall()

        titles = ( 'Phrase' , 'Letters' , 'Remote_addr', 'User_agent', 'Results')
                                                              ← 增加正确的列名。

        return render_template('viewlog.html',
                                  the_title='View Log',
                                  the_row_titles=titles,
                                  the_data=contents,)
```

快要完成最后一个测试了

在尝试运行这个新版本的web应用之前，花点时间确认你的view_the_log
函数与我们的完全相同：

```
vsearch4web.py - /Users/paul/Desktop/_NewBook/ch09/webapp/vsearch4web.py (3.5.1)

@app.route('/viewlog')
def view_the_log() -> 'html':
    """Display the contents of the log file as a HTML table."""
    with UseDatabase(app.config['dbconfig']) as cursor:
        _SQL = """select phrase, letters, ip, browser_string, results
                    from log"""
        cursor.execute(_SQL)
        contents = cursor.fetchall()
    titles = ('Phrase', 'Letters', 'Remote_addr', 'User_agent', 'Results')
    return render_template('viewlog.html',
                                  the_title='View Log',
                                  the_row_titles=titles,
                                  the_data=contents,)

                                                                    Ln: 1  Col: 0
```

现在来运行这个使用数据库的Web应用。

DBcm.py文件要在vsearch4web.py文件所在的文件夹中，然后在你的操作系统上用以往同样的方式启动这个Web应用：

- 在*Linux/Mac OS X*上使用python3 vsearch4web.py。
- 在*Windows*上使用py -3 vsearch4web.py。

用你的浏览器访问这个Web应用的主页（*http://127.0.0.1:5000*），然后输入一些搜索。确认搜索特性能正常工作后，使用*/viewlog* URL在你的浏览器窗口中查看日志的内容。

你输入的搜索很可能与我们的不同，不过这里给出我们在浏览器窗口中看到的输出，可以确认一切都与我们预想的一样：

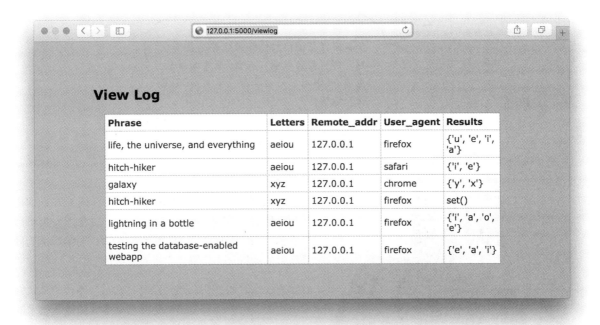

View Log

Phrase	Letters	Remote_addr	User_agent	Results
life, the universe, and everything	aeiou	127.0.0.1	firefox	{'u', 'e', 'i', 'a'}
hitch-hiker	aeiou	127.0.0.1	safari	{'i', 'e'}
galaxy	xyz	127.0.0.1	chrome	{'y', 'x'}
hitch-hiker	xyz	127.0.0.1	firefox	set()
lightning in a bottle	aeiou	127.0.0.1	firefox	{'i', 'a', 'o', 'e'}
testing the database-enabled webapp	aeiou	127.0.0.1	firefox	{'e', 'a', 'i'}

这个浏览器输出确认了访问*/viewlog* URL时确实在从MySQL数据库读取日志数据。这说明view_the_log中的代码能正常工作，附带地，这也确认了log_request函数也能像预期的那样工作，因为只有它能正常工作，才会把日志数据放入数据库中，作为每个成功搜索的结果。

如果觉得有必要，可以花点时间使用MySQL控制台登录你的MySQL数据库，确认数据确实安全地存储在你的数据库服务器中（或者也可以相信我们：根据Web应用在上面显示的结果，数据确实已经安全存储）。

还有……

现在该回到第7章最开始提出的问题了：

- 已经响应了多少个请求？

- 最常用的字母列表是什么？

- 请求来自哪些IP地址？

- 哪个浏览器使用最多？

尽管可以编写Python代码来回答这些问题，不过在这里我们不打算这么做，尽管我们花了这一章和前面两章来学习Python和数据库如何协同工作。在我们看来，创建Python代码来回答这一类问题不是一个好主意……

如果不打算使用Python来回答这些问题，那该用什么呢？在第7章中我对数据库和SQL有了一些了解，这里用SQL查询合适吗？

SQL再合适不过了。

这一类"数据问题"最好使用数据库技术的查询机制来回答（在MySQL中就是SQL）。在下一页可以看到，与编写所需要的SQL查询相比，要编写达到同样目的的Python代码肯定没有那么快。

知道什么时候使用Python以及什么时候不使用Python很重要，另外还要知道Python与很多其他编程技术的区别，这也很重要。尽管大多数主流语言都支持类和对象，但几乎没有语言提供类似Python的上下文管理协议（在下一章中，你会遇到Python不同于很多其他语言的另一个特性：函数修饰符）。

在学习下一章之前，下面简要地（用一页）查看这些SQL查询……

回答数据问题

下面来逐个回答第7章最初提出的问题，这里要借助于用SQL编写的一些数据库查询。

已经响应了多少个请求？

如果你已经很精通SQL，可能对这个问题很不以为然，认为这再简单不过了。你已经知道下面这个最基本的SQL查询会显示一个数据库表中的所有数据：

```
select  *  from  log;
```

要转换这个查询来报告一个表中有多少个数据行，只需要把*传入SQL函数count，如下所示：

```
select  count(*)  from  log;
```

> 这里*没有*显示答案。如果你想看答案，必须自己在MySQL控制台上运行这些查询（可以复习第7章）。

最常用的字母列表是什么？

回答这个问题的SQL查询看起来有些吓人，不过实际上并没有那么可怕。如下所示：

```
select  count(letters)  as  'count',  letters
from  log
group  by  letters
order  by  count  desc
limit  1;
```

请求来自哪些IP地址？

熟悉SQL的人可能会想"这实在太容易了"：

```
select  distinct  ip  from  log;
```

哪个浏览器使用最多？

回答这个问题的查询与回答第2个问题的查询稍有不同：

```
select  browser_string,  count(browser_string)  as  'count'
from  log
group  by  browser_string
order  by  count  desc
limit  1;
```

搞定：所有问题只需要几个简单的SQL查询就解决了。开始学习下一章之前，先在你的mysql>提示窗口上尝试运行这些查询。

> 正如第7章中所建议的，对于初学SQL（以及希望更透彻地了解SQL）的人，我们推荐这本书。

第9章的代码（1/2）

这是"DBcm.py"中的上下文管理器代码。

```python
import mysql.connector

class UseDatabase:

    def __init__(self, config: dict) -> None:
        self.configuration = config

    def __enter__(self) -> 'cursor':
        self.conn = mysql.connector.connect(**self.configuration)
        self.cursor = self.conn.cursor()
        return self.cursor

    def __exit__(self, exc_type, exc_value, exc_trace) -> None:
        self.conn.commit()
        self.cursor.close()
        self.conn.close()
```

这是"vsearch4web.py"中Web应用代码的前一半。

```python
from flask import Flask, render_template, request, escape
from vsearch import search4letters

from DBcm import UseDatabase

app = Flask(__name__)

app.config['dbconfig'] = {'host': '127.0.0.1',
                          'user': 'vsearch',
                          'password': 'vsearchpasswd',
                          'database': 'vsearchlogDB', }

def log_request(req: 'flask_request', res: str) -> None:
    with UseDatabase(app.config['dbconfig']) as cursor:
        _SQL = """insert into log
                    (phrase, letters, ip, browser_string, results)
                    values
                    (%s, %s, %s, %s, %s)"""
        cursor.execute(_SQL, (req.form['phrase'],
                              req.form['letters'],
                              req.remote_addr,
                              req.user_agent.browser,
                              res, ))
```

第9章的代码（2/2）

这是"*vsearch4web.py*"中Web应用代码的后一半。

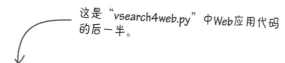

```python
@app.route('/search4', methods=['POST'])
def do_search() -> 'html':
    phrase = request.form['phrase']
    letters = request.form['letters']
    title = 'Here are your results:'
    results = str(search4letters(phrase, letters))
    log_request(request, results)
    return render_template('results.html',
                           the_title=title,
                           the_phrase=phrase,
                           the_letters=letters,
                           the_results=results,)


@app.route('/')
@app.route('/entry')
def entry_page() -> 'html':
    return render_template('entry.html',
                           the_title='Welcome to search4letters on the web!')



@app.route('/viewlog')
def view_the_log() -> 'html':
    with UseDatabase(app.config['dbconfig']) as cursor:
        _SQL = """select phrase, letters, ip, browser_string, results
                    from log"""
        cursor.execute(_SQL)
        contents = cursor.fetchall()
    titles = ('Phrase', 'Letters', 'Remote_addr', 'User_agent', 'Results')
    return render_template('viewlog.html',
                           the_title='View Log',
                           the_row_titles=titles,
                           the_data=contents,)



if __name__ == '__main__':
    app.run(debug=True)
```

10 函数修饰符

包装函数

等我吃完了，我就计划用我的脏手指装饰爸爸的墙……

要增强你的代码，第9章的上下文管理协议并不是全部。

Python还允许使用函数修饰符，利用这个技术你可以为现有函数增加代码而不必修改现有函数的代码。如果你觉得这听上去就像是一种黑科技，别害怕：这并不是什么黑科技。不过，在很多Python程序员看来，在编写代码的诸多技术中，创建函数修饰符算是一种比较难的技术，所以没有得到应有的广泛使用。这一章中我们的计划就是向你展示这种技术，尽管作为一种高级技术，但创建和使用你自己的修饰符并没有那么难。

你的Web应用工作得很好，不过……

你向同事展示了你的最新版本的Web应用，他们对你的应用大加赞赏。不过，他们提出一个有意思的问题：让Web用户查看日志页面合适吗？

他们的观点是，只要知道/viewlog URL，任何人都可以用它来查看日志数据，而不论他们是否有权限查看这些数据。实际上，目前你的Web应用的所有URL都是公开的，所以任何Web用户都可以访问这些URL。

取决于你想用你的web应用做什么，这可能是个问题，也可能不是问题。不过，网站通常都要求用户进行认证，然后才会为他们提供某些内容。关于是否允许访问/viewlog URL，最好还是谨慎一些。问题是：如何限制对Web应用中某些页面的访问？

只有认证用户可以访问

访问一个提供受限内容的网站时，通常需要提供一个ID和口令。如果你的ID/口令组合是匹配的，就允许访问，因为你已经得到了认证。经过认证后，系统知道允许你访问受限的内容。要维护这个状态（是否通过认证），看起来很简单，只需要把一个开关设置为True（允许访问，你已登录）或False（不允许访问，你未登录）。

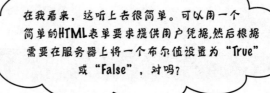

在我看来，这听上去很简单。可以用一个简单的HTML表单要求提供用户凭据,然后根据需要在服务器上将一个布尔值设置为"True"或"False"，对吗？

比这要复杂一些。

（由于Web的工作方式）这里有一个小问题，这使得这个想法比预想的要稍稍复杂一些。下面首先来分析这种复杂性是什么（并研究如何处理这种复杂性），然后再来解决我们的受限访问问题。

Web是无状态的

如果考虑最基本的形式，Web服务器看起来很"傻"：Web服务器处理的每一个请求都被作为一个独立的请求，与之前的请求以及之后到来的请求都毫无关系。

这说明，如果从你的计算机向一个Web服务器很快地连续发送3个请求，它们会被看作是3个独立的请求。尽管事实上这3个请求都来自同一个Web浏览器（运行在同一个计算机上），并且使用同一个IP地址（Web服务器把IP地址视为请求的一部分）。

正如上面所指出的：就好像Web服务器很傻。尽管我们认为从我们的计算机发出的3个请求是相关的，但是Web服务器并不这样认为：每个Web请求都独立于它之前到来的请求，也独立于在它之后到来的请求。

HTTP的问题……

之所以Web服务器会有这样的行为，这是由于Web的底层协议，也就是Web服务器与你的Web浏览器使用的协议：HTTP（超文本传输协议）。

HTTP指出，Web服务器必须像上面描述的那样工作，这是出于性能方面的原因：如果把一个Web服务器需要完成的工作减至最少，就可以扩展多个Web服务器来处理很多很多的请求。得到更高性能的同时也有代价，这要求Web服务器维护一系列相关请求的有关信息。这个信息在HTTP中称为**状态**（这与OOP中的状态没有任何关系），Web服务器对状态没有兴趣，因为每个请求都会作为一个独立的实体。从某种意义上讲，Web服务器优化为可以快速地响应，但是也会快速地忘记，所以说它采用一种**无状态**的方式操作。

这样也很好，除非你的Web应用需要记住些什么。

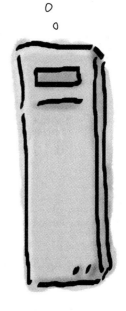

作为一个**Web**服务器运行时，我可以快速做出响应……然后快速地忘记。我是无状态的……

变量就是做此用途：记住代码中的某个东西，不是吗？这不是很简单吗？

如果Web真是这么简单就好了。

作为Web服务器的一部分运行时，你的代码的行为与在你的计算机上运行时不一样。下面来详细讨论这个问题。

Web服务器（而不是你的计算机）运行代码

Flask在你的计算机上运行Web应用时，它会把你的代码一直放在内存中。记住这一点，回忆Web应用代码中最下面的这两行代码，我们在第5章的最后讨论过这个代码：

```
if __name__ == '__main__':
    app.run(debug=True)
```

如果代码是导入的，那么不会执行这行代码。

这个 if 语句查看解释器直接执行代码还是导入代码（由解释器导入或者由类似 PythonAnywhere 等服务导入）。Flask在你的计算机上执行代码时，Web应用的代码直接运行，所以会执行这行 app.run 代码。不过，如果配置一个Web服务器来运行你的代码，就会导入Web应用的代码，这个 app.run 代码行就**不会**运行。

为什么？因为Web服务器会在认为合适的情况下运行你的Web应用代码。可能Web服务器会导入你的Web应用的代码，然后根据需要调用它的函数，保持Web应用的代码一直在内存中。或者，Web服务器可能决定根据需要装载/卸载你的Web应用代码，这里有一个假设，即在不活动期间，Web服务器只加载和运行它需要的代码。如果用变量存储Web应用状态，这里的第二种操作模式（Web服务器在需要时加载代码）就可能会带来问题。例如，如果把这行代码增加到你的Web应用中，考虑会发生什么：

```
logged_in = False
if __name__ == '__main__':
    app.run(debug=True)
```

"logged_in"变量可以用来指示Web应用的一个用户是否登录。

这里的想法是，Web应用的其他部分可以引用这个变量 logged_in 来确定一个用户是否已经认证。另外，你的代码可以根据需要改变这个变量的值（例如，由于一个成功的登录，可以将这个变量的值改为 True）。由于 logged_in 变量本质上是全局的，你的Web应用的所有代码都可以访问和设置它的值。这看起来是一个合理的方法，不过存在两个问题。

首先，Web服务器可以在任何时间卸载你的Web应用的工作代码（而且不加警告），所以与全局变量关联的值很可能会丢失，这样下一次导入你的代码时，它们将重置为其起始值。如果之前加载的函数将 logged_in 设置为 True，重新导入的代码又将 logged_in 重置为 False，这就混乱了……

其次，事实上，在运行的代码中，全局 logged_in 变量只有一个副本，如果这个Web应用只有一个用户（算你幸运），那么没有什么问题。但如果两个或更多用户要分别访问和/或修改 logged_in 的值，不仅会带来混乱，还会让人很有挫败感。一般经验是，把Web应用的状态保存在一个全局变量中并不是一个好主意。

不要把Web应用的状态保存在全局变量中。

来了解会话

根据上一页所了解的，我们需要两点：

- 一种存储变量的方法（而不要使用全局变量）。

- 一种保证Web应用用户数据不相互干扰的方法。

大多数Web应用开发框架（包括Flask）都使用一个名为**会话**（session）的技术来满足这两个需求。

可以把会话看作是无状态Web上面的一层状态。

通过向浏览器增加一小段认证数据（一个cookie），并将它链接到Web服务器上的一小段认证数据（会话ID），Flask使用会话技术来解决这些问题。不仅可以持久存储Web应用中的状态，而且Web应用的各个用户都有其自己的状态副本，从而不再有混乱和挫败。

为了说明Flask的会话机制如何工作，下面来看一个很小的Web应用，这个应用保存在一个名为quick_session.py的文件中。先花点时间读这个代码，特别注意这里强调的部分。等你读完代码我们再做讨论：

成品代码

这是"quick_session.py"代码。

一定要在导入列表中增加"session"。

你的秘密密钥应当很难猜。

根据需要管理"session"中的数据。

```python
from flask import Flask, session

app = Flask(__name__)

app.secret_key = 'YouWillNeverGuess'


@app.route('/setuser/<user>')
def setuser(user: str) -> str:
    session['user'] = user
    return 'User value set to: ' + session['user']


@app.route('/getuser')
def getuser() -> str:
    return 'User value is currently set to: ' + session['user']


if __name__ == '__main__':
    app.run(debug=True)
```

Flask的会话技术增加状态

要使用Flask的会话技术，首先必须从flask模块导入session，可以看到quick_session.py Web应用的第一行就是这么做的。可以把会话看作是一个全局的Python字典，其中存储了你的Web应用的状态（不过这是一个增加了一些超能力的字典）：

```
from flask import Flask, session
    ...
```

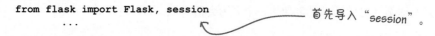 首先导入"*session*"。

尽管你的Web应用仍在无状态的Web上运行，但是这个导入会为你的Web应用赋予新的能力：能够记住状态。

Flask确保存储在session中的所有数据在Web应用运行的全过程都存在（不论Web服务器加载和卸载多少次Web应用代码）。另外，存储在session中的所有数据都有一个唯一的浏览器cookie作为密钥，这就确保了并不是Web应用的每一个用户都能访问你的会话数据。

可以在这里更多地了解Flask会话：http://flask.pocoo.org/docs/0.11/api/#sessions

至于Flask如何做到所有这些并不重要：关键是它可以做到。为了得到所有这些额外的好处，你需要为Flask的cookie生成技术提供一个"秘密密钥"作为种子，Flask用这个秘密密钥加密你的cookie，保护它不被外人"刺探"。quick_session.py中是这样做的：

```
    ...
app = Flask(__name__)

app.secret_key = 'YouWillNeverGuess'
    ...
```

按通常的方式创建一个新的Flask Web应用。

为Flask的*cookie*生成技术提供一个秘密密钥作为种子（注意：这里可以是任意的字符串。不过，就像你使用的所有其他口令一样，这个秘密密钥应当很难猜）。

Flask文档建议选择一个很难猜的秘密密钥，不过实际上这里可以是任意的字符串值。Flask使用这个字符串加密你的cookie，然后才会把它传输到浏览器。

一旦导入session并设置了秘密密钥，下面可以在代码中像使用所有其他Python字典一样使用session。在quick_session.py中，/*setuser* URL（及其关联的setuser函数）将用户提供的一个值赋给session中的user键，然后把这个值返回给浏览器：

这个URL希望你提供一个值来赋给"*user*"变量（稍后会看到这是如何做到的）。

"*user*"变量的值赋给"*session*"字典中的"*user*"键。

```
    ...
@app.route('/setuser/<user>')
def setuser(user: str) -> str:
    session['user'] = user
    return 'User value set to: ' + session['user']
    ...
```

既然已经设置了一些会话数据，下面来看访问这个会话数据的代码。

字典查找获取状态

既然已经有一个值与session中的user键关联，现在可以在需要时访问与user关联的数据，这并不难。

quick_session.py Web应用中的第2个URL*getuser*与getuser函数关联。调用时，这个函数会访问与user键关联的值，并把它作为字符串消息的一部分返回给正在等待的浏览器。getuser函数如下所示，这里还给出了这个Web应用的"*dunder name equals dunder main*"测试（我们在第5章的最后讨论过这个内容）：

```
              ...
@app.route('/getuser')
def getuser() -> str:
    return 'User value is currently set to: ' + session['user']


if __name__ == '__main__':
    app.run(debug=True)
```

这是所有Flask应用通常采用的做法，我们使用这个成熟的Python技巧控制什么时候执行"app.run"。

访问"session"中的数据并不难。这是一个字典查找操作。

是不是要做个测试？

现在可以试着运行quick_session.py Web应用。不过，在此之前，先来考虑我们想要测试什么。

首先，我们希望检查这个Web应用确实能存储和获取提供给它的会话数据。在此基础上，我们还希望确保可以有多个用户与Web应用交互，而且他们不会相互干扰：一个用户的会话数据不应影响其他用户的数据。

为了完成这些测试，我们要运行多个浏览器来模拟多个用户。尽管这些浏览器都运行在同一个计算机上，但是对Web服务器来说，它们都是独立的连接：毕竟Web是无状态的。如果你在3个不同网络上的3台不同的物理计算机上重复这些测试，结果也是一样的，因为所有Web服务器都会把每一个请求看作是独立的请求，而不论这个请求来自哪里。应该记得，Flask中的会话技术在无状态的Web上加了一层状态。

要启动这个Web应用，在Linux或Mac OS X的一个终端上使用以下命令：

```
$ python3 quick_session.py
```

或者在Windows上的一个命令提示窗口使用以下命令：

```
C:\> py -3 quick_session.py
```

测试 (1/2)

启动quick_session.py Web应用后，下面打开一个Chrome浏览器，用它在session中为user键设置一个值。为此在地址栏输入 ***/setuser/Alice***，这会指示Web应用对user使用值Alice：

将一个名字追加到URL的末尾，这会告诉Web使用"Alice"作为"user"的值。

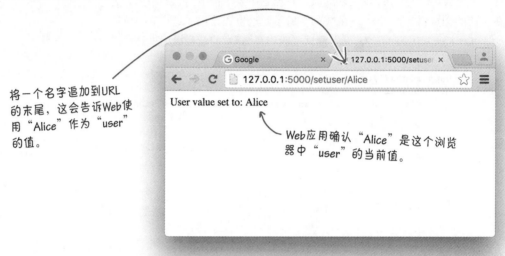

Web应用确认"Alice"是这个浏览器中"user"的当前值。

接下来，下面打开Opera浏览器，用它将user的值设置为Bob（如果你不能使用Opera，也可以使用你可用的任何其他浏览器,只要不是Chrome）：

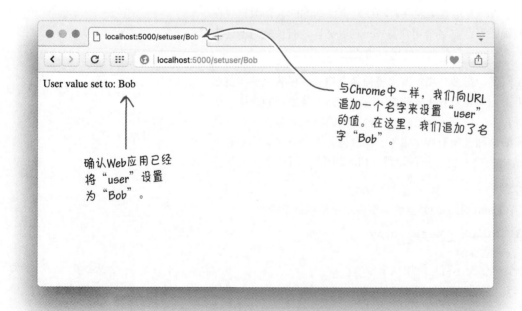

确认Web应用已经将"user"设置为"Bob"。

与Chrome中一样，我们向URL追加一个名字来设置"user"的值。在这里，我们追加了名字"Bob"。

打开Safari时（或者如果在Windows上也可以使用Edge），我们使用了这个Web应用的另一个URL（/getuser）从web应用获取user的当前值。不过，这样做时，会得到一个有些可怕的错误消息：

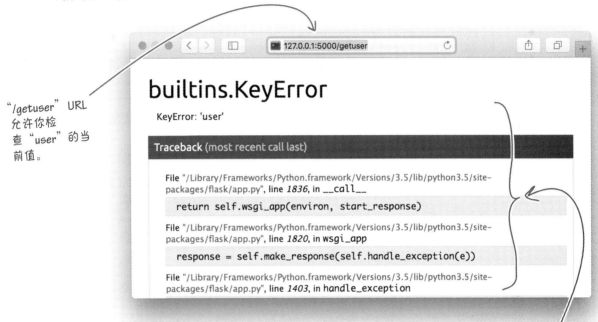

"/getuser" URL 允许你检查"user"的当前值。

下面使用Safari将user的值设置为Chuck：

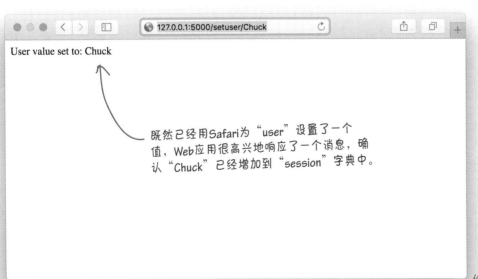

既然已经用Safari为"user"设置了一个值，Web应用很高兴地响应了一个消息，确认"Chuck"已经增加到"session"字典中。

唉呀!一个庞大的错误消息，是不是？重点在最上面：我们得到了一个"KeyError"，因为我们还没有使用Safari为"user"设置一个值（记住：前面只使用Chrome和Opera设置了"user"的值，还没有在Safari上设置）。

测试 (2/2)

既然已经用3个浏览器为user设置了值,下面来确认这个Web应用(通过利用session)可以避免各个浏览器的user值与其他浏览器的数据相互干扰。尽管我们刚才使用Safari将user的值设置为Chuck,但下面使用*/getuser* URL来看Opera中的user值:

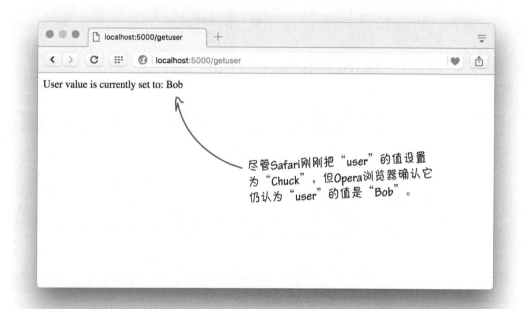

尽管Safari刚刚把"user"的值设置为"Chuck",但Opera浏览器确认它仍认为"user"的值是"Bob"。

确认了Opera显示的user值为Bob之后,下面回到Chrome浏览器窗口,在这里访问*/getuser* URL。不出所料,Chrome确认了对它来说user的值是Alice:

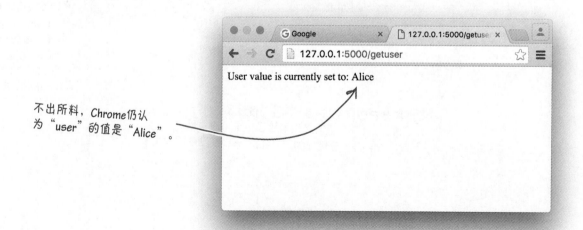

不出所料,Chrome仍认为"user"的值是"Alice"。

我们刚才使用/getuser URL用Opera和Chrome访问了user的值，还剩下Safari。下面是在Safari中使用/getuser看到的结果，这一次不再生成错误消息，因为user现在已经有一个关联的值（所以，不再有KeyError）：

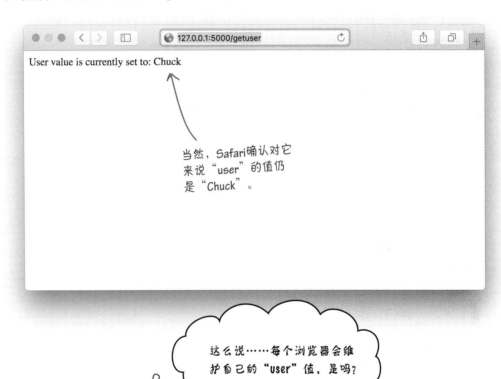

User value is currently set to: Chuck

当然，Safari确认对它来说"user"的值仍是"Chuck"。

这么说……每个浏览器会维护自己的"user"值，是吗？

不，并不是这样，这些都发生在Web应用中。

由于Web应用中使用了session字典，我们才能看到这里的行为。通过在各个浏览器中自动设置一个唯一的cookie，Web应用（利用session）可以为各个浏览器分别维护一个针对浏览器的user值。

从web应用的角度来看，就好像session字典中有多个user值（以cookie为键）。在各个浏览器看来，则好像只有一个user值（与各自的cookie关联的user值）。

用会话管理登录

根据对quick_session.py的处理，我们知道可以把浏览器特定的状态存储在session中。使用session时，不论多少个浏览器与Web应用交互，每个浏览器的服务器端数据（即状态）都由Flask管理。

下面使用这个新技术来解决vsearch4web.py Web应用的问题，即控制特定页面的访问。应该记得，我们希望能够对谁能访问*viewlog* URL加以限制。

我们不打算在目前正常运行的vsearch4web.py代码上做试验，下面先把这个代码放在一边。我们将处理另外一些代码，对这些代码做些试验来明确需要做什么。一旦找到解决问题的最佳方法，我们会再回来考虑vsearch4web.py代码，然后就能很有信心地修改vsearch4web.py代码来限制对*viewlog*的访问。

下面是另一个基于Flask的Web应用的代码。与前面一样，在我们讨论之前，先花些时间读一读这个代码。simple_webapp.py如下所示：

 成品代码

```python
from flask import Flask

app = Flask(__name__)

@app.route('/')
def hello() -> str:
    return 'Hello from the simple webapp.'

@app.route('/page1')
def page1() -> str:
    return 'This is page 1.'

@app.route('/page2')
def page2() -> str:
    return 'This is page 2.'

@app.route('/page3')
def page3() -> str:
    return 'This is page 3.'

if __name__ == '__main__':
    app.run(debug=True)
```

这是"*simple_webapp.py*"。这本书学到这里，读这个代码应该不会有困难，你应该知道这个Web应用要做什么。

下面来登录

这个`simple_webapp.py`代码很简单：所有URL都是公开的，任何人都可以使用浏览器访问这些URL。

除了默认的/ URL（这会执行`hello`函数），还有另外3个URL，*/page1*，*/page2*和*/page3*（访问这些URL时，会调用有类似名字的函数）。Web应用的所有URL都向浏览器返回一个特定的消息。

作为Web应用，这个应用实际上只是一个"空壳"，不过足以展示我们要介绍的内容。我们希望*/page1*，*/page2*和*/page3*只对登录用户可见，而限制所有其他人访问。我们要用Flask的`session`技术来实现这个功能。

下面首先提供一个非常简单的*/login*　URL。目前，我们不打算提供一个HTML表单让用户提供登录ID和口令。这里我们只是要创建一些代码，调整`session`来指示已经成功登录。

Sharpen your pencil

下面来编写*/login* URL相应的代码。在这里给出的空格上提供代码来调整`session`，将`logged_in`键对应的值设置为`True`。另外，让这个URL的函数向正在等待的浏览器返回"You are now logged in"消息：

在这里增加新代码。

```
@app.route('/login')
def do_login() -> str:

    ..............................................................................
    return  ..............................................................................
```

除了为*/login* URL创建代码，还需要对代码做另外两处修改来支持会话。在下面写出你认为要做什么修改：

❶　..

❷　..

Sharpen your pencil
Solution

下面来编写/login URL相应的代码。在这里给出的空格上提供代码来调整 session，将logged_in键对应的值设置为True。另外，让这个URL的函数向正在等待的浏览器返回"You are now logged in"消息：

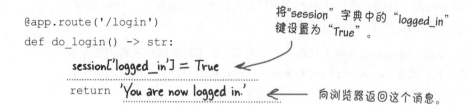

```
@app.route('/login')
def do_login() -> str:
    session['logged_in'] = True          将"session"字典中的"logged_in"
                                         键设置为"True"。
    return 'You are now logged in.'      向浏览器返回这个消息。
```

除了为/login URL创建代码，还需要对代码做另外两处修改来支持会话。在下面写出你认为要做什么修改：

① 需要在代码最上面的导入行增加'session'。

② 需要为这个web应用的秘密密钥设置一个值。

← 不要忘记做这些修改。

修改Web应用的代码来处理登录

我们先不测试这个新代码，等我们增加了另外两个URL（/logout和/status）之后再做测试。继续后面的工作之前，确保你的simple_webapp.py代码已经修改如下。注意：这里没有给出这个Web应用的所有代码，只给出了新内容（并已突出显示）：

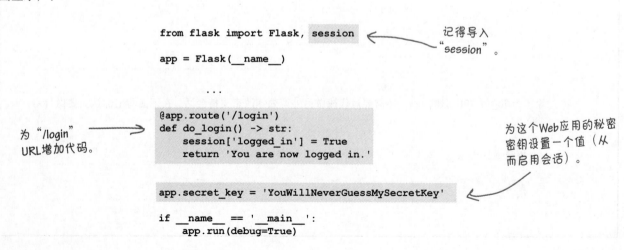

```
from flask import Flask, session          记得导入
                                          "session"。
app = Flask(__name__)

    ...

@app.route('/login')              为"/login"
def do_login() -> str:            URL增加代码。
    session['logged_in'] = True
    return 'You are now logged in.'

                                  为这个Web应用的秘密
app.secret_key = 'YouWillNeverGuessMySecretKey'   密钥设置一个值（从
                                                  而启用会话）。
if __name__ == '__main__':
    app.run(debug=True)
```

完成注销和状态检查

我们的下一个任务是为/*logout*和/*status* URL增加代码。

注销时，一种策略是将session字典的logged_in键设置为False。另一个策略是从session删除logged_in键。我们打算采用第二种做法，等我们编写了/*status* URL的代码之后就会明白选择第二种做法的原因。

Sharpen your pencil

下面为/*logout* URL编写代码，需要从session字典删除logged_in键，然后向浏览器返回"You are now logged out"消息。把你的代码写在下面的空格上：

> 提示：如果你忘记如何从一个字典删除一个键，可以在>>>提示窗口输入"*dir(dict)*"，你会得到可用的字典方法的一个列表。

在这里增加注销代码。

```
@app.route('/logout')
def do_logout() -> str:

    ........................................................
    return ....................................................
```

编写了/*logout*的代码后，现在把注意力转向/*status*，这会向等待的Web浏览器返回两个消息之一。

如果logged_in在session中作为一个值存在（根据定义，设置为True），会返回消息"You are currently logged in"。

如果session字典中没有logged_in键，则返回消息"You are NOT logged in"。注意我们不能检查logged_in是否为False，因为/*logout* URL会从session字典删除这个键，而不是改变它的值（我们没有忘记要解释为什么选择这种做法，不过稍后再做解释。现在先相信这就是编写这个功能的正确方法）。

在下面的空格上写出/*status* URL的代码：

检查"logged_in"键在"session"字典中是否存在，然后返回适当的消息。

```
@app.route('/status')
def check_status() -> str:
    if ...............................................
        return ...................................................

    return ....................................................
```

在这里增加状态检查代码。

下面为*/logout* URL编写代码，需要从session字典删除logged_in键，然后向浏览器返回"You are now logged out"消息：

```
@app.route('/logout')
def do_logout() -> str:
    session.pop('logged_in')

    return 'You are now logged out.'
```

使用"pop"方法从"session"字典删除"logged_in"键。

编写了*/logout*的代码后，现在把注意力转向*/status*，这会向等待的Web浏览器返回两个消息之一。

如果logged_in在session中作为一个值存在（根据定义，设置为True），会返回消息"You are currently logged in"。

如果session字典中没有logged_in键，则返回消息"You are NOT logged in"。

在下面的空格上写出*/status* URL的代码：

```
@app.route('/status')
def check_status() -> str:
    if 'logged_in' in session:

        return 'You are currently logged in.'

    return 'You are NOT logged in.'
```

"session"字典中是否存在"logged_in"键？

如果是，返回这个消息。

如果不存在，返回这个消息。

再一次修改Web应用的代码

我们还是先不测试Web应用的这个新版本，这里（在右边）给出的代码突出显示了需要增加到simple_webapp.py的代码。

在进入下一个测试之前，修改你的代码，要保证你的代码与我们的完全一致，之后我们就会信守承诺，开始测试。

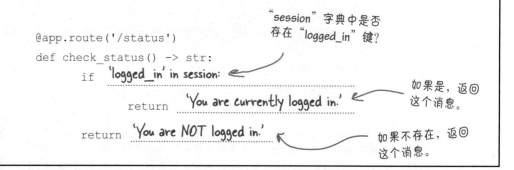

```
. . .
@app.route('/logout')
def do_logout() -> str:
    session.pop('logged_in')
    return 'You are now logged out.'


@app.route('/status')
def check_status() -> str:
    if 'logged_in' in session:
        return 'You are currently logged in.'
    return 'You are NOT logged in.'

app.secret_key = 'YouWillNeverGuessMySecretKey'

if __name__ == '__main__':
    app.run(debug=True)
```

两个新URL route。

为什么不检查是否为False?

编写*login* URL的代码时，你将session字典中的logged_in键设置为True（指示这个浏览器已经登录这个web应用）。不过，编写*logout* URL的代码时，并没有将与logged_in键关联的值设置为False，因为我们更希望从session字典中完全删除logged_in键的所有痕迹。在处理*status* URL的代码中，通过确定session字典中是否存在logged_in键来检查"登录状态"；我们没有检查logged_in是否为False（或True）。这就带来一个问题：为什么Web应用不使用False指示"未登录"呢？

答案很简单，不过也很重要，这与Python中字典的工作方式有关。为了说明这个问题，下面在>>>提示窗口中做个试验，模拟Web应用使用session字典时的情况。一定要跟着我们完成这个会话，另外要仔细阅读这里的各个标注：

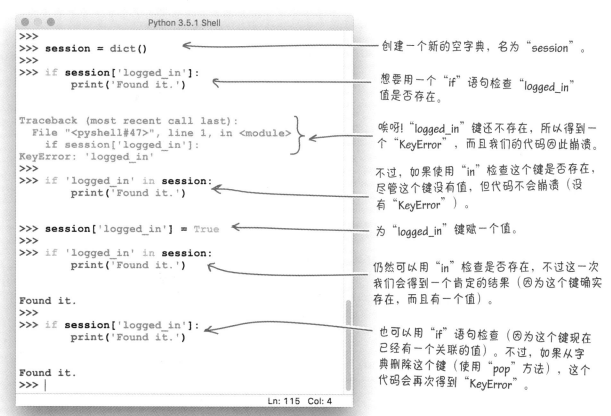

创建一个新的空字典，名为"*session*"。

想要用一个"*if*"语句检查"logged_in"值是否存在。

唉呀!"logged_in"键还不存在，所以得到一个"KeyError"，而且我们的代码因此崩溃。

不过，如果使用"*in*"检查这个键是否存在，尽管这个键没有值，但代码不会崩溃（没有"KeyError"）。

为"logged_in"键赋一个值。

仍然可以用"*in*"检查是否存在，不过这一次我们会得到一个肯定的结果（因为这个键确实存在，而且有一个值）。

也可以用"*if*"语句检查（因为这个键现在已经有一个关联的值）。不过，如果从字典删除这个键（使用"*pop*"方法），这个代码会再次得到"KeyError"。

从上面的试验可以看到，除非一个键/值对在字典中存在，否则不能检查这个键的值。试图这么做会导致一个KeyError。要避免这一类错误，有一个好主意，simple_webapp.py代码会检查logged_in键是否存在，以此作为浏览器登录的证明，而不是检查这个键具体的值，这样就可以避免KeyError。

测试

下面来试着运行simple_webapp.py web应用，看看/login，/logout和/status URL的表现如何。与上一个测试一样，我们要用多个浏览器测试这个web应用，以确认每个浏览器在服务器上维护其自己的"登录状态"。下面从操作系统的终端启动这个web应用：

在Linux和Mac OS X上： **python3 simple_webapp.py**

在Windows上： **py -3 simple_webapp.py**

下面打开Opera，通过访问/status URL检查其初始登录状态。不所所料，这个浏览器还未登录：

访问"/status" URL
来确定浏览器是否已
经登录。

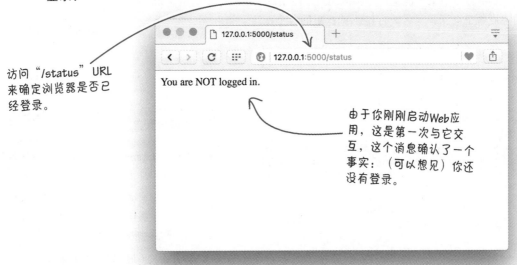

由于你刚刚启动Web应用，这是第一次与它交互，这个消息确认了一个事实：（可以想见）你还没有登录。

下面来访问/login URL模拟登录。消息会改变，确认登录成功：

访问"/login"会完
成期望的工作。浏览
器现在已经登录Web
应用。

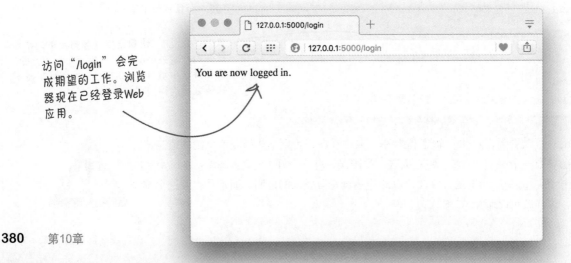

既然已经登录，下面在Opera中访问/*status* URL确认这个状态改变。这样做可以确认Opera浏览器的用户已经登录。如果使用Chrome检查这个状态，你会看到Chrome的用户还没有登录，这正是我们所希望的：Web应用的各个用户（各个浏览器）有自己的状态（由Web应用维护）。

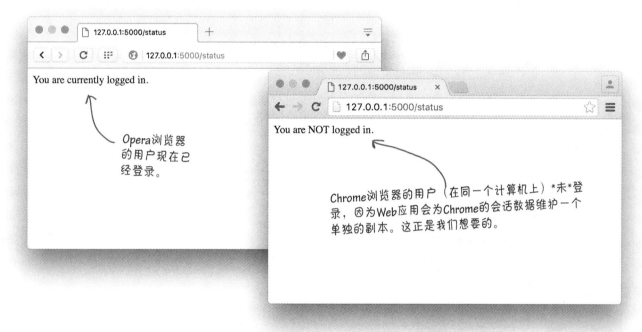

Opera浏览器
的用户现在已
经登录。

Chrome浏览器的用户（在同一个计算机上）*未*登录，因为Web应用会为Chrome的会话数据维护一个单独的副本。这正是我们想要的。

最后，在Opera中访问/*logout* URL，告诉web应用我们要注销这个会话：

应该记得，访问"/logout"会从这个浏览器的"session"删除"logged_in"键，其效果是模拟注销。

尽管我们没有向任何浏览器用户询问登录ID或口令，但/*login*，/*logout*和/*status* URL允许我们模拟登录处理，查看Web应用的session字典会发生什么，就好像创建了所需的HTML表单，然后将表单数据提交到一个后端"凭据"数据库一样。细节方面非常特定于具体的应用，不过基本机制（即管理session）是一样的，而不论特定Web应用具体要做什么。

准备好了吗？下面来限制对/*page1*，/*page2*和/*page3* URLs的访问。

现在可以限制对URL的访问吗？

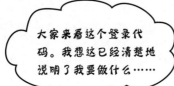

大家来看这个登录代码。我想这已经清楚地说明了我要做什么……

Jim: 嘿，Frank……你想做什么呢？

Frank: 我要想办法限制对/page1，/page2和/page3 URL的访问……

Joe: 这不会太难，不是吗？处理/status的函数中已经有你需要的代码……

Frank: ……它知道用户的浏览器是否已经登录，是吧？

Joe: 对，没错。所以你要做的就是从处理/status的函数中将这个检查代码复制粘贴到你想要限制的每一个URL，然后就大功告成了！

Jim: 噢，天呐！复制粘贴……这可是web开发人员的软肋。你肯定不想像这样复制粘贴代码……这只会带来麻烦。

Frank: 确实如此！这是最基本的计算机概念……我会用/status中的代码创建一个函数，然后在处理/page1，/page2和/page3 URL的函数中根据需要调用这个函数。问题就解决了。

Joe: 我觉得这个想法很好…这应该可行（我知道，花功夫听听计算机科学的课程肯定还是有用的）。

Jim: 等一下……别这么着急下结论。这个关于函数的建议比复制粘贴的想法要好多了，不过我并不认为这是最好的办法。

Frank和Joe（一起难以置信地）：还能是什么？

Jim: 在我看来，你计划为处理/page1，/page2和/page3 URL的函数增加代码，而这些代码与这些函数真正的工作没有任何关系。必须承认，你需要检查用户是否登录，之后才能授权访问，不过这要为每一个URL增加一个函数调用来完成这个工作，我认为这种做法不太好……

Frank: 那么，你有什么好办法？

Jim: 如果是我，我会创建并使用一个修饰符。

Joe: 对啊！这个想法更好。下面就来这么做。

复制粘贴通常不是好主意

下面来明确上一页建议的方法并不是解决当前这个问题的最佳方法，具体来说，现在的问题就是如何限制对特定Web页面的访问。

第一个建议是复制粘贴处理/*status* URL的函数中的一些代码（具体就是check_status函数）。下面给出相应的代码：

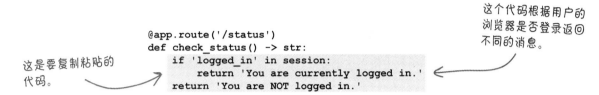

这是要复制粘贴的代码。

```python
@app.route('/status')
def check_status() -> str:
    if 'logged_in' in session:
        return 'You are currently logged in.'
    return 'You are NOT logged in.'
```

这个代码根据用户的浏览器是否登录返回不同的消息。

page1函数目前是这样的：

```python
@app.route('/page1')
def page1() -> str:
    return 'This is page 1.'
```

这是这个页面特定的功能。

如果把前面突出显示的代码从check_status复制粘贴到page1，代码最后会是这样：

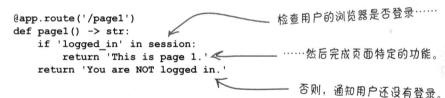

```python
@app.route('/page1')
def page1() -> str:
    if 'logged_in' in session:
        return 'This is page 1.'
    return 'You are NOT logged in.'
```

检查用户的浏览器是否登录……

……然后完成页面特定的功能。

否则，通知用户还没有登录。

上面的代码是可以的，不过如果你要对/*page2*和/*page3* URL（以及为Web应用增加的任何其他URL）重复这个复制粘贴动作，很快就会遭遇维护恶梦，特别是如果你决定修改登录检查代码（可能希望根据数据库中存储的数据检查提交的用户ID和口令），想想你要做的所有编辑修改！

把共享代码放在单独的函数中

如果一些代码需要在多个不同的地方使用，复制粘贴这种"快速修复"方法就存在固有的维护问题，对于这个问题，经典的解决方法是把共享的代码放在一个函数中，然后再根据需要调用这个函数。

这个策略可以解决维护问题（因为共享代码只放在一个地方，而不是到处复制粘贴）。下面来看创建一个登录检查函数可以对我们的Web应用有什么帮助。

创建函数有帮助，不过……

下面来创建一个名为check_logged_in的新函数，调用这个函数时，如果用户的浏览器当前已经登录，则返回True，否则返回False。

这并不难（大多数代码已经在check_status中），这个新函数可以写为：

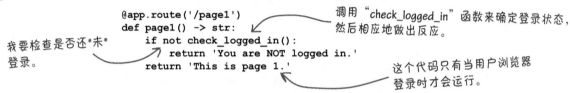

```
def check_logged_in() -> bool:
    if 'logged_in' in session:
        return True
    return False
```

不是返回一个消息，这个代码会根据用户的浏览器是否登录返回一个布尔值。

编写了这个函数后，下面在page1函数中使用这个函数，而不再使用复制粘贴的代码：

```
@app.route('/page1')
def page1() -> str:
    if not check_logged_in():
        return 'You are NOT logged in.'
    return 'This is page 1.'
```

我要检查是否还*未*登录。

调用"check_logged_in"函数来确定登录状态，然后相应地做出反应。

这个代码只有当用户浏览器登录时才会运行。

这个策略要比复制粘贴好一些，因为现在你可以通过修改check_logged_in函数来调整登录过程。不过，要使用check_logged_in函数，还是需要对page2和page3函数（以及要创建的所有新URL）做类似的修改，而且你的做法就是将这个新代码从page1复制粘贴到其他函数中……实际上，如果把这一页上对page1函数的修改与上一页对page1的修改做个比较，基本上是一样的，同样还是复制粘贴！另外，采用这两种"解决方案"时，增加的代码会让page1真正要做的工作变得**含糊**。

最好能以某种方式检查用户的浏览器是否登录，而不必修改已有的函数代码（从而不会带来含糊）。这样一来，Web应用中各个函数中的代码仍保持与各个函数的具体工作直接相关，登录状态检查代码不会混杂其中。要是有这样一种方法就好了！

前几页上，从3位友好的开发人员（Frank，Joe和Jim）那里我们知道，Python有一个能对此提供帮助的语言特性，称为**修饰符**。利用修饰符，可以用额外的代码增强现有的函数，从而改变现有函数的行为而不必修改其代码。

读到上面这句话时，你可能会莫名其妙："什么意思？"，别担心：第一次听到时这确实有些奇怪。毕竟，如果不修改函数的代码，怎么可能改变一个函数的工作呢？这没有道理吧？

下面来了解修饰符，看看这是怎么做的。

你一直在使用修饰符

只要用Flask编写Web应用，你就一直在使用修饰符，而从第5章开始我们就在这么做。

下面是第5章中hello_flask.py Web应用最早的版本，这里强调使用了一个名为@app.route的修饰符，这是Flask提供的修饰符。@app.route修饰符应用于一个现有函数（这个代码中的hello），这个修饰符可以以增强它后面定义的函数，只要Web应用处理/ URL，就会调用hello。修饰符很容易发现；它们前面都有一个@符号作为前缀：

这里是修饰符（与所有修饰符一样），有一个@符号前缀。

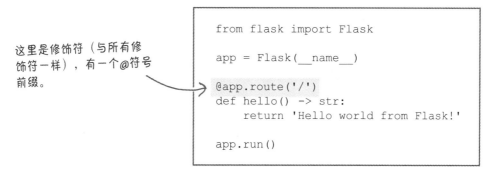

```
from flask import Flask

app = Flask(__name__)

@app.route('/')
def hello() -> str:
    return 'Hello world from Flask!'

app.run()
```

注意，尽管你使用了@app.route修饰符，但你并不知道修饰符如何实现它的魔法。你关心的只是修饰符可以做到它承诺的事情：将一个给定的URL与一个函数关联。修饰符在后台工作的所有细节都对你隐藏。

要创建修饰符，需要揭开它的面纱，（就像上一章创建上下文管理器时一样）了解Python的修饰符机制。要编写一个修饰符，你需要知道和了解4个问题：

1. 如何创建一个函数？

2. 如何把一个函数作为参数传递到另一个函数？

3. 如何从函数返回一个函数？

4. 如何处理任意数量和类型的函数参数？

从第4章开始，你已经成功地创建和使用了自己的函数，这意味着这个"4个要知道的问题"列表实际上只有3个问题。下面花些时间来考虑这个列表中的第2项到第4项，然后再编写一个我们自己的修饰符。

向函数传递一个函数

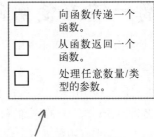

在第2章我们就介绍过这个概念，Python中一切都是对象。尽管可能不是太直观，不过这里的"一切"也包括函数，这说明函数也是对象。

显然，调用一个函数时，它会运行。不过，与Python中所有其他对象一样，函数也是对象，有一个对象ID：可以把函数想成是"函数对象"。

来快速查看下面这个简短的IDLE会话。将一个字符串赋给一个名为msg的变量，然后通过一个id内置函数（BIF）调用报告它的对象ID。然后定义一个小函数，名为hello。再将这个hello函数传入id BIF，报告这个函数的对象ID。然后type BIF确认msg是一个字符串，而hello是一个函数，最后调用hello，在屏幕上显示msg的当前值：

每完成一项我们就会给它打勾。

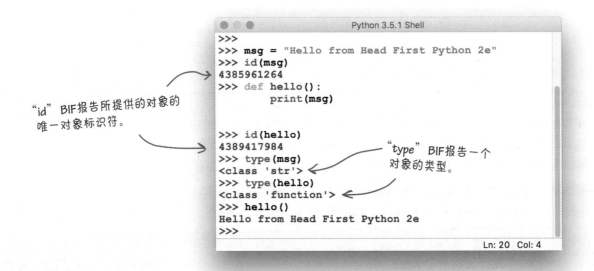

"id" BIF报告所提供的对象的唯一对象标识符。

"type" BIF报告一个对象的类型。

在分析上面的IDLE会话之前，我们有意不想让你分心，不过……注意到了吗？我们把hello传递到id和type BIF。这里没有调用hello，只是把这个函数名作为一个参数传递到这两个函数。这就是在向函数传递一个函数。

函数可以取函数作为参数

从上面的id和type调用可以看到，Python的一些内置函数可以接收函数作为参数（或者更准确地讲，接收函数对象作为参数）。如何处理这个参数取决于函数本身。尽管可以调用传入的函数，但id和type都没有具体调用这个函数。下面来看它是如何工作的。

调用传入的函数

一个函数对象作为参数传递到一个函数时，这个函数可以调用所传入的函数对象。

下面给出一个小函数（名为apply），它有两个参数：一个函数对象和一个值。apply函数会调用这个函数对象，并把那个值作为参数传入所调用的这个函数，针对这个值调用函数的结果最后会返回给调用代码：

<table>
<tr><td>□</td><td>向函数传递一个函数。</td></tr>
<tr><td>□</td><td>从函数返回一个函数。</td></tr>
<tr><td>□</td><td>处理任意数量/类型的参数。</td></tr>
</table>

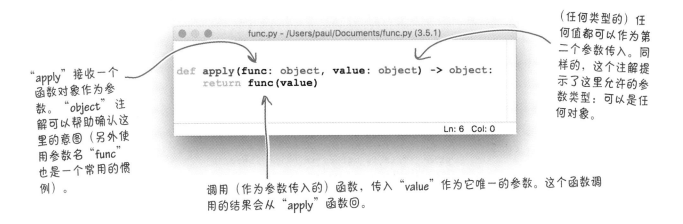

"apply"接收一个函数对象作为参数。"object"注解可以帮助确认这里的意图（另外使用参数名"func"也是一个常用的惯例）。

```
func.py - /Users/paul/Documents/func.py (3.5.1)

def apply(func: object, value: object) -> object:
    return func(value)

                                                    Ln: 6  Col: 0
```

（任何类型的）任何值都可以作为第二个参数传入。同样的，这个注解提示了这里允许的参数类型：可以是任何对象。

调用（作为参数传入的）函数，传入"value"作为它唯一的参数。这个函数调用的结果会从"apply"函数回。

注意，apply的注解提示了它可以接收任何函数对象以及任何值，然后返回得到的任何结果（都是通用的）。可以在>>>提示窗口上快速测试apply，确认apply的工作与我们预想的一样。

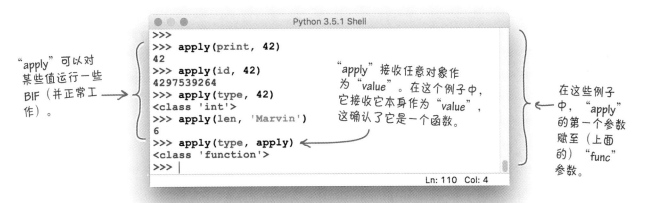

"apply"可以对某些值运行一些BIF（并正常工作）。

```
Python 3.5.1 Shell
>>>
>>> apply(print, 42)
42
>>> apply(id, 42)
4297539264
>>> apply(type, 42)
<class 'int'>
>>> apply(len, 'Marvin')
6
>>> apply(type, apply)
<class 'function'>
>>>
                                    Ln: 110  Col: 4
```

"apply"接收任意对象作为"value"。在这个例子中，它接收它本身作为"value"，这确认了它是一个函数。

在这些例子中，"apply"的第一个参数赋至（上面的）"func"参数。

如果读这一页时不知道什么时候需要这样做，不用担心：我们写修饰符时就会需要。对现在来说，重点是要了解可以向函数传递一个函数对象，然后可以调用这个函数对象。

函数可以嵌套在函数中

创建一个函数时，通常会取一些已有的代码，提供一个名字，使用已有的这些代码作为函数的代码组，从而能重用这些代码。这是最常见的函数用例。不过，让人惊奇的是，在Python中，函数代码组中的代码可以是任意代码，这也包括定义另一个函数的代码（通常称为嵌套或内部函数）。更让人惊奇的是，还可以从外部函数返回嵌套函数。实际上，所返回的是一个函数对象。下面来看一些例子，这里展示了这些不太常见的函数用例。

第一个例子显示了一个函数（名为inner）嵌套在另一个函数中（名为outer）。除了在outer的代码组中调用inner，不能在其他任何地方调用这个函数，因为inner在outer的局部作用域中：

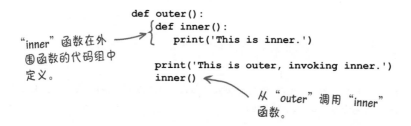

"inner"函数在外围函数的代码组中定义。

```
def outer():
    def inner():
        print('This is inner.')

    print('This is outer, invoking inner.')
    inner()
```

从"outer"调用"inner"函数。

调用outer时，会运行其代码组中的所有代码：定义inner，执行outer中的print BIF调用，然后调用inner函数（这会调用inner中的print BIF）。下面是屏幕上显示的结果：

```
This is outer, invoking inner.
This is inner.
```

打印的消息按这个顺序显示：先是"outer"，然后是"inner"。

什么时候使用？

查看这个简单的例子，你可能会发现，很难想到什么时候需要使用嵌套函数。不过，如果一个函数很复杂，包含多行代码，把一些函数代码抽取到一个嵌套函数中会很有意义（而且可以让外围函数的代码更易读）。

这个技术更常见的一个用法是：外围函数使用return语句返回嵌套函数作为它的返回值。修饰符就采用这种方法来创建。

下面来看从函数返回一个函数会发生什么。

右上角复选框：
- ☑ 向函数传递一个函数。
- ☐ 从函数返回一个函数。
- ☐ 处理任意数量/类型的参数。

从函数返回一个函数

我们的第二个例子与第一个很类似，不过outer函数不再调用inner，而是要返回这个函数。下面来看代码：

```python
def outer():
    def inner():
        print('This is inner.')

    print('This is outer, returning inner.')
    return inner
```

"inner" 函数仍在 "outer" 中定义。

"return" 语句不调用 "inner"，而是把 "inner" 函数对象返回给调用代码。

下面回到IDLE shell试着运行outer，来看这个新版本的outer函数会做什么。

注意这里将调用outer的结果赋给一个变量，在这个例子中，这个变量名为i。然后可以使用i，就好像它是一个函数对象，首先调用type BIF检查它的类型，然后像调用其他函数一样调用i（后面追加小括号）。调用i时，会执行inner函数。实际上，现在i就是outer中创建的inner函数的一个别名：

调用 "outer" 函数。

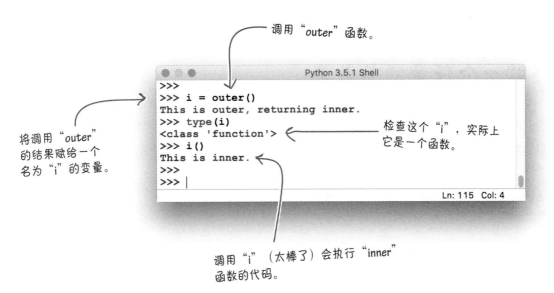

将调用 "outer" 的结果赋给一个名为 "i" 的变量。

检查这个 "i"，实际上它是一个函数。

调用 "i" （太棒了）会执行 "inner" 函数的代码。

到目前为止都很好。现在可以从函数返回一个函数，还可以向函数发送一个函数。你可能准备把所有这些集中在一起来创建一个修饰符。不过还有一个问题需要解决：要创建一个函数，它能处理任意数量和类型的参数。现在来看这要如何做到。

接收一个参数列表

假设你需要创建一个函数（这个例子中函数名为myfunc），调用这个函数时可以提供任意多个参数。例如，你可以如下调用myfunc：

myfunc(10) ———— 一个参数。

或者也可以像这样调用myfunc：

———— 无参数。

myfunc()

或者还可以这样调用myfunc：

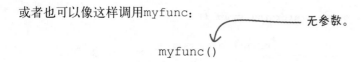

myfunc(10, 20, 30, 40, 50, 60, 70) ←———

多个参数（在这个例子中，这些参数都是数字，不过也可以是任何对象：数字、字符串、布尔值、列表）。

实际上，调用myfunc时可以提供任意多个参数，因为你无法提前知道可能提供多少个参数。

由于不可能定义3个不同版本的myfunc来处理上面的3种调用，这就带来一个问题：一个函数有没有可能接收任意多个参数？

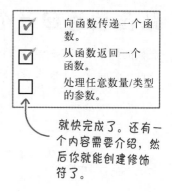

☑	向函数传递一个函数。
☑	从函数返回一个函数。
☐	处理任意数量/类型的参数。

就快完成了。还有一个内容需要介绍，然后你就能创建修饰符了。

使用*接收一个任意的参数表

Python提供了一种特殊记法，允许指定一个函数可以接收任意数量的参数（这里"任意数量"是指"0个或多个"）。这种记法使用*字符表示任意数字，并结合一个参数名（按惯例使用args），来指定函数可以接收一个任意的参数列表（尽管从理论上讲*args是一个元组）。

下面是使用这种记法的myfunc版本，它在调用时可以接收任意多个参数。如果提供了参数，myfunc会在屏幕上打印它们的值：

可以把*理解为表示"扩展为一个值列表"。

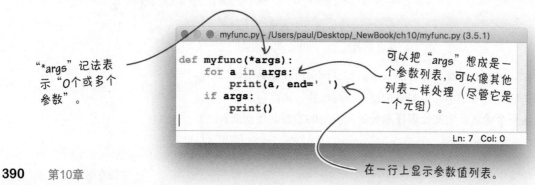

myfunc.py - /Users/paul/Desktop/_NewBook/ch10/myfunc.py (3.5.1)

```python
def myfunc(*args):
    for a in args:
        print(a, end=' ')
    if args:
        print()
```

Ln: 7 Col: 0

"*args"记法表示"0个或多个参数"。

可以把"args"想成是一个参数列表，可以像其他列表一样处理（尽管它是一个元组）。

在一行上显示参数值列表。

处理参数列表

既然已经有了`myfunc`，下面来看它能不能处理上一页上的示例调用，具体包括：

```
myfunc(10)
myfunc()
myfunc(10, 20, 30, 40, 50, 60, 70)
```

下面给出另一个IDLE会话，可以确认`myfunc`能完成这个任务。不论提供多少个参数（包括不提供任何参数），`myfunc`都能相应地处理：

不论提供多少个参数，"myfunc"都能正确地完成工作（也就是说，不论有多少个参数都能正确地处理）。

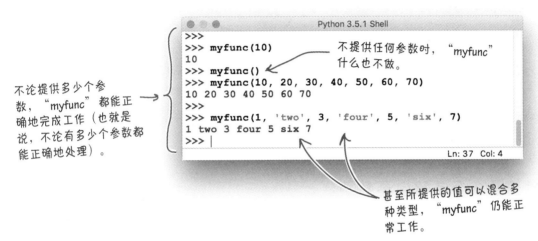

不提供任何参数时，"myfunc"什么也不做。

甚至所提供的值可以混合多种类型，"myfunc"仍能正常工作。

还可以直接使用*

如果向`myfunc`提供一个列表作为参数，这个列表（尽管可能包含多个值）会被处理为一项（也就是说，它是一个列表）。为了指示解释器展开这个列表，使每个列表项作为一个单独的参数，调用函数时要在列表名前面加*字符作为前缀。

下面是另一个简短的IDLE会话，展示了使用*会有什么区别：

这个列表处理为这个函数的一个参数。

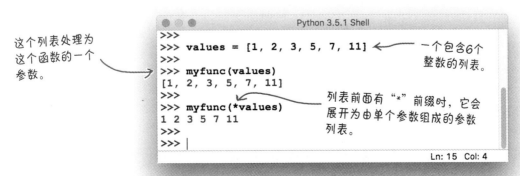

一个包含6个整数的列表。

列表前面有"*"前缀时，它会展开为由单个参数组成的参数列表。

接收一个参数字典

向函数发送值时，还可以提供参数名以及关联的值，然后依赖解释器来完成相应的匹配。

在第4章的search4letters函数中就见过这个技术，应该记得，这个函数接收两个参数值，一个对应phrase，另一个对应letters。使用关键字参数时，向search4letters函数提供参数的顺序并不重要：

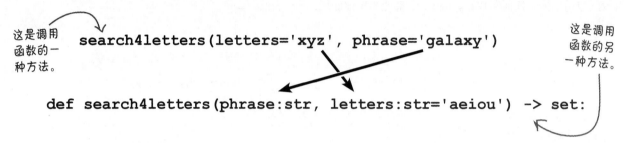

这是调用函数的一种方法。

```
search4letters(letters='xyz', phrase='galaxy')
```

这是调用函数的另一种方法。

```
def search4letters(phrase:str, letters:str='aeiou') -> set:
```

类似于列表，可以让函数接收任意数量的关键字参数——也就是说，键以及赋给键的值（如上例中的phrase和letters）。

使用**接收任意多个关键字参数

除了*记法，Python还提供了**，它展开为一个关键字参数集合。（按约定）*使用args作为变量名，**则使用kwargs，这是"关键字参数"的缩写（注意，在这里也可以使用args和kwargs以外的其他名字，不过很少有Python程序员那么做）。

下面来看另一个函数，名为myfunc2，它接收任意多个关键字参数：

可以把**想成是"展开为一个键和值的字典"。

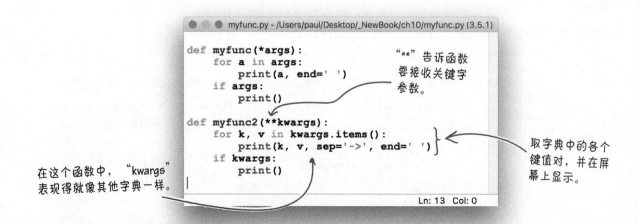

myfunc.py - /Users/paul/Desktop/_NewBook/ch10/myfunc.py (3.5.1)

```
def myfunc(*args):
    for a in args:
        print(a, end=' ')
    if args:
        print()

def myfunc2(**kwargs):
    for k, v in kwargs.items():
        print(k, v, sep='->', end=' ')
    if kwargs:
        print()
```

"**"告诉函数要接收关键字参数。

取字典中的各个键值对，并在屏幕上显示。

在这个函数中，"kwargs"表现得就像其他字典一样。

Ln: 13 Col: 0

处理参数字典

myfunc2代码组中的代码取这个参数字典，并进行处理，在一行上显示所有键/值对。

下面给出另一个IDLE会话，这里展示了myfunc2的实际使用。不论提供了多少个键/值对（包括不提供任何键/值对），myfunc2都会正确地完成工作：

向函数传递一个函数。 ☑

从函数返回一个函数。 ☑

处理任意数量/类型的参数。 ☐

提供了两个关键字参数。

```
>>>
>>> myfunc2(a=10, b=20)        未提供任何参数也没有问题。
b->20 a->10
>>> myfunc2()
>>> myfunc2(a=10, b=20, c=30, d=40, e=50, f=60)
b->20 f->60 d->40 c->30 e->50 a->10
>>>
>>>
                                            Ln: 24  Col: 4
```

可以提供任意多个关键字参数，"myfunc2"都会正确地完成工作。

也可以直接使用**

你可能已经猜到了，是不是？就像*args一样，如果使用**kwargs，调用myfunc2函数时也可以使用**。我们不打算展示如何对myfunc2使用**，这里只想提醒你本书前面实际上使用过这种技术。在第7章中，学习如何使用Python的DB-API时，你定义了一个连接属性字典，如下所示：

一个键/值对字典。

```
dbconfig = { 'host': '127.0.0.1',
             'user': 'vsearch',
             'password': 'vsearchpasswd',
             'database': 'vsearchlogDB', }
```

建立与MySQL（或MariaDB）数据库服务器的连接时，你使用了这个dbconfig字典，如下所示。注意这里是如何指定dbconfig参数的？

这看上去是不是很熟悉？

```
conn = mysql.connector.connect(**dbconfig)
```

通过在dbconfig参数前加**前缀，我们告诉解释器要把这个字典处理为键及其关联值的一个集合。实际上，这就好像调用connect时提供了4个单独的关键字参数，如下所示：

```
conn = mysql.connector.connect('host'='127.0.0.1', 'user'='vsearch',
                    'password'='vsearchpasswd', 'database'='vsearchlogDB')
```

接收任意数量和类型的函数参数

创建你自己的函数时，有一点很棒：Python允许函数接收一个参数列表（使用*），另外还可以接收任意多个关键字参数（使用**）。更棒的是，你可以结合这两个技术，创建的一个函数来接收任意数量和类型的参数。

下面是myfunc的第3个版本（毫不奇怪，这个函数名为myfunc3）。这个函数可以接收任意的参数列表、任意多个关键字参数或者二者的结合：

☑	向函数传递一个函数。
☑	从函数返回一个函数。
☐	处理任意数量/类型的参数。

原来的"myfunc"函数处理任意的参数表。

"myfunc2"函数处理任意多个键/值对。

"myfunc3"函数处理任意输入，可以是一个参数列表、一组键/值对或二者的结合。

```
myfunc.py - /Users/paul/Desktop/_NewBook/ch10/myfunc.py (3.5.1)

def myfunc(*args):
    for a in args:
        print(a, end=' ')
    if args:
        print()

def myfunc2(**kwargs):
    for k, v in kwargs.items():
        print(k, v, sep='->', end=' ')
    if kwargs:
        print()

def myfunc3(*args, **kwargs):
    if args:
        for a in args:
            print(a, end=' ')
        print()
    if kwargs:
        for k, v in kwargs.items():
            print(k, v, sep='->', end=' ')
        print()

                                        Ln: 7  Col: 0
```

"*args"和"**kwargs"都出现在"def"行上。

下面这个简短的IDLE会话展示了myfunc3的使用：

处理无参数。

处理列表和关键字参数的组合。

```
                          Python 3.5.1 Shell
>>>
>>> myfunc3()
>>> myfunc3(1, 2, 3)          处理一个列表。
1 2 3
>>> myfunc3(a=10, b=20, c=30)   处理关键字参数。
a->10 b->20 c->30
>>> myfunc3(1, 2, 3, a=10, b=20, c=30)
1 2 3
a->10 b->20 c->30
>>>
                                        Ln: 68  Col: 4
```

创建函数修饰符的规则

右边清单里的各项都已经打勾，现在你已经了解了支持创建修饰符的Python语言特性。接下来要知道如何把这些特性结合起来，创建你需要的修饰符。

就像（上一章中）创建你自己的上下文管理器一样，创建修饰符也要遵循一组规则。应该记得，修饰符允许你用额外的代码增强一个已有的函数，而不需要修改已有函数的代码（必须承认，这听上去还是有些奇怪）。

要创建一个函数修饰符，需要知道：

已经准备就绪，可以写我们自己的修饰符了。

①　修饰符是一个函数。

实际上，就解释器而言，修饰符只是一个函数，不过是管理一个已有函数的函数。从现在开始，下面把这个已有的函数称为被修饰函数。这本书已经介绍到这里，你应该知道创建函数很容易：只需要使用Python的`def`关键字。

②　修饰符取被修饰函数为参数。

修饰符需要接收被修饰函数为参数。为此，只需要把被修饰函数作为一个函数对象传入修饰符。既然你已经学完了前面10页的内容，应该知道这也很容易：如果引用函数而不加小括号（也就是说，只使用函数名），就会得到函数对象。

③　修饰符返回一个新函数。

修饰符返回一个新函数作为其返回值。就像（前几页上）`outer`返回`inner`一样，你的修饰符也会做类似的事情，只不过它返回的函数需要调用被修饰函数。这很容易，只是有一点稍有些复杂，这在第4步中讨论。

④　修饰符维护被修饰函数的签名。

修饰符需要确保它返回的函数与被修饰函数有同样的参数（个数和类型都相同）。函数参数的个数和类型称为其**签名**（因为每个函数的`def`行是唯一的）。

现在拿出笔来，利用这些信息创建你的第一个修饰符。

复习：我们需要限制对某些URL的访问

前面一直在处理simple_webapp.py代码，我们需要这个修饰符检查用户的浏览器是否已经登录。如果已经登录，受限的Web页面就是可见的。如果浏览器没有登录，Web应用会建议用户先登录然后才能查看受限页面。我们将创建一个修饰符来处理这个逻辑。应该记得check_status函数，它展示了我们希望这个修饰符模拟的逻辑：

记住：这个代码根据用户的浏览器是否登录返回一个不同的消息。

我们希望避免复制和粘贴这个代码。

```python
@app.route('/status')
def check_status() -> str:
    if 'logged_in' in session:
        return 'You are currently logged in.'
    return 'You are NOT logged in.'
```

创建函数修饰符

为满足列表中的第1项，必须创建一个新函数。记住：

1 **修饰符是一个函数。**

实际上，就解释器而言，修饰符只是一个函数，不过是管理一个已有函数的函数。从现在开始，下面把这个已有的函数称为被修饰函数。你应该知道创建函数很容易：只需要使用Python的def关键字。

为了满足第2条，要确保你的修饰符接收一个函数对象作为参数。同样地，要记住：

2 **修饰符取被修饰函数为参数。**

修饰符需要接收被修饰函数为参数。为此，只需要把被修饰函数作为一个函数对象传入修饰符。如果引用函数而不加小括号（也就是说，只使用函数名），就会得到函数对象。

Sharpen your pencil

下面把你的修饰符放在单独的模块中（从而能更容易地重用）。首先在你的文本编辑器中创建一个名为checker.py的新文件。

你要在checker.py中创建一个新的修饰符，名为check_logged_in。在下面的空格中提供这个修饰符的def行。提示：使用func作为函数对象参数名：

在这里写出函数修饰符的"def"行。

....

Dumb Questions

问： 在我的系统上，在哪里创建checker.py重要吗？

答： 是的。我们的计划是把checker.py导入需要这个模块的Web应用，所以你的代码包含import checker行时，要确保解释器能够找到它。现在把checker.py放在simple_webapp.py所在的文件夹下。

Sharpen your pencil
Solution

我们决定把这个修饰符放在单独的模块中（从而能更容易地重用）。

首先在你的文本编辑器中创建一个名为checker.py的新文件。

（checker.py中的）新修饰符名为check_logged_in。在下面的空格中提供这个修饰符的def行：

```
def check_logged_in(func):
```

⬆ "check_logged_in"修饰符有一个参数：
被修饰函数的函数对象。

实在太容易了，不是吗?

记住：修饰符只是一个函数，它取一个函数对象为参数（上面def行中的func）。

下面转向"创建修饰符"规则中的下一条，这稍有些复杂（不过也不算太复杂）。
应该记得需要你的修饰符做到：

3 **修饰符返回一个新函数。**
修饰符返回一个新函数作为其返回值。就像（前几页上）outer返回
inner一样，你的修饰符也会做类似的事情，只不过它返回的函数需要
调用被修饰函数。

在这一章前面你见过outer函数，调用这个函数时，它会返回inner函数。下
面再给出这个outer函数的代码。

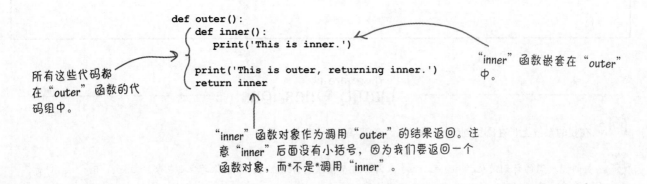

```
def outer():
    def inner():
        print('This is inner.')

    print('This is outer, returning inner.')
    return inner
```

所有这些代码都
在"outer"函数的代
码组中。

"inner"函数嵌套在"outer"
中。

"inner"函数对象作为调用"outer"的结果返回。注
意"inner"后面没有小括号，因为我们要返回一个
函数对象，而*不是*调用"inner"。

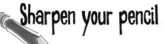

既然已经编写了修饰符的def行，下面为它的代码组增加一些代码。在这里你要做4件事。

1. 定义一个嵌套函数，名为wrapper，它将由check_logged_in返回（这里可以使用任何其他函数名，不过，稍后你会看到，wrapper是一个非常好的选择）。

2. 在wrapper中，增加现有check_status函数中的一些代码，根据用户的浏览器是否登录来实现两种行为之一。为了不让你翻页，下面再给出check_status的代码（这里突出显示了重要的部分）：

```
@app.route('/status')
def check_status() -> str:
    if 'logged_in' in session:
        return 'You are currently logged in.'
    return 'You are NOT logged in.'
```

3. 根据创建修饰符规则中的第3条，需要调整这个嵌套函数的代码，使它调用被修饰函数（而不是返回"You are currently logged in"消息）。

4. 写好了嵌套函数后，需要从check_logged_in返回其函数对象。

在下面给出的空格上为check_logged_in的代码组增加必要的代码：

```
def check_logged_in(func):
```

1. 定义你的嵌套函数。

....

....

....   } ← 2和3。增加你希望这个嵌套函数执行的代码。

....

4. 不要忘记返回这个嵌套函数。   ....

Sharpen your pencil
Solution

既然已经编写了修饰符的def行,下面为它的代码组增加一些代码。在这里你要做4件事。

1. 定义一个嵌套函数,名为wrapper,它将由check_logged_in返回。

2. 在wrapper中,增加现有check_status函数中的一些代码,根据用户的浏览器是否登录实现两种行为之一。

3. 根据创建修饰符规则中的第3条,调整这个嵌套函数的代码,使它调用被修饰函数(而不是返回"You are currently logged in"消息)。

4. 写好了嵌套函数后,需要从check_logged_in返回其函数对象。

在下面给出的空格上为check_logged_in的代码组增加必要的代码:

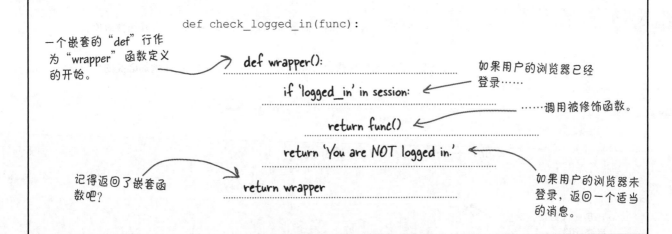

```
def check_logged_in(func):

    def wrapper():
        if 'logged_in' in session:
            return func()
        return 'You are NOT logged in.'

    return wrapper
```

一个嵌套的"def"行作为"wrapper"函数定义的开始。

如果用户的浏览器已经登录……

……调用被修饰函数。

如果用户的浏览器未登录,返回一个适当的消息。

记得返回了嵌套函数吧?

你能看出为什么这个嵌套函数名为"wrapper"吗?

如果花些时间来研究这个修饰符的代码(目前为止的代码),你会看到这个嵌套函数不仅调用被修饰函数(存储在func中),还通过在调用外包装额外的代码来增强它。在这里,这些额外的代码查看logged_in键在Web应用的session中是否存在。有意思的是,如果用户的浏览器未登录,就不会由wrapper调用被修饰函数。

最后一步：处理参数

就快要完成了，修饰符的关键代码已经有了。现在只剩下确保修饰符正确地处理被修饰函数的参数，而不论可能有哪些参数。应该记得规则中的第4条：

4 **修饰符维护被修饰函数的签名。**
修饰符需要确保它返回的函数与被修饰函数有同样的参数（个数和类型都相同）。

一个修饰符应用到一个现有函数时，对这个现有函数的所有调用都会**替换**为调用修饰符返回的函数。在上一页的答案中可以看到，为了满足创建修饰符规则中的第3条，我们返回了现有函数的一个包装版本，它根据需要实现了额外的代码。这个包装版本修饰了现有函数。

不过这里有一个问题，因为只有包装还不够，还需要维护被修饰函数的调用特性。例如，这意味着，如果现有函数接收两个参数，那么包装函数也必须接收两个参数。如果能提前知道可能有多少个参数，那么可以相应地做出计划。遗憾的是，你并不能提前知道，因为你的修饰符可能应用于任何现有函数，这些函数可能有任意多个参数，而且可以有任意类型的参数。

怎么做呢？答案是保持"通用"，让wrapper函数支持任意数量和类型的参数。你已经知道怎么做，因为你已经了解*args和**kwargs可以做什么。

记住：*args 和**kwargs 支持任意数量和类型的参数。

Sharpen your pencil

下面调整wrapper函数，让它接收任意数量和类型的参数。另外还要确保调用func时，它使用的参数的个数和类型与传入wrapper的参数个数和类型相同。在下面给出的空格增加参数代码：

需要在"wrapper"函数的签名中增加什么？

```
def check_logged_in(func):
    def wrapper(                    ):
        if 'logged_in' in session:
            return func(               )
        return 'You are NOT logged in.'
    return wrapper
```

一个完整的修饰符

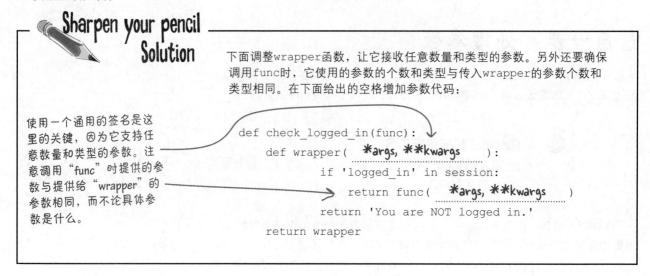

Sharpen your pencil
Solution

下面调整wrapper函数，让它接收任意数量和类型的参数。另外还要确保调用func时，它使用的参数的个数和类型与传入wrapper的参数个数和类型相同。在下面给出的空格增加参数代码：

使用一个通用的签名是这里的关键，因为它支持任意数量和类型的参数。注意调用"func"时提供的参数与提供给"wrapper"的参数相同，而不论具体参数是什么。

```
def check_logged_in(func):
    def wrapper( *args, **kwargs ):
        if 'logged_in' in session:
            return func( *args, **kwargs )
        return 'You are NOT logged in.'
    return wrapper
```

完成了……真的吗？

如果检查创建修饰符的规则，你说已经完成了也是可以原谅的。因为我们……确实差不多已经完成了。不过还有两个问题需要处理：一个与所有修饰符有关，另一个与这个特定的修饰符有关。

下面先来考虑这个特定的问题。由于check_logged_in修饰符在自己单独的模块中，我们要确保其代码引用的所有模块也要导入checker.py。check_logged_in修饰符使用了session，必须从Flask导入session以避免出现错误。处理这一点很简单，只需要在checker.py的最上面增加下面这个import语句：

```
from flask import session
```

另一个问题会影响所有修饰符，这与函数如何向解释器标识自己的身份有关。修饰一个函数时，如果不当心，函数可能忘记它的身份，这可能会带来问题。发生这种情况的原因很复杂，有些费解，这涉及Python内部的一些知识，而大多数人都不需要（或不希望）了解这些内容。因此，Python的标准库提供了一个模块来为你处理这些细节（所以你不需要担心这些细节）。你要做的就是记得导入一个必要的模块（functools），然后调用一个函数（wraps）。

可能有些怪异，wraps函数实现为一个修饰符，所以实际上你并不是调用这个函数，而是用它在你自己的修饰符中修饰wrapper函数。我们已经为你完成了这个工作，你会在下一页最上面看到完整的check_logged_in修饰符代码。

创建你自己的修饰符时，一定要导入并使用"functools"模块的"wraps"函数。

你的修饰符已经大功告成

继续后面的工作之前，要保证你的修饰符代码与我们的完全一致：

一定要从
"flask"模块导
入"session"。

从"functools"（标
准库的一部分）导
入"wraps"函数（它本
身是一个修饰符）。

用"wraps"修饰
符修饰"wrapper"
函数（一定要传
入"func"作为参
数）。

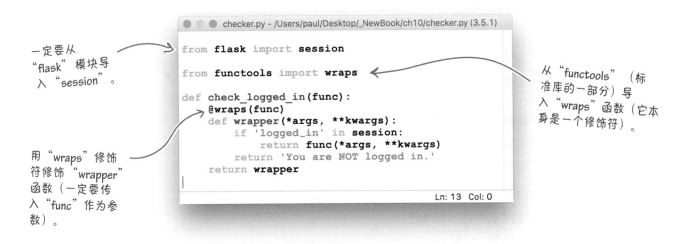

```
checker.py - /Users/paul/Desktop/_NewBook/ch10/checker.py (3.5.1)

from flask import session

from functools import wraps

def check_logged_in(func):
    @wraps(func)
    def wrapper(*args, **kwargs):
        if 'logged_in' in session:
            return func(*args, **kwargs)
        return 'You are NOT logged in.'
    return wrapper

                                        Ln: 13  Col: 0
```

既然checker.py模块包含了完整的check_logged_in函数，下面在simple_
webapp.py中使用这个函数。以下给出这个Web应用代码的当前版本（分两栏显
示）：

```
from flask import Flask, session

app = Flask(__name__)

@app.route('/')
def hello() -> str:
    return 'Hello from the simple webapp.'

@app.route('/page1')
def page1() -> str:
    return 'This is page 1.'

@app.route('/page2')
def page2() -> str:
    return 'This is page 2.'

@app.route('/page3')
def page3() -> str:
    return 'This is page 3.'

@app.route('/login')
def do_login() -> str:
    session['logged_in'] = True
    return 'You are now logged in.'
```

```
@app.route('/logout')
def do_logout() -> str:
    session.pop('logged_in')
    return 'You are now logged out.'

@app.route('/status')
def check_status() -> str:
    if 'logged_in' in session:
        return 'You are currently logged in.'
    return 'You are NOT logged in.'

app.secret_key = 'YouWillNeverGuess...'

if __name__ == '__main__':
    app.run(debug=True)
```

> 还记得吧，我们的目标是限制对/page1,
> /page2和/page3 URL的访问，目前（根
> 据这个代码）任何用户的浏览器都可以
> 访问这些URL。

使用修饰符

调整simple_webapp.py代码来使用check_logged_in修饰符并不难。需要
做到以下几点:

1 **导入修饰符。**

要从checker.py模块导入check_logged_in修饰符。为此,只需
要在web应用代码的最前面增加必要的import语句。

2 **删除所有不必要的代码。**

既然已经有了check_logged_in修饰符,现在不再需要check_
status函数,所以可以将它从simple_webapp.py删除。

3 **根据需要使用修饰符。**

要使用check_logged_in修饰符,可以使用@语法将它应用到Web应
用的任何函数上。

下面再次给出simple_webapp.py的代码,这里完成了上面所列的3个修改。
注意/page1,/page2和/page3 URL现在有两个关联的修饰符:@app.route(这
是Flask提供的)和@check_logged_in(这是你刚才创建的):

> 使用@语法将修饰符应用
> 到一个现有的函数。

```python
from flask import Flask, session

from checker import check_logged_in

app = Flask(__name__)

@app.route('/')
def hello() -> str:
    return 'Hello from the simple webapp.'

@app.route('/page1')
@check_logged_in
def page1() -> str:
    return 'This is page 1.'

@app.route('/page2')
@check_logged_in
def page2() -> str:
    return 'This is page 2.'

@app.route('/page3')
@check_logged_in
def page3() -> str:
    return 'This is page 3.'

@app.route('/login')
def do_login() -> str:
    session['logged_in'] = True
    return 'You are now logged in.'

@app.route('/logout')
def do_logout() -> str:
    session.pop('logged_in')
    return 'You are now logged out.'

app.secret_key = 'YouWillNeverGuess...'

if __name__ == '__main__':
    app.run(debug=True)
```

> 在继续后面的工作*之前*,不要忘记根据这里突出
> 显示的部分修改你的Web应用。

测试

为了证明我们的登录检查修饰符能正常工作，下面试着运行这个支持修饰符的simple_webapp.py版本。

Web应用运行后，使用一个浏览器在登录前尝试访问/page1，登录之后再访问/page1，然后，在注销后再一次尝试访问受限的内容。看看会发生什么：

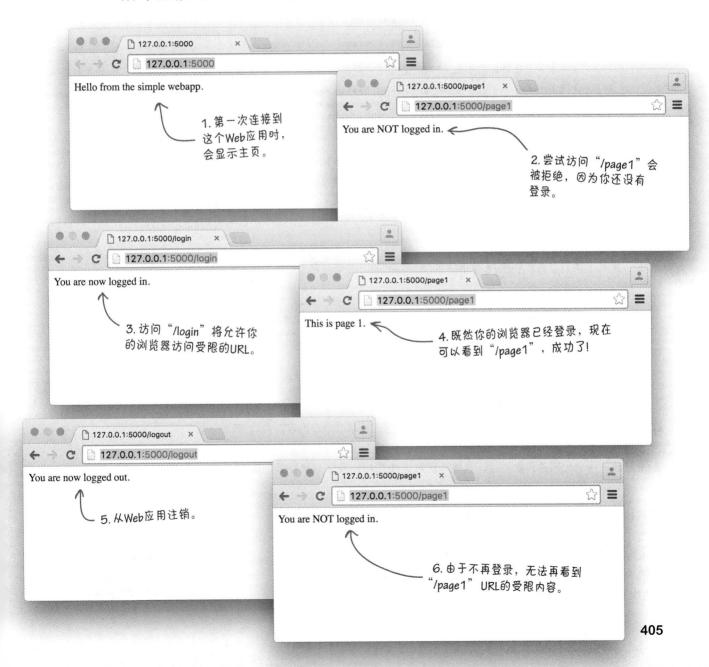

Hello from the simple webapp.

1. 第一次连接到这个Web应用时，会显示主页。

You are NOT logged in.

2. 尝试访问"/page1"会被拒绝，因为你还没有登录。

You are now logged in.

3. 访问"/login"将允许你的浏览器访问受限的URL。

This is page 1.

4. 既然你的浏览器已经登录，现在可以看到"/page1"，成功了！

You are now logged out.

5. 从Web应用注销。

You are NOT logged in.

6. 由于不再登录，无法再看到"/page1" URL的受限内容。

修饰符之美

再来看check_logged_in修饰符的代码。注意它抽象了用来检查用户浏览器是否登录的逻辑，把这个（可能很复杂的）代码放在一个地方（修饰符中），然后利用@check_logged_in修饰符语法，就可以在你的整个代码中使用这个逻辑：

```python
                checker.py - /Users/paul/Desktop/_NewBook/ch10/checker.py (3.5.1)

from flask import session

from functools import wraps

def check_logged_in(func):
    @wraps(func)
    def wrapper(*args, **kwargs):
        if 'logged_in' in session:
            return func(*args, **kwargs)
        return 'You are NOT logged in.'
    return wrapper
|
                                                                    Ln: 13  Col: 0
```

这个代码看起来很可怕，不过实际上并没有那么恐怖。

通过把代码抽象到一个修饰符中，会让使用这个修饰符的代码更易读。考虑*/page2* URL，这里使用了我们的修饰符：

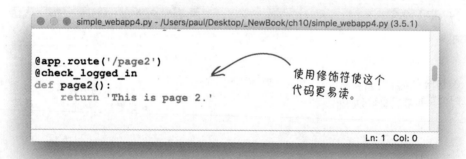

```python
                simple_webapp4.py - /Users/paul/Desktop/_NewBook/ch10/simple_webapp4.py (3.5.1)

@app.route('/page2')
@check_logged_in
def page2():
    return 'This is page 2.'

                                                                    Ln: 1  Col: 0
```

使用修饰符使这个代码更易读。

注意page2函数的代码只考虑它真正需要做的事情：显示*/page2*内容。在这个例子中，page2代码只有一个语句。如果它还包含检查用户浏览器是否登录所需的逻辑，这个代码就会更难读，也更难理解。使用修饰符来分离登录检查代码是一个很大的亮点。

"逻辑抽象"是Python中广泛使用修饰符的原因之一。另一个原因是，如果仔细想想，在创建check_logged_in修饰符时，你编写了额外代码来增强一个现有函数，可以修改现有函数的行为而没有修改它的代码。这一章第一次介绍这个想法时，我们说这很"奇怪"。不过，既然现在已经学完了这个内容，实际上它根本不奇怪，不是吗？

修饰符并不奇怪，它们很有趣。

创建更多修饰符

我们已经创建了check_logged_in修饰符，从现在开始，你可以用它的代码做为基础来创建新的修饰符。

为了减轻你的负担，下面给出一个通用的代码模板（文件tmpl_decorator.py中），可以把它作为基础来编写的新的修饰符：

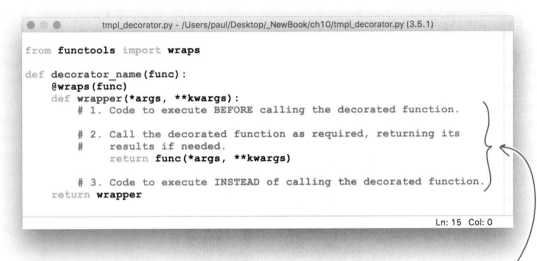

```
tmpl_decorator.py - /Users/paul/Desktop/_NewBook/ch10/tmpl_decorator.py (3.5.1)

from functools import wraps

def decorator_name(func):
    @wraps(func)
    def wrapper(*args, **kwargs):
        # 1. Code to execute BEFORE calling the decorated function.

        # 2. Call the decorated function as required, returning its
        #    results if needed.
        return func(*args, **kwargs)

        # 3. Code to execute INSTEAD of calling the decorated function.
    return wrapper

                                                            Ln: 15  Col: 0
```

可以调整这个代码模板来满足你的需要。你要做的就是为新修饰符提供一个合适的名字，然后把模板中的3个注释替换为你的修饰符的特定代码。

如果你的新修饰符要调用被修饰函数而不返回其结果，这也是可以的。毕竟，wrapper函数中的代码是你的代码，你完全可以做你想做的任何事情。

把这些注释替换为你的新修饰符的代码。

there are no Dumb Questions

问：修饰符是不是就像上一章中的上下文管理器一样？因为它们都允许为代码包装额外的功能。

答：这个问题问得好。答案是：也是也不是。没错，修饰符和上下文管理器都会用额外的逻辑增强现有的代码。不过，它们并不一样。修饰符主要考虑为现有函数增加额外的功能，而上下文管理器更关注于确保你的代码在一个特定的上下文中执行、安排with语句之前运行的代码，以及确保with语句之后执行某些代码。用修饰符也可以做类似的事情，不过如果你试图这么做，大多数Python程序员都会认为你可能有点疯狂。另外，注意修饰符代码调用被修饰函数之后并不要求做任何事情（如check_logged_in修饰符中就什么也不做）。这个修饰符行为与上下文管理器遵循的协议就完全不同。

再来限制对/viewlog的访问

啊哈！现在我已经可以限制访问"simple_webapp.py"的页面了。对"vsearch4web.py"的处理也差不多吧？

并不是"差不多"：是完全相同。还是一样的代码，只需要重用修饰符、do_login和do_logout函数。

既然你已经创建了一种机制来限制对simple_webapp.py中某些URL的访问，可以很容易地对其他Web应用应用同样的机制。

这就包括vsearch4web.py，这个Web应用中需要限制对/viewlog URL的访问。你要做的就是从simple_webapp.py将do_login和do_logout函数复制到vsearch4web.py，导入checker.py模块，然后用check_logged_in修饰view_the_log函数。你可能想对do_login和do_logout增加一些处理（如根据数据库中存储的数据检查用户凭据），不过，关于限制对某些URLs的访问，大部分具体工作都会由check_logged_in修饰符为你完成。

接下来呢?

我们已经用了这么久来修改simple_webapp.py,这里不打算再用好几页来修改vsearch4web.py,我们把调整vsearch4web.py的工作留给你自己来完成。在下一章最前面,我们会提供vsearch4web.py Web应用的更新版本(因为我们用这个更新的代码展开下一章的讨论),你可以与你修改的代码做个比较。

到目前为止,这本书中写的所有代码都有一个前提假设,认为不会有坏事发生,什么都不会出错。这是我们有意制定的策略,因为我们希望你在接触到错误修正、错误避免、错误检测、异常处理等等主题之前,能够对Python先有一个很好的认识。

现在已经不能再采用这个策略了。我们的代码要在真实的环境中运行,可能(而且确实会)出错。有些事情是可以修正的(或可避免的),但有些则是不可修正的。你可能希望你的代码能处理大多数错误情况,但是如果发生超出你控制之外的异常情况,就会导致崩溃。下一章中,我们将介绍几种策略来确定出现问题时应该怎么做。

不过在此之前,下面先对这一章的要点做个简要回顾。

BULLET POINTS

- 需要在一个Flask Web应用中存储服务器端状态时,可以使用*session*字典(不要忘记要设置一个难猜的*secret_key*)。

- 可以将一个函数作为参数传递到另一个函数。使用函数名(没有小括号)可以得到一个**函数对象**,可以像处理任何其他变量一样处理这个函数对象。

- 使用一个函数对象作为函数的参数时,可以通过加小括号让接收函数**调用**传入的函数对象。

- 一个函数可以**嵌套**在外围函数的代码组中(而且只在这个外围函数作用域中可见)。

- 除了可以接收函数对象为参数,函数还可以**返回**嵌套函数作为返回值。

- ***args**是"展开为项列表"的缩写。

- ****kwargs**是"展开为一个键和值字典"的缩写。看到"kw"时,可以把它想成是"关键字"(keywords)。

- ***和****都可以"直接使用",因为列表或关键字集合可以作为一个(可展开的)参数传入函数。

- 使用**(*args, **kwargs)**作为**函数签名**时,所创建的函数可以接收任意数量和类型的参数。

- 使用这一章中新的函数特性,你知道了如何创建一个**函数修饰符**,这会改变现有函数的行为,而不需要修改这个函数具体的代码。听上去很奇怪,但确实很有意思(也很有用)。

第10章的代码（1/2）

```python
from flask import Flask, session

app = Flask(__name__)

app.secret_key = 'YouWillNeverGuess'


@app.route('/setuser/<user>')
def setuser(user: str) -> str:
    session['user'] = user
    return 'User value set to: ' + session['user']


@app.route('/getuser')
def getuser() -> str:
    return 'User value is currently set to: ' + session['user']


if __name__ == '__main__':
    app.run(debug=True)
```

这是
"quick_session.py"。

```python
from flask import session

from functools import wraps

def check_logged_in(func):
    @wraps(func)
    def wrapper(*args, **kwargs):
        if 'logged_in' in session:
            return func(*args, **kwargs)
        return 'You are NOT logged in.'
    return wrapper
```

这是"checker.py"，其中包含这一章修饰
符的代码："check_logged_in"。

这是"tmpl_decorator.py"，这是一个
很方便的创建修饰符的模板，你可以
在合适的时候重用。

```python
from functools import wraps

def decorator_name(func):
    @wraps(func)
    def wrapper(*args, **kwargs):
        # 1. Code to execute BEFORE calling the decorated function.

        # 2. Call the decorated function as required, returning its
        #    results if needed.
        return func(*args, **kwargs)

        # 3. Code to execute INSTEAD of calling the decorated function.
    return wrapper
```

第10章的代码（2/2）

```python
from flask import Flask, session

from checker import check_logged_in

app = Flask(__name__)


@app.route('/')
def hello() -> str:
    return 'Hello from the simple webapp.'


@app.route('/page1')
@check_logged_in
def page1() -> str:
    return 'This is page 1.'


@app.route('/page2')
@check_logged_in
def page2() -> str:
    return 'This is page 2.'


@app.route('/page3')
@check_logged_in
def page3() -> str:
    return 'This is page 3.'


@app.route('/login')
def do_login() -> str:
    session['logged_in'] = True
    return 'You are now logged in.'


@app.route('/logout')
def do_logout() -> str:
    session.pop('logged_in')
    return 'You are now logged out.'


app.secret_key = 'YouWillNeverGuessMySecretKey'

if __name__ == '__main__':
    app.run(debug=True)
```

这是"simple_webapp.py"，这里集中了这一章的所有代码。需要限制对特定URL的访问时，可以基于这个Web应用的机制建立你的策略。

我们认为使用修饰符会让这个Web应用的代码更易读和更易于理解。你认为呢？

11 异常处理

出问题了怎么办

我检查过这个绳子应该不会断……怎么可能出问题呢？

问题总有可能发生，不论你的代码有多好。

你已经成功地执行了这本书中的所有例子，可能认为目前为止提供的所有代码都能很好地工作。不过这是不是就意味着这些代码很健壮？可能不是。编写代码时如果假设不会有坏事发生，（即使在最好的情况下）这也太天真了。在最坏情况下，这会很危险，因为会有不可预见的事情发生。编写代码时最好保持警觉，而不是一味地信任。要小心地确保代码确实在做你希望它完成的工作，如果情况有变也能妥善地做出反应。在这一章中，你不仅会看到可能出现哪些问题，还会了解出现问题时（通常是出现问题之前）要怎么做。

这一章我们会开门见山。下面给出vsearch4web.py Web应用的最新代码。可以看到，我们更新了这个代码，使用了上一章的check_logged_in修饰符来控制用户何时可以访问/viewlog URL提供的信息（即何时对用户可见）。

多花些时间仔细读这个代码，然后用笔标注和圈出你认为在生产环境中运行时可能出问题的部分。指出你觉得可能有问题的所有方面，而不只是可能出现的运行时问题或错误。

```python
from flask import Flask, render_template, request, escape, session
from vsearch import search4letters

from DBcm import UseDatabase
from checker import check_logged_in

app = Flask(__name__)

app.config['dbconfig'] = {'host': '127.0.0.1',
                          'user': 'vsearch',
                          'password': 'vsearchpasswd',
                          'database': 'vsearchlogDB', }

@app.route('/login')
def do_login() -> str:
    session['logged_in'] = True
    return 'You are now logged in.'

@app.route('/logout')
def do_logout() -> str:
    session.pop('logged_in')
    return 'You are now logged out.'

def log_request(req: 'flask_request', res: str) -> None:
    with UseDatabase(app.config['dbconfig']) as cursor:
        _SQL = """insert into log
                    (phrase, letters, ip, browser_string, results)
                    values
                    (%s, %s, %s, %s, %s)"""
        cursor.execute(_SQL, (req.form['phrase'],
                              req.form['letters'],
                              req.remote_addr,
                              req.user_agent.browser,
                              res, ))
```

```python
@app.route('/search4', methods=['POST'])
def do_search() -> 'html':
    phrase = request.form['phrase']
    letters = request.form['letters']
    title = 'Here are your results:'
    results = str(search4letters(phrase, letters))
    log_request(request, results)
    return render_template('results.html',
                            the_title=title,
                            the_phrase=phrase,
                            the_letters=letters,
                            the_results=results,)


@app.route('/')
@app.route('/entry')
def entry_page() -> 'html':
    return render_template('entry.html',
                            the_title='Welcome to search4letters on the web!')


@app.route('/viewlog')
@check_logged_in
def view_the_log() -> 'html':
    with UseDatabase(app.config['dbconfig']) as cursor:
        _SQL = """select phrase, letters, ip, browser_string, results
                    from log"""
        cursor.execute(_SQL)
        contents = cursor.fetchall()
    titles = ('Phrase', 'Letters', 'Remote_addr', 'User_agent', 'Results')
    return render_template('viewlog.html',
                            the_title='View Log',
                            the_row_titles=titles,
                            the_data=contents,)


app.secret_key = 'YouWillNeverGuessMySecretKey'

if __name__ == '__main__':
    app.run(debug=True)
```

LONG EXERCISE SOLUTION

多花些时间读下面的代码（这是更新版本的vsearch4web.py Web应用）。然后用笔标注和圈出你认为在生产环境中运行时可能出问题的部分。要指出你觉得可能有问题的所有方面，而不只是可能出现的运行时问题或错误（为了便于引用，我们对标注编了号）。

```python
from flask import Flask, render_template, request, escape, session
from vsearch import search4letters

from DBcm import UseDatabase
from checker import check_logged_in

app = Flask(__name__)

app.config['dbconfig'] = {'host': '127.0.0.1',
                          'user': 'vsearch',
                          'password': 'vsearchpasswd',
                          'database': 'vsearchlogDB', }

@app.route('/login')
def do_login() -> str:
    session['logged_in'] = True
    return 'You are now logged in.'

@app.route('/logout')
def do_logout() -> str:
    session.pop('logged_in')
    return 'You are now logged out.'

def log_request(req: 'flask_request', res: str) -> None:
    with UseDatabase(app.config['dbconfig']) as cursor:
        _SQL = """insert into log
                    (phrase, letters, ip, browser_string, results)
                    values
                    (%s, %s, %s, %s, %s)"""
        cursor.execute(_SQL, (req.form['phrase'],
                              req.form['letters'],
                              req.remote_addr,
                              req.user_agent.browser,
                              res, ))
```

1. 如果数据库连接失败会发生什么情况？

2. 这些SQL语句可以防范讨厌的Web攻击吗？比如SQL注入或跨站点脚本。

3. 如果执行这些SQL语句要花很长时间会发生什么情况？

```
@app.route('/search4', methods=['POST'])
def do_search() -> 'html':
    phrase = request.form['phrase']
    letters = request.form['letters']
    title = 'Here are your results:'
    results = str(search4letters(phrase, letters))
    log_request(request, results)
    return render_template('results.html',
                           the_title=title,
                           the_phrase=phrase,
                           the_letters=letters,
                           the_results=results,)
```

4. 如果这个调用失败会发生
什么情况?

```
@app.route('/')
@app.route('/entry')
def entry_page() -> 'html':
    return render_template('entry.html',
                           the_title='Welcome to search4letters on the web!')


@app.route('/viewlog')
@check_logged_in
def view_the_log() -> 'html':
    with UseDatabase(app.config['dbconfig']) as cursor:
        _SQL = """select phrase, letters, ip, browser_string, results
                  from log"""
        cursor.execute(_SQL)
        contents = cursor.fetchall()
    titles = ('Phrase', 'Letters', 'Remote_addr', 'User_agent', 'Results')
    return render_template('viewlog.html',
                           the_title='View Log',
                           the_row_titles=titles,
                           the_data=contents,)


app.secret_key = 'YouWillNeverGuessMySecretKey'

if __name__ == '__main__':
    app.run(debug=True)
```

数据库并不总是可用

我们已经找出vsearch4web.py代码中4个可能的问题，必须承认，可能还有很多其他问题，不过现在先看这4个问题。下面会更详细地考虑这几个问题（这几页先简单地描述这些问题，这一章后面会给出解决方案）。首先来考虑后端数据库：

1 **如果数据库连接失败会发生什么情况？**

我们的Web应用乐观地认为数据库总是可用，而且总是在正常工作，但（出于很多原因）可能并不是这样。目前，我们不清楚数据库停止工作时会发生什么，因为我们的代码没有考虑会发生这种情况。

下面来看如果临时关闭后端数据库会发生什么。在下面可以看到，我们的Web应用可以正常加载，不过一旦要做什么，就会出现一个可怕的错误消息：

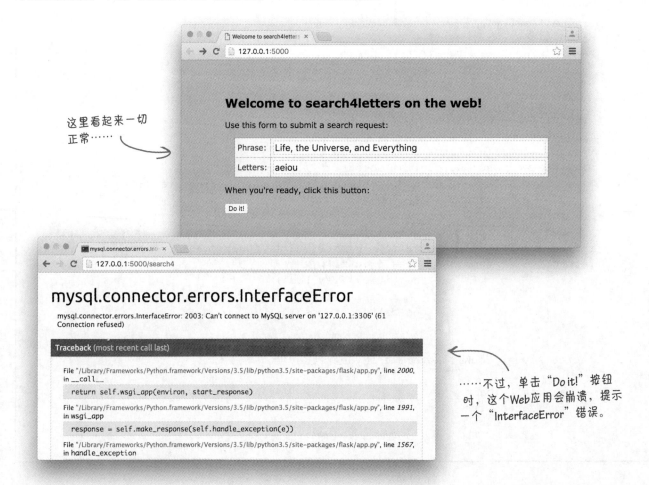

这里看起来一切正常……

……不过，单击"Do it!"按钮时，这个Web应用会崩溃，提示一个"InterfaceError"错误。

Web攻击是个棘手的问题

除了担心后端数据库的问题，还需要考虑可能会有一些讨厌的人对你的Web应
用做一些讨厌的事情，这就带来了第2个问题：

2 我们的Web应用能防范Web攻击吗？

SQL注入（*SQL injection，SQLi*）和跨站点脚本（*Cross-site scripting，XSS*）
攻击让每一个Web开发人员都心有余悸。前者允许攻击者非法利用你的后端
数据库，而后者允许攻击者非法利用你的网站。可能还需要考虑其他一些
Web攻击，不过这是"最主要的两种攻击"。

与第一个问题一样，下面来看对我们的Web应用模拟这些攻击时会发生什么。

可以看到，我们可以很好地应对这两种攻击：

如果试图向Web界面注入SQL，不
会有影响（这里只会得到我们期望
的"search4letters"输出）。

试图向Web应用输入JavaScript来发动XSS攻击
也不会有任何影响。

JavaScript不会执行（谢天谢地）；它会像其他
文本数据一样发送到Web应用。

输入输出（有时）很慢

目前，我们的Web应用以一种几乎即时的方式与后端数据库通信，Web应用的用户几乎注意不到Web应用与数据库交互时的延迟。不过，假设与后端数据库的交互要花比较长的时间，可能需要几秒：

3 如果有些工作要花很长时间，会发生什么情况？

可能后端数据库在另一台机器上，在另一幢大楼里，甚至部署在另一个洲……会发生什么呢？

与后端数据库通信可能要花费一些时间。实际上，只要你的代码要与外部的某个资源交互（例如，一个文件、一个数据库、一个网络或者其他系统），这个交互就需要一定的时间，你不确定到底要多长时间，对此你根本无法控制。除了无法控制，你还必须认识到某些操作可能很耗时。

为了说明这个问题，下面对我们的Web应用增加一个人工的延迟（使用标准库time模块中的sleep函数）。在Web应用最上面（靠近其他import语句）增加下面这行代码：

```
from time import sleep
```

插入上面这个import语句后，编辑log＿request函数，在with语句前面插入以下代码行：

```
sleep(15)
```

如果重启你的Web应用，然后执行一个搜索，会有一个延迟，Web浏览器会等待Web应用的反应。15秒的Web延迟实在是太久了，简直就像过了一辈子，大多数用户都可能会认为应用已经崩溃：

单击"Do it!"按钮后，你的Web浏览器等待……等待……等待……再等待……

函数调用可能失败

这一章开始的练习中所找出的最后一个问题与do_search函数中的log_request
函数调用有关：

❹ 如果函数调用失败会发生什么情况？

永远不能保证一个函数调用总会成功，特别是如果这个函数要与代码
之外的某个资源交互。

我们已经看到后端数据库不可用时会发生什么，Web应用会崩溃，提示一个
InterfaceError错误。

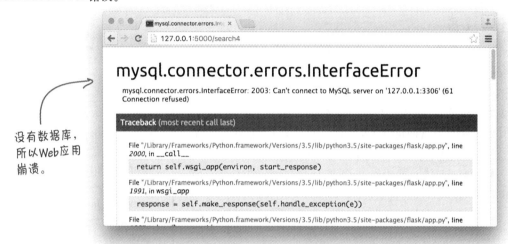

没有数据库，
所以Web应用
崩溃。

还可能出现其他问题。为了模拟另外一个错误，下面找到讨论问题3时增加的
sleep(15)行，把它替换为一个**raise**语句。解释器执行时，raise会产生一个
运行时错误。如果再次尝试运行这个Web应用，这一次会出现一个不同的错误：

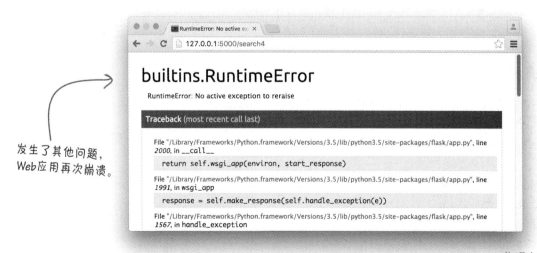

发生了其他问题，
Web应用再次崩溃。

翻到下一页之
前，从代码中删
除"raise"调用，
确保这个Web应用能
再次运行。

考虑找出的问题

我们已经找出vsearch4web.py代码的4个问题。下面再来看这些问题,考虑接下来的步骤。

1. 数据库连接失败

只要你的代码依赖的外部系统不可用,就会出现错误。发生这种情况时,解释器会报告一个InterfaceError。可以使用Python的内置异常处理机制发现这一类问题并做出反应。如果能够在出现错误时发现问题,就已经成功了一半。

2. 你的应用遇到攻击

通常会由Web开发人员考虑应用是否会遭到攻击,这也是他们要担心的问题,不过任何人都有必要考虑提高代码健壮性的开发方法。对于vsearch4web.py,看起来这个Web应用已经能很好地应对"两种主要的"Web攻击,SQL注入攻击(SQLi)和跨站点脚本攻击(XSS)。与其说这是专门做出的设计,不如说只是一个巧合,因为Jinja2库默认地可以防范XSS攻击,会对可能有问题的字符串转义(应该记得,我们想要诱骗Web应用执行JavaScript,但实际上那些JavaScript并没有执行)。对于*SQLi*,我们使用了DB-API的参数化SQL字符串(包括?占位符),同样由于这些模块的特定设计,确保了你的代码不会受到这一类攻击。

Geek Bits

如果你想更多地了解SQLi和XSS,Wikipedia会是一个不错的起点。可以分别访问*https://en.wikipedia.org/wiki/SQL_injection*和*https://en.wikipedia.org/wiki/Cross-site_scripting*来了解这两种攻击。另外要记住,这只是两个主要的攻击,还有很多其他类型的攻击可能导致你的应用出问题。

3. 你的代码要花很长时间执行

如果你的代码要花很长时间执行,就必须考虑对用户体验的影响。如果你的用户没有注意到这一点,可能问题不大。不过,如果用户必须等待很长时间,你就必须采取一些措施了(否则,用户可能认为等待不值得,然后放弃你的应用)。

4. 你的函数调用失败

不只是外部系统会导致解释器产生异常,你的代码也可能产生异常。如果是这样,你要找出异常,然后根据需要妥善恢复。要支持这种行为,所用的机制与上面讨论问题1时提到的机制是一样的。

那么……要处理这4个问题,从哪里开始呢?由于可以用同样的机制处理问题1和问题4,所以就从这里开始。

用try执行容易出错的代码

你的代码出问题时，Python会产生一个运行时**异常**。可以把异常想成是解释器触发的一个受控的程序问题。

从问题1和问题4可以看到，很多不同情况下都可能产生异常。实际上，解释器提供了一组丰富的内置异常类型，（问题4的）RuntimeError只是其中的一个例子。除了内置的异常类型，还可以定义你自己的定制异常，而且之前已经见过这样的一个例子：（问题1的）InterfaceError异常就是*MySQL Connector*模块定义的定制异常。

要发现（以及恢复）一个运行时异常，需要使用Python的try语句，运行时如果出问题，try可以帮助你管理异常。

要看try的实际使用，先来考虑执行时可能失败的一个代码段。下面3行代码看上去很正常，但实际上是有问题的：

> 关于内置异常的完整列表，请访问 https://docs.python.org/3/library/exceptions.html。

> 这里没有特别奇怪或有趣的内容：只是要打开指定的文件，得到它的数据，然后在屏幕上显示。

```
try_examples.py - /Users/paul/Desktop/_NewBo...

with open('myfile.txt') as fh:
    file_data = fh.read()
print(file_data)

                                    Ln: 5  Col: 0
```

目前写的这3行代码没有问题，而且确实能执行。不过，如果无法访问myfile.txt，这个代码就会失败（可能是因为这个文件丢失，或者是你的代码没有必要的读文件权限）。代码失败时，就会产生一个异常：

> 出现一个运行时错误时，Python会显示一个"回溯跟踪"消息（traceback），它会详细说明出了什么问题，以及在哪里出了问题。在这里，解释器认为第2行有问题。

```
Python 3.5.1 Shell
>>>
========= RESTART: /Users/paul/Desktop/_NewBook/ch11/try_examples.py =========
Traceback (most recent call last):
  File "/Users/paul/Desktop/_NewBook/ch11/try_examples.py", line 2, in <module>
    with open('myfile.txt') as fh:
FileNotFoundError: [Errno 2] No such file or directory: 'myfile.txt'
>>>
>>>
                                                        Ln: 119  Col: 4
```

> 唉呀!

下面先来学习try能做什么，我们要调整上面的代码来避免出现这个FileNotFoundError异常。

> 尽管看上去很丑陋，但这个回溯跟踪消息确实很有用。

捕获错误还不够

出现一个运行时错误时，会产生一个异常。如果忽略所产生的异常，则称这个异常未捕获，解释器会终止你的代码，然后显示一个运行时错误消息（如上一页最后的例子中所示）。不过，也可以用try语句捕获（即处理）所产生的异常。需要说明，只捕获运行时错误还不够，你还要决定接下来做什么。

你可能决定有意地忽略所产生的异常，然后继续……如果是这样，也许你只能双手合十地祈祷了。或者你可能想运行另外一些代码来取代这些可能崩溃的代码，然后继续。或者最好的办法是在终止应用之前尽可能简洁地记录这个错误。不论你决定怎么做，try语句都能提供帮助。

代码执行时如果产生一个异常，可以利用最基本的try语句对此做出反应。为了用try保护代码，可以把代码放在try的代码组中。如果产生一个异常，try代码组中的代码会终止，然后运行try的except代码组中的代码。要在这个except代码组中定义你接下来想要做什么。

下面更新上一页的代码段，只要产生FileNotFoundError异常就显示一个简短的消息。左边是之前的代码，右边是已经调整为使用try和except的代码：

产生一个运行时错误时，可以捕获这个错误，也可以不捕获："try"允许你捕获所产生的错误，"except"则允许你处理这个异常。

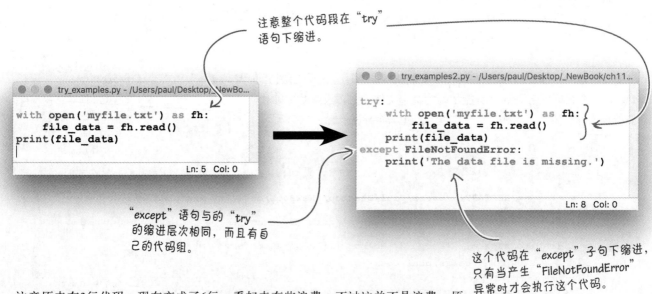

注意整个代码段在 "try" 语句下缩进。

```python
with open('myfile.txt') as fh:
    file_data = fh.read()
print(file_data)
```

"except" 语句与的 "try" 的缩进层次相同，而且有自己的代码组。

```python
try:
    with open('myfile.txt') as fh:
        file_data = fh.read()
    print(file_data)
except FileNotFoundError:
    print('The data file is missing.')
```

这个代码在 "except" 子句下缩进，只有当产生 "FileNotFoundError" 异常时才会执行这个代码。

注意原来有3行代码，现在变成了6行，看起来有些浪费，不过这并不是浪费。原来的代码段都还在，它们构成了try语句的代码组。except语句和相应的代码组是新增的代码。下面来看这些修改会带来什么变化。

测试

下面试着运行这个try...except版本的代码段。如果myfile.txt存在，而且你的代码可以读这个文件，就会在屏幕上显示这个文件的内容。如果这些条件不满足，则会产生一个运行时异常。我们已经知道，myfile.txt并不存在，不过现在我们不会再看到之前丑陋的回溯跟踪消息，而是会执行异常处理代码，为我们显示一个更友好的消息（尽管这个代码段还是会崩溃）：

第一次运行这个代码段时，解释器会
生成这个丑陋的回溯跟踪消息。

```
Python 3.5.1 Shell
>>>
========= RESTART: /Users/paul/Desktop/_NewBook/ch11/try_examples.py =========
Traceback (most recent call last):
  File "/Users/paul/Desktop/_NewBook/ch11/try_examples.py", line 2, in <module>
    with open('myfile.txt') as fh:
FileNotFoundError: [Errno 2] No such file or directory: 'myfile.txt'
>>>
>>>
========= RESTART: /Users/paul/Desktop/_NewBook/ch11/try_examples2.py ========
The data file is missing.
>>>
                                                                    Ln: 17  Col: 4
```

由于使用了"try"和"except"，这个新版本的
代码可以生成一个更友好的消息。

可能产生多个异常……

这就好多了，不过如果myfile.txt存在，但是你的代码没有读这个文件的权限，会有什么结果？要看会发生什么情况，我们创建了这个文件，然后设置它的权限来模拟这个文件不可读。运行这个新代码会生成以下输出：

唉呀！我们又看到一个丑陋的
回溯跟踪消息，因为产生了一
个"PermissionError"异常。

```
Python 3.5.1 Shell
>>>
========= RESTART: /Users/paul/Desktop/_NewBook/ch11/try_examples2.py ========
The data file is missing.
>>>
========= RESTART: /Users/paul/Desktop/_NewBook/ch11/try_examples2.py ========
Traceback (most recent call last):
  File "/Users/paul/Desktop/_NewBook/ch11/try_examples2.py", line 3, in <module>
    with open('myfile.txt') as fh:
PermissionError: [Errno 13] Permission denied: 'myfile.txt'
>>>
>>>
                                                                    Ln: 24  Col: 4
```

try一次，except多次

要想避免产生另一个异常，只需要为try语句增加另一个except代码组，指定你感兴趣的异常，并在这个新except代码组中提供你认为必要的代码。下面给出这个代码的一个更新版本，出现PermissionError异常时会进行处理：

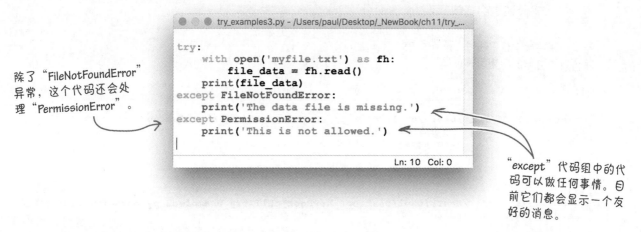

除了"FileNotFoundError"异常，这个代码还会处理"PermissionError"。

```
try:
    with open('myfile.txt') as fh:
        file_data = fh.read()
    print(file_data)
except FileNotFoundError:
    print('The data file is missing.')
except PermissionError:
    print('This is not allowed.')
```

"except"代码组中的代码可以做任何事情。目前它们都会显示一个友好的消息。

执行修改后的这个代码时，仍然会产生PermissionError异常。不过，与之前不同，现在不再显示丑陋的回溯跟踪消息，而是会代之以一个更友好的消息：

```
>>>
======== RESTART: /Users/paul/Desktop/_NewBook/ch11/try_examples2.py ========
Traceback (most recent call last):
  File "/Users/paul/Desktop/_NewBook/ch11/try_examples2.py", line 3, in <module>
    with open('myfile.txt') as fh:
PermissionError: [Errno 13] Permission denied: 'myfile.txt'
>>>
>>>
======== RESTART: /Users/paul/Desktop/_NewBook/ch11/try_examples3.py ========
This is not allowed.
>>>
```

这就好多了。

看上去不错：你已经调整了代码，可以应对所处理的文件不存在或者文件不可访问（你没有适当的权限）等问题。不过，如果产生的异常是你没有预见到的，又会发生什么情况？

很多情况都可能出问题

上一页最后提出了一个问题：如果产生的异常是你没有预见到的，会发生什么情况？在回答这个问题之前，下面来看Python 3的一些内置异常（这是直接从Python文档复制过来的）。如果你发现居然有这么多异常，不要感到奇怪：

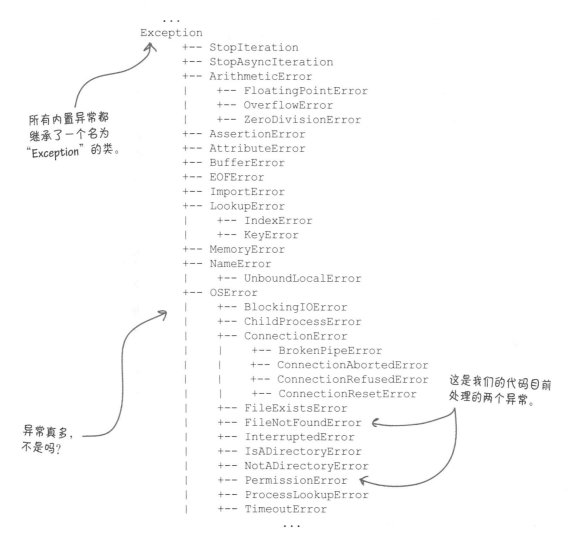

```
                  . . .
            Exception
                +-- StopIteration
                +-- StopAsyncIteration
                +-- ArithmeticError
                |     +-- FloatingPointError
                |     +-- OverflowError
                |     +-- ZeroDivisionError
                +-- AssertionError
                +-- AttributeError
                +-- BufferError
                +-- EOFError
                +-- ImportError
                +-- LookupError
                |     +-- IndexError
                |     +-- KeyError
                +-- MemoryError
                +-- NameError
                |     +-- UnboundLocalError
                +-- OSError
                |     +-- BlockingIOError
                |     +-- ChildProcessError
                |     +-- ConnectionError
                |     |     +-- BrokenPipeError
                |     |     +-- ConnectionAbortedError
                |     |     +-- ConnectionRefusedError
                |     |     +-- ConnectionResetError
                |     +-- FileExistsError
                |     +-- FileNotFoundError
                |     +-- InterruptedError
                |     +-- IsADirectoryError
                |     +-- NotADirectoryError
                |     +-- PermissionError
                |     +-- ProcessLookupError
                |     +-- TimeoutError
                       . . .
```

所有内置异常都继承了一个名为"Exception"的类。

异常真多，不是吗？

这是我们的代码目前处理的两个异常。

如果试图为以上的每一个运行时异常分别编写一个except代码组，那就太疯狂了，因为其中一些异常可能永远也不会出现。尽管如此，有些异常确实会出现，所以要多加关注。并不是试图分别处理每一个异常，Python允许你定义一个"捕获所有异常的"（**catch-all**）except代码组，只要出现一个没有明确指定的运行时异常，就会执行这个代码组。

捕获所有异常的异常处理器

下面来看出现其他错误时会发生什么。为了模拟这样一种情形，我们修改了myfile.txt，把它从一个文件改为一个文件夹。下面来看运行这个代码时会发生什么：

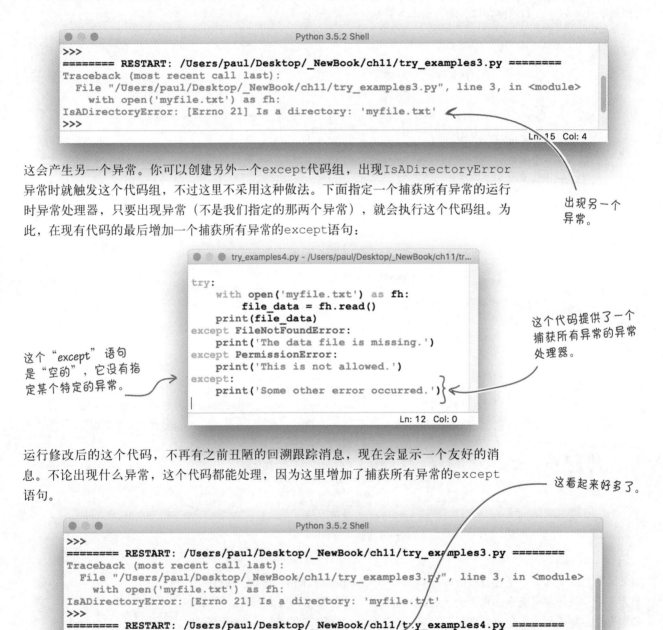

```
Python 3.5.2 Shell
>>>
======== RESTART: /Users/paul/Desktop/_NewBook/ch11/try_examples3.py ========
Traceback (most recent call last):
  File "/Users/paul/Desktop/_NewBook/ch11/try_examples3.py", line 3, in <module>
    with open('myfile.txt') as fh:
IsADirectoryError: [Errno 21] Is a directory: 'myfile.txt'
>>>
                                                        Ln: 15  Col: 4
```

这会产生另一个异常。你可以创建另外一个except代码组，出现IsADirectoryError异常时就触发这个代码组，不过这里不采用这种做法。下面指定一个捕获所有异常的运行时异常处理器，只要出现异常（不是我们指定的那两个异常），就会执行这个代码组。为此，在现有代码的最后增加一个捕获所有异常的except语句：

出现另一个异常。

```
try_examples4.py - /Users/paul/Desktop/_NewBook/ch11/tr...
try:
    with open('myfile.txt') as fh:
        file_data = fh.read()
    print(file_data)
except FileNotFoundError:
    print('The data file is missing.')
except PermissionError:
    print('This is not allowed.')
except:
    print('Some other error occurred.')

                                        Ln: 12  Col: 0
```

这个"except"语句是"空的"，它没有指定某个特定的异常。

这个代码提供了一个捕获所有异常的异常处理器。

运行修改后的这个代码，不再有之前丑陋的回溯跟踪消息，现在会显示一个友好的消息。不论出现什么异常，这个代码都能处理，因为这里增加了捕获所有异常的except语句。

这看起来好多了。

```
Python 3.5.2 Shell
>>>
======== RESTART: /Users/paul/Desktop/_NewBook/ch11/try_examples3.py ========
Traceback (most recent call last):
  File "/Users/paul/Desktop/_NewBook/ch11/try_examples3.py", line 3, in <module>
    with open('myfile.txt') as fh:
IsADirectoryError: [Errno 21] Is a directory: 'myfile.txt'
>>>
======== RESTART: /Users/paul/Desktop/_NewBook/ch11/try_examples4.py ========
Some other error occurred.
>>>
                                        Ln: 16  Col: 4
```

我们是不是少了什么？

> 很好，我大概知道是怎么回事了。不过这个代码是不是隐藏了一个事实：我们得到了一个"IsADirectoryError"，不是吗？知道是什么错误很重要，难道不是吗？

啊，没错……这个问题问得好。

最后的这个代码可以得到简洁的输出（因为不再有丑陋的回溯跟踪消息），不过你也丢失了一些重要的信息：现在你不再知道代码中遇到的特定问题。

了解产生了什么异常往往很重要，所以Python允许你在处理异常时得到与之关联的数据。这有两种方法：可以使用sys模块的功能，也可以使用扩展的try/except语句。

下面就来介绍这两种技术。

there are no
Dumb Questions

问: 有没有可能创建一个什么也不做的捕获所有异常的异常处理器？

答: 可以。通常可能想要把下面这个except代码组增加到一个try语句的最后：

```
except:
    pass
```

请不要这么做。 这个except代码组实现了一个捕获所有异常的异常处理器，它会忽略所有其他异常（错误地以为如果忽略一个异常，它就会消失）。这是一种很危险的做法，因为一个预料之外的异常至少会导致屏幕上出现一个错误消息。所以，一定要编写错误检查代码来处理异常，而不是简单地将其忽略。

从 "sys" 了解异常

标准库提供了一个名为sys的模块，可以利用这个模块访问解释器的内部信息（运行时可用的一组变量和函数）。

exc_info就是这样一个函数，它会提供当前处理的异常的有关信息。调用exc_info时，这个函数会返回一个包括3个值的元组，其中第一个值指示异常的**类型**，第二个值详细描述异常的**值**，第三个值包含一个**回溯跟踪对象**，允许访问回溯跟踪消息（如果你需要）。如果当前没有异常，exc_info会对各个元组值返回Python的null值，即：(None, None, None)。

了解了这些之后，下面在>>> shell上做个试验。在下面的IDLE会话中，我们编写了一些代码，这些代码总会失败（因为除0绝对不是一个好主意）。这里有一个捕获所有异常的except代码组，它使用sys.exc_info函数抽取并显示与当前异常关联的数据：

要想更多地了解 "sys"，参见 https://docs.python.org/3/library/sys.html。

```
Python 3.5.2 Shell
>>>
================================ RESTART: Shell ================================
>>>
>>> import sys          ←——— 一定要导入 "sys" 模块。
>>>
>>> try:                   除0*绝对不是*一个好主意……如果你的代码除
        1/0  ←            0，就会出现一个异常。
except:
        err = sys.exc_info()  ←
        for e in err:                下面抽取和显示与当前异常关联的数据。
                print(e)  ←

<class 'ZeroDivisionError'>
division by zero                这是与当前异常关联的数据，确认
<traceback object at 0x105b22188>    了这里存在一个除0问题。
>>>  |
```
Ln: 117   Col: 4

可以更深入地分析回溯跟踪对象来更多地了解发生了什么，不过这看起来需要做大量工作，不是吗？我们真正想知道的只是出现的这个异常是什么类型。

为了更简单（也为了让你更轻松），Python扩展了try/except语法，可以方便地得到sys.exc_info函数返回的这个信息。它不仅可以做到这一点，而且不需要你记住导入sys模块，也不用处理这个函数返回的元组。

应该记得，前几页指出过，解释器采用一个层次结构组织异常，每个异常都继承了一个名为Exception的类。下面就利用这个层次结构重写这个捕获所有异常的异常处理器。

应该记得之前的异常层次结构。

```
...
Exception
    +-- StopIteration
    +-- StopAsyncIteration
    +-- ArithmeticError
    |    +-- FloatingPointError
    |    +-- OverflowError
    |    +-- ZeroDivisionError
    +-- AssertionError
    +-- AttributeError
    +-- BufferError
    +-- EOFError
    ...
```

再来看捕获所有异常的异常处理器

考虑当前的代码，这里明确地指定了两个你想要处理的异常（FileNotFoundError和PermissionError），另外还提供了一个通用的捕获所有异常的except代码组（来处理所有其他的异常）：

这个代码是可行的，不过产生预料外的异常时，它不会提供太多信息。

```
try_examples4.py - /Users/paul/Desktop/_NewBook/ch11/tr...

try:
    with open('myfile.txt') as fh:
        file_data = fh.read()
    print(file_data)
except FileNotFoundError:
    print('The data file is missing.')
except PermissionError:
    print('This is not allowed.')
except:
    print('Some other error occurred.')

                                    Ln: 12  Col: 0
```

注意，引用一个特定的异常时，我们会在except关键字后面指定这个异常名。除了在except后面指定特定的异常，还可以使用层次结构中的某个类名来指定异常类。

应该记得所有异常都继承了"Exception"。

```
...
Exception
    +-- StopIteration
    +-- StopAsyncIteration
    +-- ArithmeticError
    |    +-- FloatingPointError
    |    +-- OverflowError
    |    +-- ZeroDivisionError
    +-- AssertionError
    +-- AttributeError
    +-- BufferError
    +-- EOFError
    ...
```

例如，如果你只是对算术运算错误感兴趣（而不是具体的一个除0错误），就可以指定except ArithmeticError，这会捕获FloatingPointError、OverflowError和ZeroDivisionError（如果出现这些异常）。类似地，如果指定except Exception，就会捕获所有错误。

不过这有什么好处呢……用一个"空的"except语句就已经能捕获所有异常，不是吗？没错：确实是这样。不过可以用一个as关键字扩展except Exception语句，这允许你将当前的异常对象赋给一个变量（在这种情况下，常用的变量名是err），并创建更有信息含量的错误消息。下面来看代码的另一个版本，这里使用了except Exception as：

```
try_examples5.py - /Users/paul/Desktop/_NewBook/ch11/try_examples5.py...

try:
    with open('myfile.txt') as fh:
        file_data = fh.read()
    print(file_data)
except FileNotFoundError:
    print('The data file is missing.')
except PermissionError:
    print('This is not allowed.')
except Exception as err:
    print('Some other error occurred:', str(err))

                                    Ln: 12  Col: 0
```

与上面的"空"except语句不同，这个语句会把异常对象赋给"err"变量。

再在友好的消息中使用"err"的值（因为报告异常总是一件好事）。

测试

对你的`try/except`代码做最后的这个修改之后，下面先确认一切都能像我们预期的那样，然后再回到`vsearch4web.py`，修改你的Web应用来使用现在了解的异常知识。

下面首先确认找不到文件时会显示正确的消息：

"myfile.txt"
不存在。

如果这个文件存在，但是你没有访问这个文件的权限，会产生一个不同的异常：

文件存在，
但是你不能
读这个文件。

所有其他异常都由最后的（捕获所有异常的）异常处理器来处理，它会显示一个友好的消息：

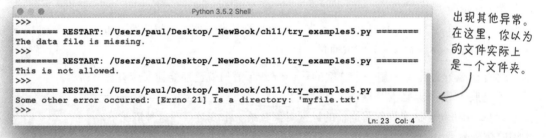

出现其他异常。
在这里，你以为
的文件实际上
是一个文件夹。

最后，如果一切正常，会运行`try`代码组而没有任何错误，文件内容会出现在屏幕上：

```
Python 3.5.2 Shell
>>>
======== RESTART: /Users/paul/Desktop/_NewBook/ch11/try_examples5.py ========
The data file is missing.
>>>
======== RESTART: /Users/paul/Desktop/_NewBook/ch11/try_examples5.py ========
This is not allowed.
>>>
======== RESTART: /Users/paul/Desktop/_NewBook/ch11/try_examples5.py ========
Some other error occurred: [Errno 21] Is a directory: 'myfile.txt'
>>>
======== RESTART: /Users/paul/Desktop/_NewBook/ch11/try_examples5.py ========
Empty (well... except for this line).

>>>
                                                                 Ln: 27  Col: 4
```

成功了!没有
出现异常，所
以"try"代码
组会正常地运
行，直到结束。

回到我们的Web应用代码

应该记得，这一章最前面我们指出vsearch4web.py的do_search函数中log_request调用可能存在问题。具体来讲，我们要考虑log_request调用失败时该怎么做：

```
        ...
@app.route('/search4', methods=['POST'])
def do_search() -> 'html':
    phrase = request.form['phrase']
    letters = request.form['letters']
    title = 'Here are your results:'
    results = str(search4letters(phrase, letters))
    log_request(request, results)
    return render_template('results.html',
                           the_title=title,
                           the_phrase=phrase,
                           the_letters=letters,
                           the_results=results,)
        ...
```

4.如果这个调用失败
会发生什么情况？

根据我们的调查，我们知道如果后端数据库不可用，或者如果出现另外某个错误，这个调用就可能失败。出现（某种类型的）错误时，Web应用会提供一个不太友好的错误页面作为响应，这可能会让Web应用的用户很困惑（而不是让他们满意）：

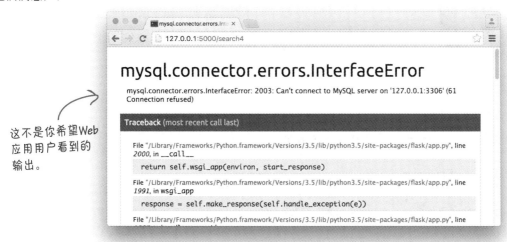

这不是你希望Web
应用用户看到的
输出。

尽管对我们来说，记录每个Web请求很重要，但Web应用的用户对此并不关心，他们只是想看到搜索的结果。因此，下面来修改Web应用的代码，我们要"安静地"处理所产生的异常来处理log_request中的错误。

安静地处理异常

你没开玩笑吧？你打算安静地处理"log_request"产生的异常？这难道不是要忽略异常并希望它们消失吗？

不："安静地"并不表示"忽略"。

在这里我们建议安静地处理异常，这是指以一种适当的方式处理所产生的异常，使得Web应用的用户不会注意到这些异常。目前，你的用户确实会注意到出现了异常，因为Web应用会崩溃，还会生成一个让人困惑而且（必须承认）很可怕的错误页面。

不应该让Web应用的用户担心log_request失败，这应该是你要考虑的问题。所以下面调整代码，使得用户不会注意到log_request产生的异常（也就是说，它们会安静地得到处理），但是你肯定知道这个异常。

there are no
Dumb Questions

问： 所有这些try/except代码是不是会让我的代码更难读、更难理解？

答： 没错，开始时这一章中的示例代码只有3行很容易理解的Python代码，然后我们增加了7行代码，从表面来看，增加的这些代码与最初的3行代码所做的工作没有任何关系。不过，对可能产生异常的代码施加保护非常重要，通常认为try/except是实现这种保护的最好的办法。一段时间后，你就会学会找出try代码组中的关键内容（也就是完成具体工作的代码），而过滤掉处理异常的except代码组。想要理解使用try/except的代码时，一定要先读try代码组，了解代码要做什么，然后再看except代码组，来了解出现问题时要怎么做。

下面对do_search中的log_request函数调用增加一些try/except代码。为了力求简单，我们要对log_request调用增加一个捕获所有异常的异常处理器，触发这个异常处理器时，会（利用一个print BIF调用）在标准输出上显示一个有用的消息。定义一个捕获所有异常的异常处理器时，可以抑制Web应用的标准异常处理行为（目前处理异常的标准行为是显示一个不太友好的错误页面）。

下面给出目前编写的log_request代码：

```python
@app.route('/search4', methods=['POST'])
def do_search() -> 'html':
    phrase = request.form['phrase']
    letters = request.form['letters']
    title = 'Here are your results:'
    results = str(search4letters(phrase, letters))
    log_request(request, results)
    return render_template('results.html',
                           the_title=title,
                           the_phrase=phrase,
                           the_letters=letters,
                           the_results=results,)
```

需要保护这行代码，防止它失败（产生一个运行时错误）。

在下面的空格中提供所需的代码，为log_request调用实现一个捕获所有异常的异常处理器：

```python
@app.route('/search4', methods=['POST'])
def do_search() -> 'html':
    phrase = request.form['phrase']
    letters = request.form['letters']
    title = 'Here are your results:'
    results = str(search4letters(phrase, letters))

    ...................................

       ...........................................................................

    ...................................................................

       ...........................................................

    return render_template('results.html',
                           the_title=title,
                           the_phrase=phrase,
                           the_letters=letters,
                           the_results=results,)
```

不要忘记在你增加的代码中调用"log_request"。

Sharpen your pencil
Solution

我们计划对do_search中的log_request函数调用增加一些try/except代码。为了力求简单，我们要对log_request调用增加一个捕获所有异常的异常处理器，触发这个异常处理器时，会（利用一个print BIF调用）在标准输出上显示一个有用的消息。

下面是目前编写的log_request代码：

```python
@app.route('/search4', methods=['POST'])
def do_search() -> 'html':
    phrase = request.form['phrase']
    letters = request.form['letters']
    title = 'Here are your results:'
    results = str(search4letters(phrase, letters))
    log_request(request, results)
    return render_template('results.html',
                            the_title=title,
                            the_phrase=phrase,
                            the_letters=letters,
                            the_results=results,)
```

在下面的空格中提供所需的代码，为log_request调用实现一个捕获所有异常的异常处理器：

```python
@app.route('/search4', methods=['POST'])
def do_search() -> 'html':
    phrase = request.form['phrase']
    letters = request.form['letters']
    title = 'Here are your results:'
    results = str(search4letters(phrase, letters))
    try:
        log_request(request, results)
    except Exception as err:
        print('***** Logging failed with this error:', str(err))
    return render_template('results.html',
                            the_title=title,
                            the_phrase=phrase,
                            the_letters=letters,
                            the_results=results,)
```

"log_request"调用移到与一个新的"try"语句关联的代码组中。

这是捕获所有异常的异常处理器。

出现一个运行时错误时，只会为管理员在屏幕上显示这个消息。你的用户不会看到这个消息。

(扩展的)测试 (1/3)

为vsearch4web.py增加了这个捕获所有异常的异常处理代码后,下面(在接下来几页中)运行这个Web应用,来看这个新代码有什么不同。之前,出问题时,用户会看到一个不太友好的错误页面。不过,现在这个错误由捕获所有异常的代码"安静"地处理。下面运行vsearch4web.py,然后使用任何浏览器访问这个Web应用的主页:

```
$ python3 vsearch4web.py
 * Running on http://127.0.0.1:5000/ (Press CTRL+C to quit)
 * Restarting with fsevents reloader
 * Debugger is active!
 * Debugger pin code: 184-855-980
```

运行这个Web应用,等待浏览器的请求……

继续访问这个Web应用的主页。

在运行代码的终端上,应该可以看到类似这样的信息:

```
    ...
 * Debugger pin code: 184-855-980
127.0.0.1 - - [14/Jul/2016 10:54:31] "GET / HTTP/1.1" 200 -
127.0.0.1 - - [14/Jul/2016 10:54:31] "GET /static/hf.css HTTP/1.1" 200 -
127.0.0.1 - - [14/Jul/2016 10:54:32] "GET /favicon.ico HTTP/1.1" 404 -
```

这些200状态码确认了这个Web应用正在运行(并提供了应用主页)。目前一切都很正常。

顺便说一句:不要担心这个404……我们还没有为这个Web应用定义"favicon.ico"文件(所以浏览器请求这个文件时,它会报告无法找到这个文件)。

(扩展的)测试 (2/3)

为了模拟一个错误，我们关闭了后端数据库，这样一来，Web应用试图与数据库交互时就会导致一个错误。由于我们的代码会安静地捕获`log_request`生成的所有错误，所以Web应用的用户不会知道未能登录。捕获所有异常的代码会在屏幕上生成一个消息来描述这个问题。当然，如果你输入一个短语并单击"Do it!"按钮，Web应用会在浏览器中显示搜索的结果，而Web应用的终端屏幕会显示"悄悄生成的"错误消息。需要说明，尽管出现了这个运行时错误，但Web应用还是会执行，并成功地为/search调用提供服务：

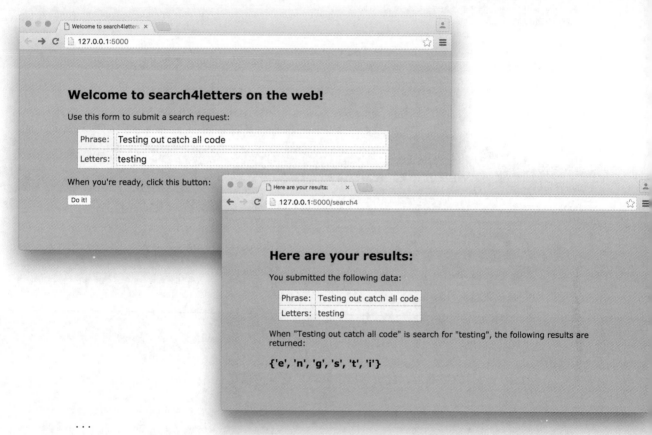

```
    ...
127.0.0.1 - - [14/Jul/2016 10:54:32] "GET /favicon.ico HTTP/1.1" 404 -
***** Logging failed with this error: 2003: Can't connect to MySQL server on '127.0.0.1:3306'
(61 Connection refused)
127.0.0.1 - - [14/Jul/2016 10:55:55] "POST /search4 HTTP/1.1" 200 -
```

这个消息由捕获所有异常的异常处理代码生成。Web应用的用户不会看到这个消息。

尽管出现一个错误，但这个Web应用不会崩溃。换句话说，搜索仍然会完成（不过Web应用的用户不知道登录失败了）。

──(扩展的)测试 (3/3) ──

实际上，不论log_request运行时出现什么错误，这个捕获所有异常的代码都能处理。

我们重启了后端数据库，然后尝试用一个不正确的用户名连接数据库。也可以修改vsearch4web.py中的dbconfig字典，使用vsearchwrong作为user的值，这也会产生这个错误：

```
    ...
app.config['dbconfig'] = {'host': '127.0.0.1',
                          'user': 'vsearchwrong',  ←
                          'password': 'vsearchpasswd',
                          'database': 'vsearchlogDB', }
    ....
```

Web应用重新加载并完成一个搜索时，你会看到终端中会显示一个类似这样的消息：

```
    ...
***** Logging failed with this error: 1045 (28000): Access denied for user 'vsearchwrong'@
'localhost' (using password: YES)
```

再把user的值改回为vsearch，然后再尝试访问一个不存在的表，对于log_request函数中使用的SQL查询，将其中的表名改为logwrong（而不是正确的log）：

```
    def log_request(req: 'flask_request', res: str) -> None:
        with UseDatabase(app.config['dbconfig']) as cursor:
            _SQL = """insert into logwrong  ←
                    (phrase, letters, ip, browser_string, results)
                    values
                    (%s, %s, %s, %s, %s)"""
        ...
```

Web应用重新加载并完成一个搜索时，你会看到终端中会显示一个类似这样的消息：

```
    ...
***** Logging failed with this error: 1146 (42S02): Table 'vsearchlogdb.logwrong' doesn't exist
```

再把表名改回为log，作为最后一个例子，下面在log_request函数中增加一个raise语句（在with语句前面），这会生成一个定制异常：

```
    def log_request(req: 'flask_request', res: str) -> None:
        raise Exception("Something awful just happened.")  ←
        with UseDatabase(app.config['dbconfig']) as cursor:
            ...
```

Web应用最后一次重新加载时，完成最后一个搜索。你会看到终端中显示以下消息：

```
    ...
***** Logging failed with this error: Something awful just happened.
```

处理其他数据库错误

log_request函数使用了UseDatabase上下文管理器（由DBcm模块提供）。既然你已经对log_request调用施加了保护，现在可以放心地知道数据库的有关问题都会由这个捕获所有异常的异常处理代码捕获（和处理）。

不过，在我们的web应用中，并不只有log_request函数会与数据库交互。view_the_log函数会从数据库获取日志数据，然后显示在屏幕上。

应该记得view_the_log函数的代码：

所有这些代码也需要得到保护。

```python
    ...
@app.route('/viewlog')
@check_logged_in
def view_the_log() -> 'html':
    with UseDatabase(app.config['dbconfig']) as cursor:
        _SQL = """select phrase, letters, ip, browser_string, results
                    from log"""
        cursor.execute(_SQL)
        contents = cursor.fetchall()
    titles = ('Phrase', 'Letters', 'Remote_addr', 'User_agent', 'Results')
    return render_template('viewlog.html',
                            the_title='View Log',
                            the_row_titles=titles,
                            the_data=contents,)
    ...
```

这个代码也可能失败，因为它要与后端数据库交互。不过，与log_request不同的是，view_the_log函数不会由vsearch4web.py中的代码调用；它会由Flask调用。这意味着你不能编写代码来保护view_the_log调用，因为要由Flask框架调用这个函数，而不是你。

如果你不能保护view_the_log调用，那么起码要保护其代码组中的代码，具体就是使用UseDatabase上下文管理器的代码。我们要考虑如何保护这个代码，不过在此之前，先考虑会出什么问题：

- 后端数据库可能不可用。

- 可能无法登录正常工作的数据库。

- 成功登录后，数据库查询可能失败。

- 可能发生其他（未预见的）情况。

这个问题列表与log _ request中考虑的问题列表很相似。

"更多错误"是不是意味着"更多except"?

既然我们已经了解try/except，现在可以为view_the_log函数增加更多代码，
对使用UseDatabase上下文管理器加以保护：

```
        ...
@app.route('/viewlog')
@check_logged_in
def view_the_log() -> 'html':
    try:
        with UseDatabase(app.config['dbconfig']) as cursor:
            ...

    except Exception as err:
        print('Something went wrong:', str(err))
```

函数的其余代码放在这里。

另一个捕获所有异常的异常处理器。

这种捕获所有异常的策略当然是可行的（毕竟，这也是log_request中使用的策略）。不过，如果你决定做些其他的处理，而不只是实现一个捕获所有异常的异常处理器，情况就会变得复杂。如果你认为需要对某个特定的数据库错误做出反应，如"无法找到数据库"，该怎么做呢？应该记得，这一章最开始我们指出，发生这种情况时MySQL会报告一个InterfaceError异常：

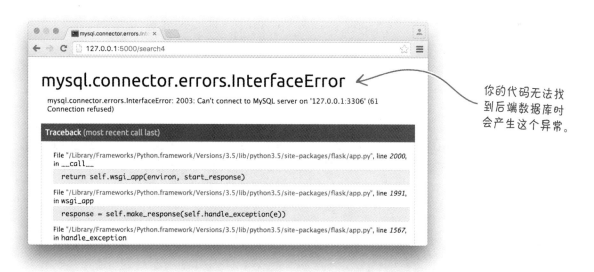

你的代码无法找到后端数据库时会产生这个异常。

可以针对这个InterfaceError异常增加一个except语句，不过为此你的代码还必须导入mysql.connector模块（其中定义了这个特定的异常）。

从表面看，这好像不是一个大问题。不过事实上确实有问题。

避免紧耦合的代码

下面假设你决定创建一个except语句，来防范后端数据库不可用的情况。可以如下调整view_the_log中的代码：

```
        ...
    @app.route('/viewlog')
    @check_logged_in
    def view_the_log() -> 'html':
        try:
            with UseDatabase(app.config['dbconfig']) as cursor:
                ...

        except mysql.connector.errors.InterfaceError as err:
            print('Is your database switched on? Error:', str(err))
        except Exception as err:
            print('Something went wrong:', str(err))
            ...
```

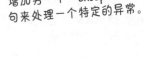

函数的其余代码放在这里。

增加另一个"except"语句来处理一个特定的异常。

如果记得在代码最前面增加import mysql.connector，这个新增的except语句就会正常工作。无法找到后端数据库时，Web应用会提醒你检查数据库是否打开。

这个新代码是可行的，而且你能看到这里发生了什么……还有什么不满意的呢？

实际上，这种方式是有问题的，因为现在vsearch4web.py中的代码与MySQL数据库是**紧耦合**的，具体来讲就是使用了MySQL Connector模块。在增加这里的第2个except语句之前，vsearch4web.py代码通过（这本书前面开发的）DBcm模块与后端数据库交互。具体地，UseDatabase上下文管理器提供了一个方便的**抽象**，将vsearch4web.py中的代码与后端数据库解耦合。如果将来你需要把MySQL替换为*PostgreSQL*，只需要修改DBcm模块，而不需要对使用UseDatabase的所有代码做任何修改。不过，创建类似上面的代码时，就因为这个import mysql.connector语句，另外这个新的except语句还引用了mysql.connector.errors.InterfaceError，这就将Web应用的代码与MySQL后端数据库紧密地绑定（耦合）在一起。

如果需要编写与后端数据库紧耦合的代码，应当考虑将这个代码放在DBcm模块中。这样一来，编写Web应用时，可以使用DBcm提供的通用接口，而不是使用针对（并锁定到）一个特定后端数据库的特定接口。

现在来考虑将上面的except代码移入DBcm会对我们的Web应用有什么影响。

再看DBcm模块

第9章创建DBcm模块是为了在处理MySQL数据库时挂接with语句。那时，我们没有考虑异常处理（直接忽略了异常处理）。现在既然已经了解了sys.exc_info函数做什么，应该可以更好地理解UseDatabase的__exit__方法的参数是什么含义：

```python
import mysql.connector

class UseDatabase:

    def __init__(self, config: dict) -> None:
        self.configuration = config

    def __enter__(self) -> 'cursor':
        self.conn = mysql.connector.connect(**self.configuration)
        self.cursor = self.conn.cursor()
        return self.cursor

    def __exit__(self, exc_type, exc_value, exc_trace) -> None:
        self.conn.commit()
        self.cursor.close()
        self.conn.close()
```

这是"DBcm.py"中的上下文管理器代码。

既然已经见过"exc_info"，应该很清楚这些方法参数表示什么，它们就表示异常数据。

应该记得UseDatabase实现了3个方法：

- __init__在with执行之前提供了一个完成配置的机会。

- __enter__在with语句开始时执行。

- __exit__会保证在with代码组结束时执行。

至少，这是一切按计划进行时我们期望的行为。不过一旦出问题，这个行为就会**改变**。

例如，如果执行__enter__时产生一个异常，with语句会终止，后续的__exit__处理也会取消。这是有道理的：如果__enter__遇到麻烦，__exit__就不能再假设已经正确地初始化和配置执行上下文（所以不运行__exit__方法的代码是谨慎的）。

__enter__方法的代码存在的大问题是后端数据库可能不可用，所以先花些时间修改__enter__来考虑到这种可能性，无法建立数据库连接时要生成一个定制异常。完成这个修改后，我们将调整view_the_log，检查我们的定制异常而不是特定于数据库的mysql.connector.errors.InterfaceError。

创建定制异常

创建你自己的定制异常再容易不过了：只需要确定一个合适的名字，然后定义一个
空类，它要继承Python的内置Exception类。一旦定义了一个定制异常，可以用
raise关键字产生这个异常。产生异常后，可以用try/except捕获（和处理）这
个异常。

下面在IDLE的>>>提示窗口做一个简单的试验，来展示定制异常的具体使用。在这
个例子中，我们要创建一个名为ConnectionError的定制异常，然后（用raise）
产生这个异常，之后再用try/except捕获这个异常。按这里编号的顺序读下面的
标注，（像我们一样）在>>>提示窗口输入以下代码：

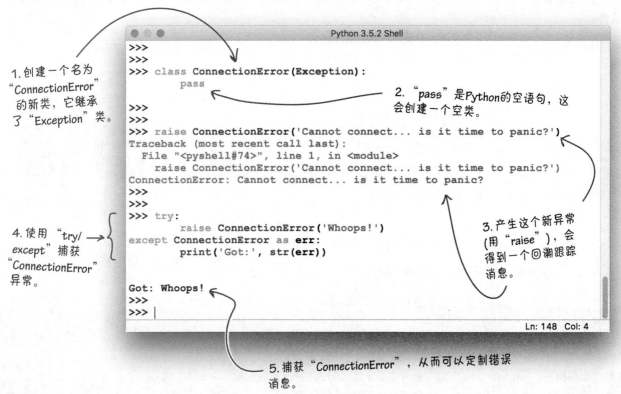

1. 创建一个名为"ConnectionError"的新类，它继承了"Exception"类。

2. "pass"是Python的空语句，这会创建一个空类。

3. 产生这个新异常（用"raise"），会得到一个回溯跟踪消息。

4. 使用"try/except"捕获"ConnectionError"异常。

5. 捕获"ConnectionError"，从而可以定制错误消息。

```
Python 3.5.2 Shell
>>>
>>>
>>> class ConnectionError(Exception):
        pass
>>>
>>>
>>> raise ConnectionError('Cannot connect... is it time to panic?')
Traceback (most recent call last):
  File "<pyshell#74>", line 1, in <module>
    raise ConnectionError('Cannot connect... is it time to panic?')
ConnectionError: Cannot connect... is it time to panic?
>>>
>>>
>>> try:
        raise ConnectionError('Whoops!')
except ConnectionError as err:
        print('Got:', str(err))


Got: Whoops!
>>>
>>>
```

Ln: 148 Col: 4

空类并不空……

我们把ConnectionError类描述为一个"空类"，实际上这并不是真的。必须
承认，通过使用pass，ConnectionError类没有关联新的代码，不过，由于
ConnectionError继承了Python的内置Exception类，这意味着Exception的所
有属性和行为在ConnectionError中也是可用的（所以它一点也不空）。这就解
释了为什么使用raise和try/except时ConnectionError会有你预期的表现。

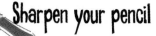

Sharpen your pencil

 1 下面调整DBcm模块，在连接后端数据库失败时产生一个定制 ConnectionError。

以下给出DBcm.py当前的代码。在下面的空格中增加产生 ConnectionError所需的代码。

定义你的定制
异常。

```python
import mysql.connector

.........................................................................................

.............................

class UseDatabase:

    def __init__(self, config: dict) -> None:
        self.configuration = config

    def __enter__(self) -> 'cursor':

        .............................

        self.conn = mysql.connector.connect(**self.configuration)
        self.cursor = self.conn.cursor()
        return self.cursor

    .....................................................................................

    .....................................................................

    def __exit__(self, exc_type, exc_value, exc_trace) -> None:
        self.conn.commit()
        self.cursor.close()
        self.conn.close()
```

增加代码，用"raise"
产生一个
"ConnnectionError"。

2 修改了DBcm模块中的代码后，用笔详细标出要对vsearch4web.py中的
代码做哪些修改，来利用这个新定义的ConnectionError异常：

既然有了这个
"ConnectionError"
异常，用笔标出你
要对这个代码做哪
些修改。

```python
from DBcm import UseDatabase
import mysql.connector
    ...
                            the_row_titles=titles,
                            the_data=contents,)
except mysql.connector.errors.InterfaceError as err:
    print('Is your database switched on? Error:', str(err))
except Exception as err:
    print('Something went wrong:', str(err))
return 'Error'
```

Sharpen your pencil
Solution

① 你要调整DBcm模块，在连接后端数据库失败时产生一个定制 ConnectionError。

调整DBcm.py当前的代码，增加产生ConnectionError所需的代码。

将这个定 制异常定义 为一个继 承"Exception" 的"空类"。

```python
import mysql.connector

class ConnectionError(Exception):

    pass

class UseDatabase:

    def __init__(self, config: dict) -> None:
        self.configuration = config

    def __enter__(self) -> 'cursor':

        try:
            self.conn = mysql.connector.connect(**self.configuration)
            self.cursor = self.conn.cursor()
            return self.cursor
        except mysql.connector.errors.InterfaceError as err:
            raise ConnectionError(err)

    def __exit__(self, exc_type, exc_value, exc_trace) -> None:
        self.conn.commit()
        self.cursor.close()
        self.conn.close()
```

在"DBcm.py"代码中，指定 全名来引用特定于后端数据 库的异常。

产生定制异常。

用一个新的"try/ except"构造保护 数据库连接代码。

② 修改了DBcm模块中的代码后，用笔详细标出要对vsearch4web.py中的 代码做哪些修改，来利用这个新定义的ConnectionError异常：

不再需要导入"mysql. connector" （因为"DBcm"会为你 完成这个导入）。

```python
from DBcm import UseDatabase, ConnectionError
import mysql.connector
...
                                the_row_titles=titles,
                                the_data=contents,)
except mysql.connector.errors.InterfaceError as err:
    print('Is your database switched on? Error:', str(err))
except Exception as err:
    print('Something went wrong:', str(err))
return 'Error'
```

ConnectionError

一定要从"DBcm"导 入"ConnectionError" 异常。

修改第一个"except"语句， 来查找"ConnectionError"， 而不是"InterfaceError"。

测试

下面来看这个新代码有什么不同。应该记得，你已经将MySQL特定的异常处理代码从vsearch4web.py移入DBcm.py（并替换为查找定制ConnectionError异常的代码）。这会带来什么不同？

下面是无法找到后端数据库时前一个版本的vsearch4web.py生成的消息：

```
    ...
Is your database switched on? Error: 2003: Can't connect to MySQL server on '127.0.0.1:3306'
(61 Connection refused)
127.0.0.1 - - [16/Jul/2016 21:21:51] "GET /viewlog HTTP/1.1" 200 -
```

下面是无法找到后端数据库时最新版本vsearch4web.py生成的消息：

```
    ...
Is your database switched on? Error: 2003: Can't connect to MySQL server on '127.0.0.1:3306'
(61 Connection refused)
127.0.0.1 - - [16/Jul/2016 21:22:58] "GET /viewlog HTTP/1.1" 200 -
```

你不是在开玩笑吧？这些错误消息是一样的！

是的。表面看起来它们是一样的。

不过，尽管看上去当前版本和之前版本的vsearch4web.py有同样的输出，但在后台却有很大不同。

如果你决定把后端数据库从MySQL改为*PostgreSQL*，无需修改vsearch4web.py中的任何代码，因为所有特定于数据库的代码都在DBcm.py中。只要对DBcm.py的修改保证接口不变（即与这个模块的前一个版本接口相同），你就可以随意地改变SQL数据库。目前看来这可能不算大问题，但是如果vsearch4web.py扩展为有数百、数千甚至成千上万行代码，这就很有意义了。

"DBcm" 还会有什么问题?

即使你的后端数据库已经启动和运行,还是有可能会出问题。

例如,用来访问数据库的凭据可能不正确。如果是这样,__enter__方法又会失败,这一次会产生一个mysql.connector.errors.ProgrammingError。

或者,与UseDatabase上下文管理器关联的代码组可能产生一个异常,因为不能保证它能正确地执行。如果你的数据库查询(你执行的SQL)包含一个错误,也会产生mysql.connector.errors.ProgrammingError异常。

与SQL查询相关的错误消息和与凭据关联的错误消息是不同的,不过产生的异常都一样,都是mysql.connector.errors.ProgrammingError。不同于凭据错误,SQL中的错误会导致执行with语句时产生一个异常。这意味着你需要在多个地方防范这个异常。问题是,具体是在哪里?

要回答这个问题,下面再来看DBcm的代码:

```python
import mysql.connector

class ConnectionError(Exception):
    pass

class UseDatabase:
    def __init__(self, config: dict):
        self.configuration = config

    def __enter__(self) -> 'cursor':
        try:
            self.conn = mysql.connector.connect(**self.configuration)
            self.cursor = self.conn.cursor()
            return self.cursor
        except mysql.connector.errors.InterfaceError as err:
            raise ConnectionError(err)

    def __exit__(self, exc_type, exc_value, exc_traceback):
        self.conn.commit()
        self.cursor.close()
        self.conn.close()
```

这个代码可能产生一个"ProgrammingError"异常。

那么"with"代码组中出现的异常呢?这些异常会在"__enter__"方法结束*之后*并在"__exit__"方法开始*之前*出现。

你可能想说with代码组中产生的异常应当用with中的一个try/except语句来处理,不过这个策略会让你回到写紧耦合代码的老路上。考虑这样一个问题:如果with代码组中产生的一个异常未捕获,with语句会把这个未捕获异常的详细信息传递到上下文管理器的__exit__方法,可以在那里对它做一些处理。

创建更多定制异常

下面扩展DBcm.py来报告另外两个定制异常。

第一个异常名为CredentialsError，__enter__方法中出现ProgrammingError时会产生这个异常。第二个异常名为SQLError，__exit__方法中报告ProgrammingError时会产生这个异常。

定义这些新异常很容易：只需要在DBcm.py最上面增加两个新的空异常类：

```python
import mysql.connector

class ConnectionError(Exception):
    pass

class CredentialsError(Exception):
    pass

class SQLError(Exception):
    pass

class UseDatabase:
    def __init__(self, configuration: dict):
        self.config = configuration
        ...
```

另外两个类，它们定义了两个新异常。

__enter__中可能出现CredentialsError，所以调整这个方法的代码来反映这一点。应该记得，如果MySQL用户名或口令不正确，会导致一个ProgrammingError：

为"__enter__"方法增加这个代码，来处理登录问题。

```python
        ...
        try:
            self.conn = mysql.connector.connect(**self.config)
            self.cursor = self.conn.cursor()
            return self.cursor
        except mysql.connector.errors.InterfaceError as err:
            raise ConnectionError(err)
        except mysql.connector.errors.ProgrammingError as err:
            raise CredentialsError(err)

    def __exit__(self, exc_type, exc_value, exc_traceback):
        self.conn.commit()
        self.cursor.close()
        self.conn.close()
```

对代码完成这些修改后，DBcm.py会调整，当你的代码向后端数据库（MySQL）提供了一个不正确的用户名或口令时，会产生一个CredentialsError异常。下一个任务是修改vsearch4web.py的代码。

你的数据库凭据正确吗？

对DBcm.py做了这些修改之后，现在来调整vsearch4web.py中的代码，特别注意view_the_log函数。不过，在做其他工作之前，首先在vsearch4web.py代码最前面的导入列表中增加CredentialsError：

一定要导入你的新异常。

```
...
from DBcm import UseDatabase, ConnectionError, CredentialsError
...
```

增加了这个新的import行之后，下面需要向view_the_log函数增加一个新的except代码组。就像支持ConnectionError一样，只需要简单地编辑：

```
@app.route('/viewlog')
@check_logged_in
def view_the_log() -> 'html':
    try:
        with UseDatabase(app.config['dbconfig']) as cursor:
            _SQL = """select phrase, letters, ip, browser_string, results
                     from log"""
            cursor.execute(_SQL)
            contents = cursor.fetchall()
        titles = ('Phrase', 'Letters', 'Remote_addr', 'User_agent', 'Results')
        return render_template('viewlog.html',
                               the_title='View Log',
                               the_row_titles=titles,
                               the_data=contents,)
    except ConnectionError as err:
        print('Is your database switched on? Error:', str(err))
    except CredentialsError as err:
        print('User-id/Password issues. Error:', str(err))
    except Exception as err:
        print('Something went wrong:', str(err))
    return 'Error'
```

为"view_the_log"增加这个代码，来捕获对MySQL使用了不正确的用户名或口令时的错误。

这里没有新内容，你所做的只是重复之前对ConnectionError所做的工作。当然，如果试图用一个不正确的用户名（或口令）连接后端数据库，这个Web应用现在会显示一个适当的消息，如下：

```
...
User-id/Password issues. Error: 1045 (28000): Access denied for user 'vsearcherror'@'localhost'
(using password: YES)
127.0.0.1 - - [25/Jul/2016 16:29:37] "GET /viewlog HTTP/1.1" 200 -
```

既然你的代码已经知道"CredentialsError"，可以生成特定于这个异常的错误消息。

处理SQLError有所不同

ConnectionError和CredentialsError都是由于执行__enter__方法的代码时出现问题而产生的。产生这些异常时，不会执行相应的with语句。

如果一切顺利，with代码组会正常执行。

应该记得log_request函数中的这个with语句，它使用了（DBcm提供的）UseDatabase上下文管理器向后端数据库插入数据：

```
with UseDatabase(app.config['dbconfig']) as cursor:
    _SQL = """insert into log
              (phrase, letters, ip, browser_string, results)
              values
              (%s, %s, %s, %s, %s)"""
    cursor.execute(_SQL, (req.form['phrase'],
                          req.form['letters'],
                          req.remote_addr,
                          req.user_agent.browser,
                          res, ))
```

我们要考虑如果这个代码出了问题（也就是说，"with"代码组中的代码），会发生什么情况。

如果（出于某种原因）SQL查询中包含一个错误，*MySQL Connector*模块会生成一个ProgrammingError，就像上下文管理器__enter__方法中产生的异常一样。不过，由于这个异常出现在上下文管理器中（也就是说，在with语句中），但未在with语句中捕获，这个异常会作为3个参数传回__exit__方法：异常的类型、异常的值，以及与这个异常关联的回溯跟踪对象。

如果简单地查看DBcm中__exit__现在的代码，你会看到这3个参数已经存在，正在等待使用：

3个异常参数可供使用。

```
def __exit__(self, exc_type, exc_value, exc_traceback):
    self.conn.commit()
    self.cursor.close()
    self.conn.close()
```

在with代码组中产生一个异常但是未捕获时，上下文管理器会终止这个with代码组的代码，跳至__exit__方法，然后执行这个方法。了解到这一点，你可以编写代码检查你的应用感兴趣的异常。不过，如果没有产生任何异常，这3个参数（exc_type、exc_value和exc_traceback）都会设置为None。否则，它们会填入所产生的异常的详细信息。

"None"是Python的null值。

下面利用这种行为，在UseDatabase上下文管理器的with代码组出问题时产生一个SQLError。

当心代码位置

要检查with语句中是否出现一个未捕获的异常，可以在__exit__的代码组中检查__exit__方法的exc_type参数，要仔细考虑在哪里增加这个新代码。

> 你是不是要告诉我在不同位置放置 "exc_type" 检查代码会带来不同？

确实会有不同。

要了解原因，需要知道上下文管理器的__exit__方法为你提供了一个位置，你可以在这里放置保证在with代码组结束后执行的代码。毕竟，这个行为是上下文管理协议的一部分。

甚至当上下文管理器的with代码组中产生异常时这个行为仍然成立。这意味着，如果你计划为__exit__方法增加代码，最好把它放在__exit__中现有的代码后面，因为这样一来，就可以保证肯定会执行这个方法现有的代码（并保持上下文管理协议的语义）。

下面再来看__exit__方法中现有的代码，来理解以上关于代码位置的讨论。如果exc_type指示出现一个ProgrammingError，新增的代码要产生一个SQLError异常：

```
def __exit__(self, exc_type, exc_value, exc_traceback):
    self.conn.commit()
    self.cursor.close()
    self.conn.close()
```

如果在这里增加代码，而且这个代码产生一个异常，那么现有的这3行代码就不会执行。

要把代码增加到现有的3行代码*之后*，这可以确保在处理传入的异常*之前*，"__exit__"能完成它本来的工作。

产生一个SQLError

你已经在DBcm.py文件最上面增加了SQLError异常类：

```
import mysql.connector

class ConnectionError(Exception):
    pass

class CredentialsError(Exception):
    pass

class SQLError(Exception):
    pass

class UseDatabase:
    def __init__(self, config: dict):
        self.configuration = config
        ...
```

在这里增加"SQLError"异常。

定义了SQLError异常之后，你现在要做的就是为__exit__方法增加一些代码，检查exc_type是不是你感兴趣的异常，如果是，则产生一个SQLError。这很简单，我们不打算采用通常的*Head First*方式把创建所需代码的工作变成一个练习，因为你肯定能完成这个工作，没有人会怀疑这一点。所以，下面直接给出需要追加到__exit__方法的代码：

如果出现一个"ProgrammingError"，则产生一个"SQLError"。

```
def __exit__(self, exc_type, exc_value, exc_traceback):
    self.conn.commit()
    self.cursor.close()
    self.conn.close()
    if exc_type is mysql.connector.errors.ProgrammingError:
        raise SQLError(exc_value)
```

如果你还想更安全，对发送到__exit__的其他异常做些适当的处理，可以在产生异常的__exit__方法的末尾追加一个elif代码组：

```
    ...
    self.conn.close()
    if exc_type is mysql.connector.errors.ProgrammingError:
        raise SQLError(exc_value)
    elif exc_type:
        raise exc_type(exc_value)
```

这个"elif"会产生可能出现的任何异常。

测试

为DBcm.py增加了SQLError异常处理之后，再为view_the_log函数增加另一个
except代码组，来捕获可能出现的所有SQLError：

在"vsearch4web.py"Web应
用中，为"view_the_log"函
数增加这个代码。

```
    ...
except ConnectionError as err:
    print('Is your database switched on? Error:', str(err))
except CredentialsError as err:
    print('User-id/Password issues. Error:', str(err))
except SQLError as err:
    print('Is your query correct? Error:', str(err))
except Exception as err:
    print('Something went wrong:', str(err))
return 'Error'
```

保存vsearch4web.py后，这个Web应用会重新加载，可以进行测试。如果你想执行一
个SQL查询，但其中包含错误，会由上面的代码处理这个异常：

```
    ...
Is your query correct? Error: 1146 (42S02): Table 'vsearchlogdb.logerror' doesn't exist
127.0.0.1 - - [25/Jul/2016 21:38:25] "GET /viewlog HTTP/1.1" 200 -
```

不会再从MySQL Connector得到通用的"ProgrammingError"异常，
因为现在会由你的定制异常处理代码捕获这个错误。

同样地，如果发生了意外的情况，这个Web应用的捕获所有异常的异常处理代码会启动，
显示一个适当的消息：

如果发生了意外的情况，
你的代码会进行处理。

```
    ...
Something went wrong: Some unknown exception.
127.0.0.1 - - [25/Jul/2016 21:43:14] "GET /viewlog HTTP/1.1" 200 -
```

为Web应用增加了异常处理代码之后，不论出现什么运行时错误，这个Web应用都会继
续工作，而不会向用户显示一个可怕的（或让人困惑的）错误页面。

这里很好的一点是，这个代码把
MySQL Connector模块提供的通
用"ProgrammingError"异常变成了对这个
web应用有特定含义的两个定制异常。

没错，确实是这样。这个功能非常强大。

简要回顾：增加健壮性

下面花点时间来回顾这一章最开始时我们要做什么。为了让我们的Web应用代码更健壮，必须回答与之相关的4个问题。下面分别来回顾这几个问题，并指出我们的做法：

① **如果数据库连接失败会发生什么情况？**

创建了一个名为ConnectionError的新异常，无法找到后端数据库时就会产生这个异常。然后使用try/except处理可能出现的ConnectionError。

② **我们的Web应用能防范Web攻击吗？**

这里很"凑巧"，由于选择了*Flask*和*Jinja2*，以及使用了Python的DB-API规范，这很好地保护了这个Web应用，可以防范最臭名昭著的Web攻击。所以，没错，这个Web应用可以防范一些Web攻击（但不是全部）。

③ **如果某个工作要花费很长时间会发生什么情况？**

我们还没有回答这个问题，只是展示了这个Web应用花15秒响应用户请求时会发生什么：Web用户必须等待（更可能的情况是，你的Web用户会厌倦这么久的等待，然后离开）。

④ **如果一个函数调用失败会发生什么情况？**

使用try/except来保护函数调用，从而能控制出问题时Web应用用户看到的输出。

如果某个工作要花费很长时间会发生什么情况？

在这一章开始时的练习中，检查log_request和view_the_log函数中的cursor.execute调用时我们提出了这个问题。尽管你在回答问题1和问题4时已经处理了这两个函数，但工作还没有全部完成。

log_request和view_the_log使用UseDatabase上下文管理器来执行一个SQL查询。log_request函数把所提交的搜索的详细信息**写至**后端数据库，view_the_log函数会从数据库**读取**信息。

问题是：如果这个写或读要花费很长时间你该怎么做？

嗯，与编程世界里的其他工作一样，这要看具体情况。

如何处理等待？这要看具体情况……

如何处理让用户等待的代码（可能是读或者写数据），这会很复杂。所以我们
先暂停这个讨论，到下一章（很短的一章）再给出答案。

实际上，下一章实在太短，所以不适合作为单独的第12章（后面就会看到），
不过，其中介绍的内容很复杂，有必要与这一章讨论的主要内容区分开（因为
这一章主要讨论Python的try/except机制）。所以，下面先休息一下，然后再
来解决问题3：如果某些工作要花费很长时间会发生什么情况？

你肯定意识到了，你是要让
我们等待处理这个（需要等
待的）代码，是吧？

没错。是有点讽刺。

我们确实要让你先等待，接下来会学习如
何处理代码中的"等待"。

不过你在这一章中已经学了很多，我们认
为很有必要花些时间来真正掌握这些try/
except内容，这很重要。

所以我们希望你先暂停，稍事休息……先
来看这一章提供的代码。

第11章的代码（1/3）

```
try:
    with open('myfile.txt') as fh:
        file_data = fh.read()
    print(file_data)
except FileNotFoundError:
    print('The data file is missing.')
except PermissionError:
    print('This is not allowed.')
except Exception as err:
    print('Some other error occurred:', str(err))
```

这是"try_example.py"。

```
import mysql.connector

class ConnectionError(Exception):
    pass

class CredentialsError(Exception):
    pass

class SQLError(Exception):
    pass

class UseDatabase:
    def __init__(self, config: dict):
        self.configuration = config

    def __enter__(self) -> 'cursor':
        try:
            self.conn = mysql.connector.connect(**self.configuration)
            self.cursor = self.conn.cursor()
            return self.cursor
        except mysql.connector.errors.InterfaceError as err:
            raise ConnectionError(err)
        except mysql.connector.errors.ProgrammingError as err:
            raise CredentialsError(err)

    def __exit__(self, exc_type, exc_value, exc_traceback):
        self.conn.commit()
        self.cursor.close()
        self.conn.close()
        if exc_type is mysql.connector.errors.ProgrammingError:
            raise SQLError(exc_value)
        elif exc_type:
            raise exc_type(exc_value)
```

这是支持异常处理的"DBcm.py"。

第11章的代码 (2/3)

这是让用户等待的 "vsearch4web.py" 版本……

```python
from flask import Flask, render_template, request, escape, session
from flask import copy_current_request_context

from vsearch import search4letters

from DBcm import UseDatabase, ConnectionError, CredentialsError, SQLError
from checker import check_logged_in

from time import sleep

app = Flask(__name__)

app.config['dbconfig'] = {'host': '127.0.0.1',
                          'user': 'vsearch',
                          'password': 'vsearchpasswd',
                          'database': 'vsearchlogDB', }

@app.route('/login')
def do_login() -> str:
    session['logged_in'] = True
    return 'You are now logged in.'

@app.route('/logout')
def do_logout() -> str:
    session.pop('logged_in')
    return 'You are now logged out.'

@app.route('/search4', methods=['POST'])
def do_search() -> 'html':

    @copy_current_request_context
    def log_request(req: 'flask_request', res: str) -> None:
        sleep(15)  # This makes log_request really slow...
        with UseDatabase(app.config['dbconfig']) as cursor:
            _SQL = """insert into log
                    (phrase, letters, ip, browser_string, results)
                    values
                    (%s, %s, %s, %s, %s)"""
            cursor.execute(_SQL, (req.form['phrase'],
                                  req.form['letters'],
                                  req.remote_addr,
                                  req.user_agent.browser,
                                  res, ))

    phrase = request.form['phrase']
    letters = request.form['letters']
    title = 'Here are your results:'
```

可以用保护 "view_the_log" 中 "with" 语句同样的方式（见下一页）保护这个 "with" 语句，这可能很不错。

其余的 "do_search" 在下一页最上面。

第11章的代码（3/3）

```
        results = str(search4letters(phrase, letters))
        try:
            log_request(request, results))
        except Exception as err:
            print('***** Logging failed with this error:', str(err))
        return render_template('results.html',
                               the_title=title,
                               the_phrase=phrase,
                               the_letters=letters,
                               the_results=results,)

@app.route('/')
@app.route('/entry')
def entry_page() -> 'html':
    return render_template('entry.html',
                           the_title='Welcome to search4letters on the web!')

@app.route('/viewlog')
@check_logged_in
def view_the_log() -> 'html':
    try:
        with UseDatabase(app.config['dbconfig']) as cursor:
            _SQL = """select phrase, letters, ip, browser_string, results
                      from log"""
            cursor.execute(_SQL)
            contents = cursor.fetchall()
        # raise Exception("Some unknown exception.")
        titles = ('Phrase', 'Letters', 'Remote_addr', 'User_agent', 'Results')
        return render_template('viewlog.html',
                               the_title='View Log',
                               the_row_titles=titles,
                               the_data=contents,)
    except ConnectionError as err:
        print('Is your database switched on? Error:', str(err))
    except CredentialsError as err:
        print('User-id/Password issues. Error:', str(err))
    except SQLError as err:
        print('Is your query correct? Error:', str(err))
    except Exception as err:
        print('Something went wrong:', str(err))
    return 'Error'


app.secret_key = 'YouWillNeverGuessMySecretKey'

if __name__ == '__main__':
    app.run(debug=True)
```

这是其余的"*do_search*"函数。

11¾ 关于线程

处理等待

他们说："等一等"，我不知道他们真是这么想的……

你的代码有时要花很长时间执行。

取决于谁会注意这一点，这可能是个问题，也可能不算是问题。如果某个代码需要"在后台"花30秒完成它的工作，这个等待就不是问题。不过，如果你的用户在等待应用做出响应，而这需要30秒时间，那么所有人都会注意到这个等待。如何解决这个问题？这取决于你要做什么（以及谁在等待）。这一章很短，我们会简要地讨论一些选择，然后介绍解决当前问题的一个方案：如果一个工作要花费很长时间，会发生什么情况？

等待：怎么办？

编写可能让用户等待的代码时，要仔细考虑你打算做什么。来看下面的一些想法。

听着，如果你必须等待，那没什么好说的，只能等待……

可能写等待与读等待是不一样的，是吗？

与大多数情况一样，这取决于你打算做什么，以及你想要实现的用户体验……

可能确实是这样，写等待与读等待不一样，特别是要考虑到你的Web应用如何工作，是吗？

下面再来看log_request和view_the_log中的SQL查询是如何使用的。

如何查询数据库？

在log_request函数中，我们使用一个SQL INSERT将请求的详细信息插入到后端数据库。调用log_request时，它会**等待**cursor.execute执行这个 INSERT：

```python
def log_request(req: 'flask_request', res: str) -> None:
    with UseDatabase(app.config['dbconfig']) as cursor:
        _SQL = """insert into log
                    (phrase, letters, ip, browser_string, results)
                    values
                    (%s, %s, %s, %s, %s)"""
        cursor.execute(_SQL, (req.form['phrase'],
                              req.form['letters'],
                              req.remote_addr,
                              req.user_agent.browser,
                              res, ))
```

在这里，Web应用等待后端数据库完成工作时会"阻塞"。

view_the_log函数也是一样，执行SQL SELECT查询时它也会等待：

```python
@app.route('/viewlog')
@check_logged_in
def view_the_log() -> 'html':
    try:
        with UseDatabase(app.config['dbconfig']) as cursor:
            _SQL = """select phrase, letters, ip, browser_string, results
                        from log"""
            cursor.execute(_SQL)
            contents = cursor.fetchall()
        titles = ('Phrase', 'Letters', 'Remote_addr', 'User_agent', 'Results')
        return render_template('viewlog.html',
                               the_title='View Log',
                               the_row_titles=titles,
                               the_data=contents,)
    except ConnectionError as err:
        ...
```

在这里Web应用也会"阻塞"，它要等待数据库完成工作。

为了节省空间，我们没有显示"view_the_log"的全部代码。这里还有异常处理代码。

这两个函数都会阻塞。不过，仔细查看两个函数中cursor.execute调用之后会发生什么。在log_request中，cursor.execute调用是这个函数完成的最后一个工作，而在view_the_log中，cursor.execute的结果将在这个函数的其余代码中使用。

下面来考虑这个区别有什么影响。

数据库INSERT和SELECT是不同的

看到这一页的标题时,你可能会说"它们当然是不同的!"要知道(尽管这么晚才讲),我们绝不是随便说说。

没错:SQL INSERT与SQL SELECT是不同的,你在Web应用中同时使用了这两种查询,可以看到,log_request中的INSERT不需要阻塞,而view_the_log中的SELECT要阻塞,这使得这两种查询大不相同。

下面讨论二者的主要区别。

如果view_the_log中的SELECT不等待从后端数据库返回数据,cursor.execute后面的代码会失败(因为没有要处理的数据)。view_the_log函数**必须**阻塞,原因是它**必须**等待得到数据后才能继续处理。

这个Web应用调用log_request时,希望这个函数将当前Web请求的详细信息记入数据库。调用代码并不关心何时写入,它只关心数据确实能写入。log_request函数不返回任何值,也不返回数据,调用代码不会等待响应,它只关心最后Web请求确实会写入数据库。

这就带来一个问题:log_request又何必要求它的调用代码等待呢?

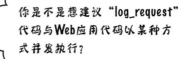

你是不是想建议"log_request"代码与Web应用代码以某种方式并发执行?

没错,我们正是这么想的。

Web应用的用户输入一个新搜索时,他们只关心请求的详细信息最终会记入某个后端数据库,所以没有必要让用户等待Web应用做这个工作。

实际上,可以安排另外一个进程写入这个信息,这个工作可以独立于Web应用的主函数(即允许用户完成搜索的函数)。

一次完成多个工作

我们的计划是让log_request函数独立于主Web应用执行。为此，需要调整Web应用的代码，让各个log_request调用并发地运行。这意味着你的Web应用不必再等待log_request完成（也就说是，不再有延迟），就可以为另一个用户的另一个请求提供服务。

不论log_request需要多长时间执行（可能立即完成，也可能需要几秒、一分钟甚至几个小时），你的Web应用都不会在意（用户也不会关心）。重要的是这个代码最终会执行。

并发代码：有多种选择

要让应用的一些代码并发地运行，Python提供了多种选择。除了第三方模块提供的很多支持外，标准库也提供了一些内置特性可以提供帮助。

最有名的一个特性就是threading库，它为（运行Web应用的）操作系统提供的多线程实现提供了一个高层接口。要使用这个库，只需要在程序代码最前面从threading模块导入Thread类：

```
from threading import Thread
```

在vsearch4web.py文件前面增加这行代码。

现在开始有意思了。

要创建一个新线程，你要创建一个Thread对象，将一个名为target的参数指定为你希望这个线程执行的函数名，并为另一个名为args的命名参数提供其他参数（作为一个元组）。再把所创建的Thread对象赋给你选择的一个变量。

来看一个例子，假设有一个名为execute_slowly的函数，它有3个参数（我们假设这是3个数字）。调用execute_slowly的代码将这3个值赋给名为glacial、plodding和leaden的3个变量。可以如下正常调用execute_slowly（也就是说，不考虑并发执行）：

```
execute_slowly(glacial, plodding, leaden)
```

如果execute_slowly需要30秒来完成它的工作，调用代码会阻塞，等待30秒后才能做其他工作。真让人郁闷。

关于Python标准库的各种并发选择，完整的列表（和所有详细信息）请见https://docs.python.org/3/library/concurrency.html。

别郁闷：使用线程

总的来讲，等待30秒让execute_slowly函数完成工作听上去并不是世界末日。不过，如果你的用户只能坐在那里等待，他们肯定会认为哪里出了问题。

execute_slowly完成它的工作时，如果希望应用还能继续运行，可以创建一个Thread并发地运行execute_slowly。下面再给出正常的函数调用，然后再给出并发调用的代码，这会将这个函数调用转换为请求多线程执行：

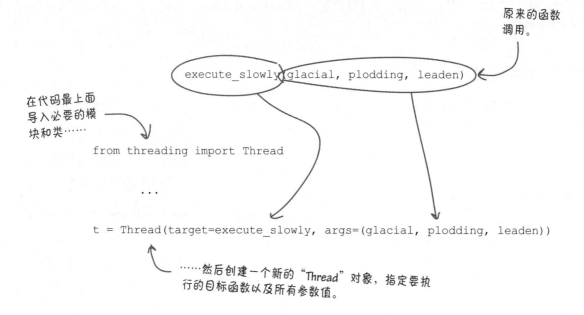

在代码最上面导入必要的模块和类……

```
from threading import Thread

    ...

t = Thread(target=execute_slowly, args=(glacial, plodding, leaden))
```

原来的函数调用。

……然后创建一个新的"Thread"对象，指定要执行的目标函数以及所有参数值。

必须承认，这里使用的Thread看上去有些奇怪，不过实际上并不奇怪。要想了解这里发生了什么，关键是要知道这个Thread对象要赋至一个变量（这个例子中的t），而且execute_slowly函数还没有执行。

通过将Thread对象赋至t，就可以开始执行这个线程。要利用Python的多线程技术运行execute_slowly，需要如下启动线程：

```
t.start()
```

调用"start"时，将由"threading"模块执行与"t"线程关联的函数。

此时，调用t.start的代码会继续运行。尽管运行execute_slowly需要30秒的等待，但这对调用代码不再有影响，因为execute_slowly的执行由Python的threading模块处理，而不是由你来处理。threading模块会与Python解释器联手，保证最终会运行execute_slowly。

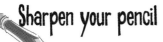

Sharpen your pencil

Web应用代码中调用了log_request，对此我们只需要查看do_search函数。应该记得，你已经将log_request调用放在一个try/except中，来防范未预见的运行时错误。

还要注意，我们使用sleep(15)为log_request代码增加了15秒的延迟（使它慢下来）。下面是do_search当前的代码：

目前这样调用"log_request"。

```
@app.route('/search4', methods=['POST'])
def do_search() -> 'html':
    phrase = request.form['phrase']
    letters = request.form['letters']
    title = 'Here are your results:'
    results = str(search4letters(phrase, letters))
    try:
        log_request(request, results)
    except Exception as err:
        print('***** Logging failed with this error:',
str(err))
    return render_template('results.html',
                               the_title=title,
                               the_phrase=phrase,
                               the_letters=letters,
                               the_results=results,)
```

假设你已经在Web应用代码最前面增加了from threading import Thread。

拿出笔来，在下面的空格中写出要插入到do_search的代码，而不是这个标准的log_request调用。

记住：要用一个Thread对象运行log_request，就像上一页execute_slowly例子中一样。

增加多线程代码，保证最后会执行"log_request"。

....

....

....

Sharpen your pencil
Solution

Web应用代码中调用了`log_request`，对此我们只需要查看`do_search`函数。应该记得，你已经将`log_request`调用放在一个try/except中，来防范未预见的运行时错误。

还要注意，我们使用`sleep(15)`为`log_request`代码增加了15秒的延迟（使它慢下来）。下面是`do_search`当前的代码：

```
@app.route('/search4', methods=['POST'])
def do_search() -> 'html':
    phrase = request.form['phrase']
    letters = request.form['letters']
    title = 'Here are your results:'
    results = str(search4letters(phrase, letters))
    try:
        log_request(request, results)
    except Exception as err:
        print('***** Logging failed with this error:',
str(err))
    return render_template('results.html',
                                the_title=title,
                                the_phrase=phrase,
                                the_letters=letters,
                                the_results=results,)
```

目前这样调用"log_request"。 →

假设你已经在Web应用代码最前面增加了`from threading import Thread`。

拿出笔来，在下面的空格中写出要插入到`do_search`的代码，而不是这个标准的`log_request`调用。

记住：要用一个Thread对象运行`log_request`，就像上一页`execute_slowly`例子中一样。

（现在）保留"try"语句。 →

try:
....

t = Thread(target=log_request, args=(request, results))
....

t.start() ←
....

与前面的例子中一样，指定要运行的目标函数，提供所需的参数，另外不要忘记运行这个线程。

"except"代码组未做修改，所以这里没有给出。 → except ...

测试

对`vsearch4web.py`完成这些编辑之后，现在再做一个测试。你希望看到：在Web应用的搜索页面输入一个搜索时，几乎不需要等待（因为`log_request`代码会由`threading`模块并发地运行）。

下面就来试一试。

确实，一旦单击"Do it!"按钮，Web应用就会返回结果。这里的前提是：`threading`模块在执行`log_request`，它会等待，而不论这个函数的代码需要运行多长时间才完成（大约15秒）。

（由于你出色的工作）你可以放松一下，大约15秒后，Web应用的终端窗口会显示类似下面的错误消息：

来看这个消息。

上一个请求会成功。

```
        ...
127.0.0.1 - - [29/Jul/2016 19:43:31] "POST /search4 HTTP/1.1" 200 -
Exception in thread Thread-6:
Traceback (most recent call last):
  File "vsearch4web.not.slow.with.threads.but.broken.py", line 42, in log_request
    cursor.execute(_SQL, (req.form['phrase'],
  File "/Library/Frameworks/Python.framework/Versions/3.5/lib/python3.5/site-packages/
werkzeug/local.py", line 343, in __getattr__
        ...
    raise RuntimeError(_request_ctx_err_msg)
RuntimeError: Working outside of request context.
```

唉呀！一个未捕获的异常。

这里出现了更多回溯跟踪消息！

```
This typically means that you attempted to use functionality that needed
an active HTTP request.  Consult the documentation on testing for
information about how to avoid this problem.

During handling of the above exception, another exception occurred:

Traceback (most recent call last):
  File "/Library/Frameworks/Python.framework/Versions/3.5/lib/python3.5/threading.py",
line 914, in _bootstrap_inner
    self.run()
        ...
RuntimeError: Working outside of request context.
```

另一个异常……真糟糕！

```
This typically means that you attempted to use functionality that needed
an active HTTP request.  Consult the documentation on testing for
information about how to avoid this problem.
```

如果检查后端数据库，你会发现Web请求的详细信息并没有记入数据库。根据上面的消息，看起来`threading`模块没能很好地运行你的代码。第二组回溯跟踪消息中提到`threading.py`，第一组回溯跟踪消息中提到了`werkzeug`和`flask`文件夹中的代码。显然，增加这个多线程代码带来了**混乱**。怎么回事？

最重要的是：不要惊慌

你第一个反应可能是把你增加的运行`log_request`的代码放在单独的线程中（恢复之前的正常状态）。不过不要惊慌，**不要**那么做。实际上，再来看下面这段话，它在回溯跟踪消息中出现了两次：

```
...
This typically means that you attempted to use functionality that needed
an active HTTP request.  Consult the documentation on testing for
information about how to avoid this problem.
...
```

这个消息来自于Flask，而不是来自`threading`模块。我们知道，这是因为`threading`模块不关心你用它来做什么，也没有兴趣知道你打算用HTTP做什么。

下面再来看执行线程的代码，我们知道这需要15秒时间，因为这是运行`log_request`所需的时间。查看这个代码时，考虑这15秒中会发生什么：

```python
@app.route('/search4', methods=['POST'])
def do_search() -> 'html':
    phrase = request.form['phrase']
    letters = request.form['letters']
    title = 'Here are your results:'
    results = str(search4letters(phrase, letters))
    try:
        t = Thread(target=log_request, args=(request, results))
        t.start()
    except Exception as err:
        print('***** Logging failed with this error:', str(err))
    return render_template('results.html',
                            the_title=title,
                            the_phrase=phrase,
                            the_letters=letters,
                            the_results=results,)
```

执行这个线程需要15秒时间，在此期间会发生什么？

执行这个线程时，调用代码（`do_search`函数）会继续执行。将执行`render_template`函数（这会很快完成），然后`do_search`函数结束。

`do_search`结束时，与这个函数关联的所有数据（它的上下文）会由解释器回收。变量`request`, `phrase`, `letters`, `title`和`results`都不再存在。不过，`request`和`results`变量会作为参数传递到`log_request`，`log_request`会在15秒后访问这两个变量。遗憾的是，那时这两个变量已经不存在了，因为`do_search`已经结束。真郁闷。

别郁闷: Flask能帮忙

根据你了解的情况，看起来log_request函数（在一个线程中执行时）将无法"看到"它的参数数据。这是因为，解释器很早之前就已经完成了清理，并回收了这些变量使用的内存（因为do_search已经结束）。具体来讲，request对象不再是活动的，当log_request查找这个对象时，它是找不到的。

那么，我们该怎么做呢？别害怕：我们有帮手。

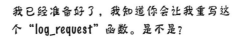

我已经准备好了，我知道你会让我重写这个"log_request"函数。是不是？

实际上没有必要重写。

乍一看，你可能需要重写log_request，让它不要那么依赖于它的参数……如果可能的话。不过，实际上Flask为此提供了一个很有帮助的修饰符。

这个修饰符是copy_current_request_context，这个修饰符可以确保HTTP请求仍是活动的，也就是说，如果调用一个函数时有活动的HTTP请求，以后在线程中执行这个函数时这个请求仍是活动的。要使用这个修饰符，需要在Web应用代码最前面的导入列表增加copy_current_request_context。

与其他修饰符一样，要用通常的@语法将这个修饰符应用到一个现有的函数。不过，这里有一点要注意：所修饰的函数必须在调用它的函数中定义，被修饰函数必须嵌套在其调用函数中（作为一个内部函数）。

你要完成下面的工作（首先要更新Flask导入列表）：

1. 将log_request函数嵌套在do_search函数中。

2. 用@copy_current_request_context修饰log_request。

3. 确认不再有上一个测试中的运行时错误。

Exercise Solution

你要完成3个工作：

1. 将log_request函数嵌套在do_search函数中。

2. 用@copy_current_request_context修饰log_request。

3. 确认不再有上一个测试中的运行时错误。

下面是完成任务1和任务2之后的do_search代码（注意：下一页会讨论任务3）：

```python
@app.route('/search4', methods=['POST'])
def do_search() -> 'html':

    @copy_current_request_context          ← 任务2。对"log_request"应用
    def log_request(req: 'flask_request', res: str) -> None:   这个修饰符。
        sleep(15)   # This makes log_request really slow...
        with UseDatabase(app.config['dbconfig']) as cursor:
            _SQL = """insert into log
                    (phrase, letters, ip, browser_string, results)
                    values
                    (%s, %s, %s, %s, %s)"""
            cursor.execute(_SQL, (req.form['phrase'],
                                  req.form['letters'],
                                  req.remote_addr,
                                  req.user_agent.browser,
                                  res, ))

    phrase = request.form['phrase']
    letters = request.form['letters']
    title = 'Here are your results:'
    results = str(search4letters(phrase, letters))
    try:
        t = Thread(target=log_request, args=(request, results))
        t.start()
    except Exception as err:
        print('***** Logging failed with this error:', str(err))
    return render_template('results.html',
                            the_title=title,
                            the_phrase=phrase,
                            the_letters=letters,
                            the_results=results,)
```

任务1。"log_request"函数现在在"do_search"函数中（嵌套）定义。

其余的所有代码保持不变。

---

there are no Dumb Questions

问： 还有必要用try/except保护这个多线程版本的log_request调用吗？

答： 如果你想用log_request对一个运行时问题做出反应，这就没有意义，因为try/except会在线程开始之前结束。不过，你的系统将无法创建一个新线程，所以我们认为保留do_search中的try/except也没有坏处。

测试

任务3: 试着运行这个最新版本的vsearch4web.py, 确认不再有上一个测试中的运行时错误。Web应用的终端窗口会确认一切正常:

```
...
127.0.0.1 - - [30/Jul/2016 20:42:46] "GET / HTTP/1.1" 200 -
127.0.0.1 - - [30/Jul/2016 20:43:10] "POST /search4 HTTP/1.1" 200 -
127.0.0.1 - - [30/Jul/2016 20:43:14] "GET /login HTTP/1.1" 200 -
127.0.0.1 - - [30/Jul/2016 20:43:17] "GET /viewlog HTTP/1.1" 200 -
127.0.0.1 - - [30/Jul/2016 20:43:37] "GET /viewlog HTTP/1.1" 200 -
```

不再有可怕的运行时异常。所有这些200表示这个Web应用现在一切正常。而且, 如果提交一个新搜索, 15秒之后, Web应用会把请求的详细信息记录到后端数据库, 而无需Web应用的用户等待。

我拿到一张提问卡, 现在还有一个问题要问。在 "do_search" 中定义 "log_request" 有什么问题吗?

没有任何问题。

在这个Web应用中, log_request函数只由do_search调用, 所以把log_request嵌套在 do_search中没有问题。

如果以后你决定从另外某个函数调用log_request, 可能会遇到问题(需要仔细考虑)。不过, 对现在来说, 你大可放心。

现在这个Web应用健壮吗？

下面是第11章最前面提出的4个问题：

① 如果数据库连接失败，会发生什么情况？

② 我们的Web应用能防范Web攻击吗？

③ 如果某个工作要花很长时间运行，会发生什么情况？

④ 如果一个函数调用失败，会发生什么情况？

现在你的Web应用能处理很多运行时异常，这是因为你使用了`try/except`和一些定制异常，可以根据需要产生和捕获这些异常。

如果知道运行时可能会出问题，可以让你的代码防范可能出现的异常。这会提高整个应用的健壮性，这是一件好事。

需要说明，还可以提高另外一些方面的健壮性。你花了很多时间为`view_the_log`函数增加`try/except`代码（其中使用了`UseDatabase`上下文管理器）。`log_request`中也使用了`UseDatabase`，所以也应该得到保护（这将作为一个练习，由你来完成）。

这个Web应用有更好的响应性，因为你使用了`threading`来处理不需要立即执行但最终要完成的一个任务。这是一个很好的设计策略，但要当心不要滥用线程：这一章中的多线程例子很简单。不过，很容易创建非常复杂的多线程代码，以至于没有人能理解这些代码，调试这种代码会让人发疯。所以**使用线程时一定要当心**。

问题3指出，如果一个工作要花很长时间运行，会发生什么情况？回答这个问题时，我们使用了线程，尽管线程的使用可以提高数据库写操作的性能，但对数据库读没有影响。我们必须等待读数据，而不论这要花多长时间，因为没有这个数据，Web应用就不能继续。

为了更快地完成数据库读操作（假设这个操作确实很慢），可能要考虑使用另一个（速度更快的）数据库。不过，这本书不打算考虑这个问题。

在后面的最后一章中，我们确实会考虑性能，但我们会讨论所有人都理解的一个主题，这也是这本书已经讨论过的一个内容：循环。

第11¾章 的 代码 （1/2）

这是 "vsearch4web.py" 的最后一个版本，
也是最棒的一个版本。

```python
from flask import Flask, render_template, request, escape, session
from flask import copy_current_request_context
from vsearch import search4letters

from DBcm import UseDatabase, ConnectionError, CredentialsError, SQLError
from checker import check_logged_in

from threading import Thread
from time import sleep

app = Flask(__name__)

app.config['dbconfig'] = {'host': '127.0.0.1',
                          'user': 'vsearch',
                          'password': 'vsearchpasswd',
                          'database': 'vsearchlogDB', }

@app.route('/login')
def do_login() -> str:
    session['logged_in'] = True
    return 'You are now logged in.'

@app.route('/logout')
def do_logout() -> str:
    session.pop('logged_in')
    return 'You are now logged out.'

@app.route('/search4', methods=['POST'])
def do_search() -> 'html':

    @copy_current_request_context
    def log_request(req: 'flask_request', res: str) -> None:
        sleep(15)  # This makes log_request really slow...
        with UseDatabase(app.config['dbconfig']) as cursor:
            _SQL = """insert into log
                    (phrase, letters, ip, browser_string, results)
                    values
                    (%s, %s, %s, %s, %s)"""
            cursor.execute(_SQL, (req.form['phrase'],
                                  req.form['letters'],
                                  req.remote_addr,
                                  req.user_agent.browser,
                                  res, ))

    phrase = request.form['phrase']
    letters = request.form['letters']
    title = 'Here are your results:'
```

"do_search" 其余的代码 ———→
在下一页最上面。

第11¾章的代码 (2/2)

```
        results = str(search4letters(phrase, letters))
        try:
            t = Thread(target=log_request, args=(request, results))
            t.start()
        except Exception as err:
            print('***** Logging failed with this error:', str(err))
        return render_template('results.html',
                                the_title=title,
                                the_phrase=phrase,
                                the_letters=letters,
                                the_results=results,)


@app.route('/')
@app.route('/entry')
def entry_page() -> 'html':
    return render_template('entry.html',
                            the_title='Welcome to search4letters on the web!')


@app.route('/viewlog')
@check_logged_in
def view_the_log() -> 'html':
    try:
        with UseDatabase(app.config['dbconfig']) as cursor:
            _SQL = """select phrase, letters, ip, browser_string, results
                    from log"""
            cursor.execute(_SQL)
            contents = cursor.fetchall()
        # raise Exception("Some unknown exception.")
        titles = ('Phrase', 'Letters', 'Remote_addr', 'User_agent', 'Results')
        return render_template('viewlog.html',
                                the_title='View Log',
                                the_row_titles=titles,
                                the_data=contents,)
    except ConnectionError as err:
        print('Is your database switched on? Error:', str(err))
    except CredentialsError as err:
        print('User-id/Password issues. Error:', str(err))
    except SQLError as err:
        print('Is your query correct? Error:', str(err))
    except Exception as err:
        print('Something went wrong:', str(err))
    return 'Error'


app.secret_key = 'YouWillNeverGuessMySecretKey'


if __name__ == '__main__':
    app.run(debug=True)
```

这是 "do_search" 函数
其余的代码。

12 高级迭代

疯狂地循环

我有一个超级棒的主意：
让循环更快一些怎么样？

我们的程序往往会在循环上花大量时间。

这并不奇怪，因为大多数程序就是为了快速地多次完成某个工作。谈到优化循环时，一般有
两种方法：①改进循环语法（从而更容易地建立循环）；②改进循环的执行（使循环更快地
执行）。在Python 2中（那是很久很久以前），Python设计者增加了一个实现这两种方法的
语言特性，它有一个奇怪的名字：**推导式**（comprehension）。不过不要被这个奇怪的名字
吓住：学完这一章后，你就会发现如果没有推导式，你反而不知道如何是好。

Bahamas Buzzers的计划

要了解循环推导式能够做什么，需要先看一些"真正的"数据。

Bahamas Buzzers航空公司总部设在新普罗维登斯岛的拿骚，可以为比较大的岛上机场提供跳岛飞行项目。公司会即时制定飞行计划：根据前一天的需求，预计（这是"猜"的另一种好听的说法）第二天需要多少次飞行。每一天结束时，BB总部会生成下一天的飞行计划，这是一个基于文本的CSV（逗号分隔值）文件。

下面是明天的CSV文件的内容：

总部告诉我们会有两列数据：一列表示时间，另一列表示目的地。

```
TIME,DESTINATION
09:35,FREEPORT
17:00,FREEPORT
09:55,WEST END
19:00,WEST END
10:45,TREASURE CAY
12:00,TREASURE CAY
11:45,ROCK SOUND
17:55,ROCK SOUND
```

这是一个标准的CSV文件，第一行表示标题信息。看起来还不错，只是所有字母都是大写（这是一种有些"老式"的做法）。

这个CSV文件其余的部分包含具体的飞行数据。

总部把这个CSV文件命名为buzzers.csv。

如果让你从这个CSV文件读取数据，并在屏幕上显示，你可能会使用一个with语句。下面给出我们在IDLE的>>>提示窗口中的做法，这里首先使用Python的os模块切换到包含这个文件的文件夹：

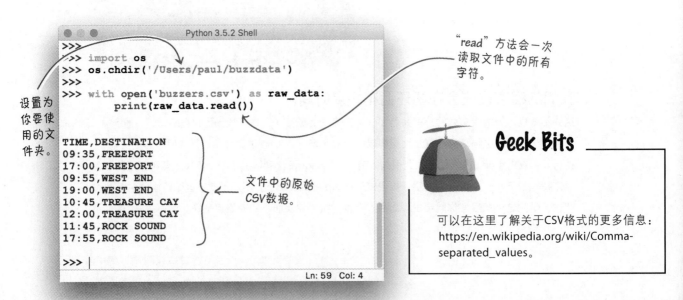

"read"方法会一次读取文件中的所有字符。

设置为你要使用的文件夹。

文件中的原始CSV数据。

Geek Bits

可以在这里了解关于CSV格式的更多信息：
https://en.wikipedia.org/wiki/Comma-separated_values。

CSV数据读取为列表

CSV数据的原始形式并不是很有用。如果可以读取并按逗号分解每行数据，从而能更容易地访问这些数据，这样会更有用。

尽管可以编写Python代码（利用字符串对象的split方法）完成这个"分解"，但由于处理CSV数据的工作相当常见，所以标准库专门提供了一个名为csv的模块，这会很有帮助。

下面给出一个小for循环来展示csv模块的具体使用。在上一个例子中，我们使用read方法一次读取了文件中的全部内容，与那个例子不同，在下面的代码中，我们将使用csv.reader读取CSV文件，在for循环中一次读取一行。每次迭代时，for循环会把每行CSV数据赋至一个变量（名为line），然后在屏幕上显示：

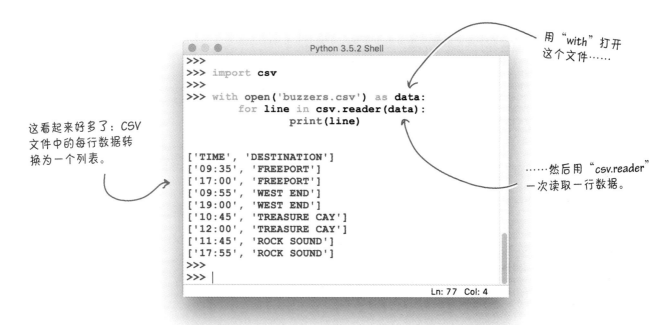

用"with"打开
这个文件……

……然后用"csv.reader"
一次读取一行数据。

这看起来好多了：CSV
文件中的每行数据转
换为一个列表。

在这里csv模块做了很多工作。它会从文件读取每一行原始数据，然后"魔法般地"将它转换为一个包含两个数据项的列表。

除了标题信息（文件的第一行）会作为一个列表返回，每一组飞行时间和目的地也作为单独的列表返回。注意返回的各个数据项的类型：它们都是字符串，尽管每个列表中的第一项（显然）表示一个时间。

csv模块还有很多强大的特性。另一个有趣的函数是csv.DictReader。下面来看这个函数能够做什么。

CSV数据读取为字典

下面的代码与上一个例子类似，不过有一点不同，这个新代码使用csv.DictReader
而不是csv.reader。使用DictReader时，CSV文件的数据会作为一组字典返回，
每个字典的键取自CSV文件的标题行，值来自后面的各行。下面给出这个代码：

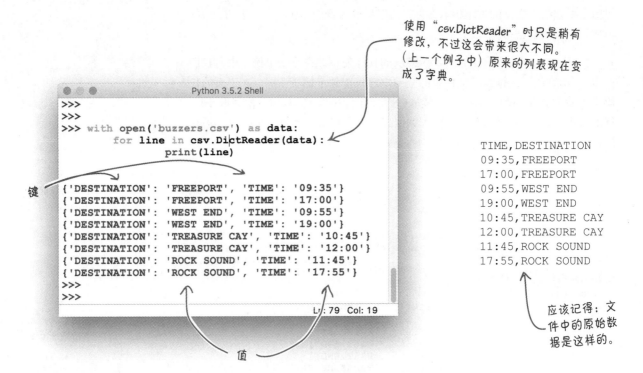

使用"csv.DictReader"时只是稍有
修改，不过这会带来很大不同。
（上一个例子中）原来的列表现在变
成了字典。

```
>>>
>>>
>>> with open('buzzers.csv') as data:
        for line in csv.DictReader(data):
            print(line)

{'DESTINATION': 'FREEPORT', 'TIME': '09:35'}
{'DESTINATION': 'FREEPORT', 'TIME': '17:00'}
{'DESTINATION': 'WEST END', 'TIME': '09:55'}
{'DESTINATION': 'WEST END', 'TIME': '19:00'}
{'DESTINATION': 'TREASURE CAY', 'TIME': '10:45'}
{'DESTINATION': 'TREASURE CAY', 'TIME': '12:00'}
{'DESTINATION': 'ROCK SOUND', 'TIME': '11:45'}
{'DESTINATION': 'ROCK SOUND', 'TIME': '17:55'}
>>>
>>>
```

键

值

```
TIME,DESTINATION
09:35,FREEPORT
17:00,FREEPORT
09:55,WEST END
19:00,WEST END
10:45,TREASURE CAY
12:00,TREASURE CAY
11:45,ROCK SOUND
17:55,ROCK SOUND
```

应该记得：文
件中的原始数
据是这样的。

无疑这个功能很强大：只需要一个DictReader调用，csv模块就会把CSV文件中
的原始数据转换为一组Python字典。

不过假设让你根据下面的需求转换CSV文件中的原始数据：

1 将飞行时间从24小时制转换为AM/PM格式。

2 将目的地从全大写转换为首字母大写。

就其本身而言，这些并不是很难的任务。不过，考虑到原始数据会作为一组列表或
一组字典，这可能就有些困难了。所以，下面编写一个定制的for循环，将数据读
入一个字典，然后使用这个字典完成转换，这就会容易得多。

完成一些备份

我们不再使用csv.reader或csv.DictReader，下面编写我们自己的代码将CSV文件中的原始数据转换为一个字典，然后用这个字典完成所需的转换。

我们和BB总部的人聊过，他们告诉我们，尽管很期待我们要做的转换，不过还希望数据保持其"原始形式"，因为他们的老式出发时刻显示屏希望数据仍采用原来的形式：飞行时间为24小时制，目的地为全大写。

可以对这个字典中的原始数据完成转换，不过我们要确保这个转换在数据的副本上完成，而不是对读入的实际原始数据直接进行转换。尽管目前可能不太明确，但从总部的意见来看，不论你创建怎样的代码，都必须与现有的系统交互。所以，我们不打算再把这个数据转换回它的原始形式，下面将它原样读入一个字典，然后转换为所需的副本（保持原字典中的原始数据不变）。

要把原始数据读入一个字典，这并没有太多工作（因为我们使用了csv模块）。在下面的代码中，我们会打开文件，读入第一行，并将它忽略（因为我们不需要标题信息）。然后由一个for循环读取每一行原始数据，根据逗号将它分解为两部分，飞行时间用作为字典的键，目的地用作为字典的值。

原始数据

```
TIME,DESTINATION
09:35,FREEPORT
17:00,FREEPORT
09:55,WEST END
19:00,WEST END
10:45,TREASURE CAY
12:00,TREASURE CAY
11:45,ROCK SOUND
17:55,ROCK SOUND
```

你能不能使用逗号作为分隔符把每一行分为两部分？

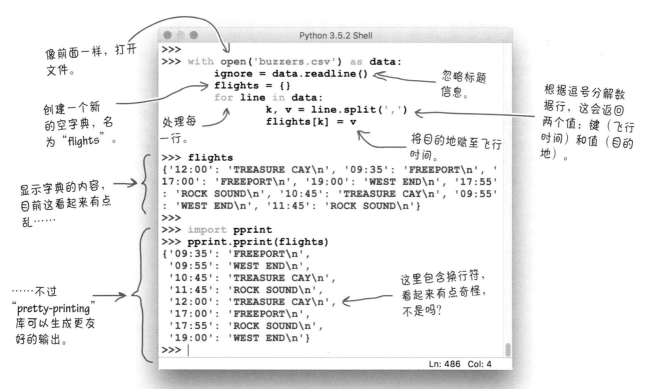

像前面一样，打开文件。

创建一个新的空字典，名为"flights"。

处理每一行。

忽略标题信息。

根据逗号分解数据行，这会返回两个值：键（飞行时间）和值（目的地）。

将目的地赋至飞行时间。

显示字典的内容，目前这看起来有点乱……

……不过"pretty-printing"库可以生成更友好的输出。

这里包含换行符，看起来有点奇怪，不是吗？

```
Python 3.5.2 Shell
>>>
>>> with open('buzzers.csv') as data:
        ignore = data.readline()
        flights = {}
        for line in data:
            k, v = line.split(',')
            flights[k] = v

>>> flights
{'12:00': 'TREASURE CAY\n', '09:35': 'FREEPORT\n', '
17:00': 'FREEPORT\n', '19:00': 'WEST END\n', '17:55'
: 'ROCK SOUND\n', '10:45': 'TREASURE CAY\n', '09:55'
: 'WEST END\n', '11:45': 'ROCK SOUND\n'}
>>>
>>> import pprint
>>> pprint.pprint(flights)
{'09:35': 'FREEPORT\n',
 '09:55': 'WEST END\n',
 '10:45': 'TREASURE CAY\n',
 '11:45': 'ROCK SOUND\n',
 '12:00': 'TREASURE CAY\n',
 '17:00': 'FREEPORT\n',
 '17:55': 'ROCK SOUND\n',
 '19:00': 'WEST END\n'}
>>>
```

Ln: 486 Col: 4

去除空白符然后分解原始数据

最后一个with语句使用了split方法（所有字符串对象都包括这个方法），将原始数据行分解为两部分。返回的是一个字符串列表，两个字符串分别赋给k和v变量。这里可以完成这个多变量赋值，因为赋值操作符左边是一个变量元组，赋值操作符右边的代码会生成一个值列表（记住：元组是不可变的列表）：

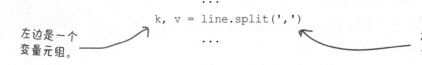

```
...
k, v = line.split(',')
...
```

左边是一个变量元组。

右边的代码会生成一个值列表。

另一个字符串方法是strip，这个方法会去除现有字符串开头和末尾的空白符。下面使用这个方法去除原始数据中我们不想要的末尾换行符，然后再使用split完成分解。

下面是读取数据的代码的最后版本。我们创建了一个名为flights的字典，这里使用飞行时间作为键，目的地（没有换行符）作为值：

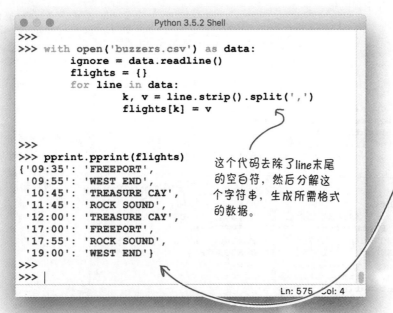

```
Python 3.5.2 Shell
>>>
>>> with open('buzzers.csv') as data:
        ignore = data.readline()
        flights = {}
        for line in data:
                k, v = line.strip().split(',')
                flights[k] = v

>>>
>>> pprint.pprint(flights)
{'09:35': 'FREEPORT',
 '09:55': 'WEST END',
 '10:45': 'TREASURE CAY',
 '11:45': 'ROCK SOUND',
 '12:00': 'TREASURE CAY',
 '17:00': 'FREEPORT',
 '17:55': 'ROCK SOUND',
 '19:00': 'WEST END'}
>>>
>>>
                                         Ln: 575  Col: 4
```

这个代码去除了line末尾的空白符，然后分解这个字符串，生成所需格式的数据。

Geek Bits

空白符：以下字符被认为是字符串中的空白符：空格，\t，\n和\r。

你可能没发现，不过请注意这个字典中数据行的顺序与数据文件中的顺序不同。之所以会这样，是因为字典不会保持插入顺序。现在不用担心这一点。

```
TIME,DESTINATION
09:35,FREEPORT
17:00,FREEPORT
09:55,WEST END
19:00,WEST END
10:45,TREASURE CAY
12:00,TREASURE CAY
11:45,ROCK SOUND
17:55,ROCK SOUND
```

如果调整代码中这两个方法的顺序，如下：

```
line.split(',').strip()
```

你认为会发生什么？

如果把方法像这样串在一起，这称为一个"方法链"。

串链方法调用时要当心

Python的方法调用可以串链在一起（如上一个例子中的strip和split），有些程序员不喜欢这一点，因为第一次看到这种方法链时，可能会感觉代码很难读。但在Python程序员中，方法串链相当常用，所以你可能会看到很多使用这种技术的代码。不过，确实要当心，因为方法调用的顺序是不能交换的。

来看一个可能出问题的例子，考虑下面的代码（这与之前的代码很相似）。之前的顺序是先strip再split，而这个代码先调用split，然后再调用strip。看看会发生什么：

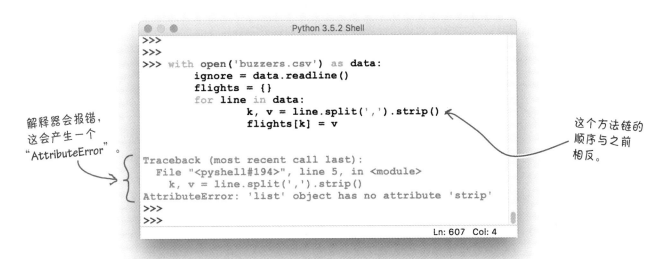

解释器会报错，这会产生一个"AttributeError"。

这个方法链的顺序与之前相反。

要了解这里发生了什么，请考虑执行上面的方法链时赋值操作符右边数据的类型。

在做所有处理之前，line是一个字符串。在一个字符串上调用split会返回一个字符串列表（使用split的参数作为分隔符）。开始时的字符串（line）已经动态地转换为一个列表，然后再对这个列表调用另一个方法。在这个例子中，下一个方法是strip，这个方法希望在一个字符串上调用，而不是在列表上调用，所以解释器产生一个AttributeError，因为列表没有名为strip的方法。

上一页的方法链不存在这个问题：

```
...
line.strip().split(',')
...
```

在这个代码中，解释器首先从一个字符串开始（line），用strip删除所有开头/末尾的空白符（生成另一个字符串），然后再根据逗号分隔符分解为一个字符串列表。这里没有AttributeError，因为这个方法链没有违反任何类型规则。

将数据转换为你需要的格式

现在数据已经放在flights字典中，下面考虑BB总部要求你完成的数据处理。

首先要完成这一章前面指出的两个转换，并在这个过程中创建一个新字典：

1 将飞行时间从24小时制转换为AM/PM格式。

2 将目的地从全大写转换为首字母大写。

通过对flights字典应用这两个转换，可以把左边的字典变成右边的字典：

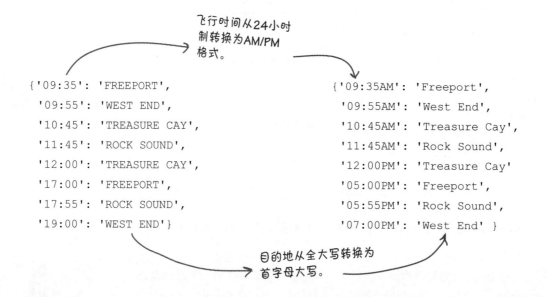

飞行时间从24小时制转换为AM/PM格式。

```
{'09:35': 'FREEPORT',
 '09:55': 'WEST END',
 '10:45': 'TREASURE CAY',
 '11:45': 'ROCK SOUND',
 '12:00': 'TREASURE CAY',
 '17:00': 'FREEPORT',
 '17:55': 'ROCK SOUND',
 '19:00': 'WEST END'}
```

```
{'09:35AM': 'Freeport',
 '09:55AM': 'West End',
 '10:45AM': 'Treasure Cay',
 '11:45AM': 'Rock Sound',
 '12:00PM': 'Treasure Cay'
 '05:00PM': 'Freeport',
 '05:55PM': 'Rock Sound',
 '07:00PM': 'West End' }
```

目的地从全大写转换为首字母大写。

注意这两个字典中的数据含义相同，只是表示方式不同。总部需要第二个字典，因为他们认为这个数据更好理解，也更友好，第一个字典中的全大写形式让人有些不舒服。

目前，两个字典中对应每个飞行时间/目的地组合分别有一行数据。尽管总部对于你把左边的字典转换为右边的字典很满意，不过他们还建议如果能以另一种方式表示数据，为以目的地作为键，以一个飞行时间列表作为值，这会很有用。也就是说，对应各个目的地有一个数据行。下面来看这样一个字典是怎样的，然后再讨论如何编写代码完成所需的数据处理。

转换为列表字典

完成flights中数据的转换后，总部希望你再完成第二个处理（见上一页最后的讨论）：

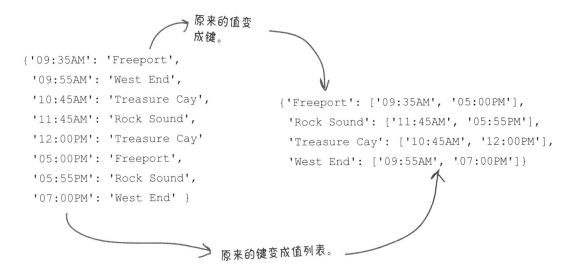

考虑这里需要的数据处理······

要把CSV文件中的原始数据转换为上面右边的列表字典，这需要做一些工作。首先花些时间考虑如何利用你掌握的Python知识做到这一点。

如果你像大多数程序员一样，可能不用太多时间就会想到这里可以使用for循环。作为Python的主要循环机制，for循环已经帮助你从CSV文件抽取了原始数据，并填充了flights字典：

这是"for"的经典用法，这也是Python中极为常用的编程做法。

```
with open('buzzers.csv') as data:
    ignore = data.readline()
    flights = {}
    for line in data:
        k, v = line.strip().split(',')
        flights[k] = v
```

你可能想要修改这个代码，希望在从CSV文件读取原始数据时就对数据完成转换。也就是说，向flights增加数据行之前就完成转换。不过应该记得总部的要求，他们希望flights中的原始数据保持不变：所有转换都应该在数据的一个**副本**上进行。这会让问题更复杂，不过不算太复杂。

下面完成基本转换

目前，flights字典包含24小时制的飞行时间作为键，表示目的地的全大写字符串作为值。你要完成两个转换：

1 将飞行时间从24小时制转换为AM/PM格式。

2 将目的地从全大写转换为首字母大写。

第2个转换很容易，所以先来完成这个转换。一旦数据保存在字符串中，只需要调用字符串的title方法，如以下IDLE会话所示：

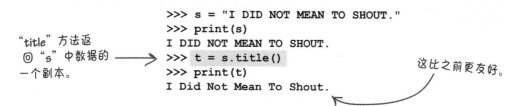

"title"方法返回"s"中数据的一个副本。

```
>>> s = "I DID NOT MEAN TO SHOUT."
>>> print(s)
I DID NOT MEAN TO SHOUT.
>>> t = s.title()
>>> print(t)
I Did Not Mean To Shout.
```

这比之前更友好。

第1个转换要多做一些工作。

如果多想一下，会发现把19:00转换为7:00PM很复杂。不过，这只是因为19:00被看作是一个字符串，所以才会显得复杂。你要编写大量代码来完成这个转换。

如果把19:00看作是一个时间，就可以利用Python标准库中的datetime模块。这个模块的datetime类可以使用两个预置的函数以及字符串格式指示符将一个字符串（如19:00）转换为其等价的AM/PM格式。下面给出一个小函数，名为convert2ampm，它会使用datetime模块的功能来完成你需要的转换：

关于字符串格式指示符的更多信息，参见https://docs.python.org/3/library/datetime.html#strftime-and-strptime-behavior。

 成品代码

```python
from datetime import datetime

def convert2ampm(time24: str) -> str:
    return datetime.strptime(time24, '%H:%M').strftime('%I:%M%p')
```

给定一个24小时制的时间（一个字符串），这个方法链会把它转换为一个AM/PM格式的字符串。

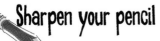
Sharpen your pencil

下面具体使用上一页讨论的转换技术。

以下代码会从CSV文件读取原始数据，在这个过程中填充flights字典。这里还给出了convert2ampm函数。

你的任务是编写一个for循环来转换flights中的数据，将键转换为AM/PM格式，值转换为首字母大写的形式。创建一个名为flights2的新字典来保存转换后的数据。拿出笔来，在下面的空格上增加这个for循环代码。

提示：用for循环处理一个字典时，应该记得items方法会在每次迭代时返回各行的键和值（作为一个元组）。

定义转换函数。

```python
from datetime import datetime
import pprint


def convert2ampm(time24: str) -> str:
    return datetime.strptime(time24, '%H:%M').strftime('%I:%M%p')
```

从文件读取数据。

```python
with open('buzzers.csv') as data:
    ignore = data.readline()
    flights = {}
    for line in data:
        k, v = line.strip().split(',')
        flights[k] = v
```

完成转换之前用美观打印格式显示"flights"字典。

```python
pprint.pprint(flights)
print()

flights2 = {}
```

新字典（名为"flights2"）开始时为空。

在这里增加你的"for"循环。

....

....

```python
pprint.pprint(flights2)
```

用美观打印格式显示"flights2"字典，确认转换已经完成。

Sharpen your pencil Solution

你的任务是编写一个for循环来转换flights中的数据，将键转换为AM/PM格式，值转换为首字母大写的形式。创建一个名为flights2的新字典来保存转换后的数据。在下面的空格上增加这个for循环代码。

将所有这些代码保存在一个名为"do_convert.py"的文件中。

```python
from datetime import datetime
import pprint


def convert2ampm(time24: str) -> str:
    return datetime.strptime(time24, '%H:%M').strftime('%I:%M%p')


with open('buzzers.csv') as data:
    ignore = data.readline()
    flights = {}
    for line in data:
        k, v = line.strip().split(',')
        flights[k] = v

pprint.pprint(flights)
print()

flights2 = {}
for k, v in flights.items():

        flights2[convert2ampm(k)] = v.title()

pprint.pprint(flights2)
```

"items"方法从"flights"字典返回各行。

每次迭代时，（"k"中的）键转换为AM/PM格式，然后用作为新字典的键。

（"v"中的）值转换为首字母大写，然后赋至转换后的键。

测试

如果执行上面的程序，会在屏幕上显示两个字典（我们在下面并排给出）。转换已经完成，不过每个字典中的顺序有变化，因为用数据填充一个新字典时，解释器不会维持插入顺序：

这是"flights"。

```
{'09:35': 'FREEPORT',
 '09:55': 'WEST END',
 '10:45': 'TREASURE CAY',
 '11:45': 'ROCK SOUND',
 '12:00': 'TREASURE CAY',
 '17:00': 'FREEPORT',
 '17:55': 'ROCK SOUND',
 '19:00': 'WEST END'}
```

```
{'05:00PM': 'Freeport',
 '05:55PM': 'Rock Sound',
 '07:00PM': 'West End',
 '09:35AM': 'Freeport',
 '09:55AM': 'West End',
 '10:45AM': 'Treasure Cay',
 '11:45AM': 'Rock Sound',
 '12:00PM': 'Treasure Cay'}
```

这是"flights2"。

原始数据已经转换。

发现代码中的模式了吗？

再来看刚才执行的程序。这个代码中两次使用了一个非常常见的编程模式。你能找
出这个模式吗？

```
from datetime import datetime
import pprint

def convert2ampm(time24: str) -> str:
    return datetime.strptime(time24, '%H:%M').strftime('%I:%M%p')

with open('buzzers.csv') as data:
    ignore = data.readline()
    flights = {}
    for line in data:
        k, v = line.strip().split(',')
        flights[k] = v

pprint.pprint(flights)
print()

flights2 = {}
for k, v in flights.items():
    flights2[convert2ampm(k)] = v.title()

pprint.pprint(flights2)
```

如果你回答是"for循环"，你只说对了一半。for循环是这个模式的一部分，不
过再来看它周围的代码。发现什么了吗？

```
from datetime import datetime
import pprint

def convert2ampm(time24: str) -> str:
    return datetime.strptime(time24, '%H:%M').strftime('%I:%M%p')

with open('buzzers.csv') as data:
    ignore = data.readline()
    flights = {}
    for line in data:
        k, v = line.strip().split(',')
        flights[k] = v

pprint.pprint(flights)
print()

flights2 = {}
for k, v in flights.items():
    flights2[convert2ampm(k)] = v.title()

pprint.pprint(flights2)
```

每个"for"循环前面
都创建了一个新的空
数据结构（例如，一个
字典）。

每个"for"循环代码组中包含的
代码会处理现有数据，并基于所
做的处理将数据增加到这个新数
据结构。

发现列表的模式

上一页的例子强调了与字典相关的编程模式：首先从一个新的空字典开始，然后使用一个for循环处理一个已有的字典，在这个过程中为一个新字典生成数据：

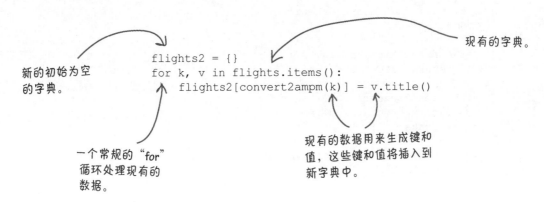

新的初始为空的字典。

现有的字典。

一个常规的"for"循环处理现有的数据。

现有的数据用来生成键和值，这些键和值将插入到新字典中。

```
flights2 = {}
for k, v in flights.items():
    flights2[convert2ampm(k)] = v.title()
```

列表也有类似的模式，而且更容易发现。来看下面的IDLE会话，从flights字典抽取键（即飞行时间）和值（也就是目的地）列表，然后使用编程模式（标注1到4）将它们转换为新列表：

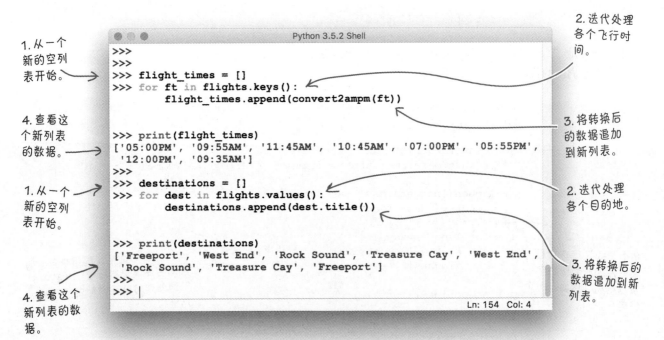

1.从一个新的空列表开始。

4.查看这个新列表的数据。

1.从一个新的空列表开始。

4.查看这个新列表的数据。

2.迭代处理各个飞行时间。

3.将转换后的数据追加到新列表。

2.迭代处理各个目的地。

3.将转换后的数据追加到新列表。

```
Python 3.5.2 Shell
>>>
>>>
>>> flight_times = []
>>> for ft in flights.keys():
        flight_times.append(convert2ampm(ft))

>>> print(flight_times)
['05:00PM', '09:55AM', '11:45AM', '10:45AM', '07:00PM', '05:55PM',
'12:00PM', '09:35AM']
>>>
>>> destinations = []
>>> for dest in flights.values():
        destinations.append(dest.title())

>>> print(destinations)
['Freeport', 'West End', 'Rock Sound', 'Treasure Cay', 'West End',
'Rock Sound', 'Treasure Cay', 'Freeport']
>>>
>>>
                                                    Ln: 154  Col: 4
```

这个模式相当常用，所以Python为它专门提供了一个方便的简写记法，称为推导式。下面来看创建一个推导式涉及哪些内容。

将模式转换为推导式

以处理目的地的`for`循环为例。下面再给出这个循环：

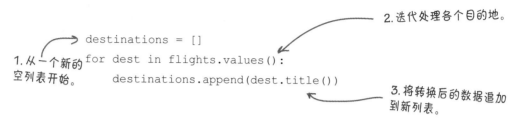

利用Python的内置推导式特性，你可以把上面的3行代码改写为1行代码。

我们要把上面的3行代码转换为一个推导式，接下来会逐步完成这个过程，建立一个完整的推导式。

首先从一个新的空列表开始，要把它赋给一个新变量（在这个例子中，这个变量名为`more_dests`）：

使用我们熟悉的`for`记法指定如何迭代处理现有的数据（在这个例子中，就是`flights`中的数据），并把这个代码放在新列表的中括号中（注意`for`代码末尾没有冒号）：

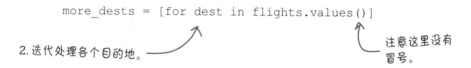

要完成这个推导式，需要指定对（`dest`中）数据应用的转换，并把这个转换放在`for`关键字前面（注意没有`append`调用，推导式假设已经有这个调用）：

```
more_dests = [dest.title() for dest in flights.values()]
```

3.将转换后的数据追加到新列表，但没有具体调用"append"。

就这么简单。这一页最后的这行代码在功能上与前面的3行代码是等价的。在你的`>>>`提示窗口运行这行代码，确认`more_dests`列表包含的数据与`destinations`列表相同。

仔细研究推导式

下面更详细地分析推导式。这里给出原来的3行代码，以及完成同样任务的单行推导式代码。

要记住：这两个版本都生成新列表（destinations和more_dests），而且两个新列表包含的数据完全相同：

```
destinations = []
for dest in flights.values():
    destinations.append(dest.title())
```

```
more_dests = [dest.title() for dest in flights.values()]
```

可以取出原来3行代码中的各个部分，看看它们如何用在推导式代码中：

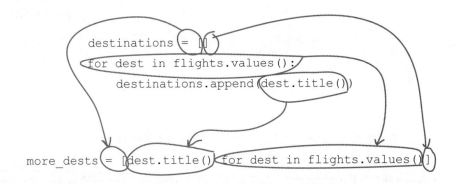

如果你在其他代码中发现这个模式，可以很容易地把它转换为一个推导式。例如，下面是之前的一个代码（生成一个AM/PM格式飞行时间的列表），我们要把它调整为一个推导式：

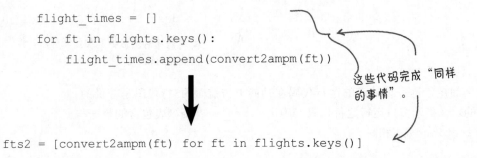

```
flight_times = []
for ft in flights.keys():
    flight_times.append(convert2ampm(ft))
```

这些代码完成"同样的事情"。

```
fts2 = [convert2ampm(ft) for ft in flights.keys()]
```

有什么意义呢？

这些推导式看起来很难理解。如果确实要做这一类工作，我更喜欢用"for"循环。学习如何编写推导式真的有意义吗？

对，我们认为这很有意义。

之所以要花时间理解推导式有两个主要原因。

首先，除了需要更少的代码（这说明如果使用推导式，你键入的代码会更少），Python解释器还优化为可以尽可能快地运行推导式。这意味着推导式比等价的for循环代码执行得更快。

其次，有些地方无法使用for循环，但是可以使用推导式。实际上，你已经见过这种情况，这一章目前为止提供的所有推导式都出现在赋值操作符右边，而常规的for循环无法做到这一点。这很有用（在本章后面你就会看到）。

推导式不只是用于列表

目前为止我们看到的推导式都在创建新列表，所以它们称为**列表推导式**（或简写为*listcomp*）。如果你的推导式创建一个新字典，则称为一个**字典推导式**（*dictcomp*）。另外，为了不遗漏数据结构，还可以指定**集合推导式**（*setcomp*）。

不过，并没有元组推导式，这一章后面会解释为什么会这样。

首先来看一个字典推导式。

指定一个字典推导式

应该记得，这一章前面的代码从CSV文件将原始数据读入一个名为flights的字典。这个数据再转换为一个名为flights2的新字典，键是AM/PM格式的飞行时间，并使用"首字母大写"的目的地作为值：

```
...

flights2 = {}
for k, v in flights.items():
    flights2[convert2ampm(k)] = v.title()

...
```

这个代码符合"推导式模式"。

下面把这3行代码改写为一个字典推导式。

首先将一个新的空字典赋给一个变量（我们把它叫做more_flights）：

```
more_flights = {}
```

1. 从一个新的空字典开始。

使用for循环记法指定如何迭代处理（flights中）现有的数据，不要包含通常在末尾加的冒号：

```
more_flights = {for k, v in flights.items()}
```

2. 迭代处理现有数据中的各个键和值。

注意这里没有冒号。

要完成这个字典推导式，需要指定这个新字典的键和值如何关联。这一页最上面的for循环使用convert2ampm函数将飞行时间转换为AM/PM格式，并把转换后的飞行时间作为键，相关的值转换为首字母大写（这里使用了字符串的title方法）。等价的字典推导式可以完成同样的事情，与列表推导式一样，要在字典推导式的for关键字左边指定这个关系。注意这里包含一个冒号来分隔新键和新值：

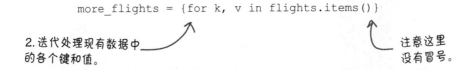

```
more_flights = {convert2ampm(k): v.title() for k, v in flights.items()}
```

3. 将转换后的键与其"首字母大写"的值关联（注意这里使用了冒号）。

这就是你的第一个字典推导式。下面来运行这个推导式代码，确认它能正常工作。

用过滤器扩展推导式

下面假设你只需要转换*Freeport*的相关飞行数据。

再来看原来的for循环，你可能想扩展这个代码来增加一个if语句，根据v中的当前值（目的地）完成过滤，这会得到类似下面的代码：

```
just_freeport = {}
for k, v in flights.items():
    if v == 'FREEPORT':
        just_freeport[convert2ampm(k)] = v.title()
```

只有当目的地是Freeport时才转换飞行数据并增加到"just_freeport"字典。

```
TIME,DESTINATION
09:35,FREEPORT
17:00,FREEPORT
09:55,WEST END
19:00,WEST END
10:45,TREASURE CAY
12:00,TREASURE CAY
11:45,ROCK SOUND
17:55,ROCK SOUND
```
原始数据。

如果在>>>提示窗口执行上面的循环代码，你只会得到两行数据（表示原始数据文件中包含的两个目的地是*Freeport*的飞行计划）。这并不奇怪，像这样使用if来过滤数据是一种标准技术。实际上，这种过滤器也可以在推导式中使用。只需要取出if语句（去掉冒号），把它放在推导式的末尾。下面是上一页最后给出的字典推导式：

```
more_flights = {convert2ampm(k): v.title() for k, v in flights.items()}
```

下面是增加了过滤器的同一个字典推导式：

```
just_freeport2 = {convert2ampm(k): v.title() for k, v in flights.items() if v == 'FREEPORT'}
```

只有当目的地是Freeport时，才会转换飞行数据并增加到"just_freeport2"字典。

如果在你的>>>提示窗口执行这个增加了过滤器的字典推导式，新创建的just_freeport2字典与just_freeport字典包含相同的数据。just_freeport和just_freeport2的数据都是flights字典中原数据的一个**副本**。

必须承认，生成just_freeport2的代码行看上去有些可怕。很多刚接触Python的程序员会抱怨说推导式**很难读**。不过，应该记得，如果代码出现在一对中括号里，Python的"行末即语句结束"规则会临时关闭，所以可以将推导式重写为多行代码，使它更易读，如下所示：

你要习惯读这种单行推导式代码。不过，Python程序员越来越喜欢写更长的多行推导式（所以你也会看到这种语法）。

```
just_freeport3 = {convert2ampm(k): v.title()
                  for k, v in flights.items()
                  if v == 'FREEPORT'}
```

回忆你本来打算做什么

既然已经了解推导式能够做什么，下面再来看这一章前面要求的字典处理，想想我们要怎么做。下面是第一个需求：

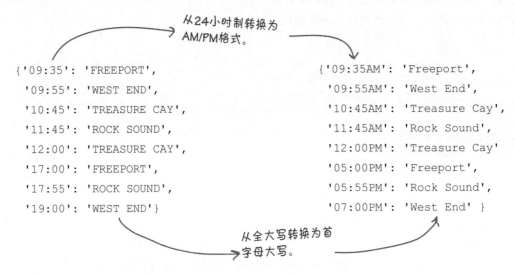

给定flights字典中的数据，你已经看到，下面的字典推导式可以用一行代码完成这些转换，将复制的数据赋至一个新字典，在这里这个字典名为fts：

```
fts = {convert2ampm(k): v.title() for k, v in flights.items()}
```

第二个处理（按目的地列出飞行时间）稍有些困难。这里需要多做一些工作，因为这里的数据处理更复杂：

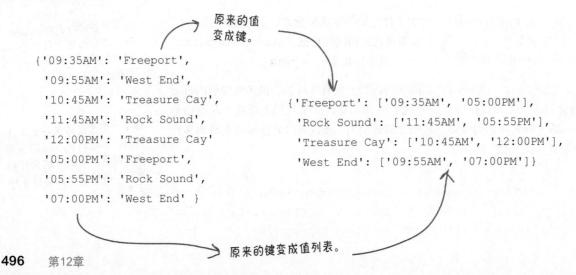

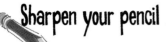

开始完成第二个处理之前，先暂停一下，看看你对这些推导式内容掌握得怎么样。

你现在的任务是把这一页的3个for循环转换为推导式。在这个过程中，不要忘记在IDLE中测试你的代码（然后再翻到下一页看我们的答案）。实际上，编写这些推导式时，你可以执行这些循环看看它们会做什么。把你的推导式写在下面给出的空格上。

①
```
data = [ 1, 2, 3, 4, 5, 6, 7, 8 ]
evens = []
for num in data:
        if not num % 2:
                evens.append(num)
```

%操作符是Python的取模操作符，它的工作如下：给定两个数，将第一个数除以第二个数，然后返回余数。

....

....

②
```
data = [ 1, 'one', 2, 'two', 3, 'three', 4, 'four' ]
words = []
for num in data:
        if isinstance(num, str):
                words.append(num)
```

"isinstance" BIF会查看一个变量是否指示某个特定类型的对象。

....

....

③
```
data = list('So long and thanks for all the fish'.split())
title = []
for word in data:
        title.append(word.title())
```

....

....

Sharpen your pencil
Solution

拿出笔来，把你的想法写下来。对于下面的这3个for循环，你的任务是把它们转换为推导式，一定要在IDLE中测试你的代码。

①
```
data = [ 1, 2, 3, 4, 5, 6, 7, 8 ]
evens = []
for num in data:
    if not num % 2:
        evens.append(num)
```

这4行for循环代码（将填充"evens"）会变成一行推导式代码。

```
evens = [ num for num in data if not num % 2 ]
```

②
```
data = [ 1, 'one', 2, 'two', 3, 'three', 4, 'four' ]
words = []
for num in data:
    if isinstance(num, str):
        words.append(num)
```

同样的，这4行循环代码重写为一个单行推导式。

```
words = [ num for num in data if isinstance(num, str) ]
```

③
```
data = list('So long and thanks for all the fish'.split())
title = []
for word in data:
    title.append(word.title())
```

应该可以看到，这是这3个推导式中最简单的一个（因为其中不包含过滤器）。

```
title = [ word.title() for word in data ]
```

用Python的方式处理复杂性

基于前面的推导式会话，下面在>>>提示窗口中做些试验，来了解将fts字典中的数据转换为所需形式时，这些数据会发生什么变化。

在编写代码之前，再来看要完成的这个转换。注意新字典中的键（右边）是一个唯一目的地列表，这是从fts字典中的值（左边）得出的：

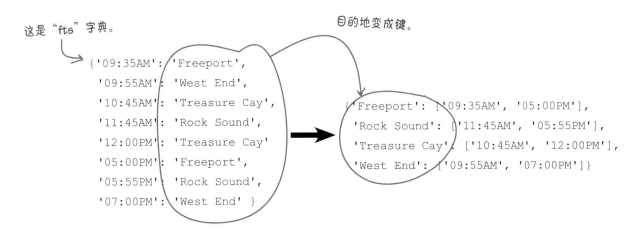

这是"fts"字典。

目的地变成键。

```
{'09:35AM': 'Freeport',
 '09:55AM': 'West End',
 '10:45AM': 'Treasure Cay',
 '11:45AM': 'Rock Sound',
 '12:00PM': 'Treasure Cay',
 '05:00PM': 'Freeport',
 '05:55PM': 'Rock Sound',
 '07:00PM': 'West End' }
```

```
{'Freeport': ['09:35AM', '05:00PM'],
 'Rock Sound': ['11:45AM', '05:55PM'],
 'Treasure Cay': ['10:45AM', '12:00PM'],
 'West End': ['09:55AM', '07:00PM']}
```

可以看到，生成这4个唯一目的地非常简单。如果已经将左边的数据放在一个名为fts的字典中，可以使用fts.values访问所有值，然后将这些值传入set BIF来去除重复。下面将惟一目的地存储在一个名为dests的变量中：

获取"fts"中的所有值，然后把它们传入"set"BIF。这样就能得到你需要的数据。

```
>>> dests = set(fts.values())
>>> print(dests)
{'Freeport', 'West End', 'Rock Sound', 'Treasure Cay'}
```

这里是4个唯一目的地，可以用作为新字典的键。

既然已经得到唯一目的地，下面来获取与这些目的地关联的飞行时间。这个数据也在fts字典中。

翻到下一页之前，先来考虑给定各个惟一目的地时，如何抽取飞行时间。

先不要操心抽取每一个目的地的所有飞行时间，下面先确定如何抽取*West End*的相关飞行时间。

抽取一个目的地的飞行时间

下面首先抽取一个目的地（即*West End*）的相关飞行时间。以下是需要抽取的数据：

```
{'09:35AM': 'Freeport',
 '09:55AM': 'West End',
 '10:45AM': 'Treasure Cay',
 '11:45AM': 'Rock Sound',
 '12:00PM': 'Treasure Cay'
 '05:00PM': 'Freeport',
 '05:55PM': 'Rock Sound',
 '07:00PM': 'West End' }
```

需要把这些键转换到一个值列表中。

与前面一样，打开>>>提示窗口来做些试验。给定fts字典，可以使用类似下面的代码抽取*West End*相应的飞行时间

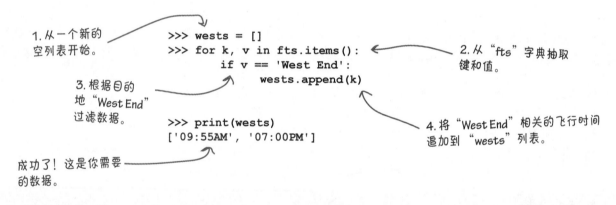

1. 从一个新的空列表开始。

2. 从"fts"字典抽取键和值。

3. 根据目的地"West End"过滤数据。

4. 将"West End"相关的飞行时间追加到"wests"列表。

```
>>> wests = []
>>> for k, v in fts.items():
        if v == 'West End':
            wests.append(k)

>>> print(wests)
['09:55AM', '07:00PM']
```

成功了！这是你需要的数据。

看到这个代码时，你应该能想到什么，因为这个for循环完全可以重写为一个列表推导式，是不是？

因为使用了列表推导式，原来的4行代码变成了一行。

这个for循环会变成以下等价的列表推导式：

```
>>> wests2 = [k for k, v in fts.items() if v == 'West End']

>>> print(wests2)
['09:55AM', '07:00PM']
```

同样成功了！这是你需要的数据。

既然已经知道如何为一个特定目的地抽取这个数据，下面来抽取所有目的地的相关数据。

为所有目的地抽取飞行时间

你已经得到下面的代码，它会抽取惟一目的地集合：

```
dests = set(fts.values())
```
← 唯一目的地。

另外还得到了下面的列表推导式，这会抽取一个给定目的地的飞行时间列表（在这个例子中，指定的目的地是*West End*）：

```
wests2 = [k for k, v in fts.items() if v == 'West End']
```
← 目的地"West End"的飞行时间。

要抽取所有目的地的飞行时间列表，需要结合这两个语句（放在一个for循环中）。

在下面的代码中，我们不再需要dests和west2变量，而是直接在for循环中使用这些代码。这里不再硬编码指定*West End*，因为当前目的地在（列表推导式的）dest中：

唯一目的地。

```
>>> for dest in set(fts.values()):
        print(dest, '->', [k for k, v in fts.items() if v == dest])


Treasure Cay -> ['10:45AM', '12:00PM']
West End -> ['07:00PM', '09:55AM']
Rock Sound -> ['05:55PM', '11:45AM']
Freeport -> ['09:35AM', '05:00PM']
```

对于"*dest*"当前值指示的目的地，抽取相应的飞行时间。

我们编写了一个for循环，看起来它符合推导式模式，这让我们很兴奋。下面先克制一下，因为在>>>提示窗口中试验的代码会在屏幕上显示我们需要的数据……而我们需要把这些数据存储在一个新字典中。下面创建一个新字典（名为when）来保存这些新抽取的数据。再回到>>>提示窗口，调整上面的for循环来使用when：

1. 从一个新的空字典开始。

2. 抽取唯一目的地集合。

```
>>> when = {}
>>> for dest in set(fts.values()):
        when[dest] = [k for k, v in fts.items() if v == dest]
```

3. 用飞行时间更新"when"字典。

```
>>> pprint.pprint(when)
{'Freeport': ['09:35AM', '05:00PM'],
 'Rock Sound': ['05:55PM', '11:45AM'],
 'Treasure Cay': ['10:45AM', '12:00PM'],
 'West End': ['07:00PM', '09:55AM']}
```

成功了：这是你需要的数据，它们在一个名为"when"的字典中。

你可能像我们一样，看到这个代码时已经无法压抑心中的激动了。

你感觉……

……这行代码就像有魔法一样。

不要太兴奋，再来看最新的这个for循环中的代码：

```python
when = {}
for dest in set(fts.values()):
    when[dest] = [k for k, v in fts.items() if v == dest]
```

这个代码符合推导式模式，所以很适合重写为一个推导式。下面把前面的for循环重写为一个字典推导式，将所需数据的一个副本抽取到一个名为when2的新字典中：

```python
when2 = {dest: [k for k, v in fts.items() if v == dest] for dest in set(fts.values())}
```

看上去就像有魔法一样，是不是？

这是目前为止你见过的最复杂的推导式，主要是因为外部字典推导式包含了一个内部列表推导式。实际上，这个字典推导式展示了推导式不同于等价for循环代码的一个特性：可以把推导式放在代码中几乎任何地方，而for循环做不到这一点，它只能作为语句出现在代码中（也就是说，不能作为表达式的一部分）。

当然，并不是说只能像下面这样：

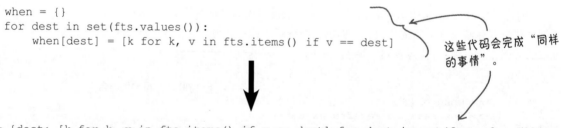

```python
when = {}
for dest in set(fts.values()):
    when[dest] = [k for k, v in fts.items() if v == dest]
```

这些代码会完成"同样的事情"。

```python
when2 = {dest: [k for k, v in fts.items() if v == dest] for dest in set(fts.values())}
```

注意：第一次看到包含一个内嵌列表推导式的字典推导式时，会认为这个代码很难读。

不过，见得多了，你就会发现推导式越来越容易理解，正如这一章前面指出的，Python程序员往往会大量使用推导式。是否使用推导式取决于你自己。如果你更喜欢使用for循环代码，也没有问题。如果你喜欢推导式，那就使用推导式……只是不要觉得勉强就好。

测试

继续后面的工作之前，下面把所有这些推导式代码放在我们的do_convert.py文件中。然后运行这个文件中的代码（使用IDLE），来看BB要求的转换是否已经实现。确认你的代码与我们的完全相同，然后执行这个代码，确认一切都满足要求。

do_convert.py - /Users/paul/Desktop/_NewBook/ch12/do_convert.py (3.5.2)

```python
from datetime import datetime
import pprint

def convert2ampm(time24: str) -> str:
    return datetime.strptime(time24, '%H:%M').strftime('%I:%M%p')

with open('buzzers.csv') as data:
    ignore = data.readline()
    flights = {}
    for line in data:
        k, v = line.strip().split(',')
        flights[k] = v

pprint.pprint(flights)
print()

fts = {convert2ampm(k): v.title() for k, v in flights.items()}

pprint.pprint(fts)
print()

when = {dest: [k for k, v in fts.items() if v == dest] for dest in set(fts.values())}

pprint.pprint(when)
print()
```

Ln: 1 Col: 0

Python 3.5.2 Shell

```
/ch12/do_convert.py ==========
{'09:35': 'FREEPORT',
 '09:55': 'WEST END',
 '10:45': 'TREASURE CAY',
 '11:45': 'ROCK SOUND',
 '12:00': 'TREASURE CAY',
 '17:00': 'FREEPORT',
 '17:55': 'ROCK SOUND',
 '19:00': 'WEST END'}

{'05:00PM': 'Freeport',
 '05:55PM': 'Rock Sound',
 '07:00PM': 'West End',
 '09:35AM': 'Freeport',
 '09:55AM': 'West End',
 '10:45AM': 'Treasure Cay',
 '11:45AM': 'Rock Sound',
 '12:00PM': 'Treasure Cay'}

{'Freeport': ['05:00PM', '09:35AM'],
 'Rock Sound': ['05:55PM', '11:45AM'],
 'Treasure Cay': ['10:45AM', '12:00PM'],
 'West End': ['07:00PM', '09:55AM']}

>>>
```

Ln: 214 Col: 4

1. 从CSV数据文件读入的原始数据。这是"flights"。

2. 原始数据复制和转换为AM/PM格式，并改为首字母大写。这是"fts"。

3. 每个目的地（从"fts"抽取）相应的飞行时间列表。这是"when"。

我们要起飞了！

问: 这么说……我这样理解对不对：推导式就是标准循环构造的一种简写语法，是吗？

答: 没错，而且特别是针对for循环。标准for循环与等价的推导式可以完成同样的事情。只是推导式执行得更快。

问: 什么时候使用列表推导式呢？

答: 这里没有明确的规则。一般来讲，如果你要从一个现有的列表生成一个新列表，可以仔细查看你的循环代码。问问自己这个循环是否可以转换成一个等价的推导式。如果这个新列表是"临时的"（也就是说，只使用一次，然后就会被丢弃），再问问自己一个嵌套的列表推导式是否更适合完成当前的任务。一般经验是，要避免在代码中引入临时变量，特别是如果它们只使用一次。问问自己是否可以改为使用推导式。

问: 我能不能完全不使用推导式？

答: 当然可以。不过，在Python社区里你会看到人们会大量使用推导式，所以除非你打算完全不看别人的代码，否则我们建议你还是花一些时间熟悉Python的推导式技术。一旦习惯了，你反而会奇怪之前没有推导式是怎么做的。而且我们还提到过，推导式执行得很快。

问: 对，我知道，不过现如今速度还能算一个重要的问题吗？我的笔记本电脑超级快，它能非常快地运行我的for循环。

答: 有意思。没错，如今我们的计算机比从前功能强多了，我们确实不用再花太多时间来节省每一个CPU周期（必须承认：我们不再需要这么做）。不过，既然已经提供了一个可以大大提高性能的技术，为什么不用呢？只需要一点点努力，就会在性能上得到很大回报。

我发现一杯浓咖啡能帮我理解推导式。另外，推导式适用于集合和元组吗？

这个问题问得好。

答案是：也行，也不行。

说行是因为确实可以创建和使用集合推导式（不过，坦率地讲，很少会看到集合推导式）。

说不行是因为，并没有"元组推导式"这种东西。我们先介绍集合推导式的实际使用，然后会解释为什么没有元组推导式。

集合推导式的实际使用

集合推导式（或简写为*setcomp*）允许你用一行代码创建一个新的集合，这里会采用一种与列表推导式语法很类似的构造。

集合推导式与列表推导式的区别在于，集合推导式用大括号包围（而列表推导式用中括号包围）。这可能让人有些糊涂，因为字典推导式也用大括号包围（有人猜测这是不是Python核心开发人员临时想到的）。

集合字面量用大括号包围，字典字面量也是如此。为了区别这二者，可以在字典中寻找冒号字符作为分隔符，而在集合中，冒号没有任何意义。同样的建议也适用于快速确定一个用大括号包围的推导式是字典推导式还是集合推导式：可以查找冒号。如果有冒号，说明这是一个字典推导式。否则，这就是一个集合推导式。

下面是一个简短的集合推导式例子（与这本书之前的一个例子很相似）。给定一组字母（在vowels中）和一个字符串（在message中）。for循环和等价的集合推导式会生成相同的结果，都会找出message中的元音集合：

```python
vowels = {'a', 'e', 'i', 'o', 'u'}
message = "Don't forget to pack your towel."

found = set()
for v in vowels:
    if v in message:
        found.add(v)
```

集合推导式遵循列表推导式同样的模式。

```python
found2 = { v for v in vowels if v in message  }
```

注意这里使用了大括号，因为解释器执行这个推导式时会生成一个集合。

在>>>提示窗口中试验这一页上的代码。你已经知道列表推导式和字典推导式能够做什么，所以理解集合推导式并不太难。这一页已经涵盖有关集合推导式的全部内容。

如何发现推导式

你已经越来越熟悉推导式代码，所以发现和理解这些代码也会更容易。下面是
发现列表推导式的一个很好的经验：

如果发现代码用[和]包围，说明这是一个列表推导式。

这个规则可以推广如下：

如果发现代码用括号（大括号或中括号）包围，这就可能是一个推导式。

为什么这里使用了"可能"这个词？

除了可以用 [] 包围，你已经看到了，推导式还可以用 {} 包围。如果代码用 [和]
包围，你看到的就是一个**列表**推导式。如果代码用 {和} 包围，你看到的可能是
一个**集合**推导式或**字典**推导式。字典推导式很容易发现，因为其中会使用冒号
字符作为分隔符。

不过，代码也可以出现在（和）之间，这是一种特殊情况，你可能认为用小括
号包围的代码肯定是一个元组推导式，尽管这么说可以原谅，但这是不对的：
虽然可以把代码放在（和）之间，但根本不存在"元组推导式"。这一章已经
了解了这么多关于推导式的知识，你可能在想：这是不是太奇怪了？

在这一章（和这本书）的最后，下面来分析出现在（和）之间的代码。 这不是一
个"元组推导式"，不过显然这么做是允许的，那么它是什么呢？

关于"元组推导式"?

Python的4个内置数据结构（元组、列表、集合和字典）有很多用途。不过，只有元组不能通过推导式来创建。

为什么会这样？

实际上，"元组推导式"的想法根本没有意义。应该记得，元组是不可变的：一旦创建一个元组，它就不能再改变。这也意味着，不可能在代码中生成一个元组的值。请看下面这个简短的IDLE会话：

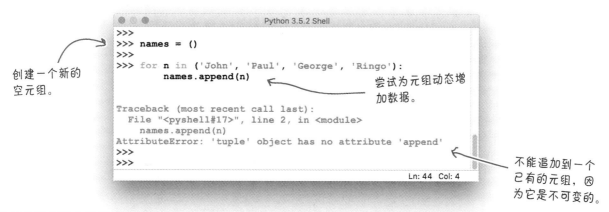

创建一个新的空元组。

尝试为元组动态增加数据。

不能追加到一个已有的元组，因为它是不可变的。

这里并没有什么奇怪或特殊的地方，因为这正是元组应有的行为：一旦存在，就不能再改变。仅凭这一点，就足以把元组排除在推导式之外。再在>>>提示窗口中查看以下交互。第二个循环与第一个循环只有很小的差别：列表推导式两边的中括号（第一个循环中）被替换为小括号（第二个循环中）：

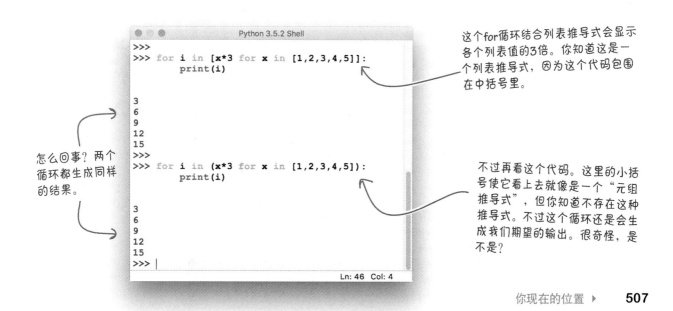

这个for循环结合列表推导式会显示各个列表值的3倍。你知道这是一个列表推导式，因为这个代码包围在中括号里。

怎么回事？两个循环都生成同样的结果。

不过再看这个代码。这里的小括号使它看上去就像一个"元组推导式"，但你知道不存在这种推导式。不过这个循环还是会生成我们期望的输出。很奇怪，是不是？

代码周围加小括号 == 生成器

遇到一个看上去像列表推导式但用小括号包围的代码时，你看到的实际上是一个**生成器**：

这看起来像一个列表
推导式，但并不是：
这是一个生成器。

```
for i in (x*3 for x in [1, 2, 3, 4, 5]):
    print(i)
```

使用列表推导式的
地方都可以使用生
成器，会生成同样
的结果。

在上一页最后我们看到，把一个列表推导式两边的中括号换成小括号时，结果是一样的。也就是说，生成器和列表推导式可以生成同样的数据。

不过，它们的执行方式不同。

如果不明白上面这句话，可以这样来考虑：执行一个列表推导式时，它会在做其他处理之前生成**所有**数据。来看这一页最上面的例子，这个for循环在列表推导式完成之前不会处理列表推导式生成的任何数据。这说明，如果一个列表推导式要花很长时间生成数据，其他代码就会延迟到这个列表推导式完成后才能运行。

对于一个很小的数据项列表（如上所示），这并不是一个大问题。

不过假设你的列表推导式要处理一个包括1000万个数据项的列表，就会遇到两个问题：①必须等待这个列表推导式处理这1000万个数据项，然后才能做其他事情；②要考虑运行这个列表推导式的计算机是否有足够的内存，能够在列表推导式执行时将所有这些数据（1000万个数据）放在内存中。如果这个列表推导式耗尽了所有内存，解释器会终止（你的程序也会停止）。

生成器一次生成一个数据项……

把列表推导式的中括号替换为小括号时，这个列表推导式就变成了一个**生成器**，代码的行为会有所不同。

列表推导式完成之后其他代码才能执行，与列表推导式不同，生成器代码一旦生成数据，就会释放这个数据。这意味着，如果你要生成1000万个数据项，解释器（一次）只需要**一个**数据项的内存，等待使用数据项（由生成器生成）的代码会立即执行。也就是说，这里没有等待。

要理解使用生成器带来的区别，并没有特别合适的例子，下面把一个简单的任务完成两次：一次使用列表推导式，另一次使用生成器。

列表推导式和生成器会生成相同的结果，不过操作方式完全不同。

使用列表推导式处理URL

为了展示使用生成器带来的区别，下面使用列表推导式完成一个任务（然后再重写为一个生成器）。

正如这本书中一贯的做法，我们要在>>>提示窗口试验一些代码，这里会使用requests库（这个库允许你通过程序与Web交互）。下面是一个简短的交互式会话，这里导入了requests库，定义了一个包含3个数据项的元组（名为urls），结合使用一个for循环和一个列表推导式请求各个URL的登陆页面，然后处理返回的Web响应。

为了了解这里发生了什么，你要在你的计算机上跟着我们完成这个试验。

使用"pip"命令从PyPI下载"requests"。

定义一个URL元组。这里可以替换为你自己的URL，不过至少要定义3个URL。

"for"循环包含一个列表推导式，对于"urls"中的每一个URL，会得到网站的登陆页面。

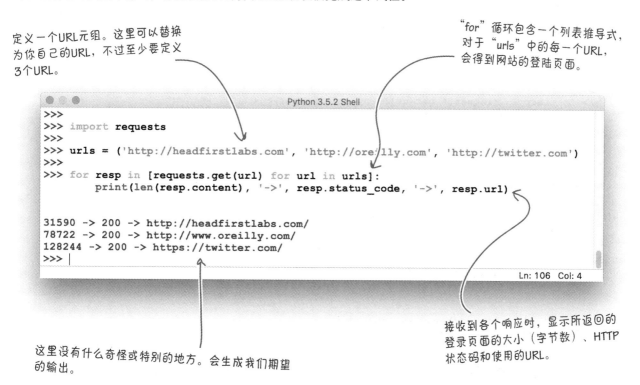

```
Python 3.5.2 Shell
>>>
>>> import requests
>>>
>>> urls = ('http://headfirstlabs.com', 'http://oreilly.com', 'http://twitter.com')
>>>
>>> for resp in [requests.get(url) for url in urls]:
        print(len(resp.content), '->', resp.status_code, '->', resp.url)


31590 -> 200 -> http://headfirstlabs.com/
78722 -> 200 -> http://www.oreilly.com/
128244 -> 200 -> https://twitter.com/
>>>
                                                        Ln: 106  Col: 4
```

接收到各个响应时，显示所返回的登录页面的大小（字节数）、HTTP状态码和使用的URL。

这里没有什么奇怪或特别的地方。会生成我们期望的输出。

如果在你的计算机上跟着我们完成这个会话，你会注意到，进入for循环代码和看到结果之间有一个延迟。显示结果时，它们会一次性显示（一次全部显示）。这是因为，列表推导式向for循环提供结果之前会处理urls中的所有URL。这有什么后果？这意味着你必须等待输出。

需要说明，这个代码本身没有什么问题：它做了你希望它完成的工作，而且输出是正确的。不过，下面把这个列表推导式改写为一个生成器，来看有什么区别。前面已经说过，一定要在你的计算机上跟着我们完成下一页的试验（这样你才能看到发生了什么）。

使用生成器处理URL

下面仍是上一页的例子，不过重写为一个生成器。这很容易，只需要把列表推
导式的中括号替换为小括号：

```
*Python 3.5.2 Shell*
>>>
>>>                一个重要的改变：把中括号
>>>                替换为小括号。
>>>
>>>
>>> for resp in (requests.get(url) for url in urls):
        print(len(resp.content), '->', resp.status_code, '->', resp.url)
                                                              Ln: 151  Col: 1
```

进入上面的for循环之后，稍过一会儿，会出现第一个结果：

```
*Python 3.5.2 Shell*
>>>
>>>
>>> for resp in (requests.get(url) for url in urls):
        print(len(resp.content), '->', resp.status_code, '->', resp.url)

31590 -> 200 -> http://headfirstlabs.com/   ← 第一个URL的响应。
|
                                                              Ln: 153  Col: 0
```

然后再过一会儿，会出现下一行结果：

```
*Python 3.5.2 Shell*
>>>
>>> for resp in (requests.get(url) for url in urls):
        print(len(resp.content), '->', resp.status_code, '->', resp.url)

31590 -> 200 -> http://headfirstlabs.com/
78722 -> 200 -> http://www.oreilly.com/   ← 第二个URL的响应。
                                                              Ln: 154  Col: 0
```

最后，再过一会儿，会出现最后一个结果行（for循环结束）：

```
Python 3.5.2 Shell
>>> for resp in (requests.get(url) for url in urls):
        print(len(resp.content), '->', resp.status_code, '->', resp.url)

31590 -> 200 -> http://headfirstlabs.com/
78722 -> 200 -> http://www.oreilly.com/
128244 -> 200 -> https://twitter.com/   ← 第三个也是最后一个URL的响应。
>>> |
                                                              Ln: 156  Col: 4
```

使用生成器：发生了什么？

如果比较列表推导式和生成器生成的结果，它们是一样的。不过，代码的行为却不同。

列表推导式会等待所有数据都生成，然后才会把这些数据传送到正在等待的for循环，而生成器有所不同，只要数据可用它就会提供数据。这说明，使用生成器的循环响应性更好，而使用列表推导式的循环会让你等待。

如果你觉得这不是大问题，可以想象一下，如果定义的URL元组包含一百个、一千个甚至一百万个URL会是怎样。另外，假设处理响应的代码会把所处理的数据传送到另一个进程（可能是一个数据库），随着URL数量的增加，与生成器相比，列表推导式的表现会更糟糕。

这么说……是不是意味着总是要使用生成器来取代列表推导式呢？

不，我们并不是这个意思。

不要误解：生成器确实很好，但这并不表示要把所有列表推导式都替换为等价的生成器。与大部分编程工作一样，使用哪种方法取决于你打算做什么。

如果你可以接受等待，列表推导式就很好；否则，就应该考虑使用生成器。

生成器还有一个有意思的用法：可以嵌套在函数中。下面来看如何把刚才创建的生成器封装在一个函数中。

定义你的函数要做什么

下面假设你想把requests生成器转换为一个函数。你希望这个生成器包装在你写的一个小模块中，可以让其他程序员使用，而不需要他们知道或理解生成器。

下面再给出这个生成器代码：

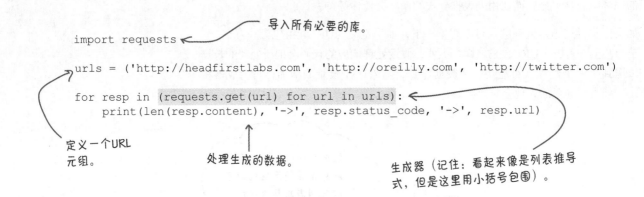

导入所有必要的库。

```
import requests

urls = ('http://headfirstlabs.com', 'http://oreilly.com', 'http://twitter.com')

for resp in (requests.get(url) for url in urls):
    print(len(resp.content), '->', resp.status_code, '->', resp.url)
```

定义一个URL元组。

处理生成的数据。

生成器（记住：看起来像是列表推导式，但是这里用小括号包围）。

下面创建一个函数封装这个代码。这个函数名为gen_from_urls，它取一个参数（一个URL元组），会为每个URL返回一个结果元组。返回的元组包含3个值：URL内容的长度、HTTP状态码，以及发出响应的URL。

假设gen_from_urls存在，我们希望其他程序员能够在for循环中执行这个函数，如下所示：

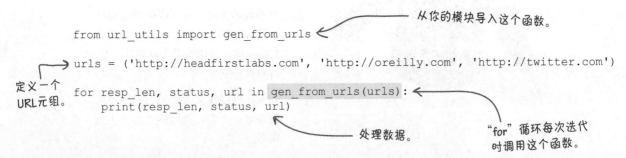

从你的模块导入这个函数。

```
from url_utils import gen_from_urls

urls = ('http://headfirstlabs.com', 'http://oreilly.com', 'http://twitter.com')

for resp_len, status, url in gen_from_urls(urls):
    print(resp_len, status, url)
```

定义一个URL元组。

处理数据。

"for"循环每次迭代时调用这个函数。

尽管这个新代码看上去与这一页最上面的代码没有太大不同，但要注意，使用gen_from_urls的程序员不知道（或者不需要知道）他们在使用requests与Web交互。另外他们也不需要知道你在使用生成器。这个函数调用很容易理解，而且你的所有实现细节和选择都被这个函数调用所隐藏。

下面来看如何编写gen_from_urls来生成你需要的数据。

生成器函数中使用yield

既然已经知道gen_from_urls函数需要做什么，下面来编写这个函数。首先创建一个名为url_utils.py的新文件。编辑这个文件，增加import requests作为它的第一行代码。

这个函数的def行很简单，因为它只取一个元组为参数，另外会返回一个元组（注意这里包含了类型注解，所以使用生成器函数的人能够清楚地知道这一点）。在文件中增加这个函数的def行，如下所示：

```
import requests

def gen_from_urls(urls: tuple) -> tuple:
```

导入 "requests" 之后，定义你的新函数。

这个函数的代码组就是上一页的生成器，for行是直接复制粘贴过来的：

```
import requests

def gen_from_urls(urls: tuple) -> tuple:
    for resp in (requests.get(url) for url in urls):
```

在 "for" 循环中增加生成器。

下一行代码要"返回"requests.get函数完成GET请求的结果。你可能想增加下面的代码行作为for的代码组，**但不要这么做：**

```
return len(resp.content), resp.status_code, resp.url
```

一个函数执行一个return语句时，这个函数会终止。这里你并不希望这样，因为gen_from_urls函数会在for循环中调用，每次调用这个函数时希望得到一个不同的结果元组。

不过，如果不能执行return，我们该怎么做呢？

要使用yield。Python中增加yield关键字就是为了支持**生成器函数**的创建，能用return的地方都可以使用yield。使用yield时，你的函数会成为一个生成器函数，可以从任何迭代器"调用"这个函数，在这里就是从for循环调用：

使用 "yield" 将GET响应的各行结果返回给等待的 "for" 循环。记住：不要使用 "return"。

```
import requests

def gen_from_urls(urls: tuple) -> tuple:
    for resp in (requests.get(url) for url in urls):
        yield len(resp.content), resp.status_code, resp.url
```

下面来仔细分析这里发生了什么。

跟踪生成器函数（1/2）

要了解生成器函数运行时发生了什么，下面来跟踪以下代码的执行：

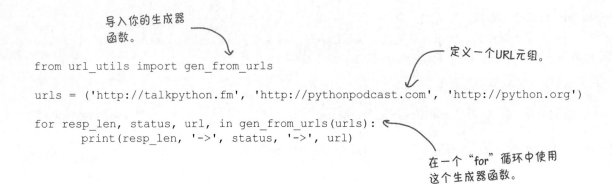

导入你的生成器
函数。

定义一个URL元组。

```
from url_utils import gen_from_urls

urls = ('http://talkpython.fm', 'http://pythonpodcast.com', 'http://python.org')

for resp_len, status, url, in gen_from_urls(urls):
        print(resp_len, '->', status, '->', url)
```

在一个"for"循环中使用
这个生成器函数。

前两行代码很简单：导入这个函数，并定义一个URL元组。

下一行代码就开始有意思了，这里调用了gen_from_urls生成器函数。下面把这个for循环称为"调用代码"：

```
for resp_len, status, url, in gen_from_urls(urls):
```

解释器跳至gen_from_urls函数，开始执行它的代码。URL元组会复制到这个函数的唯一参数，然后执行生成器函数的for循环：

调用代码的"for"循环
与生成器函数的"for"
循环通信。

```
def gen_from_urls(urls: tuple) -> tuple:
    for resp in (requests.get(url) for url in urls):
        yield len(resp.content), resp.status_code, resp.url
```

这个for循环包含生成器，它取urls元组中的第一个URL，向指定的服务器发送一个GET请求。从服务器返回HTTP响应时，会执行yield语句。

这里很有意思（或者可以说是有些奇怪，这取决于你的看法）。

这里并不是执行代码然后移到urls元组中的下一个URL（也就是说，继续gen_from_urls中for循环的下一次迭代），yield会把它的3个数据传回调用代码。现在不会终止执行，gen_from_urls函数生成器会等待，就好像挂起了一样……

跟踪生成器函数（2/2）

数据（由yield传回）到达调用代码时，for循环的代码组会执行。由于这个代码组包含一个print BIF调用，所以会执行这行代码，在屏幕上显示第一个URL的结果：

```
print(resp_len, '->', status, '->', url)

34591 -> 200 -> https://talkpython.fm/
```

然后调用代码的for循环会迭代，从某种意义上讲，这会再次调用gen_from_urls。

但不完全是这样，实际上是gen_from_urls从其挂起状态被唤醒，然后继续运行。gen_from_urls中的for循环迭代，取urls元组中的下一个URL，与这个URL的相应服务器通信。从服务器返回HTTP响应时，会执行yield语句，将它的3个数据传回给调用代码（函数可以通过resp对象访问这些数据）：

```
yield len(resp.content), resp.status_code, resp.url
```

返回的3个数据来自"resp"对象，这是"requests"库的"get"方法返回的。

与前面一样，现在不会终止执行，gen_from_urls生成器函数会再一次等待，就好像挂起了一样……

数据（由yield传回）到达调用代码时，for循环的代码组会再一次执行，在屏幕上显示第二组结果：

```
34591 -> 200 -> https://talkpython.fm/
19468 -> 200 -> http://pythonpodcast.com/
```

调用代码的for循环会迭代，再一次"调用"gen_from_urls，这会再一次唤醒你的生成器函数。yield语句会执行，结果返回给调用代码，显示再次更新：

```
34591 -> 200 -> https://talkpython.fm/
19468 -> 200 -> http://pythonpodcast.com/
47413 -> 200 -> https://www.python.org/
```

此时URL元组已经处理完，所以生成器函数和调用代码的for循环都会终止。就好像这两个代码轮流执行一样（每次轮换时在二者之间传递数据）。

下面在>>>提示窗口看这个代码的具体执行。现在来完成最后一个测试。

别伤心

测试

在这本书最后的这个测试中，我们来运行这个生成器函数。采用一直以来的做法，把代码加载到一个IDLE编辑窗口，然后按F5在>>>提示窗口执行这个函数。跟着我们完成下面的会话：

这是"url_utils.py"模块中的"gen_from_urls"生成器函数。

```
url_utils.py - /Users/paul/Desktop/_NewBook/ch12/url_utils.py (3.5.2)

import requests

def gen_from_urls(urls: tuple) -> tuple:
    for resp in (requests.get(url) for url in urls):
        yield len(resp.content), resp.status_code, resp.url

                                                    Ln: 8  Col: 0
```

下面的第一个例子展示了在一个for循环中调用gen_from_urls。正如我们期望的，这里的输出与前几页上得到的结果相同。

下面的第二个例子展示了将gen_from_urls用在一个字典推导式中。注意，这个新字典只需要存储URL（作为键）和登陆页面的大小（作为值）。这个例子中不需要HTTP状态码，所以我们使用Python的默认变量名（一个下划线字符）让解释器忽略这个信息：

短暂停顿之后，会显示各行结果，因为数据由这个函数生成。

这个字典推导式将URL与其登录页面的长度关联。

```
                            Python 3.5.2 Shell
>>>
>>>
>>> for resp_len, status, url in gen_from_urls(urls):
        print(resp_len, '->', status, '->', url)

31590 -> 200 -> http://headfirstlabs.com/
78722 -> 200 -> http://www.oreilly.com/
128244 -> 200 -> https://twitter.com/
>>> urls_res = {url: size for size, _, url in gen_from_urls(urls)}
>>>
>>> import pprint
>>>
>>> pprint.pprint(urls_res)
{'http://headfirstlabs.com/': 31590,
 'http://www.oreilly.com/': 78722,
 'https://twitter.com/': 128244}
>>>
>>>
                                                    Ln: 271  Col: 0
```

将URL元组传递到生成器函数。

这个下划线告诉代码忽略所返回的HTTP状态码值。

用美观打印形式输出"url_res"字典，这里确认了可以在字典推导式中（以及"for"循环中）使用生成器函数。

结束语

在Python世界里，推导式和生成器函数通常被认为是一个很高级的主题。不过，这主要是因为其他主流编程语言中没有这些特性，这说明转向Python的程序员使用这些特性时可能会感觉有些吃力（因为他们无从参考）。

尽管如此，在*Head First Labs*，Python编程小组还是很喜欢推导式和生成器，他们认为，只要反复使用，就能很自然地建立使用这些特性的循环构造。他们甚至无法想象没有这些特性该怎么办。

你可能觉得推导式和生成器语法有些奇怪，不过我们的建议是坚持使用。它们比等价的for循环更高效，即使不考虑这一点，也应该知道推导式和生成器的另一个优点：有些情况下可能无法使用for循环，却可以使用推导式和生成器，这个原因足以让你更加倚重这些Python特性。一段时间后，随着你越来越熟悉这些特性的语法，可能就会很自然地发现哪些情况下可以利用推导式和生成器，确定哪里使用函数，哪里使用循环，哪里使用类等。下面对这一章介绍的知识做个回顾：

BULLET POINTS

- 处理文件中的数据时，Python提供了多种选择。除了标准的open BIF，还可以使用标准库csv模块的功能来处理CSV格式的数据。

- 方法链允许用一行代码完成对数据的处理。string.strip().split()方法链在Python代码中很常见。

- 注意方法链中方法的顺序。具体来讲，要注意各个方法返回的数据的类型（并确保类型的兼容性）。

- 将数据从一种格式转换为另一种格式时所用的for循环可以改写为一个**推导式**。

- 可以编写推导式处理现有的列表、字典和集合，列表推导式使用最广泛。有经验的Python

- 程序员把这些构造称为listcomps（列表推导式）、dictcomps（字典推导式）和setcomps（集合推导式）。

- **列表推导式**是用中括号包围的代码，**字典推导式**是用大括号包围的代码（有冒号分隔符）。**集合推导式**也是用大括号包围的代码（但没有字典推导式中的冒号）。

- 没有"元组推导式"，因为元组是不可变的（所以试图动态创建元组是没有意义的）。

- 如果发现推导式代码用小括号包围，你看到的是一个**生成器**（可以转换为一个函数，使用yield根据需要生成数据）。

这一章就要结束了（实际上，这本书的主要内容也已经介绍完了），我们还有最后一个问题要问你。深呼吸，然后翻到下一页。

最后一个问题

好了，只有最后一个问题了：这本书读到这里，你注意到Python中空白符的使用了吗？

对于刚接触Python的程序员，最常听到的抱怨就是Python使用空白符来指示代码块（而不是用大括号之类的语法）。不过，过一段时间后，你就会熟悉这种做法，甚至不会再注意这一点。

这不是偶然的：Python的创造者有意使用了空白符。

这是特意设计的一种做法，因**为读代码比写代码更多**。这说明，如果代码遵循一种一致而且得到普遍认可的格式，会更易读。这也说明，由于Python中空白符的大量使用，10年前一个陌生人写的Python代码到今天仍然可读。

对于Python社区，这是很有益的，对你来说，这也很有好处。

第12章的代码

这是"*do_convert.py*"。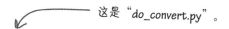

```python
from datetime import datetime
import pprint

def convert2ampm(time24: str) -> str:
    return datetime.strptime(time24, '%H:%M').strftime('%I:%M%p')

with open('buzzers.csv') as data:
    ignore = data.readline()
    flights = {}
    for line in data:
        k, v = line.strip().split(',')
        flights[k] = v

pprint.pprint(flights)
print()

fts = {convert2ampm(k): v.title() for k, v in flights.items()}

pprint.pprint(fts)
print()

when = {dest: [k for k, v in fts.items() if v == dest] for dest in set(fts.values())}

pprint.pprint(when)
print()
```

这是"url_utils.py"。

```python
import requests

def gen_from_urls(urls: tuple) -> tuple:
    for resp in (requests.get(url) for url in urls):
        yield len(resp.content), resp.status_code, resp.url
```

该说再见了……

你已经可以上路了！

很遗憾你要离开，不过我们真的很高兴你能掌握这本书中学到的Python知识并具体加以使用。你的Python之旅程刚刚开始，还有很多需要学习。当然，这本书还没有真正结束。接下来还有5个（没错，是5个）附录。别担心，这些附录并不长，很有必要好好读一读。当然，最后还有一个索引，不要忘了索引！

我们写这本书时充满了乐趣，希望你学习Python时也一样快乐。祝你愉快！

附录A: 安装

安装Python

Doris, 我有好消息告诉你: 最新的Python安装程序实在太好用了。

首要的事情: 在你的计算机上安装Python。

不论你在使用Windows, Mac OS X还是Linux, 都能运行Python。如何在这些平台上安装Python取决于这些操作系统如何工作（我们知道……它们有很大不同，是吧），Python社区很努力地提供了针对所有流行操作系统的安装程序。在这个简短的附录中，我们会指导你在计算机上安装Python。

在Windows上安装Python 3

除非你（或其他人）已经在你的Windows PC上安装了Python解释器，否则通常不会预装Python。即使你已经安装了Python，下面还是会告诉你如何在你的Windows计算机上安装最新最棒的Python 3版本。

如果你已经安装了一个Python 3版本，它将升级。如果你安装了Python 2，则会另外安装Python 3（不过不会影响你原来安装的Python 2）。如果你还没有安装任何Python版本，好吧，现在就来安装！

下载，然后安装

在浏览器中访问*www.python.org*，然后单击Downloads（下载）标签页。

会出现两个大按钮，允许你选择最新版本的Python 3或Python 2。单击Python 3按钮。看到提示对话框时保存下载的文件。稍过一会儿下载就会完成。在你的*Downloads*文件夹（或保存文件的其他文件夹）中找到下载的文件，然后双击这个文件开始安装。

接下来会开始一个标准的*Windows*安装过程。基本上只需要在每个提示对话框中点击*Next*（下一步），但以下对话框除外（如下所示），在这里你可能需要停下来对配置做一些修改，确保选中*Add Python 3.5 to Path*，这会保证*Windows*能够在需要时找到Python解释器：

注意：这本书出版时，Python 3的下一个版本（3.6）还没有发布。由于这个新版本到2016年底才会发布（大概是这本书出版*之后*的几个星期内），所以这些截屏图中显示的都是3.5版本。你看到的版本与这里的版本号不一致也不用担心。你可以下载和安装最新的版本。

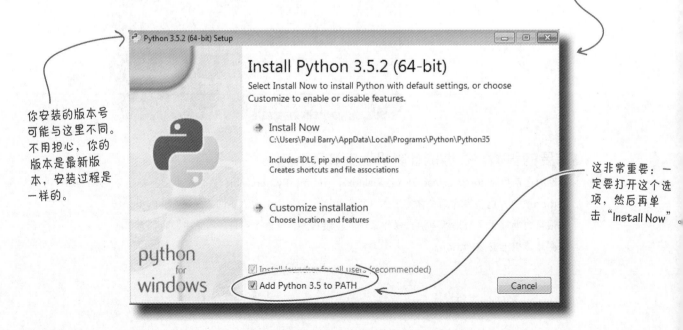

你安装的版本号可能与这里不同。不用担心，你的版本是最新版本，安装过程是一样的。

这非常重要：一定要打开这个选项，然后再单击"Install Now"。

在Windows上检查Python 3

既然已经在你的Windows上安装了Python解释器，下面完成一些检查来确认一切正常。

首先，在Start（开始）菜单下的All　Programs（所有程序）中会有一个新的程序组。在这里，我们给出了*Head First Labs*的一台Windows 7机器上的截屏图。你的机器上应该也类似。如果不一样，需要重新完成安装。Windows　8（或更高版本）的用户也会看到一个类似的新程序组。

下面从下向上查看Python 3.5组中的各个选项。

Python安装程序在"所有程序"列表中增加一个新的程序组。

Python 3.5 Modules Docs选项允许访问Python系统中可用的所有已安装模块的文档。在这本书中，你会学习有关模块的很多知识，所以现在先不用考虑使用这个选项。

Python 3.5 Manuals选项会在标准Windows帮助工具中打开Python语言的全部文档。这是Web上可以得到的Python 3文档的一个副本。

Python 3.5选项会打开一个基于文本的交互式命令提示窗口（>>>提示窗口），可以用来试验你编写的代码。从第1章开始，我们会介绍有关>>>提示窗口的更多内容。如果你点击了这个选项想要试一试，但不知道接下来做什么，可以键入quit()退回到Windows。

最后一个选项是*IDLE*（Python 3.5），这会运行名为*IDLE*的Python集成开发环境。这是一个非常简单的*IDE*，允许访问Python的>>>提示窗口、一个文本编辑器、Python调试工具以及Python文档。这本书中从第1章开始会大量使用*IDLE*。

（可以说）这就是Windows上的Python 3……

Python是从Unix和类Unix系统发展而来的，在Windows上有时会体现出这一点。例如，一般认为Python支持的一些软件在Windows上并不是默认可用的，所以使用Windows时，要想充分利用Python，程序员通常还必须另外安装一些额外的软件。下面就来安装这样一个额外的软件，来展示如何在需要时增加这些缺少的部分。

在Windows上为Python 3增加模块

使用Windows版本的Python时，有时程序员会感觉有些"缺斤短两"：其他平台上（Python中）有的一些特性在Windows上却没有。

好在一些有能力的程序员编写了可以安装到Python的一些第三方模块，它们能提供缺少的这些功能。要安装这些模块，只需要在Windows命令提示窗口稍做一些工作。

来看一个例子，下面为Windows上的Python增加常用readline功能的Python实现。pyreadline模块提供了一个Python版本的readline，可以为任何默认的Windows安装填补这个空白。

打开一个Windows命令提示窗口，跟着我们完成下面的安装过程。在这里，我们要使用一个软件安装工具（Python 3.5中提供了这个工具）来安装pyreadline模块。这个工具名为pip，这是"Python Index Project"的缩写，它得名于创建pip的项目。

在Windows命令提示窗口中，输入**pip install pyreadline**：

Geek Bits

readline库实现了一组提供交互式文本编辑功能（通常处理命令行）的函数。pyreadline模块提供了readline的一个Python接口。

要在命令提示窗口中输入这个命令。

```
File Edit Window Help InstallingPyReadLine
Microsoft Windows [Version 6.1.7601]
Copyright (c) 2009 Microsoft Corporation. All rights reserved.
C:\Users\Head First>
C:\Users\Head First> pip install pyreadline
Downloading/unpacking pyreadline
     ...
     ...
     ...
Successfully installed pyreadline
Cleaning up...
C:\Users\Head First>
```

你会在这里看到很多消息。

如果看到这个消息，说明一切正常。

执行这个命令之前要确保已经连入互联网。

完成这些工作之后，pyreadline已经安装到Windows，接下来可以使用了。

现在可以翻回到第1章，试着运行一些示例Python代码。

在Mac OS X (macOS)上安装Python 3

默认地，*Mac OS X*上会预安装Python 2。不过，这对我们没有什么用，因为我们想使用Python 3。好在访问Python网站（*http://www.python.org*）时，它足够聪明，会知道你在使用Mac。把鼠标放在*Download*标签页上，然后单击3.5.x按钮下载Mac的Python安装程序。选择最新版本的Python 3，下载它的包，然后以通常的"Mac方式"完成安装。

Mac OS X上Python 3.5.2及以上版本的标准安装程序。如果你的版本比这里所示的版本还要新，那就安装你的版本！

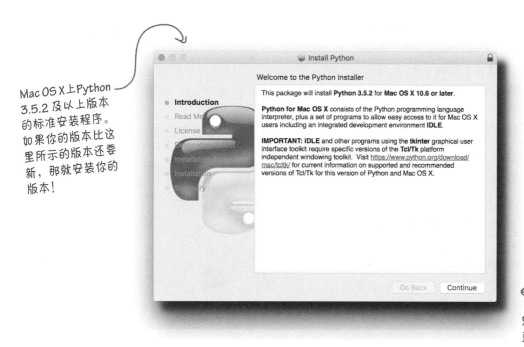

只需要一直单击继续，直到安装完成。

使用包管理器

在Macs上，还可以使用某个流行的开源包管理器，可以是*Homebrew*或*MacPorts*。如果你没有用过这些包管理器，可以跳过这一节，直接看下一页。不过，如果你已经用过其中任何一个包管理器，可以使用以下命令在你的Mac上从一个终端窗口安装Python 3：

- 在*Homebrew*上，输入**brew install python3**。

- 在*MacPorts*上，输入**port install python3**。

就这么简单：这样就可以了。现在就可以在*Mac OS X*上使用Python 3了——下面来看安装了什么。

在Mac OS X上检查和配置Python 3

要看*Mac OS X*上安装是否成功，单击*Applications*（应用）图标，然后找到
*Python 3*文件夹。

单击*Python 3*文件夹，你会看到一组图标（如下所示）。

Mac OS X上的Python 3图标

第一个选项*IDLE*是目前为止最有用的，学习Python
的大多数时间里你都要用它与Python 3交互。选择这
个选项会打开Python的集成开发环境（名为*IDLE*）。
这是一个非常简单的IDE，允许你访问Python的>>>
交互式提示窗口、一个文本编辑器、Python调试工
具和Python文档。这本书中会大量使用*IDLE*。

*Python Documentation.html*选项会在你的默认浏览器
中打开Python所有文档（HTML格式）的一个本地副
本（而不要求你在线）。

只要双击包含Python代码的一个可执行文件，
*Mac OS X*就会自动运行*Python Launcher*选项。尽管
这对有些人可能很有用，但在*Head First Labs*，我们
很少使用这个选项，但知道有这样一个选项也不错，
因为没准在某种情况下需要用到这个选项。

最后一个选项是*Update Shell Profile.command*，它会
更新*Mac OS X*上的配置文件，确保在你的操作系统
路径中增加了Python解释器及相关工具的位置。现
在可以点击这个选项来运行这个命令，之后就不用
再运行了——运行一次就足够。

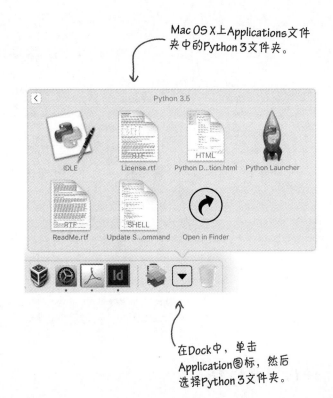

Mac OS X上Applications文件
夹中的Python 3文件夹。

在Dock中，单击
Application图标，然后
选择Python 3文件夹。

现在可以在Mac OS X上运行

完成这些工作后，*Mac OS X*上的Python安装已经完
成。

现在可以翻回到第1章，开始学习Python。

在Linux上安装Python 3

如果你安装了最新版本的Linux，有一个好消息：很有可能已经安装了Python 2和Python 3。

可以用下面这个简单的方法询问Python解释器的当前版本号：打开一个命令行窗口，并键入：

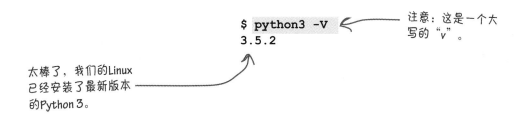

```
$ python3 -V
3.5.2
```

注意：这是一个大写的"V"。

太棒了，我们的Linux已经安装了最新版本的Python 3。

执行这个命令后，如果*Linux*指出无法找到python3，你就需要自己来安装。如何安装取决于你运行的Linux版本。

如果你的Linux基于流行的*Debian*或*Ubuntu*版本（这也是*Head First Labs*使用的版本），可以使用apt-get工具来安装Python 3。命令如下：

```
$ sudo apt-get install python3 idle3
```

如果你的Linux基于*yum*或*rpm*，可以使用针对这些系统的相应命令。或者打开你喜欢的Linux GUI，针对你的版本使用基于GUI的包管理器选择python3和idle3来完成安装。在很多Linux系统上，比较流行的选择是Synaptic包管理器，很多基于GUI的软件安装程序也使用这个包管理器。

安装Python 3之后，使用这一页最上面的命令检查是否一切正常。

不论你使用哪个版本，python3命令都允许你在命令行访问Python解释器，另外idle3命令允许你访问基于GUI的集成开发环境（名为*IDLE*）。这是一个非常简单的IDE，允许你访问Python的>>>交互式提示窗口、一个文本编辑器、Python调试工具和Python文档。

这本书从第1章开始将大量使用>>>提示窗口和IDLE，现在你就可以翻回到第1章开始学习。

一定要选择"python3"和"idle3"包来完成Linux上的安装。

附录B: pythonanywhere

部署你的Web应用

只需要10分钟就可以把我的Web应用部署到云？真是难以相信……

在第5章的最后，我们说过只需要10分钟就可以把你的Web应用部署到云。

现在就来兑现我们的承诺。在这个附录中，我们将带你完成这个过程，将你的web应用部署到PythonAnywhere上，我们会从零开始，整个部署过程大约10分钟。PythonAnywhere在Python编程社区中很受欢迎，不难看出这是为什么：它能满足你的期望，对Python（和Flask）提供了很好的支持，而且最棒的是，你不用任何花费就可以托管你的Web应用。下面来介绍PythonAnywhere。

步骤0: 一点点准备

现在你的web应用代码在你的计算机上的一个webapp文件夹中，其中包含vsearch4web.py文件以及static和templates文件夹（如下所示）。为了准备部署，要创建一个ZIP归档文件，其中包含webapp文件夹中的所有内容，将这个归档文件命名为webapp.zip：

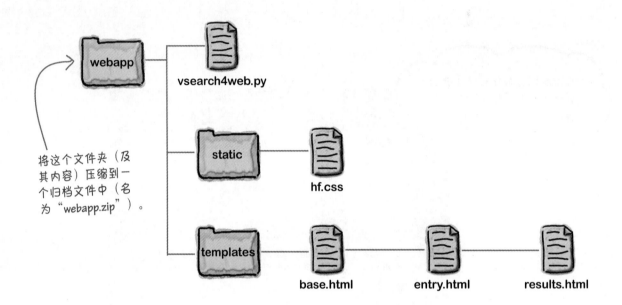

将这个文件夹（及其内容）压缩到一个归档文件中（名为"webapp.zip"）。

vsearch4web.py

static

hf.css

templates

base.html   entry.html   results.html

除了webapp.zip，还需要上传和安装第4章的vsearch模块。现在你只需要找到第4章创建的发布文件。在我们的计算机上，这个归档文件名为vsearch-1.0.tar.gz，存储在我们的mymodules/vsearch/dist文件夹中（在*Windows*上，这个文件可能名为vsearch-1.0.zip）。

应该记得第4章介绍过，Python的"setuptools"模块会在Windows上创建ZIP文件，在其他平台上创建.tar.gz文件。

目前不需要对这些归档文件做任何处理。只需要记下这些归档文件在你的计算机中的位置，这样当把它们上传到*PythonAnywhere*时，就可以很容易地找到。你可以拿出笔来，在这里记下这两个归档文件的位置：

webapp.zip

vsearch-1.0.tar.gz

如果你在Windows上，这就是"vsearch.zip"。

步骤1：注册PythonAnywhere

这一步再简单不过了。访问*pythonanywhere.com*，然后单击**Pricing & signup**
链接：

从这里开始。

单击这个蓝色的大按钮创建一个*Beginner*帐户，然后在注册表单中填写详细信息：

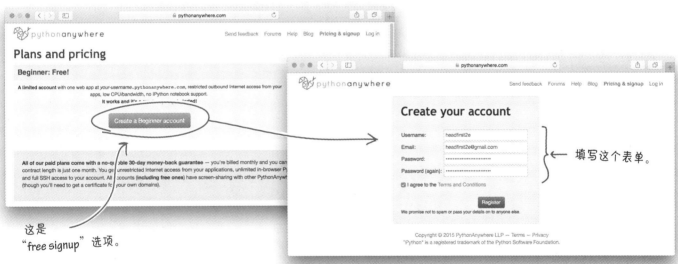

这是
"free signup" 选项。

填写这个表单。

如果一切顺利，会显示*PythonAnywhere*仪表板。注意：现在你已经注册并登录：

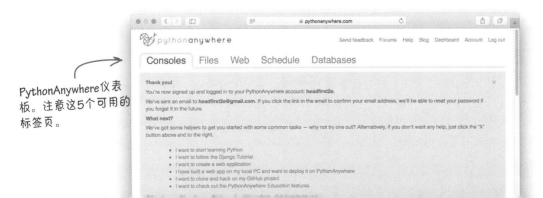

PythonAnywhere仪表
板。注意这5个可用的
标签页。

步骤2: 将你的文件上传到云

单击**Files**标签页，查看可用的文件夹和文件：

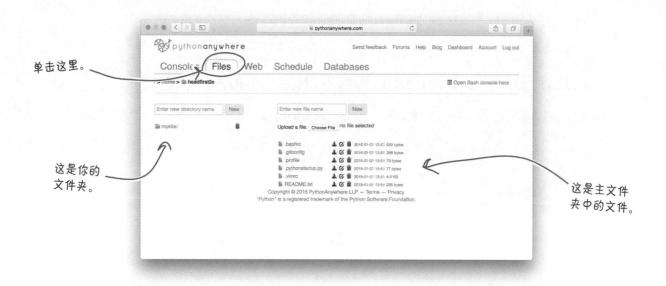

单击这里。

这是你的
文件夹。

这是主文件
夹中的文件。

使用*Upload a file*（上传文件）选项，找到并上传步骤0中的两个归档文件：

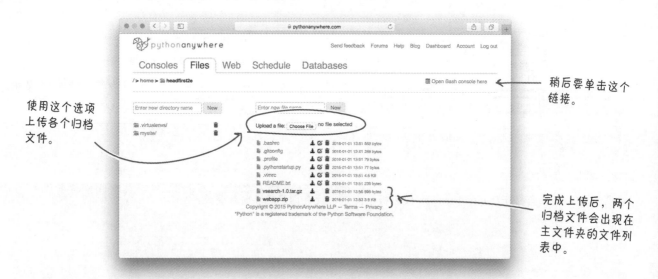

使用这个选项
上传各个归档
文件。

稍后要单击这个
链接。

完成上传后，两个
归档文件会出现在
主文件夹的文件列
表中。

现在可以解压缩和安装这两个上传的归档文件，这要在**步骤3**中完成。为了做好准备，单击上
面这个页面右上角的*Open a bash console here*链接。这会在你的浏览器窗口中打开一个终端窗
口（在*PythonAnywhere*上）。

步骤3: 解压缩和安装你的代码

点击*Open a bash console here*链接时，*PythonAnywhere*会做出响应，将*Files*仪表板替换为一个基于浏览器的Linux控制台（命令提示窗口）。你要在这个控制台中执行一些命令来解压缩和安装vsearch模块和你的Web应用的代码。首先把vsearch作为一个"私有模块"安装到Python（也就是说，只能你使用），为此要使用以下命令（如果在Windows上，一定要改为vsearch-1.0.zip）：

```
python3 -m pip install vsearch-1.0.tar.gz --user
```

"--user" 确保
"vsearch" 模块安装
后只能你使用。
PythonAnywhere 不
允许你安装一个模块
供所有人使用（只能
你自己使用）。

运行这个
命令。

成功了!

成功地安装了vsearch模块之后，下面把注意力转向你的web应用的代码，它们要安装到mysite文件夹（你的*PythonAnywhere*主文件夹中已经有这个文件夹）。为此，需要执行两个命令：

解开web应用
的代码……

```
unzip webapp.zip
mv webapp/* mysite
```

……然后把代码
移至 "mysite"
文件夹。

你应该会看到
类似这样的
消息。

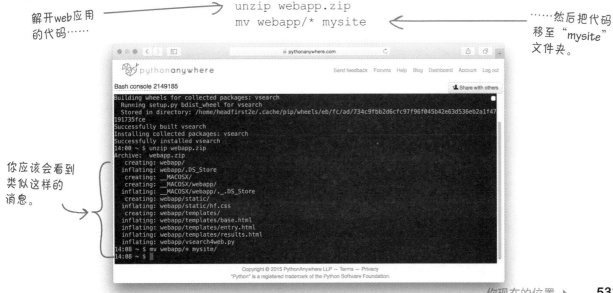

你现在的位置 ▶ **533**

步骤4: 创建一个初始Web应用 (1/2)

完成**步骤3**之后，返回*PythonAnywhere*仪表板，选择**Web**标签页，*PythonAnywhere*会让你创建一个新的初始Web应用。你可以创建这个应用，然后把这个初始Web应用的代码换成你自己的代码。注意，每个*Beginner*帐户都可以免费创建一个Web应用；如果你想要创建更多应用，则需要升级为一个付费帐户。幸运的是，目前你只需要一个应用，所以下面单击"*Add a new web app*"（增加一个新web应用）来创建应用：

单击这里。

使用免费帐户时，你的Web应用会在下一个屏幕上显示的网站上运行。单击"*Next*"按钮，选择*PythonAnywhere*建议的网站名：

PythonAnywhere在这里列出你的网站名。

单击这个按钮继续。

单击"*Next*"继续完成这一步。

步骤4: 创建一个初始Web应用 (2/2)

*PythonAnywhere*支持多个Python Web框架，所以下一个屏幕允许你在所支持的多个系统中做出选择。这里选择Flask，然后选择Flask和你想要部署的Python的版本。写这本书时，*PythonAnywhere*支持的最新版本是Python 3.4和Flask 0.10.1，所以选择这个组合（除非提供了更新的版本组合，如果是这样，那就选择更新的版本）：

为你的Web应用选择"Flask"，然后选择最新版本的Python/Flask组合。

就快要完成了。下一个屏幕会让你创建一个快速启动的Flask Web应用。现在接受这一页上的值并点击Next按钮继续创建这个应用：

这里不需要单击"Next"。一旦选择了你想要的组合，这个屏幕就会出现。

单击这里。

步骤5: 配置你的Web应用

完成了**步骤4**之后，你会看到**Web**仪表板。先不要点击那个绿色的大按钮—你还没有告诉*PythonAnywhere*你的代码是什么，所以先不要运行。现在先点击*WSGI configuration file*标签右边的长链接：

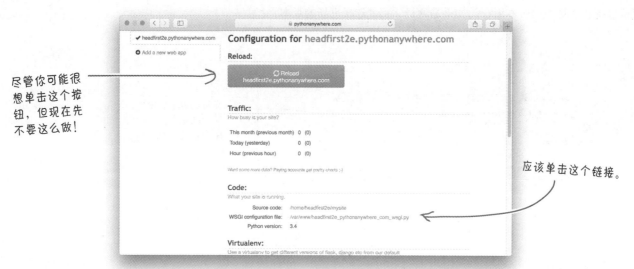

尽管你可能很想单击这个按钮，但现在先不要这么做！

应该单击这个链接。

点击这个长链接会把你新创建的Flask　web应用的配置文件加载到*PythonAnywhere*的web文本编辑器。在第5章的最后，我们指出*PythonAnywhere*会在调用`app.run()`之前为你导入web应用的代码。正是这个配置文件支持了这种行为。不过，要让它引用你的代码，而不是这个初始应用中的代码，所以要编辑这个文件的最后一行（如下所示），然后点击*Save*：

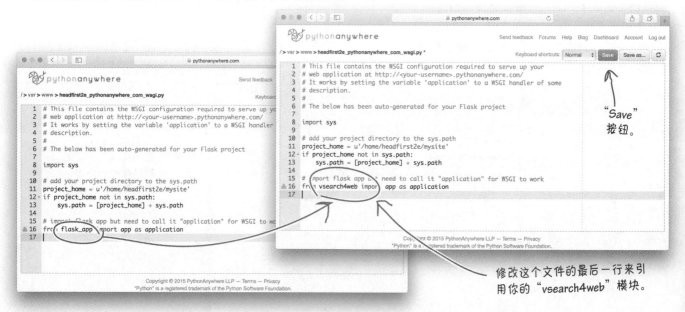

"Save"按钮。

修改这个文件的最后一行来引用你的"vsearch4web"模块。

步骤6：运行你的基于云的Web应用！

一定要保存修改后的配置文件，然后返回到仪表板的Web标签页。现在可以单击那个绿色的大按钮了。试试看!

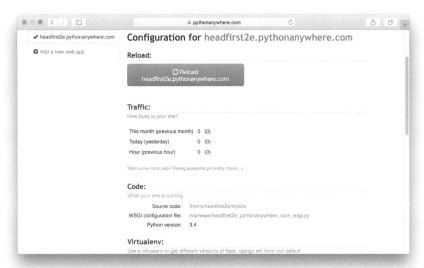

稍过一会儿，你的Web应用会出现在浏览器中，它会正常工作，就像在本地运行一样，只不过现在任何人只要连入互联网而且有一个Web浏览器就可以使用这个应用：

任何人都可以使用这个Web地址与你的Web应用交互。

在云中运行时，看起来输入和输出都很正常。

完成这一步之后，就大功告成了。你在第5章开发的Web应用已经部署到*PythonAnywhere*的云中（不到10分钟就搞定了）。关于*PythonAnywhere*的内容还有很多，这个简短的附录无法一一介绍，你可以自己进一步做些研究和试验。不过现在要记得返回*PythonAnywhere*仪表板并注销。注意，尽管你已经注销，你的Web应用还会在云中继续运行，除非你告诉它停止运行。真的很酷，对不对？

附录C: 我们没有介绍的十大内容

还有更多需要学习

我觉得这里还有个问题。还有很多内容他们没有提到。

我们并不打算面面俱到。

这本书的目标是让你了解足够的Python知识，尽可能快地进入这个世界。还有很多内容可以介绍，但在这本书中没有提到。在这个附录中，我们会讨论以后可能会介绍的十大内容（如果再给我们600页的篇幅）。你可能不会对所有这10个内容都感兴趣，不过如果刚好谈到你想了解的主题，或者正好回答了困扰你的问题，可以利用这个附录简单了解有关内容。Python及其解释器内置提供了这个附录中提到的所有编程技术。

1. 关于Python 2?

这本书出版时，主要有两个版本的Python在广泛使用。你对**Python 3**已经相当了解，因为这正是这本书中使用的版本。

Python 3中包括所有新开发的语言特性，这个次版本周期长达12到18个月。3.6版本已经发布，可以期待更高版本的发布。

Python 2"停留"在2.7版本已经有一段时间。这是因为Python核心开发人员（指导Python开发的人员）认为Python 3才是未来，Python 2应该悄悄退出舞台。这主要是技术方面的原因，不过没有人愿意等那么久。毕竟，作为这个语言的未来，Python 3到2008年底才首次问世。

要讲述从2008年底到现在的发展，可能需要一整本书才能介绍清楚。简单地讲，Python 2固执地拒绝退出。原先有（而且现在依然有）一个庞大的Python 2代码基和开发人员群体，由于一些原因他们不愿意升级到Python 3。其中一个非常简单的原因是：Python 3引入了一组会破坏向后兼容性的新特性。可以这样来理解：很多Python 2代码无法不加修改地在Python 3中运行（尽管最初看起来很难区分Python 2代码和Python 3代码）。另外，很多程序员相信Python 2"足够好"，不需要升级。

我只是现有的一部分Python 2代码。还有很多像我一样的代码。

最近发生了一个巨大的变化。看起来越来越多的人从Python 2开始转向Python 3。一些非常流行的第三方模块发布了Python 3兼容的版本，这很好地促进了Python 3的采纳。另外，Python核心开发人员还在不断为Python 3增加新特性，使它成为更有吸引力的编程语言。原先会利用"backport"维护技术为Python 2补充Python 3的新特性，但这种做法只截止到2.7版本，尽管还在完成bug和安全漏洞的修正，但Python核心开发人员已经宣布这些活动将在2020年完全停止。Python 2来日无多了。

如果你要决定Python 3还是Python 2更适合你，通常的建议是：

如果要开始一个新项目，应当使用Python 3。

你不要冲动地用Python 2创建更多遗留代码，特别是要开始一个全新的项目时。如果必须维护一些现有的Python 2代码，完全可以利用Python 3的有关知识：你肯定能够阅读和理解这些代码（不论主版本号是什么，这仍是Python代码）。如果由于技术上的一些原因要求代码必须在Python 2中运行，这也是可以的。不过，如果不用太费周折就可以把代码移植到Python 3，我们相信这些努力是值得的，因为Python 3是更好的语言，这将成为未来。

2. 虚拟编程环境

下面假设你有两个客户，一个客户的Python代码依赖于某个版本的第三方模块，另一个的代码则依赖于同一个第三方模块的一个不同的版本。当然，你很不幸地要维护这两个项目的代码。

要在一个计算机上完成这个任务，可能会有问题，因为Python解释器不支持安装不同版本的第三方模块。

不过，Python的虚拟环境概念可以提供帮助。

利用**虚拟环境**，你可以创建一个全新的"干净"的Python环境，可以在这个环境中运行你的代码。你可以把第三方模块安装到一个虚拟环境，而不影响另一个虚拟环境，而且你的计算机上可以有你希望的多个虚拟环境，只需激活想要使用的虚拟环境就可以完成切换。对于你希望安装的第三方模块，由于每个虚拟环境可以维护单独的副本，所以你可以使用两个不同的虚拟环境，分别对应上面讨论的各个客户项目。

不过，在此之前，你必须做出一个选择：你可以使用虚拟环境技术，称为venv，这是Python 3的标准库提供的，或者也可以从PyPI安装virtualenv（它与venv完成的工作相同，不过有更多的特性）。最好根据实际情况做出选择。

要了解关于venv的更多信息，可以查阅它的文档页面：

```
https://docs.python.org/3/library/venv.html
```

要了解virtualenv能够提供哪些venv没有的特性，可以从这里入手：

```
https://pypi.org/project/virtualenv/
```

我很肯定多个第三方模块的问题已经解决……我要做的就是阅读所有这些文档。

你的项目中是否使用虚拟环境要看你自己的选择。一些程序员非常热衷于虚拟环境，如果不在一个虚拟环境中就拒绝编写任何Python代码。这可能有些矫枉过正，不过每个人的喜好不同。

我们没有在这本书的正文里介绍虚拟环境。尽管我们觉得虚拟环境（如果你需要）确实非常棒，不过并不认为每一个Python程序员都需要用虚拟环境来完成他们的所有工作。

如果有人告诉你，除非你使用virtualenv，否则就不是一个好的Python程序员，你最好离这些人远一点。

他要做的就是使用一个虚拟环境。

3. 关于面向对象的更多内容

如果你已经读完这本书,现在你(可能)已经很清楚这句话是什么意思:"在Python中,一切都是对象"。

Python中使用对象是很好的。这通常意味着能像你期望的那样工作。不过,一切都是对象并**不**表示一切都必须是类,特别是在代码中。

在这本书中,只是在真正需要一个类来创建一个定制上下文管理器时,我们才开始介绍如何创建自己的类。即便如此,我们也只是学习了所需的足够的知识,并没有介绍更多。如果你是从另外一种编程语言转向Python,在原来的语言中,所有代码都要放在类中(Java就是这种语言的一个典型的例子),这本书采用方式介绍可能让你很困惑。不要担心,在如何编写程序方面,Python没有其他语言(如Java)那么严格。

如果你决定创建一组函数来完成你要做的工作,可以直接编写函数。如果你更喜欢一种面向函数的方式,Python通过提供推导式语法也能提供帮助,这是在向函数式编程致敬。如果你还是坚持认为代码应当放在类中,为此,Python内置提供了一个功能完备的面向对象编程语法。

好吧,各位……我们来好好想想。这个代码真的需要放在一个类中吗?

如果你确实要花大量时间创建类,可以利用以下特性:

- @staticmethod:这个修饰符允许你在一个类中创建一个静态函数(不接收self作为第一个参数)。

- @classmethod:这个修饰符允许你创建一个类方法,它接收一个类作为它的第一个对象(通常称为cls),而不是self。

- @property:这个修饰符允许你重新指定和使用一个方法,就好像它是一个属性。

- __slots__:这是一个类指令,(使用时)可以大大提高从类创建对象的内存效率(要以牺牲一定的灵活性为代价)。

要想更多地了解这些特性,可以参考Python文档(*https://docs.python.org/3/*)。或者参考我们喜欢的一些Python书(下一个附录中会讨论)。

4. 字符串的格式

这本书中使用的示例应用会在一个web浏览器中显示输出。这允许我们将输出格式化为HTML（具体地，我们使用了*Flask*中包含的*Jinja2*模块）。为此，我们有意避开了Python的一个亮点：基于文本的字符串格式化。

假设你有一个字符串，只有当代码运行时你才能知道这个字符串中包含的值。你想创建一个消息（msg），其中包含这些值，从可以完成一些后处理（可能你想在屏幕上打印这个消息，用*Jinja2*将这个消息包含在你要创建的一个HTML页面中，或者把这个消息发布给你的300万关注者）。你的代码运行时生成的值放在两个变量中：price（当前商品的价格）和tag（一个漂亮的标签）。这里有几种选择：

- 使用连接建立你需要的消息（即+操作符）。

- 使用老式的字符串格式（使用%语法）。

- 利用每个字符串都有的format方法建立消息。

下面这个简短的>>>会话显示了上述各个技术的具体使用（要记住，你已经读完了这本书，应该会对这里生成的这个消息相当认可）：

```
Python 3.5.2 Shell
>>>
>>> price = 49.99
>>> tag = 'is a real bargain!'
>>>
>>> msg = 'At ' + str(price) + ', Head First Python ' + tag
>>> msg
'At 49.99, Head First Python is a real bargain!'
>>>
>>> msg = 'At %2.2f, Head First Python %s' % (price, tag)
>>> msg
'At 49.99, Head First Python is a real bargain!'
>>>
>>> msg = 'At {}, Head First Python {}'.format(price, tag)
>>> msg
'At 49.99, Head First Python is a real bargain!'
>>>
                                              Ln: 115  Col: 4
```

你已经知识这一点，对不对？

%s和%f格式指示符太古老了……不过，和我一样，它们还是能用的。

使用上面的哪一个技术要看你的个人喜好，不过通常建议使用format方法而不是前面两个技术（见PEP 3101，*https://www.python.org/dev/peps/pep-3101/*）。你会看到很多代码使用某一种技术，有时还可能混合使用这3种技术（不过这样并不太好）。要了解更多有关内容，可以从这里开始：

https://docs.python.org/3/library/string.html#formatspec

你现在的位置 ▶ **543**

5. 排序

Python有一些非常棒的内置排序功能。有些内置数据结构（例如，列表）就包含sort方法，可以用来对数据原地完成排序。不过，真正让Python独树一帜的是sorted BIF（因为这个BIF可以处理任何内置数据结构）。

在下面的IDLE会话中，我们首先定义了一个小字典（product），然后用一系列for循环处理这个字典。这里利用sorted BIF来控制各个for循环以什么顺序接收字典的数据。在你的计算机上跟着我们完成这个会话，仔细看下面的标注：

BIF是"内置函数"(built-in function)的简写。

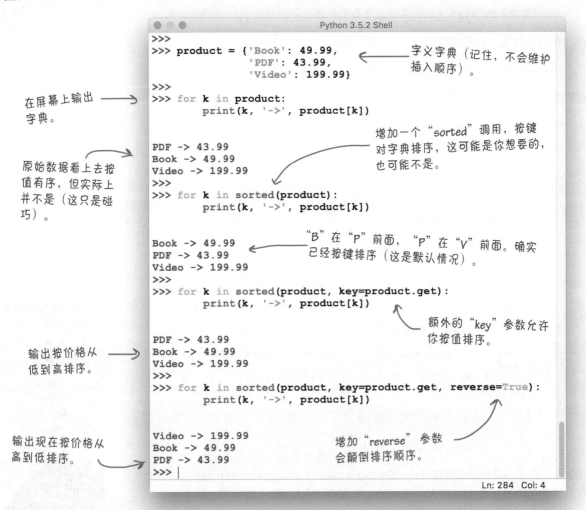

可以从下面这个非常棒的*HOWTO*文档更多地了解如何用Python排序：

https://docs.python.org/3/howto/sorting.html#sortinghowto

6. 更多标准库特性

Python的标准库提供了丰富的特性。可以每过一会儿花20分钟查看还有哪些特性，可以从这里开始：

https://docs.python.org/3/library/index.html

如果你需要的在标准库中已经提供，就不要浪费你宝贵的时间再重写那些功能。应当使用（和/或扩展）已有的功能。除了Python文档，还可以参考*Doug Hellmann*针对Python 3的系列*Module of the Week*文章。可以在这里找到Doug的这些文章：

https://pymotw.com/3/

下面会介绍我们喜欢的一些标准库模块。注意，有一点再强调也不为过：一定要知道标准库里有什么，还要知道已经提供的所有那些模块能够为你做什么。

collections

这个模块提供了可导入的数据结构（基于内置的列表、元组、字典和集合）。这个模块提供了大量很有用的功能。下面列出collections中的几个特性：

- OrderedDict：这个类会维持插入顺序。

- Counter：这个类会让计数变得极其容易。

- ChainMap：组合一个或多个字典，使它们看上去就像一个字典。

itertools

你已经知道Python的for循环很棒，重写推导式时，循环实在是太酷了。这个模块（itertools）提供了一组丰富的工具，可以用来建立定制迭代。尽管itertools模块可以提供大量功能，不过还应该考虑product, permutations和combinations。你会发现，这些模块会让你很轻松，而不再需要编写那些循环代码）。

对，对……我懂了，这很形象："内置电池"，对不对？

functools

functools库提供了一组更高阶函数（取函数对象作为参数的函数）。我们最喜欢的函数是partial，它能让你"冻住"一个已有函数的参数值，然后用你选择的一个新名字调用这个函数。如果不试试看，你就不会知道它有多棒。

7. 并发运行你的代码

在第11¾章中，我们使用了一个线程来解决一个等待问题。要在程序中并发地运行代码，线程并不是惟一的解决办法，不过，必须承认，线程是所有技术中使用最多的一个，同时也是最容易被滥用的一种技术。在这本书中，我们有意保证线程的使用尽可能简单。

如果发现代码需要同时做多件事情，还有很多其他技术可以使用。并不是每一个程序都需要这种服务，不过如果确实需要，起码我们知道Python在这个领域提供了多种选择。

除了threading模块，还有一些模块值得研究（建议你再翻到上一页，在问题#6的讨论中，我们提到了*Doug Hellmann*的文章，其中就有很多关于这些模块的文章）：

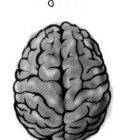

你知道只有一个我，是吧？不过你却让我同时完成和理解多个计算任务？

- multiprocessing：这个模块允许你创建多个Python进程，如果你有多个CPU内核，这些进程可以将计算负载分摊到多个CPU上。

- asyncio：允许你通过创建和指定并发例程来实现并发。这是Python 3新增的特性，所以对于很多程序员来说，这是一个非常新的概念（还有待考查）。

- concurrent.futures：允许你并发地管理和运行一组任务。

选择哪一个模块呢？你在代码中分别尝试这些方法之后，就做出回答。

新关键字：async和await

async和await关键字是Python 3.5中增加的，它们提供了一种创建并发例程的标准方法。

async关键字可以用在已有的for，with和def关键字前面（目前最常见的是用在def前面）。await关键字可以用在（几乎）任何其他代码前面。在2016年底，async和await还非常新，全世界的Python程序员才刚开始研究利用这些关键字能够做什么。

Python文档已经更新了有关这些新关键字的信息，不过，可以在YouTube上搜索David Beazley的有关主题，你会找到关于这些关键字用法（以及使用它们可能带来的问题）的相关描述。**注意**：David的讲解非常棒，不过他确实比较侧重于Python语言中更高级的主题。

David对Python中GIL的讲解被很多人奉为经典，他的书也非常棒，有关的内容见附录E。

Geek Bits

"GIL"表示"Global Interpreter Lock"（全局解释器锁）。GIL是解释器用来确保稳定性的一种内部机制。它在解释器中的持续使用是Python社区中很多讨论和争论的主题。

8. Tkinter提供GUI（以及使用Turtles）

Python提供了一个完整的库，名为tkinter（Tk接口），用来建立跨平台的GUI。你可能没有意识到，不过实际上从这本书第一章开始你就在使用一个用tkinter构建的应用：IDLE。

tkinter很棒的一点是：在包括IDLE的所有Python安装中都已经预安装了tkinter（可以直接使用），这意味着几乎所有Python安装都已经有这个库。尽管如此，tkinter并没有得到应有的广泛使用（和喜爱），因为很多人认为它过于笨拙（与其他一些第三方模块相比）。但是，正如IDLE所展示的，用tkinter可以建立很有用的程序（我们提到过吧？tkinter已经预安装，可以直接使用）。

一种用法就是建立turtle模块（这也是标准库的一部分）。Python文档有这样的描述：Turtle图形是向孩子们介绍编程的一种很流行的方法。这是原来Logo编程语言的一部分（由Wally Feurzig和Seymour Papert在1966年开发）。程序员（主要是孩子，不过也适合初学者）可以使用类似left，right，pendown，penup等等命令在（由tkinter提供的）一个GUI画布上画图。

下面给出一个小程序，这里对turtle文档中提供的一个例子稍微做了一些修改：

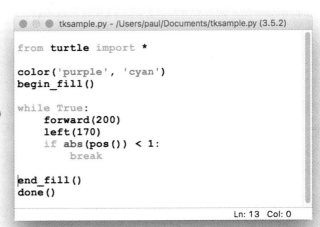

除了展示"turtle"的实际使用，这个小程序还展示了Python的"while"循环和"break"语句的使用。它们能像你期望的那样工作，不过没有"for"循环和推导式那么常用。

```python
from turtle import *

color('purple', 'cyan')
begin_fill()

while True:
    forward(200)
    left(170)
    if abs(pos()) < 1:
        break

end_fill()
done()
```

执行这个小turtle程序时，会在屏幕上绘制一个很漂亮的图形：

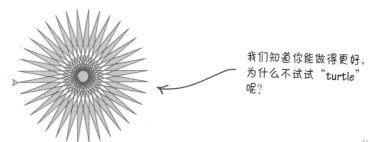

我们知道你能做得更好，为什么不试试"turtle"呢？

9. 测试之前不会结束

这本书基本上没有提到自动测试，只是简单地介绍了py.test工具，用来检查是否符合PEP　8（在第4章最后）。这不是因为我们认为自动测试不重要。实际上**我们认为自动测试非常重要**。这个主题实在太重要，需要用整本书来专门介绍。

不过，这本书中我们故意没有介绍自动测试工具。这不是说我们小看自动测试（它确实非常重要）。但是，刚开始学习用一种新的编程语言编程时，引入自动测试只会让人更混乱，因为要想创建测试，首先要对所测试的内容有很好的了解，如果这个"内容"恰好是你要学习的一种新的编程语言……嗯，你应该知道我们的意思了，对不对？这有些类似于鸡生蛋还是蛋生鸡的问题。哪一个在前：学习如何编写代码，还是学习如何测试代码？

当然，既然你是一个真正的Python程序员，可以花些时间了解如何利用Python的标准库来更容易地测试你的代码。下面是两个需要查看（和考虑）的模块：

- doctest：这个模块允许你把测试嵌入在模块的docstrings中，听上去有些奇怪，但实际上并不奇怪，而且非常有用。

- unittest：你可能已经在其他编程语言中用过一个"unittest"库，Python提供了它自己的版本（它的工作正如你预想的那样）。

用过doctest模块的人都很喜欢这个模块。unittest模块的工作与其他语言中的大多数其他"unittest"库很相似，很多PPython程序员抱怨说这个库没有太多Python特点。因此，又创建了非常流行的py.test（下一个附录会介绍更多有关内容）。

嘿，别看我……那个蛋不是我生的。

先别翻到下一页，好好考虑如何使用Python的自动测试工具来检查你编写的代码的正确性。

10. 调试，调试，再调试

如果你认为大多数Python程序员遇到问题时都会在代码中增加print调用，这也是情有可原的。实际上也确实是这样：这是一种流行的调试技术。

另一种做法是在>>>提示窗口试验，如果仔细想想，这就像一个调试会话，只是没有诸如监视轨迹和建立断点等通常的调试活动。>>>提示窗口对Python程序员的帮助非常大，这是无法量化的。我们知道的是：如果将来的一个Python版本删除了这种交互式提示，那就麻烦了。

如果你的一些代码没有像你预想的那样工作，增加print调用以及在>>>提示窗口试验可能帮助不大，可以考虑使用Python包括的调试器：pdb。

可以直接从你的操作系统的终端窗口运行pdb调试器，为此要使用类似下面的命令（这里myprog.py是我们需要修正的程序）：

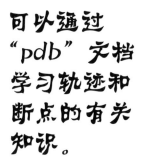

可以通过"pdb"文档学习轨迹和断点的有关知识。

```
python3 -m pdb myprog.py
```

与以往一样，Windows用户要使用"py -3"而不是"python3"（这里是"py"，一个空格，然后是-3）。

还可以从>>>提示窗口与pdb交互，这是我们所能想到的"集众家所长"的最好的例子。具体如何工作的有关细节以及常用调试器命令（设置断点、跳过、运行等）的相关讨论在文档中都有描述：

https://docs.python.org/3/library/pdb.html

pdb技术不是不如其他技术，也不是"事后诸葛亮"，这是一个功能非常完备的Python调试器（而且是Python内置提供的调试器）。

一定要充分了解Python的"pdb"调试器是你的工具箱中不可缺少的一个工具。

附录D: 我们没有介绍的十大项目

更多工具、库和模块

不论当前的任务是什么，最重要的事情是要有合适的工具。

我们知道看到这个附录的标题时你在想什么。

为什么上一个附录的标题不是：我们没有介绍的二十大内容？为什么要再用一个附录讨论另外十个主题？上一个附录中，我们仅限于讨论Python内置提供的内容（作为这个语言的"内置电池"）。在这个附录中，我们会把网撒得更大，讨论与Python有关的更多可用的技术。这里会介绍很多非常好的项目，与上一个附录一样，简要地学习这些内容不会有坏处。

1. >>> 的替代工具

这本书中我们一直在使用Python内置的>>>提示窗口，这可以从终端窗口运行，也可以从IDLE运行。通过使用>>>提示窗口，我们希望展示能够用它有效地试验新想法、研究库以及尝试运行代码。

除了内置的>>>提示窗口，还有很多替代工具，不过最引注意的是ipython，如果你发现需要在>>>提示窗口做更多事情，就可以考虑使用ipython。这个工具在Python程序员中非常流行，特别是在科学研究领域尤其常用。

为了让你对ipython和>>>提示窗口的功能比较有所认识，考虑下面这个简短的交互式ipython会话：

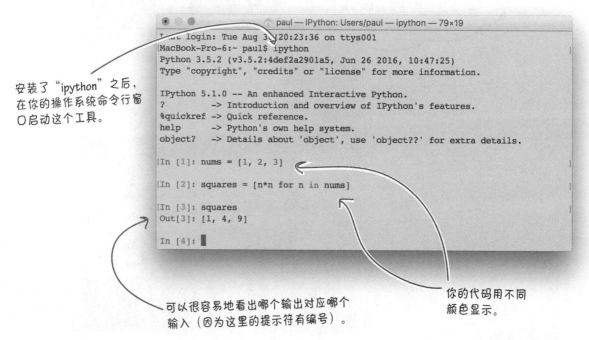

安装了"ipython"之后，在你的操作系统命令行窗口启动这个工具。

可以很容易地看出哪个输出对应哪个输入（因为这里的提示符有编号）。

你的代码用不同颜色显示。

关于ipython的更多信息参见 *https://ipython.org*。

>>>还有其他一些替代工具，不过（在我们看来）能与ipython匹敌的只有ptpython（更多有关信息可以在这里找到：*https://pypi.org/project/ptpython/*）。如果你喜欢使用基于文本的终端窗口，另外还希望使用全屏模式（相对于ipython），就可以考虑使用ptpython。你不会失望的。

嘿！自从发现了"ptpython"，Paul整天都在用它。

与所有第三方模块一样，可以使用"pip"下载"ipython"和"ptpython"。

2. IDLE的替代工具

可以这么说：我们实在太喜欢*IDLE*了。我们很高兴Python不仅提供了一个功能强大的>>>提示窗口，还提供了跨平台的基于GUI的编辑器和调试器。很少有其他主流编程语言在其默认安装中提供类似的特性。

遗憾的是，在Python社区很多人在讲*IDLE*的坏话，因为相比一些更强大的"专业"工具，*IDLE*相对简陋。我们认为这种比较是不公平的，因为*IDLE*的设计初衷并不是要在这个领域与其他工具一争高下。*IDLE*的主要目标是吸引新用户，能够尽可能快地使用，而且在这方面它确实做得很好。因此，我们认为*IDLE*在Python社区应该有更好的口碑。

除了*IDLE*，如果你需要一个更专业的IDE，我们有很多选择。Python世界里最流行的IDE包括：

- *Eclipse*：***https://www.eclipse.org***

- *PyCharm*：***https://www.jetbrains.com/pycharm/***

- *WingWare*：***https://wingware.com***

*Eclipse*是一个完全开源的技术，所以可以直接下载，而无需付任何费用。如果你已经是*Eclipse*的粉丝，要知道它对Python的支持也很好。不过，如果你现在还没有用过*Eclipse*，我们就不建议你使用这个IDE了，因为*PyCharm*和*WingWare*更值得推荐。

嗯，WingWare，有了我们两个，Python IDE世界就是我们的了。

我会等到那一天的！

PyCharm   WingWare

*PyCharm*和*WingWare*是商业产品，也提供了"社区版本"可以免费下载（不过有一些限制）。Eclipse面向很多编程语言，与之不同，*PyCharm*和*WingWare*专门面向Python程序员，而且与所有IDE一样，都能很好地支持项目工作，可以链接到源代码管理工具（如*git*），支持团队开发，连接Python文档等等。建议这两个工具都用一用，然后做出你的选择。

如果你不喜欢IDE，也不用担心：所有主要文本编辑器都对Python程序员提供了很好的支持。

Paul用什么？

Paul选择的文本编辑器是vim（Paul在他的开发机器上使用*MacVim*）。开发Python项目时，Paul除了使用vim，还会结合ptpython（用来试验代码段），另外他还是IDLE的粉丝。Paul使用*git*完成本地版本控制。

Paul并没有使用一个功能全面的IDE，不过他的学生喜欢*PyCharm*。Paul还使用（和推荐）*Jupyter Notebook*，我们接下来讨论这个工具。

3. Jupyter Notebook: 基于Web的IDE

在#1中，我们提到了ipython（这是一个非常棒的>>>替代工具）。开发这个工具的项目组还开发了Jupyter Notebook（之前名为*iPython Notebook*）。

下一代*Jupyter Notebook*叫做*Jupyter Lab*，出版这本书时它还处于"*alpha*"阶段。请关注*Jupyter Lab*项目的进展：这将是很特别的一个工具。

可以把*Jupyter Notebook*描述为交互式Web页面中ipython。*Jupyter Notebook*很棒的一点是：可以在其中编辑和运行你的代码，如果觉得有必要，还可以增加文本和图片。

下面是在*Jupyter Notebook*中运行的第12章的一些代码。注意这里增加了文本描述来说明发生了什么：

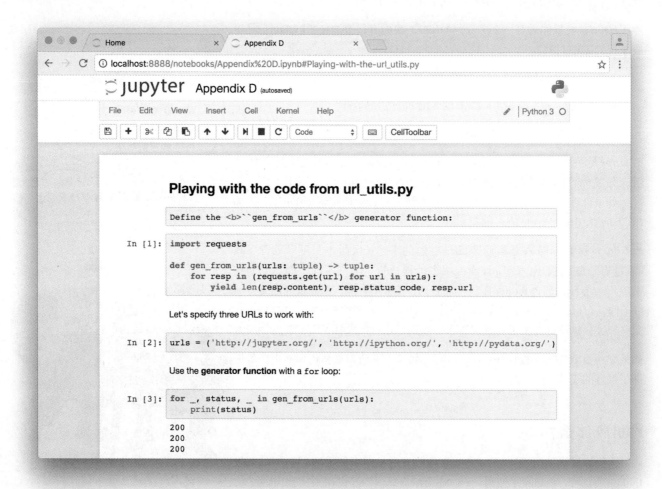

可以从其网站（*http://jupyter.org*）更多地了解Jupyter Notebook，另外可以使用pip把它安装到你的计算机上，进一步研究。你会很庆幸这样做。*Jupyter   Notebook*绝对是一个一流的Python应用。

4. 关于数据科学

在采纳和使用Python的领域中，有一个领域一直在呈爆炸式增长：这就是**数据科学**领域。

这并不是偶然的。使用Python的数据科学家所用的工具是世界级的（这让很多其他编程社区很羡慕）。对非数据科学家来说，很棒的一点是：那些数据科学家喜欢使用的工具在大数据领域之外也能提供强大的功能。

关于在数据科学领域中如何使用Python已经有一些专门的书（而且还会有更多这一类的书）。你可能认为下面的这个建议有些偏心，不过 O'Reilly Media关于这个主题的书确实很优秀（而且这方面的书也很多）。O'Reilly Media很有前瞻性地找到了这个技术行业的发展方向，提供了一些高质量的学习材料，供那些想学习的人使用。

来自市场的声音：这说明他们得到了我们的建议。

如果你确实在做数据科学方面的工作（或者其他科学计算），下面列出了可用的一些库和模块。如果你不做这方面的工作，也可以看看这些技术，这里有很多亮点：

- bokeh：一组在Web上发布交互式图片的技术。

- matplotlib/seaborn：一组功能完备的图形模块（与ipython和*Jupyter Notebook*集成）。

- numpy：允许你高效地存储和管理多维数据（另外还有很多其他功能）。如果你热爱矩阵，肯定会喜欢numpy。

- scipy：一组专门针对数值数据分析而优化的科学模块，作为numpy的补充和扩展。

- pandas：如果你是从R语言转向Python，会发现pandas很熟悉，它提供了优化的分析数据结构和工具（建立在numpy和matplotlib之上）。正是由于需要使用pandas，使得很多做数据工作的人加入了这个社区（希望这个趋势继续下去）。pandas也是一个一流的Python应用。

- scikit-learn：一组用python实现的机器学习算法和技术。

注意：这里大多数库和模块都可以通过pip安装。

要想了解Python和数据科学的交集，可以从*PyData*网站开始：*http://pydata.org*。单击*Downloads*，然后查看有哪些可用的工具（它们都是开源的）。祝你愉快！

真过份！他们居然敢问我怎么知道我的靓汤秘方是最棒的？要知道……我运行了一个快速的**pandas**数据分析，然后把它发布到Jupyter Notebook。太好了—现在所有人都知道了。

5. Web开发技术

Python在web领域很突出，不过对于构建服务器端web应用，*Flask*（和*Jinja2*）并不是唯一的选择（尽管Flask确实是一个很流行的选择，特别是如果你的需要不是太多）。

用Python构建Web应用时，最有名的技术就是*Django*。这本书没有使用这个技术，因为（与*Flask*不同）在创建第一个*Django* Web应用之前，你必须学习和了解一些知识（所以对于这样一本主要介绍Python基本知识的书来说，Django不是太合适）。尽管如此，*Django*在Python程序员中非常流行，原因就是：它真的很棒。

如果你把自己归为"Web开发人员"，就应该（至少）花些时间学习*Django*的教程。这样你就能更好地了解是否坚持使用*Flask*，还是要转向*Django*。

如果确实要转向*Django*，你有很多同行者：在Python社区中，*Django*是一个很大的社区，还会举办自己的会议：*DjangoCon*。目前，*DjangoCon*主要在美国、欧洲和澳大利亚举办。可以通过下面的链接了解更多情况：

- Djanjo的登陆页面（提供了教程的一个链接）：
  https://www.djangoproject.com

- DjangoCon US:
  https://djangocon.us

- DjangoCon Europe:
  https://djangocon.eu

- DjangoCon Australia:
  http://djangocon.com.au

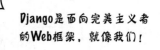

不过请等等，还有更多

除了*Flask*和*Django*，还有另外一些Web框架（我们知道肯定会遗漏一些人喜欢的Web框架）。我们听到最多的是：*Pyramid*，*TurboGears*，*web2py*，*CherryPy*和*Bottle*。可以在Python wiki上找到更完整的列表：

https://wiki.python.org/moin/WebFrameworks

6. 处理Web数据

在第12章中，我们简单地使用了`requests`库来展示我们的生成器有多酷（与等价的推导式相比）。我们决定使用`requests`并不是偶然的。如果你问Web开发人员他们最喜欢的PyPI模块是什么，大多数人都会回答"requests"。

`requests`模块允许你通过一个简单但很强大的Python　API处理HTTP和Web服务。尽管你的日常工作可能不直接处理Web，但通过查看`requests`的代码你会学到很多（`requests`项目被认为是Python开发的一个杰作）。

可以在这里了解有关`requests`的更多信息：

> *http://docs.python-requests.org/en/master/*

PyPI：Python Package Index (https://pypi.org/)。

抓取Web数据！

由于Web主要是一个基于文本的平台，Python在这个领域有很好的表现，而且标准库提供了处理JSON，HTML，XML和其他类似文本格式的模块，还提供了处理所有相关互联网协议的模块。参见Python文档中的以下小节，可以得到标准库提供的模块列表，并了解web/Internet程序员最感兴趣的模块：

- 互联网数据处理：
  > *https://docs.python.org/3/library/netdata.html*

- 结构化标记处理工具：
  > *https://docs.python.org/3/library/markup.html*

- 互联网协议和支持：
  > *https://docs.python.org/3/library/internet.html*

如果你要处理只通过静态Web页面提供的数据，可能希望抓取这个数据（关于抓取的快速入门，参见*https://en.wikipedia.org/wiki/Web_scraping*）。Python有两个第三方模块，利用这些模块可以节省你的大量时间：

- Beautiful Soup（靓汤）：
  > *https://www.crummy.com/software/BeautifulSoup/*

- Scrapy：
  > *https://scrapy.org*

都可以试一试，看看哪一个能最好地解决你的问题，然后完成你要做的工作。

7. 更多数据源

为了尽可能真实（也是为了尽量简单），这本书中我们使用MySQL作为我们的数据库后端。如果你做过大量SQL的工作（而不论你喜欢哪一个数据库），那就停下来，再花两分钟使用pip安装sqlalchemy，这可能是你见过的最棒的两分钟速成安装。

sqlalchemy模块对于热爱SQL的人来说就相当于requests对于热爱web的人一样：绝对是不可缺少的。*SQL Alchemy*项目提供了一组高层次的Python技术来处理表格式数据（存储在*MySQL*，*PostgreSQL*，*Oracle*，*SQL Server*等数据库中）。如果你对DBcm模块的工作很满意，肯定也会爱上*SQL Alchemy*，它本身相当于Python的一个数据库工具箱。

关于这个项目的更多信息请访问：

http://www.sqlalchemy.org

查询数据不只是SQL

并不是你需要的所有数据都在一个SQL数据库中，所以有些时候SQL Alchemy可能也无能为力。现在NoSQL数据库后端已经进入所有数据中心，MongoDB就是一个经典的例子，同时也是最流行的选择（尽管还有很多其他选择）。

如果你要处理提供给你的JSON数据，或者采用一种非表格（但是结构化）的格式，*MongoDB*（或类似的数据库）正是你需要的。关于*MongoDB*的更多信息可以访问这里：

https://www.mongodb.com

另外可以从*PyMongo*文档页面了解Python对编写*MongoDB*的支持，它使用了pymongo数据库驱动程序：

https://api.mongodb.com/python/current/

不论我们的数据在哪里（SQL或NoSQL数据库中），Python和它的第三方模块都能很好地处理。

8. 编程工具

不论你认为你的代码有多好，都可能存在bug。

如果确实是这样，Python对此提供了很多帮助：>>>提示窗口、pdb调试器、*IDLE*、print语句、unittest和doctest。如果觉得这些选择还不够，还有一些第三方模块也能提供帮助。

有时，你可能会犯所有人都曾经犯过的经典错误。或者可能忘记导入某个必要的模块，而直到你向一屋子陌生人炫耀你的代码有多棒时这个问题才暴露出来（真糟糕）。

为了避免这种事情发生，你需要*PyLint*，这是Python的代码分析工具：

https://www.pylint.org

*PyLint*会分析你的代码，在你第一次运行代码之前会告诉你代码可能存在什么问题。

你在一屋子陌生人面前运行代码之前，如果先用*PyLint*分析你的代码，可能就能避免尴尬了。*PyLint*也可能会让你很不高兴，因为没有人喜欢别人说他的代码有问题。不过这一点不高兴是值得的（或者更合适的说法是：这点不高兴总好过在公共场合丢脸）。

还有更多关于测试的帮助

在附录C的#9中，我们讨论了Python对自动测试提供的内置支持。还有其他一些这样的工具，你已经知道其中之一是py.test（我们在这本书前面曾用它检查过代码是否符合*PEP 8*）。

测试框架就像web框架一样：所有人都有他们自己喜欢的框架。尽管如此，大多数Python程序员都更喜欢py.test，所以建议你更仔细地了解这个框架：

http://doc.pytest.org/en/latest/

9. Kivy: 我们见过的"最酷的项目"

有一个领域Python没有预想的那么强,这就是移动触摸设备领域。这有很多原因(我们不打算在这里深入探讨这个问题)。只需要知道,这本书出版时,单独用Python创建一个Android或iOS应用还很有难度。

有一个项目将在这个领域取得进展:Kivy。

Kivy是一个Python库,支持开发使用多指触摸界面的应用。可以访问Kivy登陆页面来了解它能提供哪些功能:

https://Kivy.org

在这个页面上,单击Gallery链接,然后等待页面加载。如果某个项目吸引了你的目光,可以点击相应图片来了解更多信息,还会看到一个演示。观看演示时,一定要记住:你看到的一切都是用Python编写的。Blog链接也会提供一些非常好的资料。

最棒的是Kivy用户界面代码只需要写一次,然后可以不加修改地部署在任何支持平台上。

如果你在找一个Python项目希望加入,可以考虑Kivy:这是一个很好的项目,有一个卓越的开发团队,而且这个项目技术上很有挑战性。起码你不会感觉无聊。

Kivy登陆页面的截屏,这里显示了已经部署的一个项目:它提供了让人赞叹的触摸界面体验。

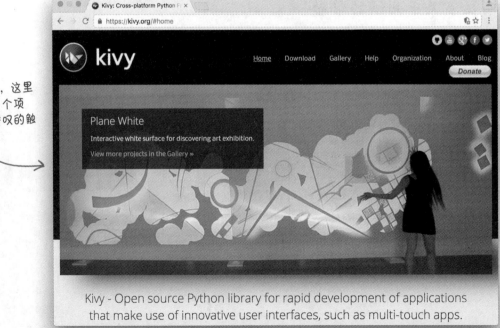

Kivy - Open source Python library for rapid development of applications that make use of innovative user interfaces, such as multi-touch apps.

10. 替代实现

在附录C的#1中你已经知道，Python语言的版本不只有一个（Python 2和Python 3）。这说明，至少有两个Python解释器：一个运行Python 2代码，另一个运行Python 3代码（这也是我们在这本书中一直使用的解释器）。从Python网站下载和安装某个Python解释器时（如附录A所示），解释器被称为CPython参考实现。CPython是Python核心开发人员发布的Python版本，得名于它是用可移植的C代码编写的：它设计为可以很容易地移植到其他计算平台。在附录A中已经看到，可以下载面向Windows和Mac OS X的安装程序，另外可以在你的Linux安装中找到预安装的Python解释器。所有这些解释器都基于CPython。

Python是开源的，所以任何人都可以根据他们的需要修改*CPython*。开发人员还可以用他们喜欢的任何编程语言，采用他们喜欢的任何编译器技术，在他们使用的任何平台上，为Python语言实现他们自己的解释器。尽管这些工作并不是那么轻松，不过确实有大量开发人员在做这些工作（其中一些人认为这"很有趣"）。下面是一些比较活跃的项目的简单描述和链接：

- *PyPy*（读作"pie-pie"）是为Python 2提供的一个编译器试验床（并且在增加对Python 3的支持）。*PyPy*通过一个即时编译过程运行你的Python代码，生成一个最终产品，它比所有*CPython*解释器都快。可以在这里了解更多有关信息：

  http://pypy.org

- *IronPython*是为.NET平台提供的一个Python 2版本：

  http://ironpython.net

- *Jython*是运行在Java的JVM上的一个Python 2版本：

  http://www.jython.org

- *MicroPython*是Python 3的一个移植版本，用在*pyboard*微控制器上，这个微控制器还没有你的两个拇指并在一起宽，这可能是你见过的最酷的小东西。可以在这里了解有关信息：

  http://micropython.org

除了所有这些替代的Python解释器，大多数Python程序员还是更喜欢用*CPython*。越来越多的开发人员在选择Python 3。

附录E：多参与

没有了……没有别人了。他们都去PyCon了。

Python不只是一个很好的编程语言。

这也是一个非常棒的社区。Python社区是一个热情、多元化、开放、友好、共享和乐于给予的社区。我们只是很奇怪，直到目前，居然没人把它印在名片上！不过，说实在的，Python编程并不只与这个语言有关。围绕着Python，一个完整的生态系统已经在发展壮大，表现为大量优秀的图书、网站、会议、研讨会、用户组和知名人物。在这个附录中，我们会调查Python社区，看它能提供什么。不要闭门造车：**一定要多参与！**

BDFL: 仁慈的独裁者

*Guido van Rossum*是一位荷兰程序员，他为这个世界带来的礼物就是Python编程语言（这是他在20世纪80年代末的一个"爱好"）。这个语言的继续发展以及发展方向都由Python核心开发人员来确定，Guido就是其中的一员（而且是非常重要的一员）。Guido被称作仁慈的独裁者（BDFL），这是因为他在Python发展中一直扮演的核心角色。如果你看到BDFL和Python在一起出现，这就是指Guido。

有记录称Guido曾指出"Python"这个词是对英国电视喜剧团*Monty Python's Flying Circus*致敬，这也有助于解释为什么Python文档中很多变量名为spam。

尽管Guido是Python的领导者，但Python并**不属于**他个人，也不属于任何人。不过，这个语言的权益受PSF保护。

PSF: Python软件基金会

PSF是一个保护Python权益的非盈利组织，由提名/选举产生的董事会运营。PSF着力推进和资助这个语言的持续发展。以下文字选自PSF的使命宣言：

> Python软件基金会的使命是推进、保护和发展Python编程语言，以及支持和促进一个多元化、国际化Python程序员社区的发展。

任何人都可以加入PSF并参与活动。有关详细信息参见PSF网站：

https://www.python.org/psf/

PSF的主要活动之一是参加（和承办）年度Python会议：*PyCon*。

你的想法：加入PSF。

PyCon: Python会议

任何人都可以参加PyCon（并在大会上发言）。2016年的会议在美国俄勒冈的波特兰召开，数以千计的Python开发人员参加了这个大会（前两届PyCons都在加拿大的蒙特利尔召开）。PyCon是最大规模的Python会议，但并不是唯一的Python会议。你会看到世界各地都有Python会议，规模从很小的地方会议（数十人参加），到全国会议（有数百人参加），直到类似*EuroPython*的国际会议（参加人数达几千人）。

要看你附近是否有PyCon，可以搜索"PyCon"和离你最近的城市（或者你所在的国家）。你会惊讶地找到你想要的结果。参加地方PyCon非常好，可以让你认识和结交一些志同道合的开发人员。各种PyCon的发言和讨论都会有记录：可以在*YouTube*中搜索"PyCon"，看看提供了哪些记录。

多参与：参加PyCon。

一个开明的社区：崇尚多元性

在当今的所有编程会议中，PyCon是最早引入和坚持行为准则的会议之一。可以在这里看到2016年行为准则：

https://us.pycon.org/2016/about/code-of-conduct/

这是非常好的。比较小的地区PyCon也会逐渐采纳行为准则。如果社区有明确的行为指南，指出哪些行为是可以接受的，而哪些不允许，这样一个社区会日趋强大和包容，行为准则可以帮助保证全世界的PyCon都有应有的热情。

除了努力保证所有人都受到欢迎，还有一些专门的计划在着力促进Python社区中一些特定群体的发展，特别是传统上表现较弱的一些群体。其中最著名的就是*PyLadies*，其建立的使命是帮助"更多女性在Python开源社区中积极参与和成为领导者"。如果你很幸运，附近有一个*PyLadies*"小组"：可以先从*PyLadies*网站搜索：

http://www.pyladies.com

就像Python社区一样，PyLadies开始时规模很小，不过很快就发展到全球范围（这真是让人佩服）。

为语言而来，为社区留下

很多刚接触Python的程序员都谈到Python社区的包容性。这个观点大多来自于Guido的指导思想：坚定，但仁慈。还有很多其他的指导思想，以及大量很有启发性的故事。

最有启发的是*Naomi Ceder*在*EuroPython*的演讲（在其他地区会议上也重复讲过，包括*PyCon Ireland*）。下面是Naomi演讲的一个链接，建议你好好看一看：

https://www.youtube.com/watch?v=cCCiA-IlVco

Naomi的演讲谈到了Python的发展，讨论了这个社区对多元性的支持，还指出所有人都还有很多工作要做。

要了解一个社区，最好的办法就是听社区成员创建的一些播客。接下来我们讨论两个Python播客。

鼓励和支持Python社区的多元性。

Python播客

如今关于一切都有播客。在Python社区中，我们认为有两个播客确实值得订阅和收听。不论是在开车、骑车、跑步还是散步时听，这些播客都值得关注：

- *Talk Python to Me*: *https://talkpython.fm*

- *Podcast.__init__*: *http://pythonpodcast.com*

在Twitter上关注这两个播客，把它们告诉你的朋友，并全面支持这些播客的创建者。*Talk Python To Me*和*Podcast.__init__*都由Python社区的普通成员创建，目的是对我们所有人都有益（而且不是为了牟利）。

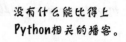

Python时讯

如果你不喜欢播客，但还想时刻关注Python世界里发生了什么，下面这3个每周时讯可以提供帮助：

- Pycoder's Weekly: *http://pycoders.com*

- Python Weekly: *http://www.pythonweekly.com*

- Import Python: *http://importpython.com/newsletter*

这些专业的时讯会提供各种材料的链接：博客、视频博客、文章、图书、视频、演讲、新模块和项目。而且每周的时讯会直接发送到你的email邮箱。所以，赶快注册吧。

除了基金会、众多会议、类似*PyLadies*的小组、行为准则、对多元性的重视、播客和时讯，Python还有自己的哲学。

Python哲学

很久以前，Tim Peters（Python早期领导者之一）在考虑一个问题：是什么让Python成为Python？

Tim得出的答案就是Python哲学，启动任何一个版本的解释器时，只要在>>>提示窗口中键入以下命令都会看到：

import this

我们已经为你输入了这个命令，并在这一页下面显示了截屏图中的输出。一定要至少每个月读一次这个Python哲学。

很多人希望Python哲学更简练，能够压缩成更容易理解的说法。最合适的就是xkcd。如果连入互联网，把下面这行代码键入你的>>>提示窗口，就能看到xkcd是什么：

import antigravity

读代码多于写代码……

```
Python 3.5.2 Shell
>>>
>>> import this
The Zen of Python, by Tim Peters

Beautiful is better than ugly.
Explicit is better than implicit.
Simple is better than complex.
Complex is better than complicated.
Flat is better than nested.
Sparse is better than dense.
Readability counts.
Special cases aren't special enough to break the rules.
Although practicality beats purity.
Errors should never pass silently.
Unless explicitly silenced.
In the face of ambiguity, refuse the temptation to guess.
There should be one-- and preferably only one --obvious way to do it.
Although that way may not be obvious at first unless you're Dutch.
Now is better than never.
Although never is often better than *right* now.
If the implementation is hard to explain, it's a bad idea.
If the implementation is easy to explain, it may be a good idea.
Namespaces are one honking great idea -- let's do more of those!
>>>
                                                    Ln: 28  Col: 4
```

记住：*至少*每个月读一次。

接下来要读什么书？

只有这些？你不能不给我提些建议就结束，请告诉我接下来要读什么书。

我们最喜欢的Python书

由于Python日益普及，专门介绍这个语言的书也越来越多。在所有这些书中，
我们认为有两本绝对是不可缺少的。

在前面的附录中我们提到过David Beazley
的工作。在这本书中，David联合Brian
K. Jones介绍了一组非常棒的Python编
程技巧。如果你想知道如何用Python完
成某个工作，不要再困惑了：你可以在
《Python Cookbook》中找到答案。

如果你更喜欢深入研究，一定要读一
读这本绝妙的书。其中介绍了很多内
容，而且都很棒（读完这本书，你会
成为一个更优秀的Python程序员）。

索引

符号

A

G

generators，生成器，508, 510

getcwd function (os module)，getcwd函数（os模块），9~10

GET method (HTTP)，GET方法(HTTP)，222~223

global variables，全局变量，366

H

hashes.参见 dictionaries

Hellman, Doug 545~546

help command，help命令，31, 41, 66

Homebrew package manager，Homebrew包管理器，283, 525

HTML forms，HTML表单

 access with Flask，用Flask访问，226

 building，构建，213~215

 displaying，显示，218

 producing results，生成结果，229~230

 redirecting to avoid unwanted errors，重定向以避免不想要的错误，234~235

 rendering templates from Flask，从Flask呈现模板，216~217

 testing template code，测试模板代码，219~221

html module，html模块，11

HTTP (HyperText Transfer Protocol)，HTTP（超文本传输协议）

 status codes，状态码，222

 web servers and，Web服务器，366

I

id built-in function，id内置函数，328

IDLE (Python IDE) 3~7, 203, 553

if statement，if语句，16~17, 117~119

ImmutableMultiDict dictionary，ImmutableMultiDict字典，261

ImportError exception，ImportError异常，176~177

import statement，import语句

 about，关于，9, 28~29

 Flask framework and，Flask框架，205

 interpreter search considerations，解释器搜索问题，174~177

 positioning，定位，303

sharing modules with，共享模块，173

threading module and，threading模块，465

Zen of Python，Python哲学，567

increment operator，自增操作符，106, 318

indentation levels for suites，代码组的缩进层次，18, 45

indenting suites of code，缩进代码组

 about，关于，15~18, 40

 for functions，函数，147

 for loops，循环，24, 27

index values, lists and，索引值，列表，63, 75

informational messages，包含信息的消息，222

__init__ method，__init__方法，323~327, 330, 338~340, 443

inner functions，内部函数，388, 400

in operator，in操作符

 about，关于，15

 dictionaries and，字典，115~119

 lists and，列表，56, 59

 sets and，集合，125

input built-in function，input内置函数，60

insert method，insert方法，65

INSERT statement (SQL)，INSERT语句(SQL)，289, 463~464

InterfaceError exception，InterfaceError异常，423, 441, 443

interpreter (Python)，解释器（Python）

 about，关于，7~8

 alternative implementations，替代实现，561

 asking for help，请求帮助，31, 41

 case sensitivity，大小写敏感，116

 dictionary keys and，字典键，108

 functions and，函数，148

 identifying operating system，识别操作系统，10

 identifying site-package locations，识别site-package位置，174

 internal ordering used by，使用的内部顺序，52, 108

 running from command-line，从命令行运行，175~177

 syntax errors，语法错误，5, 57

 whitespace and，空白符，40

intersection method，intersection方法，125, 128, 159, 167

ipython shell 552

IronPython project，IronPython项目，561

isoformat function (datetime module)，isoformat函数，(datetime模块)，11

X

Y

Z